物 理 实 验

主　编　吴俊林

副主编　刘志存　华冰鑫

科学出版社

北　京

内 容 简 介

本书为普通高等教育"十二五"规划教材,是在陕西国际商贸学院及多所高等院校十余年来物理实验教学改革与研究成果的基础上,吸纳了近年来物理实验教学改革与研究的主流成果编写而成的.本书注重教学实验和科学研究实验融合,并注重基础物理实验和应用相结合.本书将学生探索获取知识的能力、创新意识、独立评判能力以及解决实际问题的科学研究能力和可持续发展能力的培养渗透在物理实验教学的各个环节,具有鲜明的特色.全书共6章,包括基础实验19个,综合提高实验12个,设计性实验12个,共43个实验.

本书可作为高等综合类院校非物理专业物理实验课教材,也可作为高等院校理工科类大学物理实验课程教材,并适合不同层次的教学需要.

图书在版编目(CIP)数据

物理实验/吴俊林主编. —北京:科学出版社,2015.9
ISBN 978-7-03-045599-4

Ⅰ.①物… Ⅱ.①吴… Ⅲ.①物理学-实验-高等学校-教材 Ⅳ.①O4-33

中国版本图书馆 CIP 数据核字(2015)第 206327 号

责任编辑:窦京涛 / 责任校对:彭 涛
责任印制:张 伟 / 封面设计:迷底书装

科 学 出 版 社 出版
北京东黄城根北街 16 号
邮政编码:100717
http://www.sciencep.com

北京凌奇印刷有限责任公司 印刷
科学出版社发行 各地新华书店经销

*

2015 年 9 月第 一 版 开本:787×1092 1/16
2023 年 1 月第九次印刷 印张:19
字数:450 000

定价:54.00 元
(如有印装质量问题,我社负责调换)

前　言

纵观物理学的发展过程,始终是人类先进生产力的开拓者,物理学的广泛应用从根本上改变了人类的生产方式、生活方式和人类文明;物理学的发展历程,又始终是先进文化的创造者,它的无穷魅力始终激励一批科学家,在物理学的前沿进行执著的追求.因此对人类的思维方式和世界观的进步作出了多方面的重要贡献.是什么力量推动着物理学的巨轮在300多年来一直滚滚向前,物理学的发展带给人类的启示:物理学的发展不断开辟新的先进生产力,在外部受到社会经济需求的大力牵引;它又是人类先进文化的重要组成部分,在内部一直为人类强烈追求对宇宙运动规律的认识所推动.这两种动力都不会停止,在21世纪将继续推动物理学向前发展.

物理学的魅力不仅体现在其物化成果可以极大地改变人类的生活,尤其需要指出的是,物理学、特别是近代物理学,彰显出科学给人类带来的智力上的升华.物理学广泛地改变了并继续改变着人们的日常生活.想一想晶体管和激光以及电视机、计算机和光纤连接的互联网,或许会更深地领会"物理学革命"的含义.

物理学的性质决定了它是整个自然科学的重要基础,是现代高新技术的主要源泉,也是工程科技的核心基石.物理学的发展不仅在于自身的学科体系内生长和发展出许多新的学科分支,而且它是许多新兴学科、交叉学科和新技术学科的源头和前导,成为推动现代高科技发展和新兴学科诞生的原动力.纵观科学技术的发展史,可以看出每次重大的技术革命都源于物理学的发展.物理学的每一项新突破,都转化为工程技术上的重大变革,继而发展成为新的生产力,推动社会的发展和人类文明进步.物理学对人类文化和文明的发展作出了巨大的贡献,对社会发展和人类生活产生了不可估量的影响.

物理实验是物理学和自然科学的核心基础,物理理论和实验的发展哺育着自然科学和近代高新技术的成长和发展.物理实验的思想、方法、技术和装置常常是自然科学研究和工程技术发展的生长点.现代高新技术的发明和突破无不源于物理实验研究上的重大发现,而高新技术的发展又不断推动着物理实验研究的手段、方法和设备的发展,极大地改变着人类对物质世界认识的深度和广度.物理实验课教学是高等学校理工科开设的一门实践性很强的必修课.它的任务是通过实验过程培养学生发现、分析和解决问题的能力,为从事科学研究打下坚实的基础.物理实验课程曾经为培养20世纪的优秀人才作出了卓越的贡献,也必将为培养新时期的高素质创新人才奠定坚实的基础.

本书是作者长期从事物理实验教学改革研究与实践的成果总结.本书试图以"从自然到物理、从物理到实验、从实验到技术、从技术到应用"为脉络,实验所讲述的内容既注重知识的发现发展过程,并适当介绍物理学史和著名人物传记,借以引入方法论的教育和科学精神、人文精神的熏陶,强调物理方法及思维方法的培养,又强调现代科学技术应用背景与物理学原理、物理实验相融合,能够使学生拓宽视野,加深其对物理学基本原理及基础物理实验在工程技术领域前沿作用的理解;在实验内容和教学方面力争营造自由的时空和选择、以兴趣驱动自主探索、独立评判和解决实际问题过程的感悟,以满足能力培养和层次化教学需要,努力做到在个性化发展中融入创新意识和创新能力的潜在生长;实验内容中加入了"探索创新与拓展迁移"两方面的元素,意在营造氛围、引导学生的兴趣和好奇心,激励需要动机和探索创新的原动力,同时把基础物理实验的物理思想和方法拓展到现代科学技术的前沿应用,缩短了基础与前沿应用、教学与科学研究的距离.本书最大限度地营造宽松自由或选择空间,启迪学生独立评判,注重兴趣探索和个性化发展,把科学素养、实践能力和创新能力培养渗透物理实验的全过程,真正做到创新人才培养和风细雨,持之以恒.

悠久的历史、几代人的积淀,大学物理实验教学改革及实验室建设在几代人的辛勤耕耘下,经过多次大的调整、不断改进、更新和扩充、积累经验、反复实践、不断改革完善才达到目前的规模和水平.因而,我们说本书的编写凝聚了多年来所有从事物理实验课教学的教师和实验技术人员的智慧和劳动成果.许多实验都包含有许多同志的贡献,在本书出版之际,谨向他们的无私奉献和辛勤劳动表示衷心感谢!

全书共 6 章:第一章物理实验概述;第二章物理实验测量误差与数据处理基础知识;第三章物理实验的基本测量方法与操作技能;第四章基础物理实验(19 个实验);第五章综合提高物理实验(12 个实验);第六章设计性物理实验(12 个实验).本书的编写由吴俊林、刘志存、华冰鑫等共同完成,最后由吴俊林负责全书整理和统稿工作.

本书在编写过程中,征求了许多兄弟院校从事物理实验教学的老师的意见和建议,参考并吸收了他们的有关资料和经验;陕西国际商贸学院对本书的编写和出版给予了极大的支持和鼓励;科学出版社的有关领导和编辑们为本书的出版作出了巨大的贡献.在此表示衷心的感谢!

实验室建设和实验教学改革是一项长期和复杂的系统工程,我们深知本书编写中可能还有许多不完善和需要改进之处,加上编者水平有限,编写时间仓促,书中难免有疏漏之处,敬请读者批评指正.

作　者

2015 年 5 月

于陕西国际商贸学院

目　　录

前言

第一章　物理实验概述 ……………………………………………………………………… 1
第二章　物理实验测量误差与数据处理基础知识 ……………………………………… 13
　　第一节　测量误差的基本知识 …………………………………………………………… 13
　　第二节　测量不确定度和测量结果的表示 …………………………………………… 34
　　第三节　物理实验有效数字及其运算规则 …………………………………………… 38
　　第四节　物理实验数据处理的常用方法 ……………………………………………… 40
　　习题 ………………………………………………………………………………………… 53

第三章　物理实验的基本测量方法与操作技能 ……………………………………… 56
　　第一节　物理实验的基本测量方法 …………………………………………………… 56
　　第二节　物理实验的基本操作技能与操作原则 …………………………………… 67
第四章　基础物理实验 …………………………………………………………………… 72
　　实验 1　长度和体积测量 ……………………………………………………………… 72
　　实验 2　固体和液体密度的测量 ……………………………………………………… 80
　　实验 3　空气密度的测定 ……………………………………………………………… 88
　　实验 4　单摆及偶然误差的统计规律 ……………………………………………… 94
　　实验 5　自由落体运动规律研究 …………………………………………………… 101
　　实验 6　牛顿第二定律的研究 ……………………………………………………… 104
　　实验 7　弦振动的研究 ………………………………………………………………… 111
　　实验 8　用三线摆测定物体的转动惯量 …………………………………………… 117
　　实验 9　扭摆法测定物体的转动惯量 ……………………………………………… 121
　　实验 10　物体比热容的测定 ………………………………………………………… 125
　　实验 11　用落球法测定液体的黏滞系数 ………………………………………… 129
　　实验 12　金属线胀系数的测量 ……………………………………………………… 136
　　实验 13　固体导热系数的测量 ……………………………………………………… 139
　　实验 14　模拟法测绘静电场 ………………………………………………………… 147
　　实验 15　用霍尔效应法测量螺线管线圈磁场 …………………………………… 150
　　实验 16　电学元件的伏安特性测量 ………………………………………………… 161
　　实验 17　薄透镜焦距的测量及成像规律的研究 ………………………………… 169
　　实验 18　分光计的调节及三棱镜折射率的测量 ………………………………… 173
　　实验 19　等厚干涉的应用 …………………………………………………………… 181

第五章　综合提高物理实验 …………………………………………………………… 187
　　实验 1　液体表面张力系数的研究 ………………………………………………… 187

实验 2　金属材料杨氏模量测定 ……………………………………………… 196

实验 3　空气、液体及固体介质的声速测量 …………………………………… 202

实验 4　电表的改装与校准 …………………………………………………… 210

实验 5　示波器的原理及应用 ………………………………………………… 217

实验 6　霍尔效应及其应用 …………………………………………………… 224

实验 7　多功能电表的设计与校准 …………………………………………… 228

实验 8　用双棱镜干涉测光波波长 …………………………………………… 246

实验 9　迈克耳孙干涉仪的调节及光波波长的测定 ………………………… 250

实验 10　光电效应测定普朗克常量 ………………………………………… 256

实验 11　单缝衍射光强分布及缝宽的测量 ………………………………… 262

实验 12　光栅特性研究及光波波长测定 …………………………………… 267

第六章　设计性物理实验 ………………………………………………………… 271

实验 1　混合物成分测量的实验设计与研究 ………………………………… 271

实验 2　弹簧振子运动规律的总结 …………………………………………… 271

实验 3　液体体胀系数测定的实验设计 ……………………………………… 273

实验 4　超导磁悬浮原理及应用研究 ………………………………………… 273

实验 5　热敏电阻温度计的设计与制作 ……………………………………… 275

实验 6　电容器电容量测量的实验设计 ……………………………………… 276

实验 7　研究用等厚干涉法测量液体的折射率 ……………………………… 277

实验 8　光学材料色散关系的实验研究 ……………………………………… 277

实验 9　测透明固体的折射率 ………………………………………………… 278

实验 10　用迈克耳孙干涉仪测玻璃片厚度的实验研究 …………………… 278

实验 11　薄膜介质折射率测定的实验探索 ………………………………… 279

实验 12　用声光效应测量液体中的声速 …………………………………… 281

实验附表 ………………………………………………………………………………… 286

第一章　物理实验概述

　　科学和技术的发展对于人类生活与社会进步文明发挥着越来越重要的影响.20世纪中叶,电视和通信的发展已无不影响人们的日常生活,而计算机技术的发展已开始将社会带入信息时代.科学和技术已成为当今社会最重要的时代特征,科学研究成为人类社会生活中最受关注的部分.

　　物理学是科学和技术发展的重要基石.物理学是研究物质运动一般规律及物质基本结构的科学,是整个自然科学的基础,也是当代科学技术的主要源泉.物理学的发展不仅推动了整个自然科学的发展,而且对人类的物质观、时空观、宇宙观和整个人类文化都产生了极其深刻的影响.

　　物理学的发展把人类对自然界的认识推进到了前所未有的深度和广度.在微观领域,已经深入到基本粒子世界,并建立起统一描述电磁、弱、强相互作用的模型,还引起了人们测量观、因果观的深刻变革.量子力学为描述自然现象提供了一个全新的理论框架,并成为现代物理学乃至化学、生物学等学科的基础.在宇观领域,研究的空间尺度已达到 10^{26} cm,时间标度已达 10^{27} s 的宇宙纪元;相对论引起了人们时空观、宇宙观的深刻变革.在宏观领域,关于物质存在状态和运动形式的多样性、复杂性的探索,也取得了突破性的进展.物理学还与其他学科相互渗透,产生一系列交叉学科.物理学的研究领域将继续朝着更小的尺度、更快的时间、更强的相互作用、更复杂的结构体系过渡.

　　物理学又是当代科学技术发展最主要的原动力,其理论与实验的发展哺育着近代高新技术的创新和发展,其思想、方法、技术、手段、仪器设备已经被普遍地应用在各个自然科学领域和技术部门,常成为自然科学研究和工程技术创新发展的生长点.纵观科学技术的发展史,可以看出每次重大的技术革命都源于物理学的发展.物理学的每一项新突破,都转化为工程技术上的重大变革,继而发展成为新的生产力,推动人类社会的进步和发展.人们常说的几次工业革命无不与物理学密切相关.19世纪,力学和热学理论的发展,使人类开创了以蒸汽机为标志的第一次工业革命;电磁理论的建立,使人们制造出了发电机、电动机、电话、电报等电器设备,人类跨进了电气化时代;电磁波的发现和原子物理学、量子力学导致了半导体材料的研制成功,诞生了电子技术这门应用学科,从而使广播、电视、雷达、通信、计算机、网络等事业异军突起,从此人类进入了信息化时代.近代物理学的发展,为半导体、原子能、激光、量子器件的发现奠定了基础,人类进入了以航天技术、微电子技术、光电子技术、生物技术、计算机及信息技术等高新技术为主要内容的崭新时代.物理学是当代工程技术的重大支柱,是许多工程技术(如机械制造、土木建筑、采矿、水利、勘探、电工、无线电、材料、计算机、航空和火箭等)的理论基础.

　　从本质上讲,物理学是一门实验科学,自从伽利略以实验的方法研究物体的运动,从而为物理学奠定基础之后,物理学的发展就离不开实验的推动,在物理学的建立和发展过程中物理实验一直起着十分重要的作用.从人们认识客观事物的规律来看,总是先从实验出发,经过分析和归纳,上升为理论,然后再回到实践中去指导实践,并接受实践的检验.三四百年前,伽利略和牛顿等学者,以科学实验方法研究自然规律,逐渐形成了一门物理科学.从此物理学中每个概念的提出,每个定律的发现,每个理论的建立,都以坚实、严格的实验为基础,并且要经受实验的进一步检验,所以物理实验是物理学的基础.例如,法拉第于 1831 年在实验室里发现了电磁感应现象,进而得出电磁感应定律和其他几个实验定律.麦克斯韦系统地总结了电磁学的成就,在 1864 年提出著名的电磁场理论.20 多年后,赫兹的电磁波实验又检验和证实了电磁场理论的正确性.麦克斯韦的电磁场理论把电、磁、光三个领域的规律综合在一起,具有划时代的意义.物理学的发展离不开实验的推动,就是在物理学的研究深入到原子、核子、夸克等微观层次并扩展到星系、星系团等宇观层次,实验也总是理论的先导和准绳;即使在理论体系已相当完整的领域,物理学的研究和进展还是离不开实验技术的发展.物理学实验的仪器设备和研究方法还成为其他自然科学发展的必要工具,化学、生物学和材料科学的研究前沿已与物理难以区分,化学物理、分子生物学和纳米材料科学就是例子.物理学实验的仪器和方法也广泛应用于技术领域和日常生活,医学中的 X 射线、CT、B 超、磁共振,信息技术中的计算机、通信设备、光纤,无一不是来源于物理学实验仪器.这些令人感慨的例子,数不胜数,但都说明了物理学及物理实验对人类社会发展的重要性.

人类改造自然的实践活动有两种:一是生产实践,二是科学实验.所谓科学实验,是人们按照一定的研究目的,借助特定的仪器设备,人为地控制或模拟自然现象,突出主要因素,对自然事物和现象进行精密、反复的观察和测试,探索其内部的规律性.这种对自然有目的、有控制、有组织的探索活动是现代科学技术发展的源泉.原子能、半导体和激光等最新科技成果仅依靠总结生产技术经验是发现不了的,只有在科学家的实验室里才会被发现.现代化的企业为了不断地改进生产过程和创新产品,也十分重视实验研究工作,都有相当规模的研究实验室.因而科学实验是科学理论的源泉,是自然科学的根本,是工程技术的基础,同时科学理论对实验起着指导作用.要处理好实验和理论的关系,必须重视科学实验,重视进行科学实验训练的实验课教学.

现代教育理论研究表明:人的创新能力是在实践活动中通过构建知识,获取体验,形成技能,最终发展为能力.物理实验是高等学校学生实践性很强的必修基础课.物理实验教学是以教学形式培养科学技术后备人才的重要途径,在创新人才培养方面起着不可替代的作用.物理学在不断发展,物理实验的技术在不断更新,如何在大学物理实验教学中引入新的教学内容和方法,如何根据教学内容和方法更新改革物理实验课教学模式,使物理实验教学适应创新人才培养的要求,并把学生创新能力、实践应用能力培养渗透物理实验教学的各个环节,是物理实验教学改革及许多从事大学物理实验教学的教师近年来一直在努力探索的课题.作者长期从事大学物理实验教学和教学改革研究工作,在这方面做了大量的探索工作,取得了一些成效,本书就是其中之一.

一、物理实验的基本思想及实验的观点

物理学家们在进行物理学研究时,通常采用下列方法:首先,通过观察与实验认识研究对象的主要特征;接着,凭借理性思维提出假说,设法建立理想模型,运用数学语言对假说进行定量描述;最后,用实验对定量描述的内容加以检验和修正,使假说成为科学结论,从而完成建立物理理论的第一个"循环".随着研究的深入,可能会出现一些理论解释不了的新问题,需要采用更先进的观察实验手段、数学手段或其他手段进入下一个层次的循环,以达到认识的深入和理论的更趋合理和完善.可见,物理学是以实验为基础的科学,即实验的观点.

1. 物理实验的思想及观点

物理科学研究中的实验,可以是一种探求未知自然的观测活动,也可以是在人为地控制或模拟物理现象,人为创设的、能排除各种干扰、突出主要因素的条件下,利用各种仪器或手段,去观测和研究物理现象的发生及变化规律的活动.

物理学及自然科学研究从通过观察与实验认识研究对象的主要特征开始,经过提出假说建立理想模型,到最后用实验检验和修正建立科学的物理理论.物理学是以实验为基础的科学.在物理学发展中,物理实验方法是物理学家研究物理学的重要方法.

物理学习与研究中实验的观点,其主题思想是:物理概念的建立和物理理论的发展都必须以严格的实验为基础,并经受严格的实验检验,实验是物理学的根基和科学发展的动力.因而物理实验在物理教学和人才培养中发挥着不可替代的作用.

2. 伽利略实验探索的思想和方法

早在古希腊时代,在当时的学术界影响极大的亚里士多德流传下来许多有关自然科学的著作,包括讨论物体在时空中的运动的《物理学》,其中有一些统治人们思想近两千年的错误认识.比如,"物体运动是由于受到力的作用"、"重的物体比轻的物体下落得快"……一系列与今天的物理学理论相悖的结论.

在伽利略之前,亚里士多德的运动理论,特别是落体定律,已经受到不少人的怀疑,他们通过对运动情况的一般观察而得出了基本正确的结论.但真正动摇亚里士多德理论的是伽利略开创性的工作.

意大利科学家伽利略(Galileo,1564~1642)一生中在天文学和物理学方面均有卓越贡献.这里仅以他提出落体定律和惯性运动概念的经历为例.

为了驳斥亚里士多德关于"重物下落得比轻物快"的错误观点,他曾作如下推理:设想如何把一块重物和一块轻物捆在一起,让它们自由下落,按亚里士多德观点,重物下落速度快,轻物下落速度慢,那么两物体捆在一起后,快的重物会被慢的轻物拖慢;相反,慢的轻物将被快的重物拉快,也就是下落速度应介于单独重物和单独轻物两个下落的速度之间.但是,从另一角度看,两物体被捆在一起后,质量变得更大了,也就是下落速度要比两物体中重的那个还要快.可见,同样依据亚里士多德的观点,却得到了相互矛盾的两个结论.

接着,他借助数学分析方法,设计了小球沿斜面滚下的实验.伽利略的斜面是一块长约45.7cm,宽约23cm的木板,中间刻一凹槽,尽可能地磨光.将木板斜放后,让一个光滑黄铜球沿斜面滚下.伽利略基于如下的分析:

将小球放在斜面上,它所受重力 $W = mg$ 有沿斜面的分量,ϕ 为斜面与水平地面的夹角.重力垂直于斜面的分量 F_P 则恰好与斜面对小球的反作用力 F_N 相互抵消.斜面对小球的摩擦力 F_f 使它不滑动,而产生转动,结果小球沿斜面无滑动地滚下来(即纯滚动).然后他仔细地测定小球滚下来需要的时间 t 及其与距离 S 的关系.他用全程所用时间同滚下一半距离、3/4 距离或任何部分距离所用时间进行比较,发现距离 S 不是与 t 成正比,而是与 t^2 成正比.这就促使他进一步思考速度随时间变化的规律,最终通过实验弄清了加速度 a 的概念,对匀加速运动(a 为常数)且初速度为零时,末速度 $v = at$,位移 $s = \frac{1}{2}at^2$.地球引力(重力)是小球得到加速度的原因. 实验表明,小球加速度与小球质量无关,只与斜面陡度有关,且斜面与地面夹角越大,小球加速度越大. 于是,伽利略进一步设想:如果把斜面完全竖立起来,小球的下滚运动就是自由落体. 由此,他推出在没有空气阻力时,在同一高度下落时所用时间一样,同时落地. 这就是著名的伽利略定律.

后来人们通过伽利略进行研究时留下的手稿,推测:伽利略可能进一步设计了两个斜面的实验,并进行了一些理性的思考. 一个小球从左方斜面滚下来,在平面上滚动一段距离后又爬上右方斜面. 如果小球做无滑动滚动,但空气阻力不可忽略,则不能到达出发时的高度;如果空气阻力可忽略不计,则可达到相同高度(不管斜面陡度如何). 于是,进一步设想:右方斜面与地面的夹角减小到零(即右方斜面不存在),同样可忽略空气阻力,则小球将保持滚到地面时的速度,匀速地在水平面上一直滚下去. 为此,伽利略提出惯性运动概念——一个不受外力作用的物体将保持它的匀速运动状态. 可见,力不是产生速度的原因,而是产生加速度的原因.

从伽利略开创性研究所体现的思想和方法,我们不难总结出以下几点:

第一,伽利略不满足于定性的思维过程,他提出了用实验来验证理论的思想,而且把实验与数学结合起来,使研究精确定量化.

第二,实验探索过程中,不断改变实验的测量条件使其易于观察、测量,凭借理性思维提出假说,设法建立理想模型.

第三,思辨中,可以有意识地抛开一些次要因素,设想实验在理想的条件下进行,即排除实验中的次要因素,创造理想化的物理条件——突出重点,认识事物本质. 这种理想实验方法的提出,在以后的科学研究中起了非常重要的作用.

第四,利用简单的仪器设备,并开创性地使实验、观察与理性思维相结合,发现非常基本、重要的科学概念,使实验结果上升到普遍的理论高度.

第五,将实验探索与理论结合起来,在实验的基础上演绎、推理,得出超越实验本身更普遍的理论. 即把实验结果上升到理论高度,形成了一套完整的科学研究方法.

这使我们理解,为什么爱因斯坦要说"伽利略的发现以及他所用的科学推理方法是人类思想史上最伟大的成就之一,而且标志着物理学的真正开端". 也使我们理解,为什么时至2002年,伽利略的斜面实验还被英国著名的《物理学世界》杂志评为历史上"最美丽"的十大实验之一.

二、物理实验方法的特点及其在科学研究中的作用

1. 科学实验是科学发展的源泉、动力和检验标准

实验是从生产实践中分化出来的,是在理性指导下的一种感性活动. 由于它的有目的性和人为控制性,即依研究的目的,利用仪器、设备,人为地排除一些干扰,控制一些条件的变化,突出了主要因素,因此能够抓住事物的一些本质特征. 从过程和目的上讲,实验属于社会实践的一种基本形式.

物理实验作为一种科学研究的方法,有其重要的特点.

1)物理实验可以纯化研究对象

任何自然现象或生产过程,都有多种多样的功能和属性,它们彼此联系着;同时自然现象或生产过程又同周围环境互相作用、互相影响. 在这种状态下,单靠笼统的直观不能认识事物

的规律. 为此,通过特制的仪器设备,将对象置于一个特殊的环境,让对象的某些功能或属性在简化了的、纯粹的形态下暴露出来,从而准确地认识它,这是纯化研究对象.

例如,1799 年,英国物理学家亨弗利·戴维(Hunphrey Davy,1778~1829)做了一个实验:他在真空中用一只钟表机件使两块冰互相摩擦,并把整个实验仪器都保持在水的冰点,这样就排除了实验物和周围环境的热交换,使实验在纯粹的摩擦条件下进行,结果冰融化了,证明融化冰所需的热只能来源于摩擦,从而给所谓"物体中存在一种没有重量的热素,由它引起物体温度变化"的"热素说"以致命打击,为热的分子运动论的发展扫除了障碍. 这充分表明,用实验手段纯化对象,是导致科学发现的重要途径.

2)物理实验可以强化研究对象,能够保证在各种特殊条件下进行研究,从而导致新发现

由于许多事物的本质及其运动规律要在非常特殊条件下才能暴露出来而为人们所认识,但这样的条件在自然状态中却难以控制,在生产过程中也难以实现,只有在实验中才能创造出来. 因此,用各种实验手段来强化研究对象,在科学研究中就具有相当普遍的意义.

例如,1931 年范德格拉夫发明了静电加速器,接着又出现了回旋加速器,从而获得加速中子、氘核这些用以轰击原子核的"炮弹",这就给实验创造了特殊条件,使人造元素的设想得以实现. 为了强化研究对象,人们设法制造超高压、高真空、超低温、高能量等实验环境,使实验获得在自然状态或生产过程中不可能获得的许多重大发现.

又例如,1911 年荷兰物理学家卡末林·昂尼斯,在接近热力学零度的实验中发现水银失去了电阻,从而引起了超导体及其性能的研究. 事实表明,科学实验可以强化对象,从而保证在各种特殊条件下进行研究,并可能导致新的发现.

由于科学实验可以纯化、强化研究对象,它就能深入到事物的内部去获得反映事物本质规律的科学事实和数据,探究其中的普遍联系. 因此,科学实验是建立科学规律的基本手段和最重要的方法. 同样,由于科学实验可以纯化、强化研究对象,我们可以在特定的条件下准确测定物质常数,建立量纲协调的基本常数,因此,实验是检验和协调科学常数、为科学研究提供佐证的重要工作.

3)任何实验中的新发现,都必须能够被其他人的重复实验所证实,才能得到公认,才称得上是真正的新发现

一个学说或理论,如果被科学实验的结果所否定,它就失去了存在的价值. 另外,科学发现是通过科学实验而获得的. 但是,它不被其他人的重复实验所证实,也不能得到公认. 这是因为实验的过程往往存在着多种复杂的因素,仪器设备的局限造成测量精度不够,或者实验者对复杂现象作出的判断有偏差,都可能导致结论的错误. 再有,科学实验是一种探索性的活动,不可避免地要遭受多次失败才能获得成功. 为此,科学界坚持:任何理论或发现,必须经受科学实验的检验. 曾经在科学界盛行"以太说",即充塞宇宙空间的是一种"以太"物质. 1887 年,美国科学家迈克耳孙和莫雷通过实验否定了"以太"的存在,从此"以太说"被否定. 相反的例子,德国科学家哈恩公布了他的铀核裂变实验发现,美国的一批科学家在实验室中重复这方面的实验,在不到一个月的时间里纷纷得出同样的实验结果,哈恩的核裂变发现得到公认. 又如,"磁单极"有关理论可以使麦克斯韦的电磁波方程显得更对称,使现行的电磁学理论显得更完美,但由于"磁单极"迄今为止没有获得科学实验的证实,因此,尽管该理论很诱人,但仍未被科学界所接受.

值得注意的还有:科学发现需要重复进行,而实验也恰好具有便于重复的优点. 与生产实

践相比,实验规模小、周期短、花钱少,因而便于重复进行. 此外,在实验室研究成果投入到生产中去的过程中,还需要中间实验这样的环节,通过中间实验才能把实验室的研究成果转移到工厂化生产中去.

4)实验要求周密思考、精心设计

实验的全过程大体上可分为实验课题的选择、实验的设计和实施、对实验数据的分析和从中引出结论、对实验成果的鉴定等阶段. 其中,周密思考和精心设计是实验成功与否的关键. 正如英国科学家贝弗里奇说的"最有成就的实验家常常是这样的人:他们事先对课题加以周密思考,并将课题分成若干关键的问题,然后精心设计为这些问题提供答案的实验."

丁肇中实验小组关于强子三喷注的著名实验,就是周密思考、精心设计的典范. 其思考过程大致是这样的:由于具有电磁作用的粒子(电子等)可以辐射光子,从而认为层子也可能辐射胶子这一强互相作用力的传递媒介物;又由于正负电子对撞产生强子的实验中发现强子呈双喷注的空间分布,从而认为如果胶子存在,将在高能电子对撞产生强子的实验中看到强子的三喷注现象. 经过这样的逻辑推理,再精心设计捕捉三喷注现象的实验方案,并把实验设计方案物化到实验设备中去进行实验. 1979 年丁肇中小组根据这一实验设计,在西德汉堡高能电子对撞机上进行的实验中发现了三喷注现象,从而取得了胶子存在的实验证据.

为了使实验设计巧妙、完善,人们还借助数学统计方法,把原先的简单对比设计发展到复杂因素的析因设计,引入偶然误差的基本理论和系统误差分析,从而选择最佳实验方案,实现实验设计的最优化.

5)重视观察实验中的机遇发现

人们进行观察和实验,本来是为了发现某一事实,结果却意外地发现另一种很有意义的事实,从而导致科学技术的新发现,这种意外的发现通常称为机遇.

1895 年,德国物理学家伦琴(W. C. Rontgen,1845～1923)在研究阴极射线管的放电现象时,有一次偶然在旁边放了一包密封在黑色纸包里的照片底片,当他把底片显影时,发现已经曝光了. 这一意外的现象引起他的注意. 他分析一定有某种射线在起作用,并称它为 X 射线. 经过进一步的实验证实了这一设想,于是他意外地发现了 X 射线,并将其应用于其他方面的研究,为此他获得了 1901 年的首次诺贝尔物理学奖. 伦琴的这一意外发现宣布了现代物理学时代的到来,使医学发生了革命的变化. 在伦琴之前,不少人都曾遇到类似情况,如 1879 年英国的克鲁克斯、1890 年美国的兹皮德和詹宁斯、1892 年勒纳德和德国另外的一些物理学家,都曾先后发现在阴极射线管附近的密封照片底片被曝光,但他们有的只是埋怨自己不小心,有的只是对这种"干扰"感到气恼,有的则认为与自己研究的课题无关而不予以深究,因此都失去了发现 X 射线的机遇.

机遇仅是科学发现的一种因素,只为科学发现提供一种重要线索,并没有解决科学发现的全部问题. 能否利用机遇提供的重要线索,从中做出新发现,关键是要善于捕捉机遇,即随时警觉机遇的出现,一旦来临,能够认出它,抓住其中有重大价值的线索不放,追根究底,才有可能从中做出科学发现. 这是需要敏锐的洞察力和丰富的学识支撑的. 另外,人的识别能力不仅与所具备的科学知识有关,而且和精神状态密切相关. 有些科学家学识不可谓不渊博,但因其保守思想或偏见之误,白白放走机遇中有价值的线索. 而一些勤于观察实验和勇于探索新问题的新手,往往能有新发现. 因此,学理科的人应当记住:机遇青睐的是具备敏锐的识别能力、尝试新步骤的勇气、勤奋认真工作的态度、坚持不懈与锲而不舍的精神、丰富的学识和熟练的观察实验技能的人.

总之,物理实验中可能的机遇是具有意外性和偶然性的,也就是在观察实验的目的、对象、方式、步骤和场合等方面,具有全部或部分意料之外的性质.正是由于这点,常使人从中获益匪浅,也往往使人误入迷途.因此,怎样正确估计机遇的作用,怎样对待机遇,怎样才能捕捉到机遇等问题,是科学研究中经常遇到的重要问题.

由上述分析,我们说科学实验是科学发展的源泉、动力和检验标准.

2. 物理实验在科学研究中的作用

由上面对物理实验方法的特点的阐述,我们不难归纳出物理实验方法在科学研究中的作用.

1)发现新事物和探索新规律

经典物理学发展中,伽利略的斜面实验、胡克的弹性实验、玻意耳的空气压缩实验等都为经典力学提供事实,并在此基础上建立了新规律;库仑、欧姆、法拉第等的实验,为库仑定律、欧姆定律、法拉第电磁感应定律的建立奠定基础;光的干涉、衍射、偏振等现象也都是首先在实验中发现的.正是这些实验发现促进了电磁学理论、光学理论的发展.19世纪末20世纪初,在物理学实验中电子、X射线和放射性这三大发现,揭示了经典物理的不足,从而开拓了相对论和量子物理这些新的领域,诞生了现代物理学.

2)验证理论

实验是检验理论的重要手段.一次单独的实验可以推翻或确证所有可能的论据.麦克斯韦的电磁场理论只有当他预言的电磁波被赫兹的实验证实后才真正成为电磁理论的基础;而与"磁单极"相关的理论,尽管显得很完美,由于"磁单极"迄今尚未被实验所证实,该理论始终不被物理学界所公认.爱因斯坦的光电子假设——光的波粒二象性,直到1916年被密立根的严密的光电效应实验证实后才为人们接受.德布罗意的物质波假说也是在发现电子衍射后才得到肯定;杨振宁、李政道的弱相互作用下宇称不守恒理论也因为吴健雄的实验验证才获得成功.人们在研究中还发现:理论有一定的适用范围,这个范围往往也要由实验在检验理论的过程中确定.

3)测定常数

物理学中,大量的实验是围绕物质常数(比热、电阻率、折射率等)和基本常数(真空中的光速、基本电荷、普朗克常量等)进行的.人们发现,常数之间的协调是检验物理理论的重要途径,尤其是基本物理常数的协调,不仅是物理学理论也是科学技术的重大问题,而每次协调都是在大量实验和取得众多新的研究成果的基础上做出的.比如,精细结构常数,是物理学中的一个基本常数,它由光速 c、普朗克常量 h 和电子电量 e 这三个基本物理常数结合而成.最早是德国物理学家索末菲引进了 α,它代表电子在第一玻尔圆周上的速度 v 与光速 c 之比,称为精细结构常数.康普顿效应显示了电子的波动性,电子经典半径显示了电子的微粒性,有意义的是:后者与前者的比恰好等于 α,这样 α 把电子的波动性和微粒性这两种尺度联系起来,从本质上揭示了电子的波粒二象性.后来,英国科学家爱丁顿把带电粒子的作用量同辐射作用量联系起来,指出 α 是这两种作用量的自然单位的比, α^{-1} 大约是137.从20世纪30年代发展起来的量子电动力学,其中 α 被定义为电磁相互作用的耦合常数,它表示带电粒子所受电磁场作用力的大小. 这样,精细结构常数所反映的内容从带电粒子之间的相互作用推广到带电粒子和电磁场的相互作用,因此意义就更为广泛了. 在近代物理学的研究领域中,α 在量子电动力学理论和实验上发挥了极其重要的作用. 而有人预测,α 的物理意义还将随着物理学的深入研究取得进一步的揭示和认识.

4)推广应用

现代社会的许多技术,如蒸汽机技术、内燃机技术、电工电子技术等,都离不开物理实验. 各种发明创造,都是经过大量的科学实验研究才日臻完善的.

让我们来回顾物理学家在探索原子和原子核结构方面经历了多少物理实验研究和理论探索,最后才使核物理获得应用的.

1896 年,A. H. 贝克勒尔通过实验发现铀的天然放射性;

1897 年,J. J. 汤姆孙通过实验发现电子;同年,E. 卢瑟福通过实验检测到 α、β 射线;

1900 年,P. 维拉德发现 γ 射线;

1902 年,居里夫妇通过实验发现更强的天然放射性元素钋和镭;

1905 年,爱因斯坦通过理论探索,创立狭义相对论,得到质能公式 $E = mc^2$;

1909 年,盖革、马斯登的实验:用 α 粒子轰击原子,发现大偏转角散射;

1911 年,卢瑟福分析大角散射,提出原子的有核模型;

1913 年,玻尔在实验基础上进行理论探索,建立量子化的原子模型;

1914 年,弗兰克-赫兹实验,证明了原子能级的分立性;

1925~1926 年,众多物理学家的理论探索,促进了量子力学的建立;

1932 年,查德威克实验中发现中子;同年,海森伯、伊万年科等提出原子核的质子-中子模型;

1933 年,居里夫妇在实验中发现人工放射性;

1939 年,哈恩等在实验室里完成重核裂变;

1941 年,费米实现核的链式反应;

1945 年,原子弹实验成功;

1952 年,氢弹实验成功;

1954 年,第一座核电站建立,人类开始步入和平利用原子能时代.

近半个世纪,核电在整个能源中的比例,美国超过 30%,欧洲一些国家超过 50%,其中法国高达 78%.

仅人类利用核能的历程就足以说明:物理实验在推广应用理论与技术上扮演着重要的角色.

三、物理实验课的目的和任务

物理学是实验的科学,实验是物理学的基础. 大学物理实验不仅只是物理专业学生一门重要的基础课程,也是培养大学所有理工科学生,甚至文科学生科学素质的一门重要的基础课程. 因为物理实验既可以培养学生基本实验技能与动手能力,使其了解现代科学技术的应用,也可以培养学生的科学思维、创新能力、严谨的科学作风和坚韧不拔的科学精神及人文素养. 因此,物理实验的教育对于培养高层次、高素质的创新人才和其他管理人才都是十分必要的.

大学物理实验课是一门独立设置的实践性很强的必修基础课程,它和理论课具有同等重要的地位.实验研究有自己的一套理论、方法和技能.本课程的学习使学生了解科学实验的主要过程与基本方法,为今后的学习和工作奠定基础.本课程以基本物理量的测量方法、基本物理现象的观察和物理思想研究、常用测量仪器的结构原理和使用方法为主要内容进行教学,对学生的基本实验能力、分析能力、表达能力和综合运用设计能力进行严格的培养.本课程是对理工科学生进行科学实验基本训练的一门必修基础课,是学生进入大学后在科学实验思想、方法、技能等方面,接受较为系统、严格训练的开端,是学生进行自主学习、培养创新意识、为后续课程及科学研究打好基础的第一步.基本实验能力是科学研究的基本功,只有具备熟练扎实的实验基础知识、方法和技能,才有可能在科学研究中作出成绩.本书各个层次的实验题目和内容都经过了精心设计和安排,不仅可以使学生在理论和实验两方面融会贯通,更重要的是在培养学生的基本科学实验能力、科学世界观和良好素质等方面具有特殊的不可替代的作用.

开设物理实验课的目的简单说来有以下三点:

(1)学习物理实验的基本知识、基本方法和基本技能.包括学习使用各种测量仪器,学习各种物理量的测量方法,观察分析各种实验现象,还要学习测量误差的理论知识,学会正确地记录和处理数据,正确地表达实验结果,对实验结果进行正确的分析评价等,为以后的科学研究工作或其他科学技术工作打下良好的实验基础.

(2)逐步培养严肃认真、实事求是的科学态度和工作作风,养成良好的实验习惯.科学是实实在在的学问,来不得半点虚假和马虎.良好的实验习惯是做好实验的重要条件,一旦形成不好的习惯,以后就很难改正.要在每次实验中有意识地锻炼自己.

(3)通过实际的观察和测量,加深对物理理论知识的理解和掌握,同时激发学生对学习物理科学的兴趣.

物理实验课程的具体任务是:

(1)通过对实验现象的观察、分析和对物理量的测量,学习物理实验知识,加深对物理学原理的理解.

(2)培养与提高学生的科学实验能力.包括:

①自学能力:能够自行阅读实验教材和资料,能正确理解原理,做好实验前的准备;

②实践能力:能够借助教材或仪器的说明书,正确使用常用仪器,完成实验操作;

③思维判断能力:能够运用物理学理论对实验现象进行初步分析,作出判断;

④表达书写能力:能够正确记录和处理实验数据,绘制图线,说明实验结果,撰写合格的实验报告;

⑤简单的设计能力:能够完成综合提高实验和设计性实验;

⑥ 创新能力:能够举一反三,灵活运用,有所创新.

(3)培养与提高学生的科学实验素质.要求学生具有理论联系实际和实事求是的科学作风,严肃认真的科学态度,主动研究的探索精神,遵守纪律、团结协作和爱护公共财物的优良品德.

四、物理实验课的三个环节

物理实验课是学生在教师指导下独立进行实验的一种实践活动,无论实验内容的要求或研究的对象如何不同,无论采用什么方法,其基本程序大致相同,一般都有三个基本环节.

1. 实验课前预习

物理实验课不同于理论课,做实验前一定要认真预习,预习的好坏直接影响实验的成败,因此,预习是做好实验的基础.预习时首先要仔细阅读教材的有关章节及实验,不能只将实验内容通读一遍,关键是要理解其意,明确实验的目的要求,弄清实验所依据的原理和采用的方法,初步了解所用量具、仪器、装置的主要性能及使用方法,明白如何进行操作,要测量哪些数据,要注意哪些事项.对一时弄不清楚的问题,应做出记录,以便在实验过程中加以注意,通过实验来解决.

阅读教材后要在规定的实验报告本或报告纸上写出简明扼要的预习报告,设计并画好记录原始数据的表格.上课时,教师将通过不同的方式检查预习情况,并作为评定课内成绩的一项内容.对于没有预习的学生,不允许做本次实验.

2. 实验观测

实验课内操作是实验课的关键环节,是学习科学实验知识,培养实验技能,完成实验任务的主要过程.进入实验室要遵守实验室规则.实验前应首先清点量具、仪器及有关器材是否完备,然后根据实验内容和测量方法进行合理布局,对量具、仪器进行调整或按电路、光路图进行连接,并清楚了解所用仪器的性能、使用方法,牢记注意事项.实验前如有必要应请指导教师检查.实验开始,如果条件允许,可先粗略定性地观察一下实验的全过程,了解数据分布情况,有无异常现象.如果正常就可以从头按步骤进行实验测试.实验过程中如出现异常情况,应立即中止实验,以防损坏仪器,并认真思考,分析原因,力求自己动手寻找、排除故障,当然也可与指导教师讨论解决.通过实验学习,探索和研究解决问题的方法.

物理实验过程中要仔细观察实验现象,手脑并用,边做实验边思考,做到认真测量、如实记录原始数据.实验完毕,原始数据记录经教师检查后,方能整理仪器,离开实验室.

3. 实验报告撰写

实验报告是实验完成后的书面总结,是把感性认识转化为理性认识的过程,是培养表达能力的主要环节.首先应该完整地分析一下整个实验过程:实验依据的理论和物理规律是什么;通过计算、作图等数据处理,得到什么实验结果,有的还要进行科学合理的误差或不确定度估算;有哪些提高;存在什么问题.应该注意的是,写实验报告不要盲目地抄教材.因为实验教材是供做实验的人阅读的,是用来指导其做实验的.实验报告则是向别人报告实验的原理、方法,使用的仪器,测得的数据,供别人评价自己的实验结果的.认真书写实验报告,不仅可以提高自己撰写科研报告和科学论文的水平,而且可以提高组织材料、语句表达、文字修饰的写作能力,这是其他理论课程无法替代的.

物理实验报告一般包括以下几项内容.

实验名称;

实验目的(或要求);

实验仪器用具.

实验原理　简要叙述实验的物理思想和所依据的物理规律、主要计算公式,电学和光学实验应画出相应的电路图和光路图.

　　数据表格及数据处理　　把教师签字的原始数据如实地誊写在报告的正文中,写出计算结果的主要过程及误差或不确定度估算过程.进行数值计算时,要先写出公式,再代入数据,最后得出结果.若用作图法处理数据,应严格按作图要求画出符合规定的图线.

　　讨论分析小结　　讨论分析实验中的遇到的问题,写出自己的见解、体会和收获,提出对实验的改进意见等.讨论分析是培养分析能力的重要途径.

　　回答问题　　回答指定的问题.

　　物理实验论文式实验报告一般应包括以下几项内容.

　　论文题目(可以是实验名称或派生的相关研究题目)　　论文题目是论文的总纲,是能反映论文最重要的特定内容的最恰当、最简明的词语的逻辑组合.论文题目要准确得体,简短精练,一般不宜超过 20 个汉字.

　　摘要　　摘要是对论文的内容不加注释和评论的简短陈述,文字必须十分简练,内容也需充分概括和浓缩,一般为 50~200 字.论文摘要不要列举例证,不讲研究过程,不用图表、公式,也不要做自我评价.摘要内容主要包含:研究的目的和意义;研究的主要内容和方法;研究成果,突出新见解;结论及意义.摘要的作用主要有:让读者尽快了解论文的主要内容;为科技情报人员和计算机检索提供方便.

　　关键词　　关键词是为了满足文献标引或检索工作的需要,从论文中选取出的用以表示全文主要内容信息款目的词语或者术语,一般为 3~6 条.

　　引言　　论文的引言又称绪论,引言属于整篇论文的引论部分.引言的内容应包括:研究的理由、目的和背景;理论依据、实验基础和研究方法;预期的结果及其地位、作用和意义.也就是引出论文所研究问题的来龙去脉,回答为什么要写该论文,其作用在于唤起读者的注意,使读者对论文先有一个总体了解.引言的文字不可冗长,内容不宜过于分散、琐碎,措词要精练,要吸引读者读下去.

　　正文　　正文即论证部分,是论文的主体与核心部分,它占据论文的最大篇幅.论文所体现出的创造性成果或新的研究结果,都将在这一部分得到充分的反映,因此,要求这部分内容充实,论据充分、可靠,论证有力,主题明确.为了满足这一系列要求,同时也为了做到层次分明、脉络清晰,常将正文分成几个大段落(即所谓逻辑段),一个逻辑段可包含几个自然段,并冠以适当标题,没有固定的格式,但大体上可以有以下几个部分:理论分析(实验原理和研究内容);实验仪器用具、实验材料和实验方法;实验结果及其分析;结果的讨论(突出结果新发现);结论和建议.结论又称结束语.它是在理论分析和实验验证的基础上,通过严密的逻辑推理而得出的富有创造性、指导性、经验性的结果描述,是论文或研究成果的价值体现.结论不是研究结果的简单重复,而是对研究结果经过判断、归纳、推理的更深入的认识,是将研究结果升华成新的学术见解.

　　参考文献　　所谓参考文献是指在论文中引用前人已发表的论文和有关图书资料中的观点、数据和材料等,对它们在文中出现的地方都要予以标明,并在文末列出参考文献表.其目的是为了能够反映出真实的科学依据;体现严肃的科学态度,分清楚是自己的观点或者成果,还是别人的观点或者成果;对前人的科学成果表示尊重,同时也是为了指明引用资料出处.

　　物理实验是以教学形式培养学生创新意识、解决实际问题能力和初步从事科学研究能力的实践性环节.论文式实验报告的写作过程,是实验事实即客观事物经过实验者主观思维的加工整理,便形成论文.这是一个从认识过程到表达过程的飞跃.在论文形成过程中,实验者经过加工整理材料,提炼主题思想或科学观点,安排论文的结构,要找出事物之间本质的和必然的联系,并加以概括、抽象,进而揭示出事物的规律性,促进科学研究向生产力的转化,提高人类认识世界和改造世界的能力.

　　要写好论文式实验报告,就要求实验者必须从研究角度去观察实验现象,发现实验过程中出现的新问题并用物理思想进行分析思考,进而提出有自己独特见解的解决实际问题的设想或方案.所以从实验预习、资料查询、实验操作、现象分析、数据研究到论文式实验报告的撰写各个环节都渗透着能力培养,使物理实验教学真正发挥促进学生物理思想升华和创新能力培养的作用.

第二章 物理实验测量误差与数据处理基础知识

第一节 测量误差的基本知识

物理学是建立在实验基础上的科学,物理实验离不开对物理量进行测量,由于人们认识能力和科学技术水平的限制,物理量的测量很难完全准确.也就是说,一个物理量的测量值与其客观存在的值总有一些差异,即测量总存在误差.由于误差的存在,测量结果带有一定的不确定性,因此,对一个测量质量的评估,要给出它的误差或不确定度,不知道可靠程度的测量值是没有意义的.本节主要介绍测量误差的基本知识,同时要注意体会误差分析的思想对于做好实验和实验设计的意义.

一、测量与误差

1. 测量及其分类

在物理实验中,不仅要定性地观察各种物理现象,还必须定量地说明物理量的变化规律,为此就需要对物理量进行测量.测量是将被测物理量与选作标准单位的同类物理量进行比较的过程.其比值即为被测物理量的测量值,被测量的测量结果用标准量的倍数和标准量的单位来表示.因此,测量的必要条件是被测物理量、标准量及操作者.测量结果应是一组数字和单位,必要时还要给出测量所有的量具或仪器,测量的方法和条件等.

按照测量的方法,可将测量分为两类.一类是可用标准计量仪器直接和待测量进行比较而得到结果的测量,称为直接测量,相应物理量称为直接测定量.例如,用米尺测得单摆摆线长度为 $L=90.0\text{cm}$,用停表测量单摆周期 $T=1.91\text{s}$,用电流表测量线路中的电流等.另一类是被测物理量不能用标准计量仪器直接比较,而需要依据待测量和某几个直接测定量一定的函数关系计算出结果的测量称为间接测量,相应的物理量称为间接测定量.例如,用单摆测定重力加速度,可在直接测定摆长和周期后,依据公式 $g = 4\pi^2 \dfrac{1}{T^2}$ 计算出测量结果.

如果按测量次数来分类,可将直接测量分为单次测量和多次测量.而根据测量条件有无变化又可将多次测量分为等精度测量和不等精度测量两类.由于所有测量都是依据一定的方法,使用一定的仪器,在一定的环境中,由一定的观察者进行的,所以我们把这一定的测量方法、仪器、环境和观察者统称为条件.如果多次测量时,每次的测量条件都完全相同(同一方法、同一仪器、同一环境、同一观察者),则这种测量称为等精度测量,测得的一组数据称为测量列.如果在多次重复测量过程中,有一个或几个条件发生了变化,则这种测量称为非(不)等精度测量.物理实验中尽量采用等精度测量.

2. 测量误差及其分类

1)真值与测量值

任何一个物理量在确定条件下客观存在的,即实际具备的量值称为真值.例如,某一物体在常温条件下具有一定的几何形状及质量.真值是一个比较抽象和理想的概念,一般来说不能确切知道这个值.真值包括理论真值,如三角形内角和恒为180°.约定真值,如指定值、标准值、公认值及最佳估计值等.

通过各种实验所得到的量值称为测量值,多是仪器或装置的读数或指示值.测量值是被测量真值的近似值,包括:①单次测量值,②算术平均值,③加权平均值等.

2)测量误差

每一个物理量在一定条件下具有的客观大小称为物理量的真值.进行测量的直接目的就是力图获得待测量的真值.但是由于测量条件的不完善,如实验理论的近似性、实验仪器灵敏度和分辨能力的局限性及环境的不稳定性等因素的影响,任何测量结果和待测量的真值间总有差异,这种差异在数值上的表示称为误差.误差自始至终存在于一切科学实验和测量过程中,测量结果都存在误差,这就是误差公理.

任何测量所得数据,都不可避免地要出现误差,因而没有误差的测量结果是不存在的.在误差必然存在的情况下,测量的任务是:第一,尽量设法减小误差;第二,求出待测量的最近真值,并估算其误差.为此,必须研究误差的性质、来源及其对测量结果的影响,以便采用适当措施,得到最好的结果.

3)测量误差的分类

按照测量过程中误差的性质和所产生原因,可将误差分为系统误差、随机误差(偶然误差)及粗大误差三大类.实验数据中三种误差是混杂在一起的,但是由于不同性质的误差对测量结果的影响不一样,因而对它们的处理方法也不相同,我们可根据这一基本特点,分别讨论三者的变化规律,研究其对结果的影响,以便采用相应的措施减少误差.

(1)系统误差:在相同条件下(指方法、仪器、环境、人员)多次重复测量同一量时,误差的大小和符号(正、负)均保持不变或按某一确定的规律变化,这类误差称为系统误差.它的特征是确定性.

系统误差的来源有以下几方面.

① 仪器误差:这是由于仪器或装置的缺陷或未按正常工作条件操作所造成的误差,如刻度不准,零点没有调准,仪器垂直或水平未调整,砝码未经校正等.

② 方法(理论)误差:由于实验方法不完善或这种方法所依据的理论本身具有近似性所产生的误差.例如,称重量时未考虑空气浮力;采用伏安法测电阻时没有考虑电表内阻的影响等.

③ 环境误差:这是由于环境的影响或没有按规定的条件使用仪器所引入的误差.例如,标准电池是以20℃时的电动势数值作为标准的,若在30℃条件下使用时,不加以修正,就引入了系统误差.

④ 主观误差:这是由于实验者生理或心理特点或缺乏经验引入的误差.例如,有人习惯于侧坐斜视读数,就会使估读的数值偏大或偏小.这种误差因人而异.

系统误差的消除、减小或修正可在实验前、实验中、实验后进行.例如,实验前对测量仪器进行校准,使方法完善,对人员进行专门的训练;实验中采取一定的方法对系统误差加以补偿;实验后在结果处理中进行修正等.

虽然系统误差的发现、消除、减小或修正是一个技能问题,但是要找出原因,寻求其规律,绝非轻而易举之事. 这是因为:

第一,实验条件一经确定,系统误差就获得了一个客观上的恒定值,在此条件下进行多次测量并不能发现该系统误差.

第二,在一个具体的测量过程中,系统误差往往会和随机误差同时存在,这给分析是否存在系统误差带来了很大困难.

能否识别和消除系统误差,与实验者的经验和实际知识有密切关系. 因此,对于实验初学者来说,从一开始就逐步地积累这方面的感性知识,在实验时要分析采用这种实验方法(理论)、使用这套仪器、运用这种操作技术是否会给测量结果引入系统误差. 如果找到了某个系统误差产生的原因,掌握了它的变化规律,就可以采用不同的方法去消除它的影响,或者对测量结果进行修正.

科学史上曾有这样一个事例.

1909～1914 年,美国著名物理学家密立根以他巧妙设计的油滴实验,证实了电荷的不连续性,并精确地测得基本电荷量为

$$e = (1.591 \pm 0.002) \times 10^{-19} \text{C}$$

后来,由 X 射线衍射实验测得的 e 值与油滴实验值差了千分之几. 通过查找原因,发现密立根实验中所用的空气黏度数值偏小,以致引入系统误差. 在重新测量了空气的黏度之后,油滴实验测得

$$e = (1.601 \pm 0.002) \times 10^{-19} \text{C}$$

它与 X 射线衍射法测得的结果($1.60217733(49) \times 10^{-19} \text{C}$)十分吻合.

该例说明了实验条件一经确定,多次测量(密立根曾观察了几千个带电油滴)发现不了系统误差,必须要用其他的方法(本例中改变了产生系统误差根源的条件)才可能发现它;同时也说明了实验应该从各方面去考虑是否会引入系统误差,当忽略某一方面时,系统误差就可能从这一方面渗透到测量结果中去.

(2)随机误差(偶然误差):在测量时,即使消除了系统误差,在相同条件下多次重复测量同一量时,每次测得值仍会有些差异,其误差的大小和符号没有确定的变化规律.但是,如果大量增加测量次数,其总体(多次测量得到的所有测得值)服从一定的统计规律,这类误差称为随机误差,它的特征是偶然性.

随机误差产生的原因很多,主要是由于测量过程中许多难以控制的不确定的随机因素引起的.这些随机因素有空气的流动,温度的起伏,电压的波动,不规则的微小振动,杂散电磁场的干扰以及实验者感觉器官的分辨能力、灵敏程度和仪器的稳定性等.某一次测量的随机误差往往是由多种因素的微小变动共同引起的.例如,用停表测量三线摆的周期,按下按钮的时刻有早有迟,动作迟早的程度有差异,从而产生了不可避免的随机误差.

实践和理论都证明,在相同条件下,对同一物理量进行大量的重复测量,可以发现大部分测量的随机误差服从统计规律.统计规律用分布描述,分布常用图形表示,其中最常见的是高斯分布,又称正态分布.

服从正态分布的随机误差具有下面的一些特性.

　　① 单峰性：由大量重复测量所获得的测量值，是以它们的算术平均值为中心而相对集中分布的. 即绝对值小的误差出现的概率比绝对值大的误差出现的概率大（次数多）.

　　② 对称性：绝对值相等的正误差和负误差出现的概率相同.

　　③ 有界性：误差的绝对值不会超过某一界限，即绝对值很大的误差出现的概率趋于零，随机误差的分布具有有限的范围.

　　④ 抵偿性：随着测量次数的增加，随机误差的代数和趋于零，即随机误差的算术平均值将趋于零. 实际上，抵偿性可由单峰性及对称性导出.

　　（3）粗大误差（粗差）：明显地歪曲了测量结果的异常误差. 通常用测量时的客观条件不能解释为合理的误差，或超出了规定条件下随机误差范围的误差，均称为粗差. 它是由没有觉察到的实验条件的突变，仪器在非正常状态下工作，无意识的不正确的操作等因素造成的. 含有粗大误差的测得值称为可疑值，或异常值、坏值. 在没有充分依据时，绝不能按主观意愿轻易地去除，应该按照一定的统计准则慎重地予以剔除.

　　由于实验者的粗心大意，疏忽失误，使观察、读数或记录错误，是应该及时发现，力求避免的. 错误不是误差.

　　在分析误差时，必须根据具体情况，对误差来源进行全面分析，不但要找全产生误差的各种因素，而且要找出影响测量结果的主要因素. 首先剔除粗差，消除或减弱系统误差，然后估算随机误差.

4）测量误差的表示

　　尽管误差有几类，但对于测量结果而言，在剔除粗差后，其误差应是系统误差和随机误差的总和. 测量误差通常有两种表示方法：一种是定性说明，另一种是定量表示.

　　（1）测量的精密度、准确度和精确度. 为了定性地描述各测量值的重复性及测量结果与真值的接近程度，常用精密度、准确度和精确度来描述.

　　精密度：表示重复测量各次测量值相互接近的程度，即测得值分布的密集程度. 它表征随机误差对测得值的影响，精密度高表示随机误差小，测量重复性好，测量的数据比较集中. 精密度反映随机误差大小的程度.

　　准确度：表示测量值或实验所得结果与真值的接近程度. 它表征系统误差对测量值的影响，准确度高表示系统误差小，测量值与真值的偏离小，接近真值的程度高. 准确度反映了系统误差大小的程度.

　　精确度：描述各测量值重复性及测量结果与真值的接近程度. 它反映测量中的随机误差和系统误差综合大小的程度，测量精确度高，表示测量结果既精密又正确，数据集中，而且偏离真值小，测量的随机误差和系统误差都比较小.

　　图 2-1-1 是以打靶时弹着点的分布为例，说明这三个词的涵义. 图 2-1-1(a)表示射击的精密度高但准确度低，即随机误差小系统误差大. 图 2-1-1(b)表示射击的精确度高但精密度低，即系统误差小而随机误差大. 图 2-1-1(c)的弹着点比较集中，又都聚集在靶心附近，表示射击的精确度高，既精密又正确，随机误差和系统误差都小.

　　（2）绝对误差. 误差的定义为

$$\text{测量误差 } \sigma_x = \text{测量值 } x - \text{真值 } x_0$$

测量误差是测量值与真值的差值，常称为绝对误差. 绝对误差可正可负，具有与被测量值相同的量纲和单位，它表示测量值偏离真值的程度. 但要注意，绝对误差不是误差的绝对值. 由于真

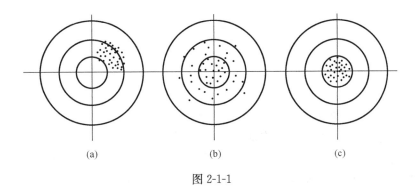

图 2-1-1

值一般是得不到的,所以误差也无法计算.实际测量中是用多次测量的算术平均值 $\bar{x}$ 来代替真值,测量值与算术平均值的差称为偏差,又称残差,用 Δx 表示,即

$$\Delta x = x - \bar{x} \tag{2-1-1}$$

假定一个物体的真实长度为 100.00mm,而测得值为 100.5mm,则测量误差为 0.5mm. 另一个物体的真实长度为 10.0mm,测得值为 10.5mm,测量误差也为 0.5mm. 从绝对误差看两者相等,但测量结果的准确程度却大不一样. 显然,评价一个测量结果的优势,不仅要看绝对误差的大小,还要看被测量本身的大小.

(3)相对误差:测量值的绝对误差与被测量值真值之比. 由于真值不能确定,实际上常用约定真值,如公认值、算术平均值. 相对误差 E 是一个无单位的无名数,常用百分数表示,如

$$E = \frac{\Delta x}{\bar{x}} \times 100\% \tag{2-1-2}$$

前述第一个测量的相对误差为 $E = \dfrac{0.5}{100.0} = 0.5\%$,而第二个测量的相对误差为 $E = \dfrac{0.5}{10}$ $= 5\%$. 第一个测量比第二个测量准确程度高.

二、直接测量结果随机误差的估算

在下面的讨论中,我们都是在排除系统误差的前提下进行的,或者认为系统误差已经小到可以忽略不计的程度. 随机误差的大小常用标准误差、平均误差和极限误差表示.

1. 测量结果的最佳值——算术平均值

设对某一物理量进行了 n 次等精度的重复测量,所得的一列测量值分别为 $x_1, x_2, \cdots,$ $x_i, \cdots, x_n$,测量结果的算术平均值为 $\bar{x}$.

根据最小二乘法原理:一个等精度测量列的最佳值是能使各次测量值与该值之差的平方和为最小的那个值. 设那个值为 x_0,则

$$f(x_0) = \sum_{i=1}^{n} (x_i - x_0)^2 = 最小量$$

取 $f(x_0)$ 的一阶导数,并令其等于零,即

$$\frac{\mathrm{d}f(x_0)}{\mathrm{d}x_0} = -2 \sum_{i=1}^{n} (x_i - x_0) = 0$$

$$\sum_{i=1}^{n} x_i = nx_0$$

从而得到

$$x_0 = \frac{1}{n} \sum_{i=1}^{n} x_i = \overline{x} \tag{2-1-3}$$

也就是说,这一组测量数据 x_i 的算术平均值 $\overline{x}$ 就是这一测量列真值的最佳估计值,所以测量结果用算术平均值来表示. 对于有限次测量,平均值会随测量次数的不同而有所变动,当测量次数无限增加时,算术平均值将无限接近于真值.

可见测量次数越多,算术平均值就越接近于真值. 所以,测量结果可用多次测量的算术平均值作为接近真值的最佳值. 但是,测量结果的随机误差究竟有多大呢? 如何来表示呢?

2. 等精度多次测量结果随机误差的估算

1) 算术平均误差(平均误差)

对某一物理量进行多次测量,将 $\Delta x_i = x_i - x_0$ 的绝对值的算术平均值定义为算术平均误差,即

$$\overline{\Delta x} = \frac{|\Delta_1| + |\Delta_2| + \cdots + |\Delta_n|}{n} = \frac{\sum_{i=1}^{n} |x_i - x_0|}{n} = \frac{\sum_{i=1}^{n} |\Delta x_i|}{n} \tag{2-1-4}$$

当测量次数少,测量仪表准确度不高或数据离散度不大时,可用算术平均误差估算随机误差.

这里要注意,算术平均误差不是测量值的实际误差,也不是误差范围,它只是对一组测量数据可靠性的估计. 算术平均误差小,测量的可靠性就大一些;反之,则测量不太可靠. 按照误差理论,测量列的算术平均误差为 $\overline{\Delta x}$ 时,则测量列任一测量值的误差 Δ_i 有 57.5% 的可能性在 $(-\overline{\Delta x}, +\overline{\Delta x})$ 区间之内.

2) 标准偏差

评价测量列的质量,经常用到的另一种绝对误差是标准偏差. 随机误差服从统计规律,其中最常见的是高斯分布,这一统计规律在数学中可用高斯误差分布函数来描述,其概率密度函数为

$$p(\delta x) = \frac{1}{\sigma \sqrt{2\pi}} \exp\left(-\frac{(\delta x)^2}{2\sigma^2}\right) \tag{2-1-5}$$

式中,σ 是唯一参量,是高斯分布的特征量. 在一定测量条件下,σ 是一个常量,从而分布函数也就唯一确定下来. 测量条件不同造成随机误差大小不同,反映在分布函数上就是 σ 大小不同. 下面讨论 σ 的物理意义:

当 σ 较大时,分布曲线峰值较低而且平坦,表明随机误差离散程度大,测量精密度低,大误差出现的次数多. 即各次测量值的分散性大,重复性差.

当 σ 较小时,分布曲线陡而峰值高,表明随机误差离散程度小,测量精密度高,小误差占优势. 即各测量值的分散性小,重复性好.

在重复测量中,对于一组测量值可用特征量 σ 来描述测量的精密度. 特征量 σ 的数学表达式为

$$\sigma = \sqrt{\frac{1}{n}\sum_{i=1}^{n}(x_i - x_0)^2} \quad (n \to \infty) \tag{2-1-6}$$

σ 称为标准误差,又称为方均根误差.对同一量进行无限多次测量,各次测量值与被测量真值 x_0 之差的平方和的算术平均值,再开方所得的数值即为标准误差.

应该注意,Δx 是实在的误差值,是真误差,可正可负;而 σ 并不是一个具体的测量误差值,它表示在相同条件下进行多次测量后的随机误差概率分布情况,是按一定置信概率给出的随机误差变化范围的一个评价参量,具有统计意义.σ 是评价所得测量列精密程度高低的指标.当测量次数趋于无限多时,可以推出

$$\overline{\Delta x} = \sqrt{\frac{\pi}{2}}\sigma \approx 0.798\sigma \approx \frac{4}{5}\sigma \tag{2-1-7}$$

随机误差的正态分布为归一化分布函数,曲线下的总面积表示各种误差出现的总概率,为 100%,给定区间(即随机误差大小的变化范围)不同,误差出现的概率,即测量值出现的概率不同.这个给定的区间称为置信区间,相应的概率称为置信概率,用 p 表示.

$-\sigma \sim \sigma$ 曲线下的面积占总面积的 68.3%,它表示测量列中任一测量值的随机误差落在区间 $[-\sigma, \sigma]$ 内的概率.或者说,当测量次数无限多时,测量值落在区间 $[\overline{x}-\sigma, \overline{x}+\sigma]$ 内的次数占总测量次数的 68.3%,也就是说,在区间 $[\overline{x}\pm\sigma]$ 内包含真值的可能性是 68.3%.

在区间 $[\pm 3\sigma]$ 内的置信概率为 99.7%,也就是在 1000 次测量中,大约只有 3 次测量值落在该区间之外,而一般测量次数为 $5\sim 10$,几乎不可能出现在区间之外,所以将 3σ 称为极限误差,也称误差限.这也是剔除具有粗大误差数据的拉依达准则的依据.

置信区间为 $[\pm 2\sigma]$ 的置信概率为 95.4%.把算术平均偏差 $[\pm\overline{\Delta x}]$ 作为置信区间,相应的置信概率为 57.5%.

由于真值 x_0 不能确定,所以 $\Delta x_i = x_i - x_0$,$\overline{\Delta x}$,σ 也无法计算.那么如何来估算随机误差的大小呢?前面讨论过,测量列的算术平均值 $\overline{x}$ 是测量结果的最佳值,所以用各次测量值与算术平均值之差($x_i - \overline{x}$)——残差,来估算有限次测量的随机误差.

(1)测量列的算术平均偏差.

由误差理论可证明算术平均偏差为

$$\Delta x = \frac{\sum\limits_{i=1}^{n}|\Delta x_i|}{\sqrt{n(n-1)}} \tag{2-1-8}$$

(2)算术平均值的算术平均偏差.

算术平均值的算术平均偏差 $\Delta\overline{x}$ 与测量列的算术平均偏差 Δx 间的关系是

$$\Delta\overline{x} = \frac{\Delta x}{\sqrt{n}}$$

$$\Delta\overline{x} = \frac{\sum\limits_{i=1}^{n}|\Delta x_i|}{n\sqrt{n-1}} \tag{2-1-9}$$

在基础物理实验中常用 Δx 代替 $\Delta\overline{x}$,但要明确 Δx 与 $\Delta\overline{x}$ 的含义是不同的.Δx 是测量列中任何一次测量值 x_i 的算术平均偏差,$\Delta\overline{x}$ 是测量列的算术平均值 $\overline{x}$ 的算术平均偏差.

（3）测量列的标准偏差.

由于真值无法知道，误差常用残差来计算，称为标准偏差或标准差，用 s 表示，可以导出

$$s = \sqrt{\frac{1}{n-1} \sum_{i=1}^{n} (\Delta x_i)^2} \tag{2-1-10}$$

上式称为贝塞尔公式，s 是测量列中任何一次测得值的标准偏差.

（4）算术平均值的标准偏差.

由于算术平均值比任何一次测量值都更接近于真值，也就是 $\bar{x}$ 的可靠性比任何一次测量值都高，所以算术平均值的标准偏差 $s_{\bar{x}}$ 就理所当然地小于测量列的标准偏差 s，可以证明

$$s_{\bar{x}} = \frac{s}{\sqrt{n}} = \sqrt{\frac{\sum_{i=1}^{n} (\Delta x_i)^2}{n(n-1)}} \tag{2-1-11}$$

有了上述误差的讨论后就可将测量结果表示为

$$\left. \begin{aligned} x &= \bar{x} \pm s_{\bar{x}} \\ \varepsilon &= \frac{s_{\bar{x}}}{\bar{x}} \times 100\% \end{aligned} \right\} \quad （用标准偏差表示）$$

或

$$\left. \begin{aligned} x &= \bar{x} \pm \Delta\bar{x} \\ \varepsilon &= \frac{\Delta\bar{x}}{\bar{x}} \times 100\% \end{aligned} \right\} \quad （用算术平均偏差表示）$$

3. 不等精度多次测量结果随机误差的估算

实验中经常遇到另一类测量，就是不等精度测量，此时对一物理量进行多次测量，所得的一组测量数据 $x_1, x_2, \cdots, x_n$ 具有不同的权重，也就是说数据中每一测量数据的可信程度或者在结果中所占的比重不同. 设其权重分别为 $\omega_1, \omega_2, \cdots, \omega_n$，则对这组测量数据求平均值就要用加权平均的方法而不是用算术平均法，即

$$\bar{x}) = \sum_{i=1}^{n} \omega_i x_i \Big/ \sum_{i=1}^{n} \omega_i \tag{2-1-12}$$

其中，$\bar{x})$ 称为加权算术平均值. 并且定义权重 ω_i 与标准差 s_i^2 成反比，所以标准误差越小，其权重越大. 在基础物理实验中，常直接将权重表示为

$$\omega_i = \frac{1}{s_i^2} \tag{2-1-13}$$

加权平均值的标准偏差为

$$s_{\bar{x}} = \sqrt{1 \Big/ \sum_{i=1}^{n} \left(\frac{1}{s_i^2} \right)} \tag{2-1-14}$$

为了熟悉上述加权计算方法，举例说明如下.

例 2-1-1 已知同一电阻的三种（或三组）测量的结果为

$$R = (350 \pm 1) \Omega$$
$$R = (350.3 \pm 0.2) \Omega$$
$$R = (350.25 \pm 0.05) \Omega$$

式中各误差均为相应的标准偏差,现在我们来计算其加权平均值和标准偏差.

解　由式(2-1-12)、式(2-1-13)可得

$$\overline{R)} = \frac{\frac{1}{1^2} \times 350 + \frac{1}{0.2^2} \times 350.3 + \frac{1}{0.05^2} \times 350.25}{\frac{1}{1^2} + \frac{1}{0.2^2} + \frac{1}{0.05^2}} = 350.252\Omega$$

由式(2-1-14)可得

$$s_{\bar{x}} = 1 / \sqrt{\frac{1}{1^2} + \frac{1}{0.2^2} + \frac{1}{0.05^2}} = 0.048\Omega$$

所以,最后结果为

$$R = (350.25 \pm 0.05)\Omega$$
$$\varepsilon = 0.014\%$$

4. 单次测量结果随机误差的估算

在某些实验中,由于实验条件的限制或者是在动态中测量,不可能在同一条件下进行重复测量;有一些情况是实验中对待测量要求不高,没有必要进行重复测量,在这些情况下可以对被测量只测一次;或仪器的灵敏度较低,多次测量结果相同等. 这时就用单次测量值作为测量结果,近似表示被测量的真值.

对于单次测量的误差,一般是估计它的最大误差. 因为误差来源很多,而各实验又有各自的特点,所以难以确定统一规则,应该根据具体情况从仪器的精密度和实验者的分辨能力方面进行合理的估计.

单次测量的仪器误差为 $\Delta_{仪}$,一般可用仪器的最小分度或最小分度估读到 $\frac{1}{5}$ 或 $\frac{1}{2}$ 的数值作为单次测量的绝对误差. 例如:

(1)用米尺测一铜棒长度,两边读数估读误差各取 0.5mm,则单次测量长度值误差可取为 1mm.

(2)用天平称衡物体质量时,由于空载和负载时天平指针的停点一般是不一致的,因此,当两停点之差不超过一个分度时,可取天平感量的 $\frac{1}{2}$,$\frac{1}{5}$ 或感量值作为单次测量的误差.

(3)用停表测量时间,其误差主要是由启动和制动停表时手的动作和目测协调的情况决定的. 故单次测量时,一般可估计启动、制动时各有 0.1s 的误差,则总误差为 0.2s.

(4)用游标卡尺测量长度,由于游标卡尺不估读,单次测量时就取其最小分度为绝对误差.

单次测量的近真值就是其测量值.

5. 多次测量次数的确定

从式(2-1-11)可以看出,当测量次数 n 增加时,$s_{\bar{x}}$ 会越来越小,这就是通常所说的增加测量次数可以减小随机误差的道理. 但是,$s_{\bar{x}}$ 与 $\sqrt{n}$ 成反比,$s_{\bar{x}}$ 的减小,在 n 较大时变得非常缓慢,当 $n>10$ 以后,$s_{\bar{x}}$ 的减小已很不明显. 另外,测量的准确度还受到仪器准确度的制约以及环境因素的影响,所以实际测量次数,在物理实验中一般重复 5～10 次即可. 片面地增加测量次数,不仅误差的减小不明显,而且延长实验时间,仪器及环境条件的不变性也难保证.

6. 测量列中坏值的剔除

对于多次测量中出现的大的随机误差,我们说它也是一种误差. 由于这样的误差是符合误差的正态分布律的,不能轻率地舍弃,因此就需建立坏值及其剔除界限. 对于某一适当的作为界限的区间,由于误差出现在区间外的可能性很小,可以认为在有限次的测量中,误差实际上不会超出此区间,如果真有超出的,则可认为是由于某种错误造成的,应该予以剔除. 下面介绍两种常用的判断准则.

第一,拉依达准则(又称 3σ 准则). 此准则以 3σ 为置信限(概率为 99.7%),凡超过此值的偏差均看成粗差,与之相应的测量值即为含有精差的坏值,应予以剔除. 此准则最为简单,运用方便.

第二,肖维涅准则. 此准则规定误差出现的概率小于 $\frac{1}{2n}$ 时,则认为与此误差相应的测量值为坏值应予以剔除. 即若测量列中的测量值 x_i 满足

$$|x_i - \bar{x}| > ks$$

时,则 x_i 是一坏值. 式中, ks 为置信限, s 为由式(2-1-10)得出的测量列的标准偏差,且 k 值与测量次数 n 有关,其对应关系如表 2-1-1 所示.

表 2-1-1

n	4	5	6	7	8	9	10	11	12
k	1.53	1.65	1.73	1.79	1.86	1.92	1.96	2.00	2.04
n	13	14	15	16	17	18	19	20	
k	2.07	2.10	2.13	2.16	2.18	2.20	2.22	2.24	

三、间接测量结果随机误差的估算

物理实验中,多数物理量的测量是间接测量. 间接测量结果是由直接测量结果通过一定的函数关系(测量公式)式计算出来的. 由于各直接测量值存在误差,因此,由直接测量值求得的间接测量结果也必然存在误差,这就是误差的传递. 估算间接测量结果的误差时,必须考虑各直接测定量所传递误差的总和效果,这就是误差的合成. 考虑误差的传递和合成时,从函数关系出发得到的表达间接测量值误差与各直接测量值误差之间的关系式,称为误差传递公式.

1. 误差传递的基本公式

一般地说,设间接测定量 N 的函数式为

$$N = f(x_1, x_2, \cdots, x_m) \tag{2-1-15}$$

式中, $x_1, x_2, \cdots, x_m$ 均为彼此相互独立的直接测量量的近真值,每一直接测量量可为多次等精度测量的算术平均值、加权平均值或单次测量值. 那么,间接测量量 N 的最可信赖值为

$$\bar{N} = f(\overline{x_1}, \overline{x_2}, \cdots, \overline{x_m}) \tag{2-1-16}$$

即将各直接测量量的算术平均值代入函数式中,便可求出间接测量量的最可信赖值.

由于误差均为微小量,与数学中的微小增量相似,所以可借助全微分求出误差传递公式.

对式(2-1-15)求全微分,有

$$dN = \frac{\partial f}{\partial x_1}dx_1 + \frac{\partial f}{\partial x_2}dx_2 + \cdots + \frac{\partial f}{\partial x_m}dx_m \tag{2-1-17}$$

上式表示,当 $x_1,x_2,\cdots,x_m$ 有微小改变 $\mathrm{d}x_1,\mathrm{d}x_2,\cdots,\mathrm{d}x_m$ 时,N 有相应的微小改变 $\mathrm{d}N$,通常误差远小于测量值,故可把 $\mathrm{d}x_1,\mathrm{d}x_2,\cdots,\mathrm{d}x_m$ 看成误差,这样式(2-1-17)就成了误差传递公式.

有时为了运算上的方便,常把式(2-1-16)取对数后再求全微分,此时有

$$\ln N = \ln(x_1,x_2,\cdots,x_m)$$

$$\frac{\mathrm{d}N}{N} = \frac{\partial(\ln f)}{\partial x_1}\mathrm{d}x_1 + \frac{\partial(\ln f)}{\partial x_2}\mathrm{d}x_2 + \cdots + \frac{\partial(\ln f)}{\partial x_m}\mathrm{d}x_m \tag{2-1-18}$$

式(2-1-17)、式(2-1-18)是误差传递的基本公式,分别表示绝对误差和相对误差的传递公式,其中各项 $\frac{\partial f}{\partial x}\mathrm{d}x$、$\frac{\partial(\ln f)}{\partial x}\mathrm{d}x$ 等称为分误差,$\frac{\partial f}{\partial x}$ 及 $\frac{\partial(\ln f)}{\partial x}$ 等称为误差的传递系数. 由公式可见,一个直接测定量的误差对于总误差的"贡献",不仅取决于其本身误差的大小,还取决于误差的传递系数. 而且,总误差同时还与各分误差"合成"的方式有关.具体的合成因估算误差的性质、种类的不同而不同.

2. 随机误差的算术传递合成

在基础物理实验中有时对误差进行粗略估算,往往假定这些随机误差是在极端情况下合成的,即从最不利情况考虑,取各直接测量量误差项的绝对值,即不考虑各分误差的正负,这就是误差的算术传递合成.算术传递合成的一般公式为

$$\Delta N = \left|\frac{\partial f}{\partial x_1}\right|\Delta x_1 + \left|\frac{\partial f}{\partial x_2}\right|\Delta x_2 + \cdots + \left|\frac{\partial f}{\partial x_m}\right|\Delta x_m \tag{2-1-19}$$

$$\frac{\Delta N}{N} = \left|\frac{\partial \ln f}{\partial x_1}\right|\Delta x_1 + \left|\frac{\partial \ln f}{\partial x_2}\right|\Delta x_2 + \cdots + \left|\frac{\partial \ln f}{\partial x_m}\right|\Delta x_m \tag{2-1-20}$$

对于任意函数进行随机误差的算术传递合成时,先求出各函数的偏微分后,把微分符号"d"改为误差符号"Δ",可由式(2-1-19)、式(2-1-20)得到具体的传递合成公式. 常用函数误差的算术传递合成公式如表 2-1-2 所示。

表 2-1-2　常用函数误差的算术传递合成基本公式

函数	误差算术传递合成公式	
$N = f(x,y,z,\cdots)$	绝对误差 ΔN	相对误差 $\varepsilon = \dfrac{\Delta N}{N}$
$N = x+y+z$	$\Delta N = \Delta x + \Delta y + \Delta z$	$\varepsilon = \dfrac{\Delta x + \Delta y + \Delta z}{x+y+z}$
$N = x-y$	$\Delta N = \Delta x + \Delta y$	$\varepsilon = \dfrac{\Delta x + \Delta y}{x-y}$
$N = xy$	$\Delta N = y\Delta x + x\Delta y$	$\varepsilon = \dfrac{\Delta x}{x} + \dfrac{\Delta y}{y}$
$N = x/y$	$\Delta N = \dfrac{y\Delta x + x\Delta y}{y^2}$	$\varepsilon = \dfrac{\Delta x}{x} + \dfrac{\Delta y}{y}$
$N = x^k$	$\Delta N = kx^{k-1}\Delta x$	$\varepsilon = k\dfrac{\Delta x}{x}$
$N = x^{\frac{1}{k}}$	$\Delta N = \dfrac{1}{k}x^{\frac{1}{k}-1}\Delta x$	$\varepsilon = \dfrac{1}{k}\cdot\dfrac{\Delta x}{x}$
$N = \left(\dfrac{x}{y}\right)^2$	$\Delta N = 2\dfrac{x}{y}\dfrac{y\Delta x + x\Delta y}{y^2}$	$\varepsilon = 2\left(\dfrac{\Delta x}{x} + \dfrac{\Delta y}{y}\right)$
$N = \sin x$	$\Delta N = |\cos x|\Delta x$	$\varepsilon = |c\tan x|\Delta x$
$N = \ln x$	$\Delta N = \dfrac{\Delta x}{x}$	$\varepsilon = \dfrac{\Delta x}{x\ln x}$

由上表不难看出：

第一，函数关系为和差时，其绝对误差为各直接测定量绝对误差之和，所以此类函数误差的估算以先求绝对误差后计算相对误差比较方便.

第二，函数关系为乘除时，其积商的相对误差为各直接测定量相对误差之和，所以此类误差估算以先求相对误差后计算绝对误差比较方便.

例 2-1-2　测量一圆柱体的直径 $d = \bar{d} \pm \Delta d = (2.04 \pm 0.01)$cm，高 $h = (4.12 \pm 0.01)$cm，试求圆柱体体积.

解　圆柱体体积 V 的函数关系为 $V = \dfrac{\pi}{4} d^2 h$，其近真值 $\bar{V} = \dfrac{\pi}{4} \bar{d}^2 \bar{h} = 13.47$cm³，因函数为乘积形式，故先求相对误差，得

$$\varepsilon = 2\frac{\Delta d}{d} + \frac{\Delta h}{h} = 2 \times \frac{0.01}{2.04} + \frac{0.01}{4.12} = 1.23\%$$

再求绝对误差，得

$$\Delta V = \varepsilon \cdot V = 0.17\text{cm}^3$$

$$[\text{结果}] \begin{cases} V = (13.47 \pm 0.17)\text{cm}^3 \\ \varepsilon = 1.3\% \end{cases}$$

在函数关系为四则混合运算时，虽不能直接应用表 2-1-2 所列的简单公式，但仍可间接利用其进行计算.

例 2-1-3　测定空心圆柱体体积的公式为 $V = \dfrac{\pi}{4}(D^2 - d^2)h$，其中 D、d 分别为空心圆柱体的内外直径，h 为圆柱体的高，试求其误差传递公式.

解　令 $S = D^2 - d^2$，可将函数关系变成 $V = \dfrac{\pi}{4} Sh$，为一简单的乘除关系.

此时，可先求出相对误差，得 $\varepsilon = \dfrac{\Delta S}{S} + \dfrac{\Delta h}{h}$.

由于 $\Delta S = \Delta(D^2 - d^2) = \Delta D^2 + \Delta d^2 = 2D\Delta D + 2d\Delta d$，所以将 S 及 ΔS 代入相对误差公式中，则有

$$\varepsilon = \frac{2D\Delta D + 2d\Delta d}{D^2 - d^2} + \frac{\Delta h}{h}$$

求出 ε 值后，即可按 $\Delta V = \varepsilon \cdot \bar{V}$ 求出绝对误差.

注意：这种方法必须是进行变量代换后可使函数形式变得简单才行，而完善的方法还是微分法. 用微分法求间接测量结果误差的算术传递合成步骤为：

(1)对函数求全微分(或将函数取对数后再求全微分)；

(2)合并同一变量的系数；

(3)用误差代替微分，并将各项取绝对值相加得绝对误差(或相对误差)；

(4)求出相对误差(或绝对误差).

例 2-1-4　设 $N = \dfrac{x - y}{z - x}$，用算术合成法推导误差传递公式.

解　方法 1：对 N 求全微分

$$dN = \frac{(z - x)(dx - dy) - (x - y)(dz - dx)}{(z - x)^2}$$

合并同类项

$$dN = \frac{(z-y)dx - (z-x)dy - (x-y)dz}{(z-x)^2}$$

把微分号改为误差号,各项取绝对值,得到绝对误差传递公式

$$\Delta N = \frac{(z-y)\Delta x + (z-x)\Delta y + (x-y)\Delta z}{(z-x)^2}$$

$$= \frac{z-y}{(z-x)^2}\Delta x + \frac{1}{z-x}\Delta y + \frac{x-y}{(z-x)^2}\Delta z$$

相对误差为

$$\varepsilon = \frac{\Delta N}{N} = \frac{(z-y)\Delta x}{(x-y)(z-x)} + \frac{\Delta y}{x-y} + \frac{\Delta z}{z-x}$$

方法 2:等式两边取自然对数,再求全微分

$$\ln N = \ln(x-y) - \ln(z-x)$$

$$\frac{dN}{N} = \frac{d(x-y)}{x-y} - \frac{d(z-x)}{z-x} = \frac{dx-dy}{x-y} - \frac{dz-dx}{z-x}$$

合并同类项为

$$\frac{dN}{N} = \frac{(z-y)dx}{(x-y)(z-x)} - \frac{dy}{x-y} - \frac{dz}{z-x}$$

把微分号改为误差号,各项取绝对值,得到相对误差传递公式

$$\varepsilon = \frac{\Delta N}{N} = \frac{(z-y)\Delta x}{(x-y)(z-x)} + \frac{\Delta y}{x-y} + \frac{\Delta z}{z-x}$$

绝对误差为

$$\Delta N = N\varepsilon = \frac{z-y}{(z-x)^2}\Delta x + \frac{1}{z-x}\Delta y + \frac{x-y}{(z-x)^2}\Delta z$$

例 2-1-5 用流体静力称衡法测固体密度的公式为 $\rho = \frac{m}{m-m_1}\rho_0$,测得在空气中的质量为 $m = (27.06 \pm 0.01)$g,在水中的视质量为 $m_1 = (17.03 \pm 0.01)$g,设水的密度为 $\rho_0 = (0.9997 \pm 0.0003)$g,求密度 ρ 的算术平均误差 $\Delta \rho$.

解 (1)取对数,求全微分

$$\ln\rho = \ln m - \ln(m-m_1) + \ln\rho_0$$

$$\frac{d\rho}{\rho} = \frac{dm}{m} - \frac{dm-dm_1}{m-m_1} + \frac{d\rho_0}{\rho_0}$$

(2)合并同一变量的系数得

$$\frac{d\rho}{\rho} = \frac{-m_1}{m(m-m_1)}dm + \frac{1}{m-m_1}dm_1 + \frac{1}{\rho_0}d\rho_0$$

(3)用误差代替微分,各项取绝对值,相加得相对误差

$$\varepsilon = \frac{\Delta\rho}{\rho} = \left|\frac{-m_1}{m(m-m_1)}\right|\Delta m + \left|\frac{1}{m-m_1}\right|\Delta m_1 + \left|\frac{1}{\rho_0}\right|\Delta\rho_0$$

$$= 6.3\times10^{-4} + 10\times10^{-4} + 3.0\times10^{-4} = 19.3\times10^{-4} \approx 0.2\%$$

(4)求出绝对误差

$$\Delta\rho = \varepsilon\rho = 2\times10^{-3}\times2.697 = 0.0054 \approx 0.005 \text{ g/cm}^3$$

其中，$\overline{\rho} = \dfrac{m}{m - m_1}\rho_0 = 2.697\ \text{g/cm}^3$.

测量结果为

$$\rho = (2.697 \pm 0.005)\text{g/cm}^3$$
$$\varepsilon = 0.2\%$$

由误差合成公式不难看出,合成时起主要作用的往往是其中一、两项或少数几项,以后我们将讲到根据一定的准则,可将非主要项的分误差略去不计,这一点在分析误差和计算误差时很有实际意义,可以极大地简化计算.

3. 标准偏差的传递合成公式

如果用标准偏差表示各直接测定量的随机误差,可以证明它们的合成方式为"方合根"合成(也称几何合成). 其间接测量结果的标准偏差传递合成公式为

$$s_N = \sqrt{\left(\frac{\partial f}{\partial x_1}\right)^2 s_{x_1}^2 + \left(\frac{\partial f}{\partial x_2}\right)^2 s_{x_2}^2 + \cdots + \left(\frac{\partial f}{\partial x_m}\right)^2 s_{x_m}^2} \tag{2-1-21}$$

$$\frac{s_N}{N} = \sqrt{\left(\frac{\partial \ln f}{\partial x_1}\right)^2 s_{x_1}^2 + \left(\frac{\partial \ln f}{\partial x_2}\right)^2 s_{x_2}^2 + \cdots + \left(\frac{\partial \ln f}{\partial x_m}\right)^2 s_{x_m}^2} \tag{2-1-22}$$

式中,s_{x_1},s_{x_2},$\cdots$,s_{x_m} 分别为各直接测量量算术平均值的标准偏差.

利用误差传递公式可以分析各直接测量量误差对间接测量量误差影响的大小,找出误差的主要来源,从而为设计实验、改进实验、合理选配仪器提供必要的依据. 一般情况下,各直接测量量误差对最后结果误差的影响起主要作用的往往只有少数几项. 在用"方和根"法进行误差合成时,根据微小误差准则,若某一分误差小于最大分误差的 $\dfrac{1}{3}$ 时,就可略去不计."方和根"合成法更加符合实际,在要求较高的实验中,都采用标准偏差传递公式. 表 2-1-3 列出了常用函数的标准偏差传递合成公式.

表 2-1-3　常用函数的标准偏差传递合成公式

函数关系式	标准偏差传递公式
$N = x \pm y$	$s_N = \sqrt{s_x^2 + s_y^2}$
$N = xy$,　$N = \dfrac{x}{y}$	$\dfrac{s_N}{N} = \sqrt{\left(\dfrac{s_x}{x}\right)^2 + \left(\dfrac{s_y}{y}\right)^2}$
$N = kx$	$s_N = ks_x$,　$\dfrac{s_N}{N} = \dfrac{s_x}{x}$
$N = \sqrt[k]{x}$	$\dfrac{s_N}{N} = \dfrac{1}{k}\dfrac{s_x}{x}$
$N = x^k$	$\dfrac{s_N}{N} = k\dfrac{s_x}{x}$
$N = \dfrac{x^k \cdot y^m}{z^n}$	$\dfrac{s_N}{N} = \sqrt{k^2\left(\dfrac{s_x}{x}\right)^2 + m^2\left(\dfrac{s_y}{y}\right)^2 + n^2\left(\dfrac{s_z}{z}\right)^2}$
$N = \sin x$	$s_N = |\cos x|\,s_x$
$N = \tan x$	$s_N = \sec^2 x \cdot s_x$
$N = \ln x$	$s_N = \dfrac{s_x}{x}$

例 2-1-6　测定圆柱体密度的公式为 $\rho = \dfrac{4m}{\pi d^2 h}$，其中 m 为圆柱体质量，d、h 分别为圆柱体的直径和高，其单次测定结果 $m = (14.06 \pm 0.01)$g，$h = (6.715 \pm 0.005)$cm，多次测量 d 结果为：d(cm) $= 0.5642, 0.5648, 0.5640, 0.5653, 0.5639, 0.5646$. 求密度 ρ 及其标准误差.

解　计算 $\bar{d} = 0.5645$cm，$s_{\bar{d}} = 0.00022$cm $= 0.0003$cm，即

$$d = (0.5645 \pm 0.0003)\text{cm}, \quad \bar{\rho} = \frac{4m}{\pi d^2 h} = 8.3661\text{g/cm}^3$$

$$\varepsilon = \frac{s_{\bar{\rho}}}{\rho} = \sqrt{\left(\frac{s_m}{m}\right)^2 + \left(\frac{2s_{\bar{d}}}{d}\right)^2 + \left(\frac{s_h}{h}\right)^2}$$

$$= \sqrt{\left(\frac{0.01}{14.06}\right)^2 + \left(\frac{2 \times 0.0003}{0.5645}\right)^2 + \left(\frac{0.005}{6.715}\right)^2}$$

$$= 0.0015 = 0.15\%$$

$$s_{\bar{\rho}} = \varepsilon\bar{\rho} = 0.0125\text{g/cm}^3$$

结果为

$$\begin{cases} \bar{\rho} = (8.366 \pm 0.013)\text{g/cm}^3 \\ \varepsilon = 0.15\% \end{cases}$$

对于误差一般要求不能估计不足，因此对于误差的下一位，一般均入而不舍. 比如例 2-1-6 中，$s_{\bar{d}} = 0.00022$cm $= 0.0003$cm，$s_{\bar{\rho}} = 0.0125 = 0.013$g/cm^3.

例 2-1-7　用流体静力称衡法测量不规则物体的密度，测得在空气中的质量 $m = (27.06 \pm 0.02)$g，在水中的视在质量 $m_1 = (17.03 \pm 0.02)$g，当时水的密度 $\rho_0 = (0.9997 \pm 0.0003)$g/cm^3. 求密度 ρ 并用标准偏差估算误差，正确表达测量结果.

解　流体静力称衡法测量密度的公式为

$$\rho = \frac{m}{m - m_1} \cdot \rho_0$$

取自然对数，求全微分

$$\ln\rho = \ln m - \ln(m - m_1) + \ln\rho_0$$

$$\frac{\mathrm{d}\rho}{\rho} = \frac{\mathrm{d}m}{m} - \frac{\mathrm{d}(m - m_1)}{m - m_1} + \frac{\mathrm{d}\rho_0}{\rho_0}$$

合并相同变量的系数

$$\frac{\mathrm{d}\rho}{\rho} = -\frac{m_1}{m(m - m_1)}\mathrm{d}m + \frac{1}{m - m_1}\mathrm{d}m_1 + \frac{1}{\rho_0}\mathrm{d}\rho_0$$

标准偏差传递公式

$$\frac{s_\rho}{\rho} = \sqrt{\frac{m_1^2}{m^2(m - m_1)^2}s_m^2 + \frac{1}{(m - m_1)^2}s_{m_1}^2 + \frac{1}{\rho_0^2}s_{\rho_0}^2}$$

将测量量代入求 ρ 为

$$\rho = \frac{m}{m - m_1} \cdot \rho_0 = \frac{27.06}{27.06 - 17.03} \cdot 0.9997 = 2.697\text{g/cm}^3$$

标准偏差为

$$\frac{s_\rho}{\rho} = \sqrt{\frac{17.03^2 \times 0.02^2}{27.06^2 \times (27.06 - 17.03)^2} + \frac{0.02^2}{(27.06 - 17.03)^2} + \frac{0.0003^2}{0.9997^2}} = 0.2\%$$

$$s_\rho = \rho \cdot \frac{s_\rho}{\rho} = 2.697 \times 0.2\% = 0.005\text{g/cm}^3$$

测量结果

$$\rho = (2.697 \pm 0.005) \text{ g/cm}^3, \quad E_\rho = 0.2\%$$

四、误差传递公式在误差分析和实验设计中的应用

利用误差传递公式,对间接测量结果的误差进行合理的估算,以正确判断实验结果的可靠程度,这是误差传递公式的基本用途. 另外,根据误差传递公式对误差进行粗略的估算分析,可以指导实验的合理安排;同时,还可用于实验设计,改进实验,选择实验仪器和确定实验方法. 这也是误差传递公式的重要用途.

1. 微小误差准则

前已述及,误差合成时,各分误差的贡献大小是不一样的,因此根据公式进行误差分析,就要分析总误差取决于哪几个主要因素,并根据微小误差准则略去较小的误差,以便简化运算,指导实验.

由于基础物理实验中绝对误差一般均取一位,故有如下判断准则:

在算术合成公式中,当分误差 $\left| \dfrac{\partial f}{\partial x} \right| \Delta x$ 与总误差 ΔN 间满足条件

$$\left| \frac{\partial f}{\partial x} \right| \Delta x < 0.5\Delta N \tag{2-1-23}$$

时,则此分误差即为微小误差. 式(2-1-23)即为微小误差准则.

对标准误差的合成,其准则为

$$\left| \frac{\partial f}{\partial x} \right| s_x < 0.3 s_N \tag{2-1-24}$$

式中,$\left| \dfrac{\partial f}{\partial x} \right| s_x$ 为分误差;s_N 为总标准误差(为方便计算亦可用分误差中最大项代替总误差 s_N 或 ΔN).

根据判断准则还可以使我们明确提高测量精确度的主要途径,以便集中精力于提高大误差量的精确度. 例如,钢球的密度测定公式为 $\rho = 6m/\pi D^2$,式中,m 为钢球质量,D 为直径. 其误差传递公式为 $\varepsilon = \dfrac{\Delta \rho}{\rho} = \dfrac{\Delta m}{m} + 3\dfrac{\Delta D}{D}$,就是在 $\dfrac{\Delta m}{m} = \dfrac{\Delta D}{D}$ 时,直径的分误差也是质量分误差的 3 倍. 所以,要提高测量的精确度,就要特别注意提高直径 D 的测量精确度.

2. 误差的分配

如果限定了总误差的大小,就可根据误差传递公式,依据一定的分配原则,将误差分配至各直接测定量,以便合理地选择仪器,确定适当的测量方法. 这实际上是设计实验的重要内容. 误差分配也可看成是误差合成的反问题,因此误差的分配方案与合成的方法密切相关. 下面举例说明.

例 2-1-8　按欧姆定律 $R = U/I$ 测定电阻,已知电流 $I = 4\text{A}$,电压 $U = 16\text{V}$,若要求电阻的误差 $\Delta R \leqslant 0.02\Omega$,试确定 ΔU、ΔI.

解　由函数为二量相除的传递(算术合成)公式得

$$\Delta R = \frac{I\Delta U + U\Delta I}{I^2} = \frac{\Delta U}{I} + \frac{U}{I^2}\Delta I$$

已知 $\Delta R \leqslant 0.02\Omega$,按误差公式将其分配给 U、I 两项分误差的方法可以有多种,为使问题简化,先按误差"等作用原则"(即认为两项分误差大小相等)来分配,此时有

$$\frac{\Delta U}{I} = \frac{U}{I^2}\Delta I$$

则

$$\Delta R = 2\frac{\Delta U}{I} = 2\frac{U}{I^2}\Delta I \leqslant 0.02\Omega$$

由此可分别求得

$$2\Delta U \leqslant 0.02I$$

$$2\Delta I \leqslant 0.02\frac{I^2}{U}$$

考虑到 $I = 4\text{A}$, $U = 16\text{V}$,则是

$$\Delta U \leqslant 0.04\text{V}$$

$$\Delta I \leqslant 0.01\text{A}$$

3. 测量仪器的选择

直接测定量随机误差的大小虽受测量技术及方法影响,但主要取决于仪器的精密度,精密度高的仪器其误差总是要小于精密度低的仪器,一般地说,仪器的精密度限定了误差的范围.

实验时往往要求结果的误差必须在一定范围内,在这种情况下,怎样选择仪器呢?"根据绝对误差(按分配给的误差)选择测量仪器"是选择测量仪器的基本原则.

例 2-1-9　测定圆柱体的密度的公式为 $\rho = \dfrac{4m}{\pi d^2 h}$,式中 m 为质量,d、h 分别为圆柱体的直径和高.已知 $m = 36\text{g}$, $d = 1.2\text{cm}$, $h = 3.8\text{cm}$,欲使测定结果的相对误差不超过 0.6%,应如何选择 m、d、h 各量的测量仪器?

解　(1)求出误差传递公式

$$\varepsilon = \frac{\Delta\rho}{\rho} = \frac{\Delta m}{m} + \frac{\Delta h}{h} + 2\frac{\Delta d}{d}$$

(2)分配误差.确定各直接测定量的相对误差,分配方法很多,按"误差等作用原则"分配,则有

$$\varepsilon' = \frac{\Delta m}{m} = \frac{\Delta h}{h} = 2\frac{\Delta d}{d} \leqslant \frac{\varepsilon}{3} = 0.002$$

(3)确定各直接测定量的绝对误差.显然有

$$\Delta m = \varepsilon'm = 0.002 \times 36 = 0.072\text{g}$$

$$\Delta h = \varepsilon'h = 0.002 \times 3.8 = 0.0076\text{cm}$$

$$\Delta d = \varepsilon'd/2 = \frac{1}{2} \times 0.002 \times 1.2 = 0.0012\text{cm}$$

(4)根据绝对误差选择测量仪器.

按照仪器精度(最小分度)小于或等于绝对误差的原则选择测量仪器,可作如下选择:称量质量

可选用感量为 0.02g(0.02<0.072)的物理天平;测量 h 可选用精度为 0.005cm(0.005<0.0076)的游标卡尺,而测量 d 需选用精度为 0.001cm 的千分尺.满足选择要求的仪器可能很多,选择时要在满足误差要求条件下,尽量选用精度低(相应的成本也低)、使用方便的仪器.

如果没有某种合适的仪器,如例 2-1-9 中没有千分尺时,需根据另一分配原则重新分配误差.例如,可使 $\varepsilon'_m = \varepsilon_h = \varepsilon/6$,从而使 d 的误差增加到原来分配数的 2 倍,即 $\varepsilon_d = \varepsilon - \varepsilon_m - \varepsilon_h = \frac{4}{6}\varepsilon$,由此得

$$\Delta m = \varepsilon'_m m = 0.036g$$

$$\Delta h = \varepsilon'_h h = 0.0038cm$$

$$\Delta d = \varepsilon'_d d/2 = 0.0024cm$$

这样,称量质量仪器不变,而 d、h 选用精度为 0.002cm 的游标卡尺即可满足要求.

4. 实验方法的选定

实际工作中,选用仪器往往受到设备条件的限制,改变误差分配原则,仍有可能找不到合适的仪器.这时在选择仪器的同时不要考虑确定合适的测量方法.

例 2-1-10 用单摆测量重力加速度时,公式 $g = 4\pi^2 L/T^2$ 中摆长 L 用精度为 0.01cm 的镜尺测量,若 $L = 1m$,周期 $T = 2s$,欲使结果的相对误差不超过 0.5%,试选定 T 的测量仪器和方法.

解 (1)由误差传递公式估算周期的绝对误差.误差传递公式为

$$\varepsilon = \frac{\Delta g}{g} = \frac{\Delta L}{L} + 2\frac{\Delta T}{T}$$

而

$$\frac{\Delta L}{L} = \frac{3 \times 0.01}{100} = 0.0003$$

从而有

$$2\frac{\Delta T}{T} \leqslant 0.005 - 0.0003 = 0.0047$$

考虑到 $T = 2s$,则有

$$\Delta T \leqslant 0.0047 \times T/2 = 0.0047s$$

(2)选择仪器并确定测量方法.

第一,可选用仪器精度比 0.047s 小的仪器,如数字仪表毫秒计等,它们的精度为 0.001s 或 0.0001s,均小于 0.0047s.测量周期时,可直接一次测定一个周期.

第二,如没有上述仪表,仅有停表(精度为 0.1s)可供使用,此时能否直接一次测定一个周期呢? 前面讲过停表单次测量的误差主要来源于按表与停表,其随机误差为 0.2s,显然一次测定一个周期时误差大于 0.0047s.

此时,根据停表单次测定误差不变的特点和单摆周期的等时性,可在测量方法上改为一次测定多个周期.比如,一次测定 n 个周期的时间为 t,则由 $t = nT$,其误差 $\Delta t = n\Delta T = 0.2s$,而周期的误差为 $\Delta T = \frac{\Delta t}{n} = \frac{0.2}{n}s$.显然,恰当选择测量的周期数 n,即可满足误差的要求.由于 $\Delta T \leqslant 0.0047s$,所以 $n = \frac{\Delta t}{\Delta T} \geqslant \frac{0.2}{0.0047} = 43$,为了可靠与计算方便,$n$ 可取为 50.可见利用精度较低的仪器时,只要选定了适当的测量方法亦可达到实验对误差的要求.

5.测量中最有利条件的确定

确定测量的最有利条件,也就是确定在什么条件下进行测量引起的误差最小,这个条件可以由误差函数对自变量求偏导并令其为零而得到. 对一元函数,只需求一阶和二阶导数. 令一阶导数等于零,解出相应的变量表达式,代入二阶导数式,若二阶导数大于零,则该表达式即为测量的最有利条件. 分析时多从相对误差着手.

例 2-1-11　如图 2-1-2 所示,用滑线式电桥测电阻时,滑线臂在什么位置测量时,能使待测电阻的相对误差最小.

解　设 R_x 为已知标准电阻,L_1 和 $L_2 = L - L_1$ 为滑线电阻的两臂长,当电桥平衡时

$$R_x = R_s \frac{L_1}{L_2} = R_s \frac{L - L_2}{L_2}$$

其相对误差为

$$\varepsilon_s = \frac{\Delta R_x}{R_x} = \frac{L}{(L - L_2)L_2} \Delta L_2$$

是 L_2 的函数,要求相对误差为最小的条件是

$$\frac{\partial \varepsilon_R}{\partial L_2} = \frac{L(L - 2L_2)}{(L - 2L_2)^2 L_2^2} = 0$$

可解得

$$L_2 = \frac{L}{2}$$

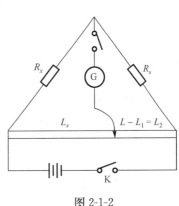

图 2-1-2

因此,$L_1 = L_2 = \dfrac{L}{2}$ 是滑线式电桥最有利的测量条件.

五、系统误差的一般知识

前面对随机误差的讨论都是无系统误差情况下的估计. 由于随机误差和系统误差是性质不同的两种误差,所以它们是相互独立的,一般可以分别予以单独处理,最后再考虑两者对结果的总影响.

实验中,系统误差往往是影响测量结果的主要因素. 由于不同性质的误差对结果的影响不一样,因而对它的处理方法也不同. 系统误差不像随机误差那样有统一的处理方法,它必须先能发现系统误差,之后再寻找其产生的原因,估算它对结果的影响,并设法予以修正或消除. 这是误差分析的一个主要内容,实验中必须进行认真的分析讨论.

1. 系统误差的特征

系统误差是由实验原理的近似,实验方法的不完善,所用仪器的缺陷,环境条件不符合要求以及观测人员的习惯等产生的误差. 实验方案一经确定,系统误差就有一个客观的确定值,实验条件一旦变化,系统误差也按一种确定的规律变化. 这种规律可能是线性的、非线性的或周期性的. 从对测量结果的影响来看,系统误差不消除往往比随机误差带来的影响更大.

2. 发现系统误差的方法

要消除系统误差的影响,首先应研究如何发现系统误差并确定系统误差的数值,一般情况下,系统误差是不易由多次重复测量来发现的.要发现系统误差,就需仔细地研究分析实验的全部条件,即要研究测量理论或方法的每一步推导,检验和校对每一台仪器,分析环境条件,考虑观测者的特点,注意每一个因素对实验的影响.常用的方法有如下几种.

1)理论分析法

分析实验所依据的原理是否严密,测量所用的理论公式要求的条件是否满足.例如,单摆周期公式 $T = 2\pi\sqrt{\dfrac{L}{g}}$ 要求把摆球看成质点,忽略了空气的浮力与阻力,并认为 $\theta \to 0$.但实际上摆球并不是一个质点,摆角 θ 也不为零,且空气浮力和阻力实际总是存在的,因而它们都会产生系统误差.例如,单筒落球法测黏度,无限广延条件不满足;伏安法测电阻,电流表、电压表内阻不符合要求等.

分析实验方法是否完善,测量仪器所要求的使用条件在测量过程中是否得以保证,如天平的水平、零点是否调节妥当,各类电表水平或垂直放置是否正确等.

2)实验对比法

这是发现系统误差最有效的方法,对比可以是多方面的,改变测量方法或实验条件,改变实验中某些参量的数值或测量步骤,调换测量仪器或操作人员等进行对比,看测量结果是否一致.例如,仪器的对比,用一个标准仪表和实验所用仪表测量同一物理量,若结果不同,说明实验所用仪表存在系统误差;也可以是实验方法的对比,用不同的方法测量同一个量,看其结果是否一致,在偶然误差允许范围内如不一致则说明其中必有一种方法存在系统误差;两个实验者对比观测,也可发现个人误差.

3)数据分析法

由于随机误差服从一定的统计规律,如果测量结果不遵从这种规律,则说明存在系统误差.这种方法常用于发现系统误差中的变差.

如果已知某一量的公认值,则当测量值与公认值之差大于其极限误差 $\pm 3\sigma$ 时,可判断此实验结果一定存在系统误差.这一点也可作为评价实验结果好坏的一个标准,也就是说总误差小于 3σ 的测量一般可以认为是比较好的.

总之,要注意分析了解实验的全部条件,即理论、仪器、环境和观测者存在的问题和可能产生的系统误差,不断积累经验,提高判断分析能力.

3. 减小或消除系统误差的一般途径

原则上讲,消除已知系统误差的途径,首先是消除产生根源使其不能产生,其次是修正它,或者在测量中设法抵消它的影响.系统误差服从因果规律,任何一种系统误差都有其确定的产生原因,在一定的测量条件下,只有找出产生该误差的具体原因,才能有针对性的采取相应措施,消除产生的根源或限制它的产生.

实际上,对系统误差进行修正只能使其比较接近实际,不能完全"消除".所谓"消除"是指把系统误差的影响减小到偶然误差之下.因此,处理系统误差要对实验的各个环节周密考虑,采用个别考察的方法,根据实际问题具体对待.消除系统误差的途径有以下几种.

1)从产生系统误差的根源上加以消除

从进行测量的操作人员、所用的测量仪器、采用的测量方法和测量时的环境条件等入手,对它们进行仔细的分析研究,找出产生系统误差的原因,并设法消除这些因素.例如,设法保证仪器装置满足规定的使用条件.测量显微镜的丝杆和螺母间有间隙,操作不当会引入空程误差,则应使丝杆与螺母啮合后再进行测量,且只能朝一个方向转动鼓轮.拉伸法测钢丝的杨氏模量,钢丝不直将给其微小伸长量的测量带来较大的误差,则可在测量前给钢丝加上一个砝码,使其伸直.又如,用补偿法测电压消除伏安法测电阻时方法上的系统误差.

2)用修正的方法引入修正值或修正项

对已判明其符号和大小的系统误差,可将其作为修正值加到测量结果中进行修正.例如,对所用仪器仪表进行鉴定校验而得到校正数据或校正图线,对测得值进行修正;对理论公式进行修正,根据理论分析,若系统误差来源于测量公式的近似,则可引入修正值或修正项.例如,单筒落球法测液体黏度,由于圆管直径不是无限大,需引入修正值.密立根油滴法测电子电荷实验,由于油滴很小,它的半径与空气分子的平均自由程很接近,必须引入修正项,以减小系统误差.

3)选择适当的测量方法抵消系统误差

对定值系统误差常用的方法有:

(1)交换测量法.将测量中的某些条件(如被测物的位置)相互交换,使产生系统误差的原因对测量结果起相反作用,即交换前后产生的系统误差大小相等、符号相反,从而相互抵消.例如,用天平称衡物体质量时的"复称法",是将被测物体在同一架天平上称衡两次,一次把被测物放在左盘,一次放在右盘,若两次称衡所得质量值分别为 m_1, m_2,根据杠杆原理,则物体的质量 m 为

$$m = \sqrt{m_1 m_2} \approx \frac{m_1 + m_2}{2}$$

这样就消除了天平不等臂的系统误差.

再如测定薄透镜的焦距时,将屏、物位置互换,取其算术平均值作为测量结果,以抵消系统误差.

(2)标准量替代法.在相同的条件下,用一标准量替换被测量,达到消除系统误差的目的.如消除天平称衡时的不等臂误差,交、直流电桥作精密测量时也常用此法.

(3)反向补偿法(异号法).对被测量进行两次适当的测量,使两次测量产生的系统误差等值而反向,取平均值作为测量结果,即可消除系统误差.例如,利用霍尔效应测量磁场,为了消除不等势电势差等副效应对测量的影响,可分别改变通过霍尔片电流的方向及磁场的方向进行测量,则可消除附加电势差.

(4)变化测量方法使系统误差随机化,以便在多次重复测量中抵消.例如,米尺的刻度不均匀,可以使用米尺的不同部位进行多次测量.

对变值系统误差常用的方法有:

(1)对称观测法.消除随时间(或测量次数)具有线性变化规律的系统误差.例如,长度测量中千分尺螺杆螺距的误差随测量尺寸的增大而增大;一些被测工件随温度变化其尺寸呈线性变化.这些累积性系统误差,都可用等空间间隔或某时刻前后等时间间隔各作一次观测,取两次读数的算术平均值作为测量结果,从而消除线性变化的系统误差.

（2）半周期偶数次观测法. 消除按周期性规律变化的系统误差. 例如, 分光计等测角仪器利用间隔 $180°$ 的双游标进行读数, 再取其平均值的方法, 以消除刻度环与游标盘不同心的偏心差.

4. 系统误差随机化

每一件仪器和仪器上的刻度都存在一定的系统误差, 但是各仪器或分度的系统误差往往互不相等, 其差异有一定的随机性（偶然性）. 因此, 在精密测量中, 用同一仪器的不同部分去测量, 可使系统误差随机化, 此时像处理偶然误差一样求其平均值, 可使系统误差减小, 如用米尺的不同部分测量一物体长度, 用不同的砝码测量同一质量等.

第二节　测量不确定度和测量结果的表示

一、测量不确定度的基本概念

在科学实验中进行着大量的测量工作, 为了更加科学地表示测量结果, 国际计量局（B1PM）、国际标准化（ISO）等组织提出并制定了《实验不确定度的规定建议书 INC—1（1980）》及《测量不确定度表示指南（1993）》. 我国从 1992 年 10 月开始实施了《测量误差和数据处理技术规范》, 规定采用不确定度来评定测量结果的质量.

在物理实验中, 引入测量不确定度的概念可以对测量结果的准确程度作出科学合理的评价. 测量不确定度是与测量结果相关联的一个参数, 用以表征测量结果的分散性. 测量不确定度是指由于测量误差的存在而对被测量值不能肯定的程度, 它是被测量的真值在某个量值范围内的一个评定. 或者说测量不确定度表示测量误差可能出现的范围, 它的大小反映了测量结果可信赖程度的高低, 不确定度小的测量结果可信赖程度高. 不确定度越小, 测量结果与真值越靠近, 测量质量越高；反之, 不确定度越大, 测量结果与真值越远离, 测量质量越低.

不确定度是在误差理论的基础上发展起来的. 不确定度和误差既是两个不同的概念, 它们有着根本的区别, 但又是相互联系的, 都是由测量过程的不完善性引起的.

（1）不确定度和误差是两个不同的概念. 测量误差是一个理想的概念, 一般是无法准确知道的, 所以一般无法表示测量结果的误差. "标准偏差"、"算术平均误差" 等词也不是指具体的误差值, 而是用来描述误差分布的数值特征, 表征与一定置信区间相联系的误差分布概率范围的. 不确定度则是表示由于测量误差的存在而对被测量值不能确定的程度, 反映了可能存在的误差分布范围, 表征被测量的真值所处的量值范围的评定, 所以不确定度能更准确地用于测量结果的表示. 一定置信概率的不确定度是可以计算出来（或评定）的, 其值永远为正值. 而误差可能为正, 可能为负, 也可能十分接近于零, 而且一般是无法计算的. 因此, 可以看出误差和不确定度是两个不同的概念.

（2）误差和不确定度是互相联系的. 误差和不确定度都是由测量过程的不完善引起的, 而且不确定度概念和体系是在现代误差理论的基础上建立和发展起来的. 在估算不确定度时, 用到了描述误差分布的一些特征参量, 因此两者不是割裂的, 也不是对立的. 应当指出, 不确定度概念的引入并不意味着误差一词需放弃使用. 实际上, 误差仍可用于定性地描述理论和概念的场合. 不确定度则用于给出具体数值或进行定量运算、分析的场合.

不确定度包含了各种不同来源的误差对测量结果的影响,各分量的估算又反映了这部分误差所服从的分布规律.它不再将测量误差分为系统误差和随机误差,而是把可修正的系统误差修正以后,将余下的全部误差分为可以用概率统计方法计算的 A 类评定和用其他非统计方法估算的 B 类评定.在分析误差时要做到不遗漏、不增加、不重复.若各分量彼此独立,将 A 类和 B 类评定按"方和根"的方法合成得到合成不确定度.不确定度与给定的置信概率相联系,并且可以求出它的确定值.不确定度能更全面更科学地表示测量结果的可靠性,现今在计量检测、工业等部门已逐步采用不确定度来评定测量结果的质量.

二、直接测量不确定度的评定和测量结果的表示

1. (标准)不确定度的 A 类评定

A 类标准不确定度用概率统计的方法来评定.

在相同的测量条件下,n 次等精度独立重复测量值为

$$x_1, x_2, \cdots, x_n$$

其最佳估计值为算术平均值 $\overline{x}$

$$\overline{x} = \frac{1}{n} \sum_{i=1}^{n} x_i \qquad (2\text{-}2\text{-}1)$$

x_i 高斯分布的实验标准偏差 $s(x_i)$ 的估计公式为

$$s(x_i) = \sqrt{\frac{1}{n-1} \sum_{i=1}^{n} (x_i - \overline{x})^2} \qquad (2\text{-}2\text{-}2)$$

平均值 $\overline{x}$ 的实验标准偏差 $s(\overline{x})$ 的最佳估计值为

$$s(\overline{x}) = \frac{s(x_i)}{\sqrt{n}} \qquad (2\text{-}2\text{-}3)$$

平均值的标准不确定度就用 $s(\overline{x})$ 表示.

2. (标准)不确定度的 B 类评定

B 类标准不确定度 $u(x_j)$ 在测量范围内无法作统计评定,B 类不确定度的估计是测量不确定度估算中的难点.由于引起 $u(x_j)$ 分量的误差成分与不确定的系统误差相对应,而不确定系统误差可能存在于测量过程的各个环节中,因此 $u(x_j)$ 通常也是多项的.在 $u(x_j)$ 分量的估算中不重复、不遗漏地详尽分析产生 B 类不确定度的来源,尤其是不遗漏那些对测量结果影响较大的或主要的不确定度来源,就有赖于实验者的学识和经验以及分析判断能力.

由于测量总要使用仪器,仪器生产厂家给出的仪器误差限值或最大误差,实际上就是一种不确定的系统误差,因此仪器误差是引起 B 类不确定度的一个重要基本来源.从基础物理实验教学的实际出发,只要求掌握由仪器误差引起的 B 类不确定度的估计方法.基础物理实验教学中仪器误差 $\Delta_{仪}$ 一般取仪表、器具的示值误差限或基本误差限.它们可参照国家标准规定的计量仪表、器具的准确度等级或允许误差范围得出,或者由生产厂家的产品说明书给出.基础物理教学实验中常作适当简化或者由实验室结合具体情况给出 $\Delta_{仪}$ 的近似约定值.

一般情况下,仪器 B 类标准不确定度有下述几种情况:

(1)仪器误差的概率密度函数服从正态分布或近似正态分布时,B 类标准不确定度为

$$u(x_j) = \Delta_{仪} / 3$$

（2）有些情况下，仪器误差的概率密度函数服从均匀分布，此时 B 类标准不确定度为

$$u(x_j) = \Delta_{仪} / \sqrt{3}$$

3. 合成（标准）不确定度 U

对于 A 类评定和 B 类评定的合成用"方和根"法．若各不确定度分量彼此独立，则合成不确定度为

$$U = \sqrt{\sum_{i=1}^{n} s(\bar{x})^2 + \sum_{j=1}^{m} u(x_j)^2} \tag{2-2-4}$$

4. 测量结果的表示

算术平均值及合成不确定度为

$$x = \bar{x} \pm U \quad （单位）$$

相对不确定度为

$$U_\varepsilon = \frac{U}{\bar{x}} \times 100\%$$

三、间接测量不确定度的评定和测量结果的表示

间接测量不确定度的评定与一般标准误差的传递计算方法相同．设间接测定量 N 与直接测量量 x_i 的函数关系为

$$N = f(x_1, x_2, \cdots, x_m)$$

式中，$x_1, x_2, \cdots, x_m$ 为相互独立的直接测量量．

$\bar{x}_i (i = 1, 2, \cdots, m)$ 为各直接测定量的最佳估计值，则可证明间接测定量的最佳值为

$$\bar{N} = f(\bar{x_1}, \bar{x_2}, \cdots, \bar{x_m})$$

将式（2-1-21）、式（2-1-22）中的标准偏差 s_{x_i} 用合成不确定度 U_{x_i} 替代，就得到间接测定量的不确定度传递公式．

$$U_N = \sqrt{\left(\frac{\partial f}{\partial x_1}\right)^2 U_{x_1}^2 + \left(\frac{\partial f}{\partial x_2}\right)^2 U_{x_2}^2 + \cdots + \left(\frac{\partial f}{\partial x_m}\right)^2 U_{x_m}^2} \tag{2-2-5}$$

$$\frac{U_N}{N} = \sqrt{\left(\frac{\partial \ln f}{\partial x_1}\right)^2 U_{x_1}^2 + \left(\frac{\partial \ln f}{\partial x_2}\right)^2 U_{x_2}^2 + \cdots + \left(\frac{\partial \ln f}{\partial x_m}\right)^2 U_{x_m}^2} \tag{2-2-6}$$

间接测量结果的表示与直接测量结果的表示形式相同，即写成

$$N = \bar{N} \pm U_N \quad （单位）$$

$$U_\varepsilon = \frac{U_N}{N} \times 100\%$$

例 2-2-1　一个铅质圆柱体，用分度值为 0.02mm 的游标卡尺分别测其直径 d 和高度 h 各 10 次，数据如下：

d（mm）　20.42，20.34，20.40，20.46，20.44，20.40，20.40，20.42，20.38，20.34

h（mm）　41.20，41.22，41.32，41.28，41.12，41.10，41.16，41.12，41.26，41.22

用最大称量为 500g 的物理天平称其质量为 $m = 152.10\text{g}$，求铅的密度及其不确定度．

解 (1)铅质圆柱体的密度 ρ.

直径 d 的算术平均值为

$$\bar{d} = \frac{1}{10}\sum_{i=1}^{10} d_i = 20.40\text{mm}$$

高度 h 的算术平均值为

$$\bar{h} = \frac{1}{10}\sum_{i=1}^{10} h_i = 41.20\text{mm}$$

圆柱体的质量为

$$m = 152.10\text{g}$$

铅质圆柱体的密度为

$$\rho = \frac{4m}{\pi d^2 h} = \frac{4 \times 152.10}{3.1416 \times 20.40^2 \times 41.20} = 1.129 \times 10^{-2}(\text{g}/\text{mm}^3)$$

(2)直径 d 的不确定度.

A 类评定

$$s(\bar{d}) = \sqrt{\frac{\sum_{i=1}^{10}(d_i - \bar{d})^2}{n(n-1)}} = \sqrt{\frac{0.0136}{90}} = 0.012(\text{mm})$$

B 类评定

游标卡尺的示值误差为 0.02mm,按近似均匀分布

$$u(d) = \frac{0.02}{\sqrt{3}} = 0.012(\text{mm})$$

d 的合成不确定度为

$$U(d) = \sqrt{s(\bar{d})^2 + u(d)^2} = \sqrt{0.012^2 + 0.012^2} = 0.017(\text{mm})$$

(3)高度 h 的不确定度.

A 类评定

$$s(\bar{h}) = \sqrt{\frac{\sum_{i=1}^{10}(h_i - \bar{h})^2}{n(n-1)}} = \sqrt{\frac{0.0496}{90}} = 0.023(\text{mm})$$

B 类评定

$$s(h) = \frac{0.02}{\sqrt{3}} = 0.012(\text{mm})$$

h 的合成不确定度为

$$U(h) = \sqrt{s(\bar{h})^2 + u(h)^2} = \sqrt{0.023^2 + 0.012^2} = 0.026(\text{mm})$$

(4)质量 m 的不确定度的.

从所用天平鉴定证书上查得,称量为 1/3 量程时的扩展不确定度为 0.04g,按近似高斯分布

$$U(m) = \frac{0.04}{3} = 0.013(\text{g})$$

(5)铅密度的相对不确定度.

$$\frac{U(\rho)}{\rho} = \sqrt{\left(\frac{2U(d)}{d}\right)^2 + \left(\frac{U(h)}{h}\right)^2 + \left(\frac{U(m)}{m}\right)^2}$$

$$= \sqrt{\left(\frac{2 \times 0.017}{20.40}\right)^2 + \left(\frac{0.026}{41.20}\right)^2 + \left(\frac{0.013}{152.10}\right)^2}$$

$$= \sqrt{2.8 \times 10^{-6} + 0.4 \times 10^{-6}} = 0.18\%$$

$$U(\rho) = 1.129 \times 10^{-2} \times \frac{0.18}{100} = 0.002 \times 10^{-2} (\text{g}/\text{mm}^3)$$

(6)铅密度的测量结果表示为

$$\rho = (1.129 \pm 0.002) \times 10^{-2} \text{g}/\text{mm}^3 = (1.129 \pm 0.002) \times 10^4 \text{kg}/\text{m}^3$$

$$U_\varepsilon(\rho) = 0.18\%$$

第三节　物理实验有效数字及其运算规则

在物理实验中,对物理量的测量总存在误差,因而直接测得量的数值只能是一个存在的近似数,具有某种不确定性. 由直接测得量通过计算求得的间接测量量也是一个近似数,而测量误差决定了测量值的数字只能是有限位数,不能随意取舍. 因此,在物理测量中,必须按照下面介绍的"有效数字"的表示方法和运算规则来正确表达和计算测量结果.

一、有效数字的一般概念

(1)有效数字的定义及其基本性质.

任何测量仪器总存在仪器误差,在仪器设计中总应使仪器标尺和最小分度值与仪器误差的数值相适应,两者基本上保持在同一数位上. 由于受到仪器误差的制约,在使用仪器对被测量进行测量读数时,就只能读到仪器的最小分度值,然后在最小分度值以下还可再估读一位数字. 例如,用厘米分度(最小分格的长度是1cm)的尺子测量一个铜棒的长度,从尺上看出其长度大于4cm,再用目测估计,大于4cm的部分是最小分度的 $\frac{3}{10}$,所以棒的长度为4.3cm. 最末一位,不同的观测者会有所不同,称为可疑数字,但它还是在一定程度上反映了客观实际. 而前面的"4"是从尺子上的刻度准确读出的,即由测量仪器明确指示的,称为可靠数字. 这些数字都有明确的意义,都有效地表达了测量结果. 如果换用毫米分度的尺子测量这个棒的长度,可以从尺子上准确读出4.2cm,再估读到最小分度毫米的10分位上,测量结果为4.25cm. 同样,最末一位的估计值不同观测者可能不同,但3位都是有效数字. 由此可见,有效数字位数的多少取决于所用量具或仪器的准确度的高低. 从仪器刻度读出的最小分度值的整数部分是准确的数字,称为可靠数字;而在最小分度以下估读的末位数字,一般就是仪器误差或相应的仪器不确定度所在的那一位数字,它具有不确定度,其估读会因人而异,通常称为可疑数字. 但它还是在一定程度上反映了客观实际,这些数字都有明确的意义,都有效地表达了测量结果. 据此我们定义:测量结果中所有可靠数字加上末位的可疑数字统称为测量结果的有效数字. 有效数字具有以下基本特性:

① 有效数字的位数与仪器精度(最小分度值)有关,也与被测量的大小有关.

对于同一被测量,如果使用不同精度的仪器进行测量,则测得的有效数字的位数是不同的. 例如,用千分尺(最小分度值0.01mm)测量某物体的长度读数为4.834mm. 其中前三位数字"483"是最小分度值的整数部分,是可靠数字;末位"4"是在最小分度值内估读的数字,为可疑数字,所以该测量值有四位有效数字.如果改用最小分度值(游标精度)为 0.02mm 的游标卡尺来测量,其读数为 4.84mm,测量值就只有三位有效数字.游标卡尺没有估读数字,其末位数字"4"为可疑数字,它与游标卡尺的 $\Delta_仪=0.02$mm 也是在同一数位上的.

有效数字的位数还与被测量本身的大小有关.若用同一仪器测量大小不同的被测量,其有效数字的位数也不相同.被测量越大,测得结果的有效数字位数就越多.

② 有效数字的位数与小数点的位置无关,单位换算时有效数字的位数不应发生变化.

例如,重力加速度 980cm/s²、9.80m/s² 或 0.00980km/s² 都是三位有效数字.也就是说,采用不同单位时,小数点的位置移动而使测量值的数值大小不同,但测量值的有效数字位数不变.必须注意:用以表示小数点位置的"0"不是有效数字,"0"在数字间或数字后面都是有效数字,不能随意增减.

(2)有效数字与误差的关系.

前面已讨论过,有效数字的末位是估读数字,存在误差.我们规定随机误差的有效数字一般只取一位,只有当误差的首位为 1 时才取两位.因此,任何测量结果,其数值的最后一位应与误差所在的那一位(或末位)对齐.例如,$L=(8.36\pm0.02)$mm,测量值的末位"6"刚好与误差 0.02 的"2"对齐,如果写成 $L=(8.358\pm0.02)$mm 就错误了.

由于有效数字的最后一位是误差所在位,因此有效数字或有效位数在一定程度上反映了测量值的精确程度.

(3)数值的科学表示法.

如果一个测得值的数很小或很大,常用标准形式来表示,即用 10 的方幂来表示其数量级,前面的数字是测得的有效数字,通常在小数点前只写一位数字,这种数值的科学表达方式称为科学记数法.例如,0.000508m 写成 5.08×10^{-4}m,2090080 写成 2.09008×10^6m.这样不仅可以避免写错有效数字,而且便于定位和计算.

(4)纯数学数或常数,如 $\frac{1}{6}$,$\sqrt{3}$,π,e 等,不是由测量得到的,有效数字可以认为是无限的,需要几位就取几位,一般取与各测得值位数最多的相同或再多取一位.给定值不影响有效数字位数.运算过程的中间结果可适当多保留 1~2 位,以免因舍入引进过大的附加误差.

(5)数字的进舍过去采用四舍五入法,这就使入的数字比舍的数字多一个,入的概率大于舍的概率;经过多次舍入,结果将偏大.为了使舍入的概率基本相同,现在采用的规则是:对保留的末位数字以后的部分,小于 5 则舍,大于 5 则入,等于 5 则把末位凑为偶数,即末位是奇数则加 1(五入),末位是偶数则不变(五舍).上述规则也称数字修约的偶数规则,即"四舍六入五凑偶"规则.

二、有效数字的运算规则

间接测量量是由直接测量量经过一定函数关系计算出来的.而各直接测量量的大小和有效数字位数一般都不相同,实验结果一般都要通过有效数字的运算才能得到,有效数字四则运算根据下述原则确定运算结果的有效数字位数:①可靠数字间的运算结果为可靠数字;②可靠数字与可疑数字或可疑数字间的运算结果为可疑数字,但进位为可靠数字;③运算结果只保留一位可疑数字.其后的数字按"小于 5 舍,大于 5 入,等于 5 左凑偶"的规则处理.

1. 加减法

首先统一各数值的单位,然后列出纵式进行运算. 为了区别,在可疑数字下面画一道横线. 例如,

$$32.1\underline{1}$$
$$+3.27\underline{6}$$
$$35.3\underline{7}\underline{6}$$
$$32.1+3.276=35.4$$

$$10.\underline{1}$$
$$-4.17\underline{8}$$
$$5.92\underline{2}$$
$$10.1-4.178=5.9$$

规则是:加减运算,最后结果的可疑位应与各数中可疑数字数量级最大的一位对齐.

2. 乘除法

例如,

$$4.17\underline{8}$$
$$\times 10.\underline{1}$$
$$\underline{4}\,1\,7\,8$$
$$\underline{4.178}$$
$$4\,2.1\underline{9}\,\underline{7}\,\underline{8}$$
$$4.17\underline{8}\times 10.\underline{1}=42.2$$

$$4.178$$
$$\times 90.\underline{1}$$
$$\underline{4}\,1\,7\,8$$
$$\underline{37602}$$
$$376.\underline{4}\,\underline{3}\,\underline{7}\,\underline{8}$$
$$4.17\underline{8}\times 90.\underline{1}=376.4$$

规则是:乘除运算,最后结果的有效数字位数一般与各数中有效数字位数最少的相同.
乘法运算,若两数首位相乘有进位时则多取一位.

3. 乘方、开方运算

乘方、开方运算结果的有效数字位数与其底的有效数字位数相同. 也可按乘除运算可疑数字画线的方法确定. 例如,

$$225^2=5.06\times 10^4$$
$$\sqrt{225}=15.0$$

4. 对数、三角函数运算

对数运算规则:n 位数字应该用 n 位对数表. 例如,

$$\lg 3.142+\lg 5.267=0.4972+0.7216=1.1288$$

三角函数运算规则:用角度的有效位数,即以仪器的准确度来定,角度误差为 $1'$,$10''$,$1''$,$0.1''$,$0.01''$时,相应三角函数表位数分别选择 4 位,5 位,6 位,7 位,8 位(即一般有效数字位数取 4 位,5 位,6 位,7 位,8 位)

第四节　物理实验数据处理的常用方法

物理实验数据处理不单纯是取得数据后的数学运算,而是要以一定的物理模型为基础,以一定的物理条件为依据,通过对数据的整理、分析和归纳计算,得出明确的实验结论,目的是找

出物理量之间的内在规律,或验证某种理论.实验得到的数据必须进行合理地处理分析,才能得到正确的实验结果和结论.数据处理是指从原始数据通过科学的方法得出实验结果的加工过程,它贯穿于整个物理实验教学的全过程中,应该逐步熟悉和掌握它.物理实验常用的数据处理方法有:列表计算法,作图法,逐差法,最小二乘线性回归法等.

一、列表法

在记录和处理数据时,常把数据排列成表格,这样,既可以简单而明确地表示出被测物理量之间的对应关系,又便于及时检查和发现测量数据是否合理,有无异常情况.列表计算法就是将数据处理过程用表格的形式显示出来,即将实验数据中的自变量、因变量的各个数据及计算过程和最后结果按一定的格式、有秩序地排列出来.列表法是科技工作者经常使用的基本方法.为了养成习惯,每个实验中所记录的数据必须列成表格,因此在预习实验时,一定要设计好记录原始数据的表格.

列表的要求如下:

(1)根据实验内容合理设计表格的形式,栏目排列的顺序要与测量的先后和计算的顺序相对应.

(2)各栏目必须标明物理量的名称和单位,量值的数量级也写在标题栏中.

(3)原始测量数据及处理过程中的一些重要中间运算结果均应列入表中,且要正确表示各量的有效数字.

(4)要充分注意数据之间的联系,要有主要的计算公式.

列表法的优点是:简单明了,形式紧凑,各数据易于参考比较,便于表示出有关物理量之间的对应关系,便于检查和发现实验中存在的问题及分析实验结果是否合理,便于归纳总结,从中找出规律性的联系.缺点是:数据变化的趋势不够直观,求取相邻两数据的中间值时,还需要借助插值公式进行计算等.

要注意,原始数据记录表格与实验数据处理表格是有区别的,不能相互代替,原始数据表格中不必包含需进行计算的量.要动脑筋,设计出合理完整的表格.

例如,下面以螺旋测微器测量钢球直径为例,列表记录和处理数据.

表 2-4-1 测钢球直径 D^*

使用仪器:0~100mm,一级螺旋测微器,$\Delta_{仪} = \pm 0.004$mm

测量次序	初读数/mm	末读数/mm	直径 D_i/mm	$V_i = (D_i - D)$/mm	$V_i^2/(\times 10^{-8}$ mm$^2)$
1	0.004	6.002	5.998	$+0.0013$	169
2	0.003	6.000	5.997	$+0.0003$	9
3	0.004	6.000	5.996	-0.0007	49
4	0.004	6.001	5.997	$+0.0003$	9
5	0.005	6.001	5.996	-0.0007	49
6	0.004	6.000	5.996	-0.0007	49
7	0.004	6.001	5.997	$+0.0003$	9
8	0.003	6.002	5.999	$+0.0023$	529
9	0.005	6.000	5.995	-0.0017	289
10	0.004	6.000	5.996	-0.0007	49
平均			$\overline{D} = 5.9967$	$\sum V_i = 0$	$\sum V_i^2 = 1210 \times 10^{-8}$ $S_{\overline{D}} = 0.0004$

A 类不确定度 $S_{\bar{D}}=0.0004\text{mm}$,B 类不确定度 $\mu=\Delta_{仪}/3=0.683\Delta_{仪}=0.0027\text{mm}$,合成不确定度 $U=\sqrt{S^2+u^2}=0.0027\text{mm}$.

最后结果: $D=\bar{D}\pm U=(5.997\pm0.003)\text{mm}(P=0.683)$.

表 2-4-1 中数据在计算 D 的平均值时应多保留一位. 一般处理中间过程往往多保留一位,以使运算中不至于失之过多. 最后结果应按有效数字有关规定取舍.

二、图示法

物理规律既可以用解析函数关系表示,也可以借助图线表示,即用图线表示实验结果的方法称为图示法. 工程师和科学家一般对定量的图线最感兴趣,因为定量图线能形象、直观地表明两个变量之间的关系. 特别是对那些尚未找到适当解析函数表达式的实验结果,可以从图示法所画出的图线中寻找相应的经验公式.

作图的基本步骤包括:图纸的选择;坐标的分度和标记;标出每个实验点;作出一条与多实验点基本相符合的图线;注解和说明等.

1. 图纸的选择

图纸一般有线性直角坐标纸(毫米方格纸)、对数坐标纸、半对数坐标纸、极坐标纸等,应根据具体实验情况选取合适的坐标纸.

因为图线中直线最易绘制,也便于使用,所以在已知函数关系的情况下,作两变量之间的关系图线时,最好通过变量变换将某种函数关系的曲线变换为线性函数关系的直线.

例如:

(1) $y=ax+b$,y 与 x 为线性函数关系.

(2) $y=a+b\dfrac{1}{x}$,若令 $u=\dfrac{1}{x}$,则得 $y=a+bu$,y 与 μ 为线性函数关系.

(3) $y=ax^b$,取对数,则 $\log y=\log a+b\log x$,$\log y$ 与 $\log x$ 为线性函数关系.

(4) $y=ae^{bx}$,取自然对数,则 $\ln y=\ln a+bx$,$\ln y$ 与 x 为线性函数关系.

对于(1),选用直角坐标纸就可得直线;对于(2),以 y,u 作坐标时,在线性直角坐标纸上也是一条直线;对于(3),在选用对数坐标纸后,不必对 x,y 作对数计算就能得到一条直线;对于(4),则应选择半对数坐标纸作图,才能得到一条直线. 如果只有线性直角坐标纸,而要作(3)、(4)两类函数关系得直线时,则应将相应的测量值进行对数计算后再作图.

2. 坐标的分度和标记

绘制图线时,应以自变量为横坐标,以应变量为纵坐标,并标明各坐标轴所代表的物理量(可用相应的符号表示)及其单位.

坐标轴的分度要根据实验数据的有效数字和对实验结果的要求来确定. 原则上,数据中的可靠数字在图中也应是可靠的,而最后一位的可疑数字在图中亦是估计的. 即不能因作图而引进额外的误差.

在坐标轴上每隔一定的间距应均匀地标出分度值,标记所用的有效数字应与原始数据的有效数字位数相同,单位应与坐标轴的单位一致. 坐标的分度应以不用计算便能确定各点的坐标为原则,通常只用 1、2、5 进行分度,避免用 3、7 等进行分度.

坐标分度值不一定从零开始,可以用低于原始数据的某一整数作为坐标分度的起点,用高于测量所得最高值的某一整数作为终点,这样图线就能充满所选的整个图纸(图 2-4-1).

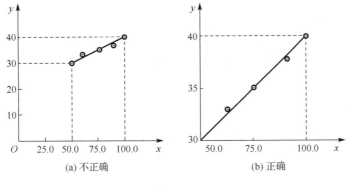

(a) 不正确　　　　　　　　(b) 正确

图 2-4-1

3. 标点

根据测量数据,用"＋"或"⊙"记号标出各坐标点在坐标纸上的位置,记号的交叉点或圆心应是测量点的坐标位置,"＋"中的横竖线段、⊙ 中的半径表示测量点的误差范围.

在同一图纸上画出不同曲线,标点应该用不同符号,以便区分(图 2-4-2).

4. 作图线

连线时必须使用工具(最好用透明的直尺、三角板、曲线板等),所绘的曲线或直线应光滑匀称,而且尽可能使所绘的图线通过较多的测量点,但不能连成折线.对那些严重偏离曲线或直线的个别点,应检查一下坐标点是否有误,若没有错误,在连线时可舍去不考虑,其他图线上的点,应使它们均分布在图线的两侧.

对于仪器仪表的校正曲线,连接时应将相邻的两点连成直线,整个校正曲线成折线形式.

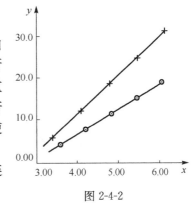

图 2-4-2

5. 注解和说明

在图线的明显位置应写清图的名称,注明作者、作图日期和必要的简短说明.

三、图解法

利用画出的实验图线,用解析方法求出有关参量或物理量之间的经验公式为图解法.当图线为直线时尤为方便,直线图解一般是求出直线的截距或斜率,进而可得到另外一些物理量或完整的线性方程,其步骤如下所述.

1)求直线的斜率和截距,建立直线方程

若图线类型为直线,则其方程为

$$y = kx + b \qquad\qquad (2\text{-}4\text{-}1)$$

求斜率 k 常用两点法,要在直线两端、数据范围以内另外取两点,一般不取原始测量数据点.为了便于计算,横坐标的两数值可取为整数.用与原始数据点不同的符号标明这两个特征点的位置,旁边注明坐标值(x_1,y_1),(x_2,y_2),如图 2-4-3 所示.直线的斜率 k 为

$$k=\frac{y_2-y_1}{x_2-x_1} \tag{2-4-2}$$

如果横坐标轴的起点为零,则可直接从图线上读取截距 b 的值.如果横坐标轴的起点不为零,则直线与纵轴的交点不是截距,这时常用点斜式求出,即在图线上再选取一点 (x_3,y_3),代入直线方程,求得

$$b=y_3-\frac{y_2-y_1}{x_2-x_1}x_3 \tag{2-4-3}$$

求出斜率 k 和截距 b 就可以得出具体的直线方程.也可由斜率和截距求出包含在其中的其他物理量的数值.

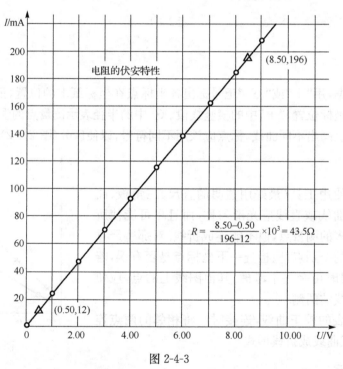

图 2-4-3

2)通过图线求函数关系,建立经验公式

若通过测量得到的图线是一条曲线,就要运用解析几何知识判定该曲线是哪一类函数,如果难于确定,就可凭经验假定函数形式,一般可用幂函数表示,方程为

$$y=kx^\alpha \tag{2-4-4}$$

其在对数坐标系中为一线性方程,求出斜率为 α,求出截距再经过反对数运算可得 k,这样就可得出具体的经验公式,这是了解和发现物理规律的一条有效途径.

3)曲线改直,从而建立曲线方程

物理量之间的关系并不都是线性的,将非线性关系通过适当变量代换化为线性关系,即将非直线图线变换成直线称为曲线改直.由于直线最易准确绘制,更加直观,便于确定某种函数关系的曲线对应的经验公式.通过这种代换,还可使某些未知量包含在斜率或截距中,容易求出.

常用的可以线性化的函数举例如下:

（1）$y = ax^b$，a,b 为常量．两边取常用对数后变为
$$\lg y = b\lg x + \lg a$$
$\lg y$ 与 $\lg x$ 为线性关系，直线的斜率为 b，截距为 $\lg a$．

（2）$y = ae^{-bx}$，a、b 为常量．两边取自然对数后变换为
$$\ln y = -bx + \ln a$$
$\ln y$-x 图的斜率为 $-b$，截距为 $\ln a$．

（3）$y = a \cdot b^x$，a,b 为常量．取对数后
$$\lg y = \lg b \cdot x + \lg a$$
$\lg y$-x 的斜率为 $\lg b$，截距为 $\lg a$．

（4）$xy = c$，c 为常量．则有
$$y = c \cdot \frac{1}{x}$$
y-$\frac{1}{x}$ 图的斜率为 c．

（5）$y^2 = 2px$，p 为常量．则 y^2-x 图的斜率为 $2p$．

（6）$x^2 + y^2 = a^2$，a 为常量．则有
$$y^2 = a^2 - x^2$$
y^2-x^2 图的斜率为 -1，截距为 a^2．

（7）$y = \dfrac{x}{a + bx}$，a、b 为常量．则有
$$y = \frac{1}{a/x + b}, \quad \frac{1}{y} = \frac{a}{x} + b$$
$\frac{1}{y}$-$\frac{1}{x}$ 图的斜率为 a，截距为 b．

4）作图法的优点和局限性

作图法的优点是数据（物理量）之间的对应关系和变化趋势，非常形象、直观，一目了然，便于比较研究和发现问题，能看到测量的全貌．对实验数据中存在的极值、拐点、周期性变化等，都能在图形中清楚地显示出来．特别是对很难用简单的解析函数表示的物理量之间的关系，作图表示就比较方便．另外，所作的图线有取平均的效果．通过合理地内插和外推还可以得到没有进行或无法进行观测的数据．通过求斜率、截距还可以得到另外一些物理量或建立变量之间的函数关系（经验公式）．

局限性是受图纸大小的限制，一般只能处理 $3\sim4$ 位有效数字．在图纸上连线有相当大的主观随意性．由于图纸本身的均匀性和准确程度有限以及线段的粗细等，使作图不可避免地引入一些附加误差．

四、逐差法

逐差法是物理实验中常用的数据处理方法之一．特别是在被测变量之间存在多项式函数关系，自变量等间距变化的实验中，更有其独特的优点．逐差法就是把实验测量数据进行逐项相减，或者分成高、低两组实行对应项相减，前者可以验证被测量之间的函数关系，后者可以充分利用数据，具有对数据取平均和减少相对误差的效果．

这种方法在基础物理实验中常用来处理 $y=a+bx$ 型的线性方程,以求出常系数 a、b 值,进而求得 a、b 中所包含的物理量. 在测量多组数据 (x_i, y_i) 的基础上 $(i=1,2,\cdots,n$,一般取 $n=2k)$,可按如下步骤处理数据.

(1)用相减的方法消去常数 a(用此法也可消去系统误差中的恒差),求得多个 b 值.

$$b_i = \frac{\Delta y_i}{\Delta x_i} = \frac{y_{i+k} - y_i}{x_{i+k} - x_i}, \quad i=1,2,\cdots,k \tag{2-4-5}$$

随后求出其平均值

$$\bar{b} = \frac{1}{k}\sum b_i \tag{2-4-6}$$

(2)尽量使 $\Delta x(\Delta y)$ 的数值取大一些,以充分利用测量数据,提高测量的精确度,如 $n=2k$ 时,可取 $\Delta x_i = x_{i+k} - x_i$.

(3)求出 $\bar{b}$ 后,根据 $\sum y_i = \bar{b}\sum x_i + na$ 可求出

$$\bar{a} = \frac{\sum y_i}{n} - \bar{b}\frac{\sum x_i}{n} = \bar{y} - \bar{b}\bar{x} \tag{2-4-7}$$

(4)对于非线性方程,可作适当变换,使其变成线性方程后,再按上述方法处理.

逐差法的优点和局限性如下所述.

逐差法的优点是:方法简单,计算方便,可以充分利用测量数据,具有对数据取平均和减小相对误差的效果,可以最大限度地保证不损失有效数字;可以绕过一些具有定值的未知量求出实验结果;可以发现系统误差或实验数据的某些变化规律. 如果通过变量代换后能满足适用条件的要求,也可用逐差法.

局限性是有较严格的适用条件:函数必须是一元函数,且自变量 x 必须等间距变化,一般测量偶数次.

例如,测定单摆周期与摆长的数据如表 2-4-2 所示.

表 2-4-2　单摆周期 T 与摆长 L 的关系

L/cm	T/s	T^2/s^2
60.0	1.560	2.434
70.0	1.682	2.829
80.0	1.798	3.233
90.0	1.906	3.633
100.0	2.014	4.056
110.0	2.108	4.444
120.0	2.199	4.836
130.0	2.295	5.267

由表 2-4-2 中数据可大概看出 T-L 关系,即周期随着摆长增大而增大.

对表 2-4-2 所示单摆数据考虑 T^2-L 关系,可用逐差法处理数据,具体方法如下:

由于此例中 $n=8=2\times 4$,故 $k=4$,按式(2-4-5)求 b_i,有

$$b_1 = \frac{T_5^2 - T_1^2}{L_5 - L_1} = \frac{1.622}{40} = 0.04055$$

$$b_2 = \frac{T_6^2 - T_2^2}{L_6 - L_2} = \frac{1.615}{40} = 0.04038$$

$$b_3 = \frac{T_7^2 - T_3^2}{L_7 - L_3} = \frac{1.603}{40} = 0.04008$$

$$b_4 = \frac{T_8^2 - T_4^2}{L_8 - L_4} = \frac{1.634}{40} = 0.04085$$

$$\overline{b} = \frac{\sum b_i}{4} = 0.040465$$

由于 $\overline{b} = \frac{4\pi^2}{g}$，所以 $g = \frac{4\pi^2}{b} = 975.6\text{cm/s}^2$ 与平均法所求 g 值近似.

五、最小二乘法与线性回归

1. 最小二乘法

最小二乘法是一种解决怎样从一组测量值中寻求最可靠值,也就是最可信赖值的方法. 对于等精度测量,所得数据的测量误差服从高斯分布,且相互独立,则测量结果的最可靠值是各次测量值相应的偏差平方和为最小值时的那个值,即算术平均值.因为最可靠值是在各次测量值的偏差平方和为最小的条件下求得的,当时(18 世纪初)把平方称为二乘,故称为最小二乘法.最小二乘法是以误差理论为依据的严格、可靠的方法,有准确的置信概率.按最小二乘法处理测量数据能充分地利用误差的抵偿作用,从而可以有效地减小随机误差的影响.

2. 回归分析

相互关联的变量之间的关系可以分成两类.一类是变量之间存在着完全确定的关系称为函数关系;另一类是变量之间虽然有联系,但由于测量中随机误差等因素的存在,造成了变量之间联系的不同程度的不确定性,但从统计上看,它们之间存在着规律性的联系,这种关系称为相关关系.相关变量间既有相互依赖性,又有某种不确定性.回归分析法是处理变量间相关关系的数理统计方法.回归分析就是通过对一定数量的观测数据所作的统计处理,找出变量间相互依赖的统计规律.如果存在相关关系,就要找出它们之间的合适的数学表达式,由实验数据寻找经验方程称为方程的回归或拟合,方程的回归就是要用实验数据求出方程的待定系数.在回归分析中为了估算出经验方程的系数,通常利用最小二乘法,得到经验方程后,还要进行相关显著性检验,判定所建立的经验方程是否有效.回归分析所用的数学模型主要是线性回归方程,因为其他形式的数学模型多数可以通过数学变换转化为线性回归方程.根据相关变量的多少,回归分析又可分为一元回归和多元回归.回归法处理数据的优点在于理论比较严格,在函数形式确定后,结果是唯一的,不会像作图法那样因人而异.

3. 用最小二乘法进行一元线性回归(直线拟合)

1)回归方程系数的确定

最小二乘法一元线性回归的原理是:若能找到一条最佳的拟合直线,那么各测量值与这条拟合直线上各对应点的值之差的平方和,在所有拟合直线中应该是最小的.

假设所研究的两个变量 x 和 y 存在线性函数关系,回归方程的形式为

$$y = a + bx \tag{2-4-8}$$

其图线是一条直线. 测得一组数据 $x_i,y_i(i=1,2,\cdots,k)$, 现在要解决的问题是:怎样根据这组数据来确定式(2-4-8)中的系数 a 和 b.

在经典的回归分析中,总是假定:

(1)自变量 x_i 不存在测量误差,是准确的;

(2)因变量 y_i 是通过等精度测量得到的只含有随机误差的测得值,误差服从高斯分布;

(3)在 y_i 的测得值中,粗大误差和系统误差已被排除.

我们讨论最简单的情况,即每个测量值都是等精度的,且假定 x_i,y_i 中只有 y_i 有明显的测量随机误差,如果 x_i,y_i 都有误差,只要把相对来说误差较小的变量作为 x 即可.

由于存在误差,实验点不可能完全落在由式(2-4-8)拟合的直线上. 对于和某一个 x_i 相对应的 y_i 与直线在 y 方向上的偏差为

$$v_i = y_i - y = y_i - a - bx_i \tag{2-4-9}$$

如图 2-4-4 所示,按最小二乘法原理把相对来说误差较小的变量作为自变量,实验过程中不要改变测量方法和条件,如果测量中存在粗差,首先进行剔除,存在系统误差要对测得值进行修正. 这样就能满足上述假定的要求.

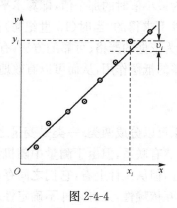

图 2-4-4

v_i 的正负和大小表示实验点在直线两侧的离散程度. v_i 的值与 a,b 的取值有关. 为使偏差的正值和负值不发生抵消,且考虑到全部实验值的贡献,根据最小二乘法原理,应当计算 $\sum\limits_{i=1}^{k} v_i^2$ 的大小. 如果 a 和 b 的取值使 $\sum\limits_{i=1}^{k} v_i^2$ 最小,将 a 和 b 的值代入式(2-4-8),就得到这组测量数据所拟合的最佳直线.

由式(2-4-9)得

$$\sum_{i=1}^{k} v_i^2 = \sum_{i=1}^{k} (y - a - bx_i)^2 \tag{2-4-10}$$

为求其最小值,把式(2-4-10)分别对 a、b 求一阶偏导数,并令其等于零,即

$$\left.\begin{aligned}
\frac{\partial}{\partial a}\Big(\sum_{i=1}^{k} v_i^2\Big) &= -2\sum_{i=1}^{k}(y_i - a - bx_i) = 0 \\
\frac{\partial}{\partial b}\Big(\sum_{i=1}^{k} v_i^2\Big) &= -2\sum_{i=1}^{k}(y_i - a - bx_i)x_i = 0
\end{aligned}\right\} \tag{2-4-11}$$

整理后写成

$$\left.\begin{array}{r} \overline{x}b + a = \overline{y} \\ \overline{x^2}b + \overline{x}a = \overline{xy} \end{array}\right\} \tag{2-4-12}$$

式中

$$\left.\begin{array}{l} \overline{x} = \dfrac{1}{k}\displaystyle\sum_{i=1}^{k}x_i \\[2mm] \overline{y} = \dfrac{1}{k}\displaystyle\sum_{i=1}^{k}y_i \\[2mm] \overline{x^2} = \dfrac{1}{k}\displaystyle\sum_{i=1}^{k}x_i^2 \\[2mm] \overline{xy} = \dfrac{1}{k}\displaystyle\sum_{i=1}^{k}x_iy_i \end{array}\right\} \tag{2-4-13}$$

式(2-4-12)的解为

$$b = \frac{\overline{x}\cdot\overline{y} - \overline{xy}}{\overline{x}^2 - \overline{x^2}} \tag{2-4-14}$$

$$a = \overline{y} - b\overline{x} \tag{2-4-15}$$

可以证明，$\displaystyle\sum_{i=1}^{k}\upsilon_i^2$ 对 a、b 的二阶偏导数均大于零，说明由式(2-4-14)和式(2-4-15)计算出的 a、b 对应 $\displaystyle\sum_{i=1}^{k}\upsilon_i^2$ 的极小值，也就是拟合的最佳直线的斜率和截距的估计值．

为了记值和书写方便，引入符号

$$L_{xx} = \sum_{i=1}^{k}x_i^2 - \frac{1}{k}\left(\sum_{i=1}^{k}x_i^2\right)^2$$

$$L_{yy} = \sum_{i=1}^{k}y_i^2 - \frac{1}{k}\left(\sum_{i=1}^{k}y_i\right)^2$$

$$L_{xy} = \sum_{i=1}^{k}x_iy_i - \frac{1}{k}\left(\sum_{i=1}^{k}x_i\right)\left(\sum_{i=1}^{k}y_i\right)$$

于是式(2-4-14)可表示为

$$b = \frac{L_{xy}}{L_{xx}} \tag{2-4-16}$$

由式(2-4-12)可以看出，最佳直线通过$(\overline{x},\overline{y})$点，因此，在用作图法画直线时，应将$(\overline{x},\overline{y})$坐标点标出，将作图用的直尺以这点为轴心来回转动，直到各数据点与直尺边线的距离最近，而且左右分布匀称为止．这时，沿此边线用铅笔画一直线，即为所求的最佳直线．

2）b 和 a 的标准偏差

在前述假定只有 y_i 有明显随机误差条件下，y_i、a 和 b 的标准误差可由下列各式计算

$$s_y = \sqrt{\frac{\displaystyle\sum_{i=1}^{k}(y_i - a - bx_i)^2}{k-2}} \tag{2-4-17}$$

$$s_b = \frac{s_y}{\sqrt{k(\overline{x^2} - \overline{x}^2)}} = \frac{s_y}{\sqrt{L_{xx}}} \tag{2-4-18}$$

$$s_a = \sqrt{\frac{\overline{x^2}}{L_{xx}}} \cdot s_y = \sqrt{\overline{x^2}} \cdot s_b = \sqrt{\frac{\sum\limits_{i=1}^{k} x_i^2}{k}} \cdot s_b \qquad (2\text{-}4\text{-}19)$$

式(2-4-19)表明,b 的标准偏差直接影响 a 的标准偏差,而且 x_i 的数值越大,这种影响越严重. 也就是说,在 s_b 相同时,x_i 离坐标原点越远,截距 a 的标准偏差越大.

如果 $s_a > a$,即 a 的标准偏差的数值大于截距的数值,便可认为在一定程度上(对高斯分布置信概率为 68.3%)拟合的直线通过坐标原点.

3)线性相关系数

如果实验是在已知线性函数关系下进行的,那么用上述作最小二乘法拟合,可得出最佳直线及其截距 a,斜率 b,从而得出回归方程. 如果实验是要通过 x,y 的测量值来寻找经验公式,则还应判断由上述一元线性拟合所找出的线性回归方程是否恰当. 为了定量描述 x,y 变量之间线性相关程度的好坏,引入相关系数 r,其定义是

$$r = \frac{L_{xy}}{\sqrt{L_{xx}L_{yy}}} \qquad (2\text{-}4\text{-}20)$$

与式(2-4-16)比较,因 $\sqrt{L_{xx}L_{yy}} > 0$,故 r 与 b 的符号相同. 即 $r > 0$,则 $b > 0$,拟合直线的斜率为正;$r < 0$,则 $b < 0$,其斜率为负. 可以证明,$|r|$ 的值在 $0 \sim 1$,若 $r = 0$,表示 x,y 之间完全没有线性相关的关系,即用线性回归不妥,应该换用其他函数重新试探;若 $|r| = 1$,表示 x_i 与 y_i 全部都在拟合直线上,即完全相关.

需要说明的是,线性相关系数 r 只表示变量间线性相关的程度,并不表示 x,y 之间是否存在其他相关关系.

为了实际使用的方便,可导出

$$s = \sqrt{\frac{(1-r^2)L_{yy}}{k-2}} \qquad (2\text{-}4\text{-}21)$$

$$\frac{s_b}{b} = \sqrt{\frac{\frac{1}{r^2}-1}{k-2}} \qquad (2\text{-}4\text{-}22)$$

式(2-4-22)表示由 r 及 k 就可以方便地确定拟合直线斜率的相对偏差.

对于一个实际问题,只有当 $|r|$ 大于某一数值时,方认为变量之间存在着线性相关关系. 因而需要给出一个检验标准,记作 r_0. 当 $|r| > r_0$ 时,变量间线性相关的程度是显著的.

数理统计理论指出,r_0 的大小与实验数据的个数 k 和显著性水平 α 的值有关. $\alpha = 0.05$ 表示将线性相关关系判断错误的概率为 5%. α 越小,显著性标准就越高. 表 2-4-3 列出了 $\alpha = 0.05$ 和 $\alpha = 0.01$ 两种情况下 r_0 的数值.

表 2-4-3　相关系数检验表

$k-2$	$\alpha = 0.05$	$\alpha = 0.01$	$k-2$	$\alpha = 0.05$	$\alpha = 0.01$
1	0.997	1.000	6	0.707	0.834
2	0.950	0.990	7	0.666	0.798
3	0.898	0.959	8	0.632	0.765
4	0.811	0.917	9	0.602	0.735
5	0.754	0.874	10	0.576	0.708

$k-2$	$\alpha=0.05$	$\alpha=0.01$	$k-2$	$\alpha=0.05$	$\alpha=0.01$
11	0.553	0.684	25	0.381	0.487
12	0.532	0.661	30	0.349	0.449
13	0.514	0.641	35	0.325	0.418
14	0.497	0.623	40	0.304	0.393
15	0.482	0.606	50	0.273	0.354
16	0.468	0.590	60	0.250	0.325
17	0.456	0.575	70	0.232	0.302
18	0.444	0.561	80	0.217	0.283
19	0.433	0.549	100	0.195	0.254
20	0.422	0.537	200	0.138	0.181

4) 应用举例

在测定金属导体电阻温度系数的实验中,得到如表 2-4-4 所示测量数据.

表 2-4-4

$T/℃$	24.8	37.0	40.9	45.2	49.0	56.1	61.0	65.8	70.0	74.9	80.6	85.4
R/Ω	38.83	40.83	41.42	42.26	42.63	43.74	44.44	45.10	45.79	46.45	47.44	48.11

用线性拟合法计算 b 和 a 的值;s_b 和 s_a 的值;相关系数 r 的值;电阻温度系数 α 和 0℃时的电阻 R_0 的值;写出直线方程,评价相关程度.

解 金属导体的电阻与温度的关系为

$$R = R_0(1+\alpha t)$$

式中,R_0 是 0℃时的电阻;α 是电阻温度系数. 从测量数据可以看出,R 是 4 位有效数字,t 是 3 位有效数字,R 的测量准确度较高,根据回归分析的假定要求,R 应作为自变量,上式改写为

$$t = -\frac{1}{\alpha} + \frac{1}{\alpha R_0}R$$

用 x_i,y_i 分别表示 R,t 的测量值,根据一元线性回归的计算方法,编制程序,由计算机运算处理,现将主要结果抄录如下:

$$\bar{x} = 43.92, \quad \bar{y} = 57.56, \quad \overline{x^2} = 1936$$
$$L_{xx} = 87.67, \quad L_{yy} = 3843, \quad L_{xy} = 580.1$$
$$b = 6.618, \quad a = -233.1,$$
$$s_b = 0.063, \quad s_a = 2.8, \quad r = 0.9995$$

所以

$$b = 6.62 \pm 0.06, \quad a = -(233 \pm 3)$$
$$\alpha = -\frac{1}{a} = 4.29 \times 10^{-3}/℃, \quad R_0 = \frac{a}{b} = 35.2\Omega$$

根据误差传递的"方和根"合成法,α 和 R_0 的标准偏差分别为

$$s_\alpha = \alpha \frac{s_a}{|a|} = 5.1 \times 10^{-5}/℃$$

$$s_{R_0} = R_0 \sqrt{\left(\frac{s_a}{a}\right)^2 + \left(\frac{s_b}{b}\right)^2} = 0.53\Omega$$

α 和 R_0 的测量结果为

$$\alpha = (4.29 \pm 0.05) \times 10^{-3}/{}^\circ C, \quad E_\alpha = 1\%$$
$$R_0 = (35.2 \pm 0.5)\Omega, \quad E_{R_0} = 1.4\%$$

直线方程为

$$R = 35.2(1 + 4.29 \times 10^{-3}t)$$

取判断的显著性水平为 0.01，$k=12$，查表得 $r_0 = 0.708$，$r > r_0$，说明线性相关程度很高.

4. 二元线性回归

已知函数形式（或判断经验公式的函数形式）为

$$y = a + b_1 x_1 + b_2 x_2 \tag{2-4-23}$$

式中，x_1，x_2 均为独立变量，故是二元线性回归.

若实验数据为

$$x_1 = x_{11}, x_{12}, \cdots, x_{1k}$$
$$x_2 = x_{21}, x_{22}, \cdots, x_{2k}$$

时，对应的 y 值是 $y = y_1, y_2, \cdots, y_k$. 与一元线性回归讨论方法类似，求出总偏差

$$\sum_{i=1}^{k} v_i^2 = \sum_{i=1}^{k} [y_i - (a + b_1 x_{1i} + b_2 x_{2i})]^2$$

对 a、b_1 和 b_2 求偏导数，并令其等于零后，解方程可得

$$b_1 = \frac{L_{1y}L_{22} - L_{2y}L_{12}}{L_{11}L_{22} - L_{12}^2} \tag{2-4-24}$$

$$b_2 = \frac{L_{11}L_{2y} - L_{12}L_{1y}}{L_{11}L_{22} - L_{12}^2} \tag{2-4-25}$$

$$a = \bar{y} - b_1 \bar{x_1} - b_2 \bar{x_2} \tag{2-4-26}$$

式中

$$L_{11} = \sum_{i=1}^{k} x_{1i}^2 - \frac{1}{k}\left(\sum_{i=1}^{k} x_{1i}\right)^2$$

$$L_{22} = \sum_{i=1}^{k} x_{2i}^2 - \frac{1}{k}\left[\sum_{i=1}^{k} x_{2i}\right]^2$$

$$L_{12} = \sum_{i=1}^{k} x_{1i} \cdot x_{2i} - \frac{1}{k}\left[\sum_{i=1}^{k} x_{1i} \cdot \sum_{i=1}^{k} x_{2i}\right]$$

$$L_{1y} = \sum_{i=1}^{k} x_{1i} \cdot y_i - \frac{1}{k}\left[\sum_{i=1}^{k} x_{1i} \cdot \sum_{i=1}^{k} y_i\right]$$

$$L_{2y} = \sum_{i=1}^{k} x_{2i} \cdot y_i - \frac{1}{k}\left[\sum_{i=1}^{k} x_{2i} \cdot \sum_{i=1}^{k} y_i\right]$$

$\bar{y}$，$\bar{x_1}$ 和 $\bar{x_2}$ 分别为 y，x_1 及 x_2 的算术平均值.

同样可以证明，由式(2-4-24)～式(2-4-26)求出的 b_1，b_2 和 a 所确定的正是满足最小二乘法 $\sum\limits_{i=1}^{k} v_i^2$ 最小条件的最佳曲线.

相应的剩余标准差为

$$s = \sqrt{\frac{(1 - r_{yx_1x_2}^2)L_{yy}}{k - 3}} \tag{2-4-27}$$

其中

$$L_{yy} = \sum_{i=1}^{k} y_i^2 - \frac{1}{k}\left(\sum_{i=1}^{k} y_i\right)^2$$

$$r_{yx_1x_2} = \sqrt{\frac{b_1 L_{1y} + b_2 L_{2y}}{L_{yy}}} \tag{2-4-28}$$

$r_{yx_1x_2}$ 称为全相关系数,且 $0 \leqslant |r_{yx_1x_2}| \leqslant 1$,$r_{yx_1x_2}$ 越接近于 1,则表示所得回归方程比较理想;反之,$r_{yx_1x_2}$ 越接近于 0,则说明所得回归方程没有多大的实际意义.

根据统计方法也可以求出 b_1,b_2 及 a 的标准误差,它们分别为

$$s_{b1} = \sqrt{\frac{L_{22}}{(L_{11}L_{22} - L_{12}^2)}} \cdot s$$

$$s_{b2} = \sqrt{\frac{L_{11}}{L_{22} \cdot s_{b1}}} = \sqrt{\frac{L_{11}}{(L_{11}L_{22} - L_{12}^2)}} \cdot s$$

$$s_a = \sqrt{\frac{1}{k} + \frac{L_{22}^{-2} x_1}{(L_{11}L_{22} - L_{12}^2)} + \frac{L_{11}^{-2} x_2}{(L_{11}L_{22} - L_{12}^2)}} \cdot s$$

就可得出直线方程 $y = a + b_1 x_1 + b_2 x_2$.

习　题

1. 指出下列情况产生的误差属于随机误差还是系统误差.

(1)视差;　　　　　　　　　　　(2)天平零点漂移;

(3)千分尺零点不准;　　　　　　(4)水银温度计毛细管不均匀;

(5)电表的接入误差;　　　　　　(6)游标的分度不均匀;

(7)电源电压不稳定引起的测量值起伏;(8)非不良习惯引起的读数误差.

2. 一物体质量的测量数据为 32.125,32.116,32.121,32.124,32.122,32.122(单位为 g),试求其算术平均值及其算术平均偏差和标准偏差.

3. 计算下列数据的算术平均值,测量列的标准偏差及平均值的标准偏差,正确表达测量结果(包括计算相对误差).

(1) l_i(cm):3.4298,3.4256,3.4278,3.4190,3.4262,3.4234,3.4263,3.4242,3.4272,3.4216;

(2) t_i(s):1.35,1.26,1.38,1.33,1.30,1.29,1.33,1.32,1.32,1.34,1.29,1.36;

(3) m_i(g):21.38,21.37,21.37,21.38,21.39,21.35,21.36.

4. 一物体长度 L,用米尺、游标卡尺和千分尺分别测得下列三种结果:

$$L = (2.34 \pm 0.02)\text{cm}$$
$$L = (2.340 \pm 0.005)\text{cm}$$
$$L = (2.3404 \pm 0.0002)\text{cm}$$

试求物长 L 的加权平均值及标准误差.

5. 改写成正确的误差传递式(算术合成法).

(1) $E = \dfrac{4\rho l^3}{\lambda ab^3}, \dfrac{\Delta E}{E} = \dfrac{\Delta \rho}{\rho} + \dfrac{\Delta l}{l^3} - \dfrac{\Delta \lambda}{\lambda} - \dfrac{\Delta a}{a} - \dfrac{\Delta b}{b^3}$;

(2) $V = \dfrac{1}{6}\pi d^3, \dfrac{\Delta V}{V} = \dfrac{1}{2}\pi \dfrac{\Delta d}{d}$;

(3) $N = \dfrac{1}{2}x - \dfrac{1}{3}y^3, \Delta N = \Delta x + 3\Delta y$;

(4) $N = x^2 - 2xy + y^2, \Delta N = 2\Delta x + 2\Delta x \Delta y + 2\Delta y$;

(5) $L = b + \dfrac{d}{D^2}, \Delta L = \Delta b + \Delta d + \dfrac{1}{2}\Delta D$;

(6) $R = \sqrt[n]{x}, \dfrac{\Delta R}{R} = n\dfrac{\Delta x}{x}$.

6. 求出下列函数的算术合成法误差传递式(等式右端未经说明者均为直接测得量,绝对误差或相对误差任写一种).

(1) $Q = \dfrac{k}{2}(A^2 + B^2)$, k 为常量;　　　　(2) $f = \dfrac{ab}{a - b}, a \neq b$;

(3) $N = \dfrac{1}{A}(B - C)D^2 - \dfrac{1}{2}F$;　　　　(4) $I_2 = I_1\left(\dfrac{r_2}{r_1}\right)^2$;

(5) $f = \dfrac{A^2 - B^2}{4A}$;　　　　(6) $V_0 = \dfrac{V}{\sqrt{1 + \alpha t}}, \alpha$ 为常量.

7. 改正标准偏差传递式中的错误.

(1) $L = b + \dfrac{1}{2}d, s_L = \sqrt{s_b^2 + \dfrac{1}{2}s_d^2}$;

(2) $L_0 = \dfrac{L}{1 + \alpha t}, \alpha$ 为常量, $\dfrac{s_{L_0}}{L_0} = \sqrt{\left(\dfrac{s_L}{L}\right)^2 + \left(\dfrac{\alpha s_t}{t}\right)^2}$;

(3) $\gamma = \dfrac{1}{2L}\sqrt{\dfrac{mgl_0}{m_0}}, g$ 为常量; $\dfrac{s_\gamma}{\gamma} = \sqrt{\left(\dfrac{s_L}{L}\right)^2 + \dfrac{1}{2}\left(\dfrac{s_m}{m}\right)^2 + \dfrac{1}{2}\left(\dfrac{s_{l_0}}{l_0}\right)^2 + \dfrac{1}{2}\left(\dfrac{s_{m_0}}{m_0}\right)^2}$.

8. 一圆直径的测量结果为(0.596 ± 0.002)cm,求圆面积及其标准误差.

9. 空气比热容的实验测定公式 $r = \dfrac{h_1}{h_1 - h_2}$, 其中 h_1、h_2 为系统在不同状态时压强高于大气压的数值. 测量结果为

$$h_1 = (23.85 \pm 0.05)\text{cm 水柱高}$$
$$h_2 = (6.75 \pm 0.05)\text{cm 水柱高}$$

求 r 值及其算术平均偏差.

10. 计算下列各式的结果,并用算术合成法估算误差.

(1) $N = A + B - \dfrac{1}{3}C$,　　　　$A = (0.5768 \pm 0.0002)$cm,

　　$B = (85.07 \pm 0.02)$cm,　　　　$C = (3.247 \pm 0.002)$cm.

(2) $V = (1000 \pm 1)$ cm^3, 求 $\dfrac{1}{V} = $?

(3) $R = \dfrac{a}{b}x$,　$a = (13.65 \pm 0.02)$cm, $b = (10.871 \pm 0.005)$cm, $x = (67.0 \pm 0.8)\Omega$.

11. 说明下列系统误差使测量结果偏大还是偏小?

(1)钢板尺因室温低而收缩;

(2)用分析天平称乒乓球质量时,未考虑空气浮力;

(3)测定金属比热容时,系统温度始终高于室温.

12. 利用单摆测定重力加速度 g,当摆角很小时有 $T = 2\pi\sqrt{\dfrac{l}{g}}$ 的关系. 式中 T 为周期,l 为摆长,它们的测量结果分别为 $T = (1.9842 \pm 0.0002)\text{s}$, $l = (98.81 \pm 0.02)\text{cm}$,求重力加速度及其不确定度,写出结果表达式.

13. 已知某空心圆柱体的外径 $D = (3.800 \pm 0.004)\text{cm}$,内径 $d = (1.482 \pm 0.002)\text{cm}$,高 $h = (6.276 \pm 0.004)\text{cm}$,求体积 V 及其不确定度,正确表示测量结果.

14. 单位变换:

(1)$m = (1.750 \pm 0.001)\text{kg}$,写成以 g、mg、t(吨)为单位;

(2)$h = (6.54 \pm 0.02)\text{cm}$,写成以 μm、mm、m、km 为单位;

(3)$t = (1.7 \pm 0.1)\text{min}$,写成以 s 为单位.

15. 下列各量是几位有效数字:

(1)地球平均半径 $R = 6371.22\text{km}$;

(2)地球到太阳的平均距离 $s = (1.496 \times 10^8)\text{km}$;

(3)真空中的光速 $c = 299792458 \text{ m/s}$;

(4)$l = 0.0004\text{cm}$;

(5)$T = 1.0005\text{s}$;

(6)$E = 2.7 \times 10^{25}\text{J}$;

(7)$\lambda = 339.223140\text{nm}$;

(8)$d = 0.08080\text{m}$.

16. $V = \pi r^2 h$,已知 $2r = 1.395 \times 10^{-2} \text{ m}$,$h = 5.0 \times 10^{-2} \text{ m}$,求 V.

17. 按有效数字运算规则,指出下列各式的运算结果应当有几位有效数字.

(1)$98.754 + 1.3 = ?$

(2)$107.50 - 2.5 = ?$

(3)$111 \times 0.10 = ?$

(4)$99.3 + 2.0003 = ?$

(5)$\dfrac{6.87 + 8.08}{133.75 - 103.85} = ?$

(6)$\dfrac{5.000 \times (18.30 - 16.3)}{103 - 3.0} = ?$

18. 用伏安法测电阻数据如下:

I/mA	0.00	2.00	4.00	6.00	8.00	10.00	12.00	14.00	16.00	18.00	20.00	22.00
U/V	0.00	1.00	2.01	3.05	4.00	5.01	5.99	6.98	8.00	9.00	9.96	11.02

试分别用列表法、作图法、逐差法、线性回归法求出函数关系式及电阻值.

第三章 物理实验的基本测量方法与操作技能

第一节 物理实验的基本测量方法

物理学是以实验为基础的学科,自从伽利略以实验的方法研究物体的运动,从而为物理学奠定基础之后,物理学的进展就离不开实验的推动.热学、光学和电磁学的定律来自实验自不必说,就是在物理学的研究深入到原子、核子、夸克等微观层次并扩展到星系、星系团等宇观层次时,实验也总是理论的先导和准绳,即使在理论体系已相当完整的领域,物理学的研究和进展还是离不开实验技术的发展.物理学实验的仪器设备和实验研究方法还成为其他自然科学发展的必要工具,化学、生物学和材料科学的研究前沿已与物理难以区分,化学物理、分子生物学和纳米材料科学就是例子.物理学实验的仪器和实验方法也广泛应用于技术领域和日常生活,医学中的 X 射线、CT、B 超、磁共振,信息技术中的计算机、通信设备、光纤,无一不是来源于物理学实验仪器和实验方法.

物理实验方法是以一定的物理现象、物理规律和物理学原理为依据,确立合适的物理模型,研究各物理量之间关系的科学实验方法.现代的物理实验离不开定量的测量和计算,所以实验方法包含测量方法和数据处理方法两个方面,它们既有区别又有联系.而测量方法是指测量某一物理量时,根据测量要求,在给定条件下尽可能地消除或减少系统误差以及随机误差,使获得的测量值更为精确的方法.物理实验都离不开物理量的测量,物理实验的种类很多,物理测量内容非常广泛,它包括对运动力学量、分子力学量、热学量、电学量、磁学量和光学量的测量等.测量的方法和分类方法也很多,如以内容来分,可分为电量测量和非电量测量两大类;按测量性质来分,可分为直接测量、间接测量和组合测量;根据测量过程中被测量内容是否随时间变化来分,可分为静态测量和动态测量;按测量进行的方式来分,可分为直读法、比较法、替代法、放大法、转换法、模拟法等;根据测量数据是否通过对基本量的测量而求得来分,可分为绝对测量和相对测量等.由于现代实验技术离不开定量测量,所以实验方法和测量方法相辅相成,互相依存,有些甚至无法严格区分.

不同物理量的测量方法各不相同,同一物理量通常也有多种不同的测量方法.实验测量方法的选取与实验研究对象的属性、仪器设备的条件、测量精度的要求等密切相关.其主要作用:一是提高实验现象的可观察度;二是提高测量结果的精确度.若测量方法正确,则可以事半功倍;而若测量方法不当,则被测对象的本质无法全面揭示,甚至有可能导致错误的结果.因此,测量方法的正确选取与否,直接关系物理实验的成败.

大学物理实验中常用的基本测量方法有很多.为使学生加深对物理实验的基本思想和基本方法的认识,本节仅对物理实验中最常见的几种基本测量方法作概括介绍,这些方法在其他学科和专业中也有着广泛的应用.

一、比较法

比较法是将待测量与同类型已知的标准量进行直接或间接的比较,从而测出待测量大小的一种测量方法.

俗话说:有比较才有鉴别.比较法是物理量测量中最普遍、最基本的一种测量方法.事实上,所有测量都是待测量与标准量进行比较的过程,只是比较的方式不同而已.例如,用米尺量长度,用量杯测量液体体积,用天平称物体质量,用电桥法测电阻等,采用的都是比较法.

有些物理量难于直接进行比较测量,需要通过间接比较的方法求出其大小.例如,用李萨如图形测量电信号频率,就是将信号输入示波器转换为图形后,再由标准信号求出被测信号的频率.

1. 直接比较法

直接比较法是将待测量与经过校准的仪器或量具进行直接比较,测出其大小的方法称为直接比较法.例如,用米尺、游标卡尺、千分尺直接测量长度量;用秒表直接测量时间等.

属于直接比较范畴的还有平衡测量或零示测量等.例如,利用天平测物体质量,是利用天平在这一测量仪器的平衡将质量与标准件(砝码)直接进行比较.电桥测电阻的平衡测量和电势差计的补偿测量也都属于直接测量.直接比较法有如下特点.

(1)同量纲:即待测量与标准量的量纲相同.例如,用米尺测量某物体的长度,量纲都是长度.

(2)直接可比性:待测量与标准量直接进行比较,从而获得待测量的量值.例如,用天平称量物体的质量,当天平平衡时,砝码的示数就是待测量的量值.

(3)同时性:待测量与标准量的比较是同时发生的,没有时间的超前与滞后.例如,若用秒表测量某过程的时间,当过程开始时,启动秒表;当过程结束时,止住秒表.此时指针指示的值即为该过程所经历的时间.

直接比较法的测量精度受到测量仪器或量具自身精度的限制,欲提高测量精度就必须提高量具的精度,为此就需要不同的标准件.例如,用于长度测量的"块规",用于质量测量的高精度砝码等.

2. 间接比较法

由于某些物理量无法进行直接比较测量,故需设法将被测量转变为另一种能与已知标准量直接比较的物理量,当然这种转变必须服从一定的单值函数关系.如用弹簧的形变去测力,用水银的热膨胀去测温等均为这类测量,这称为间接比较.

3. 比较系统法

有些比较要借助于或简或繁的仪器设备,经过或简或繁的操作才能完成,此类仪器设备称为比较系统.天平、电桥、电位差计等均是常用的比较系统.

为了进行系统比较,常用以下方法.

(1)直读法:用米尺测长度、用电流表测电流强度、用电子秒表测时间等,都是由标度尺示值或数字显示窗示值直接读出被测值,称为直读法.直读法操作简便,但有时测量准确度低.

（2）零示法：在天平称衡时要求天平指针指零，用平衡天桥测电阻要求桥路中检流计指针指零．这种以示零器示零为比较系统平衡的判据并以此为测量依据的方法称为零示法（或零位法）．零示法操作较繁，由于人眼判断指针与刻线重合的能力比判断相差多少的能力强，故零示法精确度高，从而测量精密度也较高．

（3）交换法和替代法：当待测量无法与标准件直接比较时，可利用对某一物理过程的等效作用，用标准件替代待测量得到测量结果．这种方法实质上是平衡测量法的引申．交换法和替代法常被用来消除系统误差，提高测量的准确度．

用天平称衡物体质量时，第一次称衡在左盘放置被测物体，第二次称衡在右盘放置被测物体，取两次称衡结果的平均值作为被测物体的质量，可以消除天平不等臂的影响．在用平衡电桥测电阻时，可用标准电阻箱进行替代测量．先接入待测电阻，调电桥平衡，再用可调标准电阻箱替换待测电阻，并保持其他条件不变，调整电阻箱的电阻重新使电桥平衡，测电阻箱示值即为被测电阻的阻值．

类似的测量方法称为交换法、复制法．复制法可以消除实验仪器部分系统不完全对称带来的测量误差．复制法消除了天平由于两臂不完全对称所带来的称衡误差和天平本身的仪器系统误差．

我国古代著名的"曹冲称象"故事中所用的称象方法就是替代法的范例．

必须指出，欲有效地利用比较法进行测量，应考虑以下两个问题：

（1）创造条件，使待测量能与标准量直接比对．

（2）无法直接比对时，则视其能否用示零法予以比较，此时只要注意选择灵敏度足够高的测量仪器．

二、补偿法

当系统受到某一作用时会产生某种效应，在受到另一类作用时又产生了一种新效应，新效应与旧效应叠加，两种效应相互抵消，使新、旧效应均不再显现，系统回到初始状态，此称为新作用补偿了原作用，即称为补偿．如原处于平衡状态的天平，在左盘放上重物后，在重力作用下天平臂发生倾斜，当在右盘放上与物同质量的砝码后，在砝码质量作用下天平臂发生反向倾斜，天平又回到平衡状态．这是砝码（的重力）补偿了物（的重力）的结果．运用补偿思想进行测量的方法称补偿法．在迈克耳孙干涉仪中设计了一块补偿板，其作用是为了补偿光在第一个分束镜上引入的光程差．常用的电学测量仪器——电势差计，即基于补偿法．补偿法往往要与零示法、比较法结合使用．

三、放大法

在物理实验中或其他领域的科学研究中，常遇到一些微小物理量的测量，由于待测量过小，以至于难以被实验者或仪器直接感觉和反映，这时为了提高测量精度，可设法将被测量放大，然后再进行测量．放大法提高了实验的可观察度和测量的精确度，是一种极好的实验方法，对微小量的观测具有重要的意义．物理实验中常用的放大法有以下几种．

1. 机械放大法

这是一种利用机械部件之间的几何关系，使标准单位量在测量过程中得到放大的方法．游标卡尺与螺旋测微器都是利用机械放大法进行精密测量的. 以螺旋测微器为例,套在螺杆上的微分筒被分成 50 格,微分筒每转动一圈,螺杆移动0.5mm;微分筒每转动一格,螺杆移动0.01mm. 如果微分筒的周长为 50mm(即微分筒外径约为 16mm),微分筒上每一格的弧长相当于 1mm,这相当于螺杆移动 0.01mm 时,在微分筒上却变化了 1mm,即放大了 100 倍. 读数显微镜、迈克耳孙干涉仪等测量系统的机械部分,都是采用螺旋测微装置进行测量的. 这种方法可极大地提高测量精度.

机械放大法的另一个典型例子是机械天平. 用等臂天平称量物体质量时,如果靠眼睛判断天平的横梁是否水平,很难发现天平横梁的微小倾斜,因此,通过一个固定于横梁且与横梁垂直的长指针,就可将横梁微小的倾斜通过指针放大显示出来.

2. 累计放大法

在物理实验中,对某些物理量进行单次测量,可能会产生较大的误差,如测量单摆的周期、等厚干涉相邻明条纹的间隔、一张纸的厚度等. 此时,可将待测物理量累计若干倍后再进行测量,以减小测量误差、提高测量精度.

例如,用秒表测量单摆摆动周期,假设所用机械秒表的仪器误差为 0.1s,而某单摆周期约为 2s,则测量单个周期时间间隔的相对误差为 $0.1/2.0=0.05$,即 5%;若测 100 个周期的累计时间间隔,则相对误差为 $0.1/200.0=0.05\%$,提高了测量的精度.

累计放大法的优点是:在不改变测量性质的情况下,可以明显减小测量的相对误差,增加测量结果的有效位数. 由于累计放大法通常是以增加测量时间来换取测量结果有效位数的增加,这就要求在测量过程中被测量(如单摆周期)不随时间变化,同时,在累计测量中要避免引入新的误差因素.

3. 电学放大法

物理实验中往往需要测量变化微弱的电信号或利用微弱的电信号去控制某些机械的动作. 这时可利用电子放大电路将微弱的电信号放大后进行观察、控制和测量. 电信号的放大是物理实验中最常用的技术之一,包括电压放大、电流放大、功率放大等,通常采用三极管、MOS 场效应管和集成运算放大器等. 例如,物理实验中使用的数字式微电流测量仪,就是将微弱电流放大并经 A/D 转换后用数字显示测量值的.

4. 光学放大法

在物理实验中光学放大法是常用的基本测量方法之一. 光学放大法有两种,一种是使被测物通过光学仪器成放大像,便于观察判别,如常用的测微目镜、读数显微镜;另一种是通过测量放大的物理量来获得本身较小的物理量,例如,在测量金属丝受到拉力而伸长的实验中,由于伸长量十分微小,用单纯的比较法难以观测,为此可采用光杠杆原理将这种伸长量加以放大.

(1)视角放大:是使待测物通过光学仪器形成放大的像,便于观察判别. 由于人眼分辨率的限制,当物对眼睛的张角小于 0.00157rad 时,人眼将不能分辨物的细节,只能将物视为一点. 利用放大镜、显微镜、望远镜的视角放大作用,可增大物对眼的视角,使人眼能看清物体,提高测量精密度,也就是说视角放大是将待测物从视角上加以放大,以提高可观察度,这种方法并没有改变物体的实际尺寸.如果再配合读数细分机构,测量精密度将更高.光学仪器中的测微目镜、读数显微镜就体现了这种原理,如利用显微镜放大牛顿环实验中的等厚干涉条纹等.

(2)角放大:是将待观测的物理现象通过某种物理关系变换为另一个放大了的现象,通过测量放大了的物理量来获得微小物理量的方法.根据光的反射定律,正入射于平面反射镜的光线,当平面镜转过 θ 时,反射光线将相对原入射方向转过 2θ,每反射一次,便将变化的角度放大 1 倍,而且光线相当一只无质量的甚长指针,能扫过标度尺的很多刻度.由此构成的镜尺结构可使微小转角得以明显显示,用此原理制成了光杠杆及冲击电流计、复射式光点电流计的读数系统.

角放大是一种常用的光学放大法.它不仅可以测长度的微小变化,也可以测角度的微小变化.该方法通过测量放大后的物理量,间接测得较小的物理量,可极大地提高实验的可观测性和测量精度.

四、转换法

转换法是根据物理量之间的各种效应和定量函数关系,利用变换原理进行测量的方法.它是将不可测的物理量转换成可测的物理量,把不易测量的物理量转换为容易测量的物理量,把测不准的物理量转换成可测准的物理量.由于物理量之间存在多种效应,所以有各种不同的换测法,这正是物理实验最富有启发性和开创性的一面.随着科学技术的发展,物理实验方法渗透各个学科、领域,实验物理学也不断地向高精度、宽量程、快速测量、遥感测量和自动化测量方面发展,这一切都与转换测量紧密相关.

转换法一般分为参量换测法和能量换测法两种.

1. 参量换测法

参量换测法是利用各种参量在一定实验条件下的相互关系而实现待测量的转换的测量方法.物理实验中的间接测量都属于参量换测法测量.这种方法几乎贯穿于整个物理实验领域中.

例如,在物体密度测量的实验中,由物体密度的定义有: $\rho = \dfrac{m}{V}$,式中物体的质量 m 可以利用天平直接测出,但对于非规则形状物体的体积 V,无法直接测出,则需利用阿基米德原理间接得到,即用被测物体的实际重量 W_1 与将其完全没入水中的重量 W_2 之差值表征该物体在水中受到的浮力的量值,而此浮力大小与该物体的体积的关系由下式决定:

$$V = \frac{W_1 - W_2}{g\rho_{水}}$$

由此可得关系式

$$\rho = \frac{W_1}{W_1 - W_2}\rho_{水} = \frac{m_1}{m_1 - m_2}\rho_{水}$$

式中, $\rho_{水}$ 为室温下的水密度值; m_1、m_2 分别为被测物体在空气中和完全没入水中时由物理天平测得的质量值.

在此实验中由于采用了参量换测法,将不可直接测量的参量 V 转换为可测的参量 m_1 和 m_2.

2. 能量换测法

能量转换测法是指利用传感器将某种形式的物理量变成另一种易于测量的物理量的测量方法. 随着各种新型功能材料的不断涌现(如热敏、光敏、压敏、气敏、湿敏材料)以及这些材料性能的不断提高,形形色色的敏感器件和传感器应运而生,为物理实验测量方法的改进提供了很好的条件. 由于电学参量具有测量方便、快速的特点,电学仪表易于生产,而且常常具有通用性,所以许多能量换测法都是使待测物理量通过各种传感器和敏感器件转换成电学参量来进行测量的. 最常见的有以下几种.

(1)热电换测:将热学量转换成电学量进行测量. 例如,利用温差电动势原理,将温度的测量转换成热电偶的温差电动势的测量.

(2)压电换测:将压力转换成电学量的测量. 这是一种压力和电势间的转换,话筒和扬声器就是大家熟知的换能器. 话筒把声波的压力变化转换为相应的电压变化,而扬声器则进行相反的转换,即把变化的电信号转换成声波信号.

(3)光电换测:将光通量的变化转换为电学量的变化. 转换的原理是光电效应. 转换元件有光电管、光电倍增管、光电池、光敏二极管、光敏三极管等. 各种光电转换器件在测量和控制系统中已获得相当广泛的应用 ,近年来又用于光通信系统和计算机的光电输入设备(光纤)等.

(4)磁电换测:利用磁电效应将磁学量转换成电学量的变化. 例如,利用霍尔元件实现磁电转换等.

还有通过各种类型的传感器,将各类不易测量的物理量(如流量、位移等)转换成与之对应的、易于精确测量的电学量(如电流、电压、电阻等).

五、平衡法

平衡原理是物理学的重要基本原理,由此而产生的平衡法是分析、解决物理问题的重要方法. 它是利用物理学中平衡的概念,将处于比较的两个物理量之间的差异逐步减小到零的状态,通过判断测量系统是否达到平衡态,来实现物理量的测量.

在平衡法中,并不研究被测物理量本身,而是将它与一个已知物理量或参考量进行比较,当两物理量差值为零时,用已知量来描述待测物理量. 平衡法是物理量测量时普遍应用的重要方法. 利用平衡法,可将许多复杂的物理现象用简单的形式来描述,可以使一些复杂的物理关系简明化.

例如,天平、电子秤是根据力学平衡原理设计的,可用来测量物质的质量、密度等物理量;根据电流、电压等电学量之间的平衡设计的桥式电路,可用来测量电阻、电感、电容等物质的电磁特性参量,如用电桥法测电阻等.

六、对称测量法

对称测量法是消除测量中出现系统误差的重要方法. 当系统误差的大小与方向是确定值(或按一定规律变化)时,在测量中可以用对称测量法予以消除. 例如"正向"与"反向"测量,平衡情况下的待测量与标准量的位置互换,测量状态的"过度"与"不足"(如超过平衡位置与未达平衡位置的对称、过补偿与未补偿的对称)等,这类测量方法常可以帮助测量人员消除部分系统误差.

1. 双向对称测量法

对大小及取向不变的系统误差,通过正、反两个方向测量,可起到加减相消的结果.例如,静态法测杨氏弹性模量实验中,通过对被测材料增加外力和减小外力的对称测量,可消除因材料的弹性滞后效应而引起的系统误差;霍尔效应法测磁场强度的实验中,对霍尔片正向和反向通电流的对称测量,可消除霍尔附加效应对测量结果的影响.

2. 平衡位置互易法

在应用平衡比较法测量时,将待测量与标准量位置互换,交换前后两次测得的数据,通过求平均来消除部分直接测量的系统误差.例如,天平称衡时,对因天平两个臂的不等长而引起的系统误差,可通过交换被测物与砝码的位置来消除;电桥测量中,比率臂电阻的误差可通过交换比较臂电阻与被测电阻的位置而不予考虑.

七、模拟法

模拟法是指不直接研究某物理现象或物理过程本身,而是用与该物理现象或过程相似的模型来研究的一种方法.模拟法是以相似性原理为基础,从模拟实验出发,研究事物的物理属性及变化规律的实验方法.人们在探求物质的运动规律、解决工程技术或军事等问题时,常常会遇到一些特殊的、难以对研究对象进行直接观测研究的情况.例如,研究对象非常庞大或非常微小(航天飞机、宇宙飞船、物质的微观结构、原子和分子的运动)、非常危险(地震、火山爆发、原子弹发射)、物理过程变化过快或过慢,仪器的介入会引起系统物理性质的变化,实验耗资过大等.这时可依据相似性原理,人为地创造一个与被研究对象的物理现象或者运动过程相似的模型来进行模拟研究,使实验观测变难为易.

使用模拟法进行实验的基本条件是:模拟体和被模拟的对象之间必须具有相似的物理性质或服从同一自然规律(数学方程相同),建立模拟装置时还应保证几何条件、物理条件、边界条件和初始条件相同.

物理实验中常用的模拟法有以下几种.

1. 物理模拟

人为制造的模型与实际研究对象(原型)具有相同的物理本质,以此为基础的模拟方法称为物理模拟.物理模拟可分为几何相似模拟和动力相似模拟.几何相似是指模型按原型的几何尺寸成比例地缩小或放大,在形状上与原型完全相似,如对河流、水坝、建筑群体的模拟等.例如,日本的建筑师在设计一座音乐厅时,首先制作了一个1/10大小的模型,并在模型的不同部位安装上各种传感器,经过各种实验测试,获取声音传播及声音与物体相互作用的各种参量数据,作为实物设计的理论依据.

动力学相似是指模型与原型遵从同样的动力学规律.

1966年,美国成功发射了阿波罗一号,但在此前该项目经受了多次失败,耗费的研制经费是预算的3倍.自研制阿波罗二号开始,美国科学家在正式发射前均做动力相似模拟试验.模拟研究的问题集中在两方面:一是高速飞行中,使卫星外壳与空气摩擦产生的热与原型相似;二是卫星克服空气阻力和地球引力飞离地球时所受作用力与原型相似.在模型实验中一经发现问题,即马上改进设计,使随后的 4 次发射成功,节约了大量的资金和时间,从而也显示出动力模拟试验的卓著功效.

目前,在建筑工程、水利、海洋研究、大气和地球物理研究等许多领域里,动力相似模拟实验方法得到了越来越广泛地应用.

2. 数学模拟

模型和原型虽然在物理本质上无共同之处,但都遵循同样的数学规律,这样的模拟称为数学模拟. 例如,模拟静电场的描绘实验,就是根据电流场与静电场都遵守拉普拉斯方程,用稳恒电流场来模拟静电场,解决了直接描绘静电场的困难.

又如,质量为 m 的物体,在弹性力 kx、阻尼力和驱动力 $F_0 \sin \omega t$ 的作用下,沿 x 方向的振动方程为

$$m \frac{\mathrm{d}^2 x}{\mathrm{d}t^2} + \alpha \frac{\mathrm{d}x}{\mathrm{d}t} + kx = F_0 \sin \omega t$$

而对于电学中的 RLC 串联电路,在交流电压 $V_0 \sin \omega t$ 的作用下,电荷 q 的运动方程为

$$L \frac{\mathrm{d}^2 q}{\mathrm{d}t^2} + R \frac{\mathrm{d}q}{\mathrm{d}t} + \frac{1}{C} q = V_0 \sin \omega t$$

上面两个方程是形式上完全相同的二阶常系数微分方程,选择两方程中系数的对应关系,就可以用电学振动系统模拟力学振动系统.

3. 计算机模拟

随着计算机技术的不断发展和广泛应用,人们通过计算机进行物理模拟已形成一种更新的实验方法,称为计算机模拟或计算机仿真实验. 计算机模拟的优点是迅速、方便、形象,可克服实验仪器等的条件限制,用模拟法预测可能的实验结果,通过各种参数的调整和变化,选择实验的最佳条件,设计最佳的实验方案,实现数据采集与处理的自动化. 此外,利用计算机灵活的计算、图形、音响、色彩等功能,可十分形象地演示物理现象和物理过程,在课堂教学中方便使用,如用计算机模拟各种振动的合成等. 随着计算机技术的广泛应用,计算机模拟实验的方法将被越来越广泛地采用.

八、静态与动态研究法

为了对物理现象进行深入的研究、探讨,以揭示其内在的规律,根据测量过程中被测物理量是否随时间变化,分为静态测量和动态测量研究法,通过有条件地改变测量环境,对被测参量进行观察分析.

1. 静态测量法

若在测量范围内采用定点定间隔法测量,选择 $x_1, x_2, \cdots, x_i$,得出对应的 $y_1, y_2, \cdots, y_i$,称为静态测量法,这种测量方法的前提是已知或假定相邻研究点之间的变化是线性的. 要注意的是,在实验测量中,为了把握曲线的细节部位变化,要求在曲线弯曲部分、拐点等附近加密测量点间距.

在"电学元件的伏安特性的测量"实验中,对所研究的电学元件,我们采用的是在测量范围

内(研究区间)定间隔、定点测量的方法,而得出对不同的电压值 U_i 和所对应的电流值 I_i,由其间关系判定被测元件的性质——是线性元件,还是非线性元件.这是静态研究法的一个典型例子.对非线性元件,为了准确判定元件的性质,应在曲线弯曲部分或拐点附近加密测量点距.

2. 动态测量法

静态测量法的点间距缩小到近乎连续状态即为动态测量,一般是通过仪器自动测量,或通过计算机的快速采样并检测,测出自变量与因变量在极短的间隔内相应各点的量值,并将其显示于屏幕上或打印出来,从而得到动态曲线(所以这种方法也被称为图示法).这种测量方法采用的是电学仪器,被测量(无论是自变量还是因变量)均应转换成适应于显示器输入的电学量.此外,被转换成的电学量应与原待测量线性相关,否则会畸变而无法如实反映其客观规律.

在测量中,动态法测量往往比静态法测量有更高的灵敏度和准确度.例如,精密分析天平是用摆动法确定其停点,与阻尼天平相比,摆动天平的灵敏度要高一些,而且可以精确地确定停点的位置.再有,利用示波器测动态磁滞回线,不仅可以测出静态磁滞回线所反映出的磁滞损耗,还可以测出磁性材料中的涡流损耗,使测量结果更准确,更能反映具体情况.

九、振动与波动方法

1. 振动法

振动是一种基本运动形式,许多物理量均可作为某振动系统的振动参量.只要测出系统的振动参量,利用被测量与参量的关系就可得到被测量.利用三线摆测转动惯量即是振动法的应用.

2. 李萨如图法

两个方向互相垂直的振动可合成为新的运动图像,图像因振幅、频率、相位的不同而不同,此图称为李萨如图.利用李萨如图可测频率、相位差等.李萨如图通常用示波器显示.

3. 共振法

一个振动系统受到另一系统周期性的激励,若激励系统的激励频率与振动系统的固有频率相同,振动系统将获得更多的激励能量,此现象称为共振.共振现象存在于自然界的许多领域,如机械运动、电磁振荡等.共振频率往往与系统的一些重要物理特性(如压力)有关,而频率测量可以达到很高的准确度,因此共振法在频率和物理量的转换测量中有重要作用.

4. 驻波法

驻波是入射波与反射波叠加的结果,机械波、电磁波均会产生驻波.由于驻波有稳定的振幅分布,测量比较容易,故常用驻波法测量波长.如果又同时测出频率,则可知波的传播速度.

5. 相位比较法

波是相位的传播.在传播方向上,两相邻同相点的距离是一个波长.可通过比较相位变化而测出波的波长.驻波法和相位比较法在声速测量实验中将用到.

十、光学实验方法

光学在现代科学技术中占有重要地位. 历史上光学测量技术在工程技术与物质原子、分子结构分析中都曾发挥了巨大作用. 近 20 年来激光的发展、激光技术的引入,使光学实验方法和技术进一步得到了提高.

从物理现象上分,有几何光学、物理光学和量子光学实验技术. 然而,实际应用中往往是三者结合的综合技术和方法. 从检测记录上分,有目视、照相、光电检测记录. 在几何光学实验范畴内,通常以光的直线传播为基础去观察一些光学现象,探索和研究光在各种均匀介质界面中传播的基本规律,测定光学材料的特性和光学元件的基本参数,如光学材料的折射率、光谱透射特性(透射率、透射光谱曲线)等. 常用的仪器有测微目镜、显微镜、读数显微镜、望远镜、平行光管、光学谐振腔等.

物理光学实验技术是以光的电磁波动性为基础,利用物理光学中的干涉、衍射、偏振等各种现象及光谱技术进行测量. 深入研究将涉及光学理论及电子技术等许多领域的知识,作为普通物理实验范围,只能介绍一些基本实验方法和技术.

在干涉法、衍射法测量中的基本规律有以下几种:

① 测量干涉条纹、衍射条纹之间的间距(或条纹宽度)及衍射角度,以达到测量微米数量级的大小或变动量.

② 测量条纹的数目或条纹的移动数,以测定光的波长、材料的折射率、光学表面的物理特性及光学元件的基本参数等.

③ 测量干涉条纹和衍射图像的光强分布.

物理实验教学中常用的方法有以下几种.

1. 干涉法

在精密测量中,以光的干涉原理为基础,利用对明暗交替干涉条纹间距的测量,可实现对微小长度、微小角度、透镜曲率、光波波长等测量. 双棱镜干涉仪、牛顿环干涉仪、迈克耳孙干涉仪即为典型的干涉测量仪器.

2. 衍射法

在光场中放置一线度与入射光波长相当的障碍物(如狭缝、细丝、小孔、光栅等),在其后方将出现衍射图样. 通过对衍射图样的测量与分析,可测定出障碍物的大小. 利用 X 射线在晶体中的衍射,可进行物质结构分析.

3. 光谱法

利用分光元件(棱镜或光栅),将发光体发出的光分解为独立的按波长排列的光谱的方法称为光谱法. 光谱的波长、强度等参量给出了物质组分的信息.

4. 光测法

用单色性好、强度高、稳定性好的激光作为光源,再利用声-光、光-电、磁-光等物理效应,将某些需精确测量的物理量转换为光学量而进行测量的方法称为光测法. 光测法已发展为重要的测量手段.

十一、非电量的电测法

随着科学技术和工程应用的发展,经常要对一些非电量进行测量,如力学量中的位移、压力、应变,热学量中的温度、流量,光学量中的光强、照度、功率等. 这就促使人们去研究如何运用物理原理以电测方法来测量非电量. 由于电测方法具有控制方便、灵敏度高、反应速度快、能进行动态测量和自动记录等优越性,于是形成了一类称为"非电量电测"的测试技术.

这些非电量转换成电量的元件或装置称为传感器. 传感器也称探测器,它是这一测量技术的核心. 传感器实际上是一种换能器,它们是利用物理学中物理量之间存在的各种效应与关系把被测的非电量转换成电量,从而获得被测信息,作为测量电路的输入信号.

测量电路是把输入信号进行放大、检波、传输、比较和记录,它是以电子电路或网络来实现和保证的. 在测量电路中经常使用放大电路、振荡电路、脉冲电路、逻辑电路和数字集成电路等.

这种测量方法是通过传感器把非电的被测物理量转换成电学量进行测量,此即为非电量电测法. 传感器是非电量电测系统中的关键器件. 传感器都是根据某一物理原理或效应而制成的. 随着电子信息技术的迅猛发展,传感器测量技术应用已成为现代实验方法中普遍应用的测量方法.

1. 温度-电压转换

温度-电压转换测量是将热学量转换成电学量进行测量. 进行温度-电压转换可用热电偶实现. 热电偶是根据温差电现象制成的. 当两种不同材料的金属导体两端均做密切接触后形成回路,且两接头的温度又不相同时,回路中产生电动势. 温差电动势与材料性质及两接头的性质有关. 若测出此电动势,并已知一端的温度(如把此端置于冰水中),便可推知另一端的温度. 这就是热电偶温度计的测量原理.

2. 压强-电压转换

压强-电压转换测量是压力和电压之间的转换测量. 进行压强-电压转换可用压电传感器来实现. 这是利用某些材料的压电效应制成的. 某些电介质材料,当沿着一定方向对其施力而使其变形时,内部产生极化现象,同时在它的两个表面上便产生符号相反的电荷,形成电势差,其大小与受力大小有关;当外力去除后,又重新恢复不带电状态. 当作用力的方向改变时,电荷的极性也随之改变,这种现象称为正压电效应;反之,当在电介质的极化方向上施加电场时,则会引起电介质变形,这种现象称为逆压电效应. 正压电效应可用来测力与压强的大小,如对压电传感器施以声压,则会输出交变电压,通过测量电压的各参量而得知声波的各参量. 例如,话筒就是这种转换器.

3. 磁感应强度-电压转换

磁感应强度-电压转换测量是磁学量与电学量的转换测量. 进行磁感应强度-电压转换可通过霍尔元件实现. 霍尔元件是由半导体材料制成的片状物,当把它置于磁场中并于两相对薄边加上电压,内部流有电流后,相邻两薄边将有异号电荷积累,出现电势差,其大小和方向与材料、电流大小及磁场磁感应强度有关. 此效应称霍尔效应,用霍尔片可测磁感应强度.

4. 光-电转换

光-电转换测量是光学量和电学量之间的转换测量,实现光-电转换的器件很多. 例如,利用光电效应制造的光电管、光电倍增管可测定相对光强,光敏电阻则是根据有些材料的电阻率会因照射光强不同而不同的性能制成的,因而可用它测量光束中谱线光强;光电池受到光照后会产生与光强有一定关系的电动势,从而可通过测电势来测量入射光的相对光强. 光敏二极管、光敏三极管等器件多用于电路控制.

十二、实时控制测量法

实时控制测量是一种动态测量. 其主要方法是通过信号传感器、计算机与信号传输接口、控制软件及辅助测量装置等,对某一物理量进行实时控制测量. 这种测量的自动化程度高,对被测量的控制、测量、数据处理等都由计算机来完成,测量结果可由计算机进行可视化处理. 学生通过完成相应的实验操作内容,既可得到基本的物理实验技能训练,又可掌握如何运用控制软件,通过计算机对被测量进行实时控制测量,进而提高学生的综合实验技能. 这种新颖的实验测量手段和方法更符合现代科学技术的发展趋向.

十三、流体静力称衡法

所谓流体静力称衡法是利用密度与某些物理量之间存在的某种关系进行测量的间接测量法. 它是一种与密度标准参考物质(如已知的纯水、纯水银密度等)进行比较的测量. 也就是说,是间接地把测体积的问题转化为测质量的问题,而且回避了形状不规则的物体体积的测量和液体体积测量问题,从而有效地解决了形状不规则的物体和液体的密度测量问题.

上述物理实验的基本测量方法,在实际的研究工作中,这些实验方法往往不是独立存在的,通常要综合运用多种方法进行实验研究. 但它们在科学实验中具有普遍意义,既能帮助我们对物理实验进行合理的设计,从而实现对物理量的精确测量,也是学习和掌握其他科学实验方法的基础.

第二节　物理实验的基本操作技能与操作原则

在实验过程中为了准确、迅速地完成实验操作,必须具备丰富的实验技能. 实验技能的内涵是多方面的,需要通过具体的实验训练逐步积累、体会和摸索. 实验中的正确调整和操作可以减小误差、提高实验准确度. 有关仪器设备的调整和操作技术内容相当广泛,学生必须养成良好的实验习惯,仔细调节、严格操作、认真观察和合理分析,遵守操作规程. 本节介绍一些最基本的具有一定普遍意义的调整原则和操作技能以及电学实验、光学实验的基本操作规程.

一、回归仪器初态与安全位置

所谓"初态",是指仪器设备在进入正式调整、实验前的状态. 正确的初态可保证仪器设备安全,保证实验工作顺利进行. 如设置有调整螺丝的仪器,在正式调整前,应先使调整螺丝处于松紧合适的状态,具有足够的调整量,以便于仪器的调整;根据实验的具体情况,看一下仪器能否满足实验的初、末状态的要求(如光杠杆实验中标尺位置是否能满足测量要求)等. 这在光学仪器中常会遇到. 在电学实验中则要注意"安全位置"问题. 例如,未接通电源前应使电源的输出调节旋钮处于使电压输出为最小的位置,使滑线变阻器的滑动端处于对电路最安全位置(若做分压,应使电压输出最小;若做限流,应使电路电流最小),使电阻箱接入电路的电阻不为零等,这样既保证了仪器设备的安全,又便于控制调节.

二、零位调整——"零点校正或结果修正"

在实验中测量仪器或量具的零位不一定都在零点,不要总认为它们在出厂时都已校正好了,但实际情况并非如此. 由于环境的变化或经常使用而引起磨损等原因,它们的零位往往已经发生了变化,仪器的零点常有误差. 因此,在实验前总需要检查和校准仪器的零位,否则将人为地引入误差.

零位校准的方法一般有两种:①一种是测量仪器有零位校正器的,测量前应先调节零点. 例如,电流表、电压表等,则应调整校正器,使仪器测量前指针处于零位;②另一种是仪器不能进行零位校正或调整较困难的,如端面磨损的米尺、螺旋测微器、游标卡尺等,则在测量前应记下初读数,即"零位读数",以便在测量结果中加以修正.

三、水平、铅直调整——"借助水准器或重锤"

通常情况下,多数仪器都要求在"水平"或"铅直"条件下工作. 例如,天平的正确工作状态应首先调它的底座螺钉至天平水平. 又如,福廷式气压计应在铅直状态下读数才正确. 只有满足上述条件,其测量结果才在误差范围内.

水平调节常借助水准器,铅直状态的判断一般用重锤. 几乎所有需要调节水平或铅直状态的仪器都在基座上装有三个螺钉,三个调节螺钉成正三角形或等腰三角形排列,调节其中一个,基座便会以另外两个螺钉的连线为轴转动,借助水准器或重锤,可将仪器调整至水平或铅直状态.

四、消除视差调节法——"物像与标线同平面、针像重合"

在实验中测量时需要用眼睛判断空间前后分离的两条准线是否重合,则会出现视差. 当被测物(或物像、刻度)与判断标线不在同一平面内,而目光上、下、左、右移动时,被测物与判断标线的相对位移造成的读数上的差异称为视差.

视差判断方法:在调整仪器或读取示值时,观察者眼睛稍稍移动,观察标线与标尺刻线是否有相对移动,若有,说明视差存在,要进一步调整仪器(如望远镜、显示镜等),或找到正确的读数方位(如指针式仪表).

消除视差方法:

(1)使被测物(物像刻度)与判断标线处于同一平面内,如望远镜、测微目镜、读数显微镜等. 这些仪器在其目镜焦平面内侧装有作为读数准线的十字叉丝或是刻有读数准线的玻璃划分板,当我们用这些仪器观测待测物体时,有时会发现随着眼睛的移动,物体的像和叉丝间有相对位移,这说明二者之间有视差存在,必须进一步调整目镜(包括叉丝)与物镜的距离,边调节边稍稍移动眼睛观察,直到叉丝与物体所成的像之间基本无相对位移,则说明被测物体经物镜成像到叉丝所成的平面上,视差消除.

(2)每次观察读数使眼睛都处于同一方位. 例如,电表读数盘上装有一面小镜子,测量时要看电表指针与镜中指针像"针像重合"后再读数,以保证每次读数视线都垂直于表盘.又如,拉脱法测表面张力中的观测标准为"三线对齐",即保证每次测量时视线水平.

五、光路的共轴调整——"先目测粗调,后二次成像法细调"

在由两个或两个以上光学元件组成的实验系统中,为获得好的像质,满足近轴光线条件等,必须进行等高共轴调节:使所有光学元件的主光轴相互重合,且其物面、像屏面垂直于光轴.

共轴调整一般分为两步:

第一步进行粗调——目测调整.将各光学元件和光源的中心大致调成等高,各元件所在平面基本上相互平行,并与移动方向铅直.若各元件沿水平轨道滑动,可先将它们靠拢,再调等高共轴,可减小视觉判断的误差.

第二步进行细调——根据光学规律进行调整.常用的方法有自准法和二次成像法,利用光学系统本身或借助其他光学仪器,根据光学的基本规律来调整.例如,在光具座上进行薄透镜实验,根据透镜的成像规律,由二次成像法调整、移动光学元件,使两次所成的像没有上下和左右移动.

六、避免空程误差——"同向前进、切勿忽正忽反"

在实验使用的仪器中,有些仪器是由丝杠、螺母等机械系统构成的传动与读数机构,由于螺母与丝杠之间有机械螺纹间隙,往往在测量刚开始或刚反向转动丝杠时,丝杠必须转过一定角度(可能达几十度)才能与螺母啮合,结果与丝杠连接在一起的鼓轮已有读数改变,而由螺母带动的机构尚未产生位移,从而造成虚假读数,此即空程误差.

为避免产生空程误差,使用这类仪器(如测微目镜、读数显微镜等)时,必须待丝杠、螺母啮合后才能进行测量,并且在整个读数过程中鼓轮始终沿同一方向前进,切勿忽正转忽反转.

七、调焦——"调物镜到叉丝间距或物镜到物间距"

在使用望远镜、显微镜和测微目镜等光学仪器时,为了清楚地看清目的物,均需进行调节.对前者要调物镜到叉丝间的距离,对后两者要调物镜到物间的距离,这种调节称为调焦.调焦是否已完成,常以能否看清目的物上的局部细小特征或遵循一定的光学规律(如自准成像)为标准.

八、回路接线法

在实验中一张电路图可分解为若干个闭合回路.接线时,循回路由始点(如某高电位点)依次首尾相连,最后仍回到始点,此接线方法称为回路接线法.按照此法接线和查线,可确保电路连接正确无误.

九、调节原则——"先粗后细、逐次逼近"

在仪器调节过程中,有时不是一次就能精确达到调整要求,必须先做粗调,再按一定要求做精细调整,有时还要反复调节、逐次逼近.在许多实验尤其是直流电实验中,为了尽快将系统调节到即定的"平衡状态",往往采取如下措施:先使系统的灵敏度处于较低的水平,通过调节,使系统达到要求的"平衡状态",此谓粗调;然后再提高系统的灵敏度,将新出现的"不平衡"消除,直至使系统的灵敏度达到最高时,系统也呈现出"平衡"——仪器调节完成.这种做法可以使调节工作减少不必要的反复.

依据一定的判据,逐次缩小调整范围,较快捷地获得所需状态的方法称为逐次逼近调节法.判据在不同的仪器中是不同的,例如,天平是看天平指针是否指零,平衡电桥是看检流计指针是否指零.逐次逼近调节法在天平、电桥、电位差计等仪器的平衡调节中都要用到,在光路共轴调整、分光仪调整中也要用到,它是一个经常使用的调整方法.

十、测量原则——"先定性、后定量"

在定量测量之前,先定性地观察一下实验的全过程,以求对该物理量的变化规律从总体上有一个概括的了解,先做一次操作练习、观察和粗测,了解测量全过程,并检查仪器运行是否正常,实验数据变化规律是否符合要求,发现问题及时解决.应做到心中有数,如仪器怎样使用才算正确;物理量间的关系是直线还是曲线;什么地方变化快,什么地方变化慢.测量时可以在变化快的地方多测几个点,在变化慢的地方少测几个点.这样做可将实验中的问题在正式测量前解决,避免实验进行到中途甚至到最后结束时才发现问题.然后,再着手进行定量测定,这样得到的曲线就比等间距测量所得曲线更为合理、经济.这就是采用"先定性、后定量"的原则进行实验测量.

十一、电学实验操作原则

1. 注意安全用电,注意人身安全和仪器的安全

①接、拆线路时,必须在断电状态下进行;
②操作时,人体不能触摸仪器的高压带电部位,特别注意人身安全;
③高压部位的接线柱或导线,一般要用红色标记,以示危险.

2. 合理布局、正确接线,谨记整理复原仪器

(1)实验前首先认真分析实验的电路图可分解为几个闭合回路,一个回路一个回路地接线.接线时,一般从电源的正极开始,按从高电势到低电势的顺序接线.即按回路接线法,循回路由始点依次首尾相连,最后仍回到始点.如果有支路,则应把第一个回路完全接好后,再接另一个回路,切忌乱接.另外,要充分利用等位点,不要在一个接线柱上集中过多的接线头.

(2)仪器布局要合理:方便操作、易于观察、可靠安全.要将需要经常控制、调节和读数的仪器置于操作者面前,开关一定要放在最易操纵的地方.

(3)通电前各器件要处于正确使用状态:限流器阻值置于最大、电阻箱阻值不为零、电表量程选择合理、电源或分压器输出置于最小等.

3. 检查接线、规范操作

(1)接好线路后,要认真检查、熟悉仪器各旋钮、按键的功能,按规范操作.确保无误后,方能接通电源进行实验.

(2)通电时先用"瞬间通电"的方法观察有无异常现象.接通电路的顺序为:先接通电源,再

接通测试仪器(如示波器等);断电时顺序相反.其目的是,防止电源通或断时因含有感性元件产生瞬间高压损坏仪器.

4. 实验完毕要整理仪器

(1)做完实验后要首先切断电源,再拆除线路,整理复原仪器,置于保护状态(如电源输出置于零位,灵敏检流计开关至短路挡).如果有多个电源,要先拆除易损电源(如标准电源),拆线时要先把电源上的线拆下,以免短路.

(2)要把仪器归位放好,并把导线捆扎整齐,元器件按要求放置.

十二、光学实验操作原则

光学仪器是精密仪器、贵重、易损,有些仪器结构复杂、调试要求严格,因此,在实验前应当充分预习,了解实验的基本原理,熟悉仪器的基本构造和调节方法;在实验中正确操作仪器,仔细观察分析仪器调整过程中出现的各种现象,掌握调整规律,正确记录和处理数据;在实验后认真总结经验,不断提高实验技能.为了防止光学仪器出现故障或损坏,在使用和维护光学仪器时必须遵守下列规则.

1. 注意爱护光学器件、正确操作,提高实验修养

(1)光学器件价高、易损,要注意防磨、防尘、防污染.大部分光学元器件是特种玻璃经过精密加工制成(如三棱镜),表面光洁,平时应注意防尘.有些表面有均匀镀膜(如平面反射镜),要防止磕、碰、打碎、擦、划、污损表面.若发现表面不洁,需用镜头纸或无水乙醇、乙醚来处理,切忌哈气、手擦等违规操作.

(2)光学仪器机械部分操作要轻缓、用力均匀平稳.光学仪器的机械可动部分很精密,操作时动作要轻,用力要均匀平稳,不得强行扭动,也不要超过其行程范围,否则将会大大降低其精度.

2. 注意用眼安全

一方面光学实验中要了解光学仪器的性能,以保证正确、安全使用仪器;另一方面光学实验中用眼的机会很多,因此要注意对眼睛的保护,不要使其过度疲劳.要了解各种光源的性能,正确使用.高亮度的光源不要直视,特别是激光,不要用眼睛正视,以免灼伤眼球.

3. 暗室操作

在暗房中工作应先按固定位置摆放并熟记各仪器、元件、药瓶的位置,以防用错,造成失误.操纵移动仪器、元件时,手应由外向里紧贴桌面,轻缓挪动,避免碰翻或带落其他器件,要注意用电安全.

第四章　基础物理实验

实验 1　长度和体积测量

【发展过程与前沿应用概述】

长度是一个基本物理量.长度测量不仅在生产和科学实验中被广泛使用,而且许多其他物理量也常化为长度量进行测量,除数字显示仪器外,几乎所有测量仪器最终将转换为长度进行读数.例如,水银温度计是用水银柱面的位置来读取温度的;电压表或电流表是利用指针在表面刻度盘上移过的弧长来读数的.因此,长度测量是一切测量的基础.

在古代,人类为了测量田地等已经进行长度测量,最初是以人的手、足等作为长度的单位.但人的手、足大小不一,在商品交换中遇到了困难,于是便出现了以物体作为测量单位,如公元前 2400 年出现的古埃及腕尺,中国商朝出现的象牙尺和公元 9 年制造的新莽铜卡尺等.

长度测量经历了多次演变后,1496 年和 1760 年,英国开始采用端面和线纹的码基准尺作为长度基准.1789 年法国提出建立米制,1799 年制成阿希夫米尺.随后主要有机械、光学、气动、电学和光电等测量方法得到了发展.

20 世纪 60 年代中期以后,在工业测量中逐步应用电子计算机技术.电子计算机具有自动修正误差、自动控制和高速数据处理的功能,为高精度、自动化和高效率测量开辟了新的途径,因而在长度测量中应用得越来越广泛.现代测量技术已经发展成为精密机械、光、电和电子计算机等技术相结合的综合性技术.

掌握长度测量方法显得十分重要.物理实验中常用的长度测量仪器是米尺、游标卡尺、螺旋测微器(千分尺)、读数显微镜等.通常用量程和分度值表示这些仪器的规格.量程是测量范围,分度值是仪器所标示的最小分划单位,仪器的最小读数.分度值的大小反映仪器的精密程度,分度值越小,仪器越精密,仪器的误差相应也越小.学习使用这些仪器,应该掌握它们的构造原理、规格性能、读数方法、使用规则及维护知识等.

【实验目的及要求】

1. 学习游标卡尺、螺旋测微器和读数显微镜的测量原理与使用方法.
2. 了解标准偏差 S 的物理意义、计算方法.

【实验仪器选择或设计】

游标卡尺、螺旋测微器、读数显微镜.

【仪器介绍】

1. 游标卡尺

一般米尺的分度值为 1mm,即一个小分格的长度是 1mm.用米尺测量长度时,毫米以下的读数要凭目测估计.为了提高测量精度,就在米尺上再附加一个可以滑动的游标,这就构成了游标卡尺.

游标卡尺主要由两部分构成,如图 4-1-1 所示,一部分是与量爪 A、A' 相连的主尺 D,另一部分是与量爪 B、B' 及深度尺 C 相连的游标 E.游标可紧贴着主尺滑动.量爪 A、B 用来测量厚度和外径,量爪 A'、B' 用来测量内径,深度尺 C 用来测量筒的深度,它们的读数值都是由游标的"0"线与主尺的"0"线之间的距离表示出来的,F 为固定螺钉.

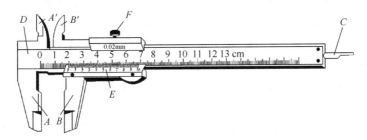

图 4-1-1 游标卡尺

游标卡尺的读数原理:游标上的 m 个分格的总长度与主尺上 $(m-1)$ 个分格的总长度相等.设 y 代表主尺上一个分格的长度,x 代表游标上一个分格的长度,则有

$$mx = (m-1)y$$

那么

$$\Delta x = y - x = \frac{y}{m}$$

Δx 就是从游标卡尺上可以精确读出的最小数值,即 Δx 是游标卡尺的分度值.下面以 $m = 10$ 的游标(即十分游标)为例说明这一点.

$m = 10$ 即游标上刻有 10 个小分格,这 10 个分格的总长应等于主尺上的 9 个分格的长度.因为主尺上每个分格是 1mm,所以游标上 10 个分格的总长是 9mm.显然,游标上每个分格的长度是 0.9mm,当卡口 AB 合拢时,游标上的"0"线与主尺上的"0"线相重合.这时游标上的第 1 条刻度线必然处在主尺第 1 条刻度的左边,且相差 0.1mm,游标上第 2 条刻度线在主尺第 2 条刻度线左边的 0.2mm 处,以此类推,游标上的第 10 条刻度线正好与主尺上第 9 条刻度线相对齐,如图 4-1-2 所示.

如果在卡口 AB 间放一厚度为 0.1m 的薄片,那么与卡口 B 相连的游标 E 就要向右移动 0.1mm,这时游标的第 1 条刻度线就会与主尺的第 1 条刻度线相重合,而游标上的其他所有刻度线都不会与主尺上的任何一条刻度线相重合.如果薄片厚为 0.2m,那么游标的第 2 条刻度线就会与主尺上的第 2 条刻度线相重合(图 4-1-3),以次类推.反过来,如果游标上的第 1 条刻度线与主尺上的刻度线相重合,那么薄片的厚度就是 0.1mm;如果游标上的第 2 条刻度线与主尺上的刻度线相重合(图 4-1-3),那么薄片的厚度就是 0.2mm,以此类推.这说明利用游标可以精确读出毫米以下的值,而精确程度则由主尺与游标的每个分格之差 Δx 来决定.

实验室中用得较多的一种游标是 $m = 50$ 的,即游标上的 50 个分格与主尺上的 49mm 等长.这就是 50 分游标,它的分度值为

$$\Delta x = y - x = \frac{y}{50} = 0.02\text{mm}$$

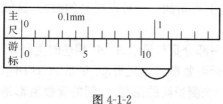 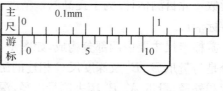

图 4-1-2   图 4-1-3

当卡口 AB 间的待测薄片厚度为 0.02mm 时,游标的第 1 条刻度线正好与主尺上的第 1 条刻度线相重合;当待测薄片的厚度为 0.04mm 时,游标上的第 2 条刻度线与主尺上的第 2 条刻度线相重合……反过来说,当游标上第 1 条刻度线与主尺刻度线相重合时,就可读出待测厚度为 0.02mm,当游标上第 2 条刻度线与主尺刻度线相重合时,就可读出待测厚度值为 0.04mm,以此类推. 举例来说,当游标上的第 12 条刻度线与主尺的某一刻度线相重合时,即可直接读出待测厚度为 0.24mm. 如图 4-1-4 所示,游标上刻有 0,1,2,3,4,5,6,7,8,9,10,是为了便于直接读数. 例如,测量某一薄片,当判定游标上 8 字后面(即 8 的右边)第 3 条刻度线与主尺的刻度线相重合时,即可直接读出 0.86mm,而不必数它是游标上的多少条刻度线,再读 0.86mm.

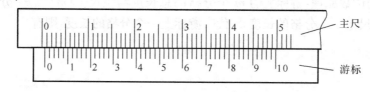

图 4-1-4

    游标卡尺的读数误差:用游标卡尺测量结果的读数,根据游标上某一条刻度线与主尺上刻度线相重合而定,因而这种读数方法产生的误差就由游标上刻度线与主尺上刻度线两者接近的程度所决定,而两者的不重合程度又总小于 $\Delta x/2$,所以游标尺的读数误差不会超过 $\Delta x/2$. 例如,50 分游标的 $\Delta x=0.02$mm,测量结果所记录的最小值是 0.02mm,如某一测量记录可以是 18.02mm 或 18.04mm,而不取 18.03mm. 因为我们要么判定游标的第 1 条刻度线与主尺重合,要么判定游标的第 2 条刻度线与主尺刻度线重合,一般难以再作细微的分辨,所以不取 18.03mm 这个读数.

    游标卡尺的零点校正:使用游标卡尺测量之前,应先把卡口 A、B 合拢,检查游标的"0"线和主尺的"0"线是否重合,如不重合,应记下零点读数,用它对测量结果加以校正. 即待测量 $x=x'-x_0$,x' 为未做零点校正的测量值,Δx 为零点读数. Δx 可以正,也可以负.

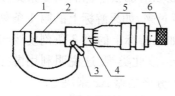

图 4-1-5

1.马架;2.微动螺杆;3.制动;
4.固定标尺;5.螺旋柄;6.小棘轮

2. 螺旋测微器

    螺旋测微器是比游标尺更精密的长度测量仪器,实验室用的螺旋测微器量程为 2.5cm,分度值是 0.01mm,即 $\dfrac{1}{1000}$ cm,故又名千分尺.

    螺旋测微器的构造如图 4-1-5 所示. 主要部分是一个微动螺杆,螺距是 0.5mm,也就是说,当螺旋杆旋转一周时,沿轴线方向的移动是 0.5mm,螺旋杆与螺旋柄相连,在柄上有沿圆周的刻度,共 50 分格. 显然,螺旋柄上圆周的刻度走过 1 分格时,螺杆沿轴线方向移动 $\frac{0.5}{50}$ mm = 0.01 mm.

螺旋测微器的读数:在图 4-1-6 中,若螺旋柄的边线 C 与主尺(D 线)的"0"线重合且圆周分度的"0"线亦与 D 线重合,表示待测长度为零. 图 4-1-6 中的读数可以这样读出,先以 C 线为准读主尺,显然长度在 6.5～7.0mm,于是先读出 6.5mm,然后以 D 线为准读圆周上的刻度,D 线处在 25～26,于是可以读出 0.25mm(因分度值是 0.01mm),最后还要估计下一位数,如估计为 5(即 0.005mm),于是最后可得出读数为 6.755mm. 图 4-1-7 的读数为 6.2551mm. 在此要注意半毫米指示线,读数时要看清 C 线是处在半毫米线的哪一边,再判定应读多少,否则容易出错.

这里必须指出,螺旋测微器最后一位必须估读,而游标卡尺不能估读.

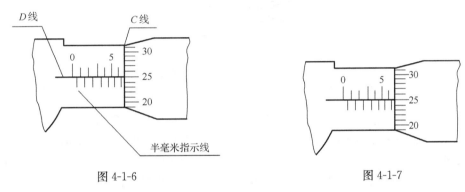

图 4-1-6   图 4-1-7

使用注意事项:

(1)校正零点:常会发现圆周上的"0"线并不正指着 D 线"0",即零点不重合. 例如,它指在"2"刻度线上,则在以后测长度时,需将测得值减去 0.020mm;又如,距"0"线尚差 2 个分度,则实际长度应以读出长度减去−0.020mm(即加上 0.020mm).

(2)校正零点及夹紧待测物体时,都应轻轻转动小棘轮推进螺杆,不得直接拧转螺旋柄,以免夹得太紧,影响测量结果,甚至损坏仪器. 转动小棘轮时,只要听到咯咯响声,螺杆就不再推进了,即可进行读数.

(3)制动器是用来锁紧螺杆的,使用时应放松,不得在锁紧螺杆的情况下进行测量.

3. 读数显微镜

它是将测微螺旋和显微镜组合起来精确测量长度的仪器,如图 4-1-8 所示.

它的测微螺距为 1mm,和螺旋测微器的活动套筒对应的部分是测微鼓轮. 它的周边等分为 100 个分格,每转 1 分格显微镜将移动 0.01mm,所以读数显微镜的测量精度也是 0.01mm,它的量程一般是 50mm. 此仪器所附的显微镜是低倍的. 它由三部分组成,即目镜、叉丝和物镜.

读数显微镜的调节与使用:

(1)调节物镜或待测物,使它们位于同一水平面上.

(2)伸缩目镜看清叉丝.

(3)转动调焦手轮,前后移动显微镜筒,改变物镜到待测物之间的距离,看清待测物.

(4)转动测微鼓轮,移动显微镜,使十字准线中竖线与待测物一端相切,读出主尺与测微鼓轮上的示数,沿同方向旋转测微鼓轮,使准线中竖线与被测物另一端相切,记下主尺与测微鼓轮示数,两次读数之差即为待测物的长度.

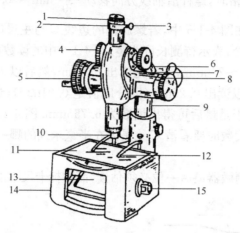

图 4-1-8

1.目镜;2.锁紧圈;3.锁紧螺钉;4.调焦手轮;5.测微鼓轮;6.横杆;7.标尺;
8.旋手;9.立柱;10.物镜;11.台面玻璃;12.弹簧压片;13.反光镜;14.底座;15.旋转手轮

　　注意防止回程误差:移动显微镜,使其从相反方向对准同一待测物,两次读数似乎应当相同,实际上由于螺丝和螺套不可能完全密接,螺旋转动方向改变时,他们的接触状态也将改变,两次读数将不同,由此产生的测量误差称为回程误差. 为了防止回程误差,在测量时向同一方向转动鼓轮,使叉丝和各待测物对准,当移动叉丝超过待测物时,就要多退回一些,重新在向同一方向转动鼓轮去对准待测物.

【实验原理】

1. 圆柱体体积测量

空心圆柱体的体积公式为

$$V = \frac{\pi}{4}h(D^2 - d^2) \tag{4-1-1}$$

式中,d、D 及 h 分别为空心圆柱体的内外直径和高度,均属直接测量量,用游标卡尺直接测量.

　　由于直接测量量是有误差的,故间接测量量 V 也会有误差. 由误差理论可知,一个量的测量误差对于总误差的贡献,不仅取决于其本身误差的大小,还取决于误差传递系数. 其体积的标准偏差为

$$S_V = \sqrt{\left(\frac{\partial V}{\partial D}\right)^2 S_D^2 + \left(\frac{\partial V}{\partial d}\right)^2 S_d^2 + \left(\frac{\partial V}{\partial h}\right)^2 S_h^2} \tag{4-1-2}$$

式中,S_D、S_d、S_h 分别为空心圆柱体外径、内径、高度相应测量值的标准偏差;$\dfrac{\partial V}{\partial D}$、$\dfrac{\partial V}{\partial d}$、$\dfrac{\partial V}{\partial h}$ 分别为相应的误差传递系数.

　　因为

$$V = \frac{\pi}{4}h(D^2 - d^2)$$

求偏导数得

$$\frac{\partial V}{\partial d} = -\frac{\pi}{2} \overline{d}\,\overline{h} \tag{4-1-3}$$

$$\frac{\partial V}{\partial h} = \frac{\pi}{4} (\overline{D}^2 - \overline{d}^2)$$

其中，$\overline{D}$、$\overline{d}$ 及 $\overline{h}$ 分别为多次测量的平均值.

D、d 及 h 分别为独立测量值，它们有限次测量中任一测量结果的标准偏差为

$$S_x = \sqrt{\frac{\sum\limits_{i=1}^{n}(x_i - \overline{x})^2}{n-1}} \tag{4-1-4}$$

式中，n 为测量次数；x_i 为第 i 次测量值；$\overline{x}$ 为平均值. 根据式(4-1-4)可以求出各量的标准偏差 S_D、S_d、S_h；由式(4-1-2)和式(4-1-3)可求出体积的标准偏差 S_V.

2. 钢球体积测量

钢球的体积公式为

$$V = \frac{\pi}{6} D^3 \tag{4-1-5}$$

式中，D 为钢球直径，用螺旋测微器测量.

3. 钢板尺刻度线宽度(或玻璃管的内径)的测量

钢板尺刻度线宽度(或玻璃管的内径)为

$$d = |\, x_1 - x_2 \,| \tag{4-1-6}$$

式中，x_1，x_2 为读数显微镜测量的两次读数值.

【实验内容】

1. 空心圆柱体体积测量

(1)检查调整游标卡尺，使其能顺利测量，并观其是否有零差，如有，必须记录零差；

(2)用游标卡尺测量空心圆柱体外径 D、内径 d 及高 h 各 10 次，并列成数据表格；

(3)严格按有效数字运算法则计算空心圆柱体(样品)体积及其标准偏差 S_V；

(4)估算样品体积的不确定度，完整表达实验结果. 主要计算过程要写入实验报告.

2. 钢球体积的测量

(1)弄清螺旋测微器的构造和读数方法，记录螺旋测微器的零差(注意其正负值)；

(2)用螺旋测微器测量钢球的直径 D，在不同的部位测量 8 次；

(3)计算钢球(样品)直径 D 的标准偏差 S_D 与体积 V 的标准偏差 S_V；

(4)根据公式(4-1-5)计算钢球的体积，并估算其不确定度，完整表达实验结果.

3. 板尺刻线宽度(或玻璃管内径)的测量

(1)练习使用读数显微镜；

（2）用读数显微镜测量钢板尺刻度线的宽度（或玻璃管的内径）6 次取平均；

（3）计算样品测量量的不确定度，写出测量结果的表达式.

【数据处理】

1. 样品的测量数据

（1）空心圆柱体体积的测量，填写表 4-1-1.

表 4-1-1　空心圆柱体内、外直径和高的测量数据

测量样品：　　　　　　　游标尺精度 $\delta_x =$ 　　　　　　　零点读数 $d_0 =$

次数 ＼ 物理量	D /mm	ΔD /mm	d /mm	Δd /mm	h /mm	Δh /mm
1						
2						
3						
4						
5						
6						
7						
8						
9						
10						
$\bar{x}$						
S_x						

（2）钢球体积的测量，填写表 4-1-2.

表 4-1-2　钢球直径的测量数据

测量样品：　　　　　　　螺旋测微器精度 $\delta_x =$ 　　　　　　　零点读数 $d_0 =$

物理量 ＼ 次数	1	2	3	4	5	6	7	8	$\bar{D}$	S_D
D /mm										
ΔD /mm										

（3）钢板尺刻度线宽度（或玻璃管的内径）的测量，填写表 4-1-3.

表 4-1-3　钢板尺刻度线宽度（或玻璃管的内径）的测量数据

测量样品：　　　　　　　读数显微镜精度 $\delta_x =$ 　　　　　　　零点读数 $d_0 =$

物理量 ＼ 次数	1	2	3	4	5	6	$\bar{d}$	S_d
d /mm								
Δd /mm								

2. 数据处理

（1）计算各样品直接测量量的平均值 $\bar{D}$、$\bar{d}$、$\bar{h}$.

（2）由式（4-1-4）求 S_D、S_d、S_h.

(3)求各样品直接测量量的不确定度.

由仪器(游标卡尺、螺旋测微器、读数显微镜)误差引起的 B 类不确定度分量分别为

$$u_B = \Delta_I = 0.02\text{mm}, \quad u_B = \Delta_I = 0.01\text{mm}, \quad u_B = \Delta_I = 0.01\text{mm}$$

所以有

$$u_D = \sqrt{S_D^2 + \Delta_I^2}, \quad u_d = \sqrt{S_d^2 + \Delta_I^2}, \quad u_h = \sqrt{S_h^2 + \Delta_I^2}$$

(4)由式(4-1-1)和式(4-1-5)计算各测量样品(空心圆柱体和钢球)的体积值.

(5)计算各测量样品(空心圆柱体和钢球)体积的不确定度.

空心圆柱体体积的不确定度为

$$u_V = \sqrt{\left(\frac{\partial V}{\partial D}\right)^2 u_D^2 + \left(\frac{\partial V}{\partial d}\right)^2 u_d^2 + \left(\frac{\partial V}{\partial h}\right)^2 u_h^2}$$

钢球体积的不确定度为

$$u_V = \left|\frac{\mathrm{d}V}{\mathrm{d}D}\right| u_D = \frac{\pi}{2} D^2 u_D$$

(6)写出完整的测量结果表达式.

$$V = \left[\bar{V} \pm u_V\right] \text{cm}^3$$

$$E_V = \frac{u_V}{\bar{V}} \times 100\%$$

【思考讨论】

1.举例说明游标尺的读数误差不大于分度值 Δx 的一半.

2.使用螺旋测微器夹紧待测物体时,为什么要轻轻转动小棘轮,而不允许直接拧转螺旋柄?

3.一螺旋测微器的公差为 0.005mm(即仪器在正常条件下使用时,读数与准确值的允许偏差值为 0.005mm),我们把测量读数估计到 0.001mm 有没有意义.

【习题】

1.游标尺的最小分度为 0.01mm,其主尺的最小分度为 0.5mm,此游标尺的分度格数是多少? 若以 mm 为单位,写出游标的取值范围.

2.按有效数字的运算法则,计算高为 $h = 16.32\text{cm}$,直径为 $d = 1.84\text{cm}$ 的圆柱体的体积.

3.试解释实验中 S_V 的物理意义.

【探索创新】

1.讨论分析游标卡尺和螺旋测微器的设计思路;讨论游标卡尺的游标尺做成斜面的物理思想;试设计测量毛细管孔径的实验方案.

2.设测量对象分别约为 1mm、10mm、100mm,实验要求单次测量的百分误差小于 0.5%,试设计实验最佳方案.

【拓展迁移】

[1]盛勇,黄传杨.电场法测量工程桩中钢筋笼长度的方法研究及应用.安徽地质,2008,893:226-228

[2]李丽霞.用计算机辅助坐标测量法精密测量长度.国外计量,1988,(1):10-12

[3]苏俊宏.用激光干涉法测量长度的智能化处理技术研究.应用光学,2002,23(5):12,13

[4]黄桂玉,敖亚平.用移测显微镜测量长度的读数修正.大学物理实验,1997,10(1):47-48

[5]杜勇.可以测量长度的手机.专利,2008-10-08,专利分类号:H04M1/02;H04B1/38

实验 2　固体和液体密度的测量

【发展过程与前沿应用概述】

阿基米德无可争议地是古代希腊文明所产生的最伟大的科学家.除了牛顿和爱因斯坦,再没有一个人像阿基米德那样为人类的进步作出过这样大的贡献.即使牛顿和爱因斯坦也都曾从他身上汲取过智慧和灵感.他是"理论天才与实验天才合于一人的理想化身",文艺复兴时期的达芬奇和伽利略等都将他作为自己的楷模.关于密度的测量首先想起小学时老师讲的关于阿基米德的故事.大约公元前270年,一次阿基米德在浴盆中洗澡时,看到水从浴盆溢出灵感顿悟,为国王鉴别了纯金皇冠的真伪,并发现总结出了浮力定律.直到现在人们还在利用这个定律来测量形状不规则物体的密度及船舶载重量等.

密度是物质的一种内在物理特征,它是用来表征物质的成分及其组成结构这一特性的,各种物质具有确定的密度值.世界上各发达国家,对于密度测量的研究及其应用都颇为重视.因为它不仅应用于国家经济的诸领域,而且涉及国际间的科技交流与合作,大宗物品商贸结算,航天发射,海洋水声传播、资源探测、大洋环流等前沿科学技术,是显示一个国家现代计量水平和综合科学技术的重要标志.

测量物质的密度有各种各样的方法,但大体分为两大方面:一是根据密度基本原理公式的直接测量法;二是利用密度量与某些物理量关系的间接测量法.直接测量法又分为绝对法与相对法.相对法是密度测量技术中常用的方法,它是一种与密度标准参考物质(如已知的纯水、纯水银密度等)进行比较的测量;而绝对法则是通过直接测量物质的质量和长度(以确定其体积)而获得密度的一种测量.这类方法主要有流体静力称量法、比重瓶法和浮计法等.而间接测量法种类更多,如静压法、动压法、浮子法、射线法、声学法、光学法、气柱平衡法以及振动法等.

从上面可见,密度测量不但重要而且用途广泛,可以说,几乎涉及国民经济的每个领域.可以预料,在国际合作与交流日趋密切的大趋势下,对密度测量及其应用,将会提出更多更高的要求.本实验介绍几种关于固体和液体密度的测量原理与基本方法.

【实验目的及要求】

1.学习了解物理天平的构造原理,掌握它的正确使用方法.

2.学会用流体静力称衡法测定固体或液体的密度.

3.学习了解用比重瓶测定小颗粒固体或液体密度的原理和方法.

4.学习如何从仪器上正确读取数据、记录数据以及处理实验数据,并且熟练掌握直接测量和间接测量物理量的不确定度计算.

【实验仪器选择或设计】

物理天平,温度计,待测固体和液体,玻璃烧杯,细线,比重瓶等.

【实验原理】

物质的密度是指单位体积中所含物质的量,若物体的质量为 m,体积为 V,则其密度 ρ 为

$$\rho = \frac{m}{V} \tag{4-2-1}$$

1. 流体静力称衡法

(1)用流体静力称衡法测定物质密度大于水的固体密度.

若不计空气的浮力,物体在空气中称得的质量为 m_1,浸没在液体中称得的质量为 m_2,如图 4-2-1(a)所示.

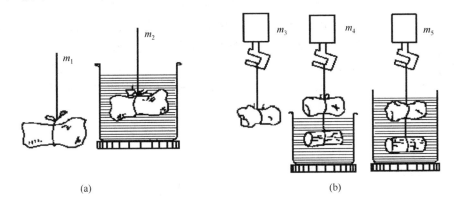

图 4-2-1

根据阿基米德浮力原理,物体受到的浮力等于物体完全浸没于水中所减轻的重量,即

$$V\rho_0 g = m_1 g - m_2 g$$

式中,ρ_0 为水的密度;V 为物体排开水的体积,即待测物体的体积,由此可得

$$V = \frac{m_1 - m_2}{\rho_0}$$

因此,可以推导出不规则形状物体的密度计算公式

$$\rho = \frac{m_1}{V} = \frac{m_1}{m_1 - m_2} \rho_0 \tag{4-2-2}$$

这种方法实质上是用易测的质量代替体积的测量.

(2)用流体静力称衡法测定物质密度小于水的固体密度.

仍然根据流体静力称衡原理,关键是要解决在测量过程中,如何使物体保持完全浸没于水中的问题.按照图 4-2-1(b)所示,先将物体悬挂于空气中称得质量为 m_3,然后将该物体与配重金属物拴在一起,使配重物完全浸没于水中称得质量为 m_4,最后将配重物和待测物一起完全浸没于水中,称得质量为 m_5.待测物(如石蜡)浸没于水中所受到的浮力为

$$V\rho_0 g = m_4 g - m_5 g$$

同原,待测物体体积为 $V = \dfrac{m_4 - m_5}{\rho_0}$,则待测物体密度为

$$\rho = \frac{m_3}{m_4 - m_5}\rho_0 \tag{4-2-3}$$

(3)用流体静力称衡法测定液体的密度.

任选一质量为 m 的物体全部浸在已知密度为 ρ_0 的液体中,称得其质量为 m_0,又全部浸在待测液体中称得其质量为 m_6,则液体的密度为

$$\rho = \frac{m - m_6}{m - m_0}\rho_0 \tag{4-2-4}$$

2. 比重瓶法

(1)用比重瓶法测液体的密度.

实验所用比重瓶如图 4-2-2 所示,在比重瓶注满液体后,用中间有毛细管的玻璃塞子塞住,则多余的液体就会通过毛细管流出来,这时瓶内盛有固定体积的液体.

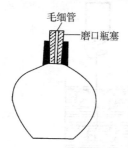

若用比重瓶法测量液体的密度,先把比重瓶洗净烘干,称出空瓶质量 M_0,再分两次将同温度的待测液体和纯水注满比重瓶,分别称出待测液体和比重瓶的总质量 M_2,以及纯水和比重瓶的总质量 M_1,因此,待测液体的质量为 $M_2 - M_0$,同体积纯水的质量为 $M_1 - M_0$,而待测液体的体积为

$$V = \frac{M_1 - M_0}{\rho_0}$$

图 4-2-2　比重瓶　　由定义得待测液体的密度为

$$\rho = \frac{M_2 - M_0}{V} = \frac{M_2 - M_0}{M_1 - M_0}\rho_0 \tag{4-2-5}$$

(2)用比重瓶法测小颗粒固体的密度.

比重瓶法也可以测量不溶于水的小颗粒固体的密度 ρ,可以依次称出小颗粒固体的质量 M_3,盛纯水后比重瓶和纯水的总质量为 M_1,以及在装满纯水的瓶内投入小颗粒固体后的总质量为 M_4,显然被测小颗粒固体排出比重瓶外的水的质量为 $M_1 + M_3 - M_4$,排出水的体积 $V = \dfrac{M_1 + M_3 - M_4}{\rho_水}$ 就是质量为 M_3 的小颗粒固体的体积. 所以,被测小颗粒固体的密度为

$$\rho = \frac{M_3}{M_1 + M_3 - M_4}\rho_水 \tag{4-2-6}$$

【仪器描述】

天平是一种等臂杠杆,按其称衡的精确度分等级,精确度较低的是物理天平,精确度较高的是分析天平,不同精确程度的天平配置不同等级的砝码. 各种等级天平和砝码的允许误差都有规定,可以查看产品说明书或检定证书. 天平的规格除了等级以外主要还有最大称量和感量(或灵敏度). 最大称量是天平允许称量的最大质量. 感量就是天平的摆针标度尺上零点平衡位置(这时天平两个秤盘上的质量相等,摆针在标度尺的中间)偏转 1 个最小分格时,天平两秤盘上的质量差. 一般来说,感量的大小应该与天平感码(游码)读数的最小分度值相适应(如相差

不超过一个数量级). 灵敏度是感量的倒数, 即天平平衡时, 在一个盘中加单位质量后摆针偏转的格数.

1. 物理天平的构造

物理天平的构造如图 4-2-3 所示. 在横梁 BB' 的中点和两端共有三个刀口, 中间刀口 a 安置在支柱 H 顶端的玛瑙刀垫上, 作为横梁的支点, 在两端的刀口 b 和 b' 悬挂两个秤盘 p 和 p'.

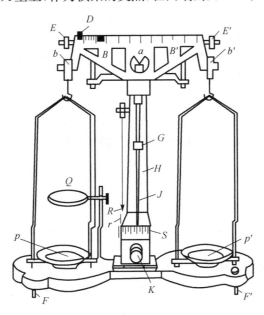

图 4-2-3　物理天平的构造

每架物理天平都配有一套砝码, 实验室常用的物理天平中有一种最大称量为 500g, 因 1g 以下的砝码太小, 用起来很不方便, 所以在横梁上附有可以移动的游码 D. 横梁上每个分度值为 50mg, 拨动游码 D 在横梁上向右移动一个分度, 就相当于在右盘中加 50mg 的砝码. 实验室常用的另一种物理天平的称量为 1000g, 最小分度值为 0.1g (感量为 0.1g/分格).

横梁下部装有读数指针 J, 立柱 H 上装有标度尺 S, 根据指针在刻度标牌上的示数来判断天平是否平衡.

为了方便某些实验, 在底板左面装有托架 Q. 例如, 用阿基米德原理测量物体的体积时, 可将盛有水的烧杯放在托架上, 以便将物体浸沉在水中进行称衡.

2. 物理天平的操作步骤

(1) 调节水平螺钉 F 和 F' 使支柱铅直, 这可由铅锤 R 的尖端与底座上的准钉 r 尖端是否对准来检查 (或由天平底座上的水平仪检查).

(2) 调整零点: 把游码 D 拨到刻度 "0" 处, 将秤盘吊钩挂在两端刀口上, 将止动旋扭 K 向右旋转, 支起天平横梁, 观察指针 J 摆动情况, 判断天平是否平衡. 当 J 在标度尺 S 的中线左右做等幅摆动时, 天平即平衡了. 如不平衡, 可以调整平衡螺母 E 及 E'.

(3) 称衡: 将待测物体放在左盘内, 砝码放在右盘内, 进行称衡.

(4) 每次称衡完毕, 将 K 向左旋转, 放下横梁. 全部称完后将秤盘摘离刀口.

3. 物理天平的操作规则

仪器的操作规则是为了保证正确使用仪器和保持仪器不受损坏而规定的. 物理天平的操作规则如下：

(1)天平的负载量不得超过其最大称量，以免损坏刀口或压弯横梁.

(2)为了避免刀口受冲击而损坏，必须切记：在取放物体、取放砝码、调节平衡螺母以及不使用天平时，都必须将天平止动. 只有在判断天平是否平衡时才将天平启动. 天平启、止时动作要轻，止动时最好在天平指针接近标度尺中间刻度时进行.

(3)砝码不得用手拿取，只准用镊子夹取，从盘上取下砝码后应立即放入砝码盒中.

(4)天平的各部分以及砝码都要防锈、防蚀. 高温物体、液体及带腐蚀性的化学药品不得直接放在秤盘内秤衡.

物理天平的最大允许误差或称允差，是技术规范、规程等对它所允许的误差极限值，可查阅相关技术标准得到. 本实验所用物理天平规格：量程 500g；分度值 0.05g；满量程使用时允许的误差为 0.08g，1/2 量程为 0.06g，1/3 量程为 0.04g.

【实验内容】

1. 首先了解物理天平的构造，按操作步骤调节好天平，根据物理天平的正确使用方法称出（单次测量）物体的质量.

2. 用流体静力称衡法测量铜块、石蜡、酒精（或盐水）的密度.

3. 用比重瓶法测量盐水（或酒精）、不规则小金属粒的密度.

【数据记录】

1. 用流体静力称衡法测定形状不规则的铜块密度

(1)记录所用物理天平的感量 δ_m.

(2)用物理天平测定铜块在空气中的质量 m_1.

(3)将盛有水的烧杯放在天平左边的支架盘上，然后将待测铜块用细线挂在天平左的小钩上，使得铜块全部浸入水中而不碰到烧杯的边底部，设法消除附着在铜块上的气泡，测出铜块在水中的视质量 m_2.

(4)记录此时的水温 t 和相应的水密度 ρ_0，并将 t、ρ_0、δ_m、m_1、m_2 填入表 4-2-1.

表 4-2-1　用流体静力称衡法测定形状不规则铜块密度的数据

天平感量 $\delta_m =$ 　　　　　水温 $t =$ 　　　　　ρ_0

物　理　量	$m_1/(\times 10^{-3} \text{ kg})$	$m_2/(\times 10^{-3} \text{ kg})$
测　量　值		

2. 用流体静力称衡法测定形状不规则的石蜡密度

(1)记录所用物理天平的感量 δ_m.

(2)用物理天平测定石蜡在空气中的质量 m_3.

(3)将盛有水的烧杯放在天平左边的支架盘上，然后将待测石蜡和配重物用细线挂在天平左边的小钩上,使得石蜡在空气中、配重物全部浸入水中而不碰到烧杯的边底部,设法消除附着在配重物上的气泡,测出水石蜡和配重物的质量 m_4；再将石蜡和配重物全部浸入水中,测出石蜡和配重物在水中的视质量 m_5.

（4）记录此时的水温 t 和相应的水密度 ρ_0,并将 t、ρ_0、δ_m、m_3、m_4、m_5 填入表 4-2-2.

表 4-2-2　用流体静力称衡法测定形状不规则石蜡密度的数据

天平感量 $\delta_m =$ 　　　　　　水温 $t =$ 　　　　　　$\rho_0 =$

物理量	$m_3/(\times 10^{-3}\ kg)$	$m_4/(\times 10^{-3}\ kg)$	$m_5/(\times 10^{-3}\ kg)$
测量值			

3. 用流体静力称衡法测定酒精（或盐水）密度

（1）记录所用物理天平的感量 δ_m.

（2）用物理天平测定玻璃球（或铜块）在空气中的质量 m.

（3）然后将玻璃球（或铜块）用细线挂在天平左边的小钩上,全部浸在已知密度为 ρ_0 的液体中,称得其质量为 m_0,又全部浸在待测液体中称得其质量为 m_6.

（4）记录此时的水温 t 和相应的水密度 ρ_0,并将 t、ρ_0、δ_m、m、m_0、m_6 填入表 4-2-3.

表 4-2-3　用流体静力称衡法测定酒精密度的数据

天平感量 $\delta_m =$ 　　　　　　水温 $t =$ 　　　　　　$\rho_0 =$

物理量	$m/(\times 10^{-3}\ kg)$	$m_0/(\times 10^{-3}\ kg)$	$m_6/(\times 10^{-3}\ kg)$
测量值			

4. 用比重瓶法测定盐水（或酒精）密度

（1）记录所用物理天平的感量 δ_m.

（2）用物理天平测定洗净烘干的比重瓶空瓶质量 M_0.

（3）再分两次将同温度的待测液体和纯水注满比重瓶,分别称出待测液体和比重瓶的总质量 M_2,以及纯水和比重瓶的总质量 M_1.

（4）记录此时的水温 t 和相应的水密度 ρ_0,并将 t、ρ_0、δ_m、M_0、M_1、M_2 填入表 4-2-4.

表 4-2-4　用比重瓶法测定盐水（或酒精）密度的数据

天平感量 $\delta_m =$ 　　　　　　水温 $t =$ 　　　　　　$\rho_0 =$

物理量	$M_0/(\times 10^{-3}\ kg)$	$M_1/(\times 10^{-3}\ kg)$	$M_2/(\times 10^{-3}\ kg)$
测量值			

5. 用比重瓶法测定不规则小金属粒密度

（1）记录所用物理天平的感量 δ_m.

（2）将所测金属粒洗净、烘干,用天平称出质量 M_3.

（3）将比重瓶注满水插上瓶塞,可使水面恰好达到毛细管顶部,擦干溢出的水,称出纯水和比重瓶的总质量 M_1；再将金属粒投入盛满水的比重瓶内,并用细棒插入瓶内轻轻搅动,以去除附着在金属粒上和水中的气泡,插好瓶塞后擦干溢出的水,称出比重瓶、水和金属粒的总质量 M_4.

(4)记录此时的水温 t 和相应的水密度 ρ_0，并将 t、ρ_0、δ_m、M_1、M_3、M_4 填入表 4-2-5.

表 4-2-5　用比重瓶法测定不规则小金属粒密度的数据

天平感量 $\delta_m =$	水温 $t =$	$\rho_0 =$
物 理 量	$M_1/(\times 10^{-3}\ \mathrm{kg})$	$M_3/(\times 10^{-3}\ \mathrm{kg})$	$M_4/(\times 10^{-3}\ \mathrm{kg})$
测 量 值			

【数据处理】

1. 间接测量量(密度 ρ)的计算

可由式(4-2-2)～式(4-2-6)计算形状不规则的物体如铜块、石蜡、酒精(或盐水)、盐水(或酒精)、金属粒的密度.

2. 间接测量量(密度 ρ)的不确定度

(1)间接测量量(密度 ρ)的相对不确定度.

① 铜块密度 ρ 的相对不确定度.

由于公式(4-2-2)的分子 m_1 与分母($m_1 - m_2$)并不是彼此独立的物理量,因此需要按下述方法计算.

$$\ln\rho = \ln m - \ln(m_1 - m_2) + \ln\rho_0$$

则有

$$\frac{\mathrm{d}\rho}{\rho} = \frac{\mathrm{d}m_1}{m_1} - \frac{\mathrm{d}m_1 - \mathrm{d}m_2}{m_1 - m_2} + 0$$

$$= \frac{-m_2\mathrm{d}m_1 + m_1\mathrm{d}m_2}{m_1(m_1 - m_2)}$$

将微分号变误差号,且一律取绝对值相加,得

$$\frac{\Delta\rho}{\rho} = \frac{m_2\Delta m_1 + m_1\Delta m_2}{m_1(m_1 - m_2)} = \frac{m_2\Delta m_1}{m_1(m_1 - m_2)} + \frac{\Delta m_2}{m_1 - m_2}$$

将误差号用不确定度符号 u 表示,且取方和根合成,得 ρ 的相对不确定度为

$$E_\rho = \frac{u_\rho}{\rho} = \sqrt{\left(\frac{m_2}{m_1(m_1 - m_2)}\right)^2 u_{m_1}^2 + \left(\frac{1}{m_1 - m_2}\right)^2 u_{m_2}^2} \tag{4-2-7}$$

② 石蜡密度 ρ 的相对不确定度为

$$E_\rho = \frac{u_\rho}{\rho} = \sqrt{\left(\frac{1}{m_3}\right)^2 u_{m_3}^2 + \left(\frac{1}{m_4 - m_5}\right)^2 u_{m_4}^2 + \left(\frac{1}{m_4 - m_5}\right)^2 u_{m_5}^2} \tag{4-2-8}$$

③ 酒精(或盐水)密度 ρ 的相对不确定度为

$$E_\rho = \sqrt{\left(\frac{m_6 - m_0}{(m - m_0)(m - m_6)}\right)^2 u_m^2 + \left(\frac{1}{m - m_0}\right)^2 u_{m_0}^2 + \left(\frac{1}{m - m_6}\right)^2 u_{m_6}^2} \tag{4-2-9}$$

④ 盐水(或酒精)密度 ρ 的相对不确定度为

$$E_\rho = \sqrt{\left(\frac{M_2 - M_1}{(M_1 - M_0)(M_2 - M_0)}\right)^2 u_{M_0}^2 + \left(\frac{1}{M_1 - M_0}\right)^2 u_{M_1}^2 + \left(\frac{1}{M_2 - M_0}\right)^2 u_{M_2}^2}$$

$$\tag{4-2-10}$$

⑤ 不规则小金属粒密度 ρ 的相对不确定度为

$$E_\rho = \sqrt{\left(\frac{1}{M_1 + M_3 - M_4}\right)^2 u_{M_1}^2 + \left(\frac{M_1 - M_4}{M_3(M_1 + M_3 - M_4)}\right)^2 u_{M_3}^2 + \left(\frac{1}{M_1 + M_3 - M_4}\right)^2 u_{M_4}^2}$$

$$(4-2-11)$$

(2)间接测量量(密度 ρ)的合成不确定度为

$$u_\rho = \left[\bar{\rho} \cdot E_\rho\right] \text{ kg / m}^3 \tag{4-2-12}$$

3. 测量结果表达式

$$\rho = \left[\bar{\rho} \pm u_\rho\right] \text{ kg / m}^3 \tag{4-2-13}$$

$$E_\rho = \left[\frac{u_\rho}{\rho} \times 100\%\right] \tag{4-2-14}$$

【分析思考】

1. 用物理天平称衡物体质量时,可否把砝码与待测物体位置交换? 为什么?

2. 物理天平的两臂如果不相等,砝码是标准的,应该怎样称衡才能消除不等臂对测量结果的影响?

3. 在精确测定物体密度时,需用精密天平,而且应该考虑空气浮力的影响,设空气密度为 ρ_a,问若考虑空气浮力,各测量密度公式应如何修正?

4. 利用流体静力法测量固体密度,如果在水中称衡物体时,其表面附有气泡,测得的物体密度的数值是大于真值还是小于真值? 为什么?

【探索创新】

1. 实验室提供一支弹簧测力器,若干个烧杯,水和细线等,要求设计实验方案测量铜块的密度.

2. 设待测固体可溶于水,但不溶于某液体 A,现欲用比重瓶法测量该固体的密度,请写出实验测量的原理并设计出实验方案.

3. 试设计一种实验方案测量易溶于水的颗粒状物质(如砂糖或食盐)的密度,并可进一步测定砂糖与食盐混合物中的体积比.

【拓展迁移】

[1]郑雪梅. 用流体静力称衡法测定液体的膨胀系数. 赣南师范学院学报,2000,(6):89,90

[2]黄红亚. 易溶于水的不规则固体密度的测定. 物理实验,1996,(3):107

[3]胡平亚,胡凌云. 固体和液体密度测定实验的改进. 大学物理,1999,18(8):28,29

[4]陈明,严勇,张秋华,等. 用振动方法测量流体密度. 力学与实践,2004,(26):62,63

[5]王君,高丽英,凌振宝,等. 一种岩矿石密度测量的新方法. 地球物理学进展,2005,20(2):440-442

[6]郭长武,张爱莲,刘玉凤. 利用气体状态方程精确测定固体密度. 分析仪器,2001,(4):17,18

[7]高建武,杨跃平,王树. 超声波测量骨质密度的方法探讨. 张家口医学院学报,1999,16(3):101,102

实验 3　空气密度的测定

【发展过程与前沿应用概述】

空气密度是非常重要的物理量,许多精密测量都要考虑空气阻力、浮力的影响,这就牵涉空气密度的测量.另外,在质量、压力、流量等的测量中以及在空气成分分析、监测大气污染时常要测量空气密度.

空气密度很小,用定容瓶法测量,首先要用分析天平精密称衡质量,称衡空定容瓶质量需把定容瓶抽至一定的真空度,这就要求我们了解真空的获得和测量的一般常识.通过本实验可学会一种测量空气密度的方法,而测出的空气密度是常温常压下湿空气的密度(即包含水蒸气密度),要测得在标准状态下干燥空气的密度,必须对结果进行系统误差修正.

【实验目的及要求】

1. 学习测定实验空气密度方法.
2. 了解电光分析天平(或电子天平)的结构,掌握正确使用方法.
3. 学会使用机械真空泵,气压计,干湿球湿度计.

【实验仪器选择或设计】

真空系统,定容瓶,火花检漏器,物理天平,分析天平(或电子天平),福廷式气压计,干湿球湿度计等.

【实验原理】

气体分子之间的距离较大,单位体积内的分子数较少,所以空气密度是一个很小的量.要测量空气密度必须有精密的分析天平,并且要用精密称衡法称质量.当然,如果用电子天平将会更方便,由于电子天平快捷、灵敏度高,当我们把定容瓶抽成真空后,可很快地称出其质量,这样就减少了由于微漏、表面放气引起的定容瓶气压升高,从而减少了测量误差.

为消除分析天平不等臂误差,实验中一般采用复称法测量(或称交换法).先把物体放在左盘,砝码放在右盘,称出质量 $m_左$;再把物体放在右盘,砝码放在左盘,称出物体质量 $m_右$,根据天平力矩平衡原理可导出物体质量

$$m = \sqrt{m_左\, m_右} \approx \frac{1}{2}(m_左 + m_右)$$

电光分析天平是一种等臂天平,横梁两臂长度应当是相等的,但由于制造、调整及温度不匀等原因,两臂长度不是绝对相等的.由于这一原因造成的误差称为不等臂误差,不等臂误差属于系统误差,它随被称量物体质量的增大而增大.

1. 测实验室空气密度

设定容瓶抽成近似真空后的质量为 m_1,装入实验室空气后的质量为 m,则 $m_2 - m_1$ 就是定容中空气的质量.若将定容瓶装满水后称得的质量为 m_3,则定容瓶的容积 $V = (m_3 - m)/\rho_水$.根据密度的定义,于是实验室空气密度为

$$\rho = \rho_{水} \frac{m_2 - m_1}{m_3 - m_1}$$

当定容瓶的容积 V 已给出时,实验室的空气密度为

$$\rho = \frac{m_2 - m_1}{V} \tag{4-3-1}$$

一定质量的气体体积与压强、温度有关、在不同的实验条件下,一定质量的气体的密度各不相同. 空气中含有水蒸气,实验室里的空气是干燥空气与水蒸气的混合气体. 用式(4-3-1)所测得的空气密度是在实验室当时的压强、温度、湿度条件下的空气密度.

2. 测标准状况下干燥空气的密度

设空气样品中干燥空气和水蒸气的密度、分压强及摩尔质量分别为 $\rho_a, \rho_w, p_a, p_w, M_a,$ M_w,视空气及水蒸气为理想气体,在开氏(绝对) 温度为 T 时,由理想气体的状态方程式有

$$\rho_a = \frac{p_a M_a}{RT} \tag{4-3-2}$$

$$\rho_w = \frac{p_w M_w}{RT}$$

式中,R 为普适气体恒量. 用式(4-3-1)测得的空气密度应为

$$\rho = \rho_a + \rho_w = \rho_a \left(1 + \frac{M_w p_w}{M_a p_a}\right)$$

于是可以得到干燥空气的密度为

$$\rho_a = \rho \left(1 + \frac{M_w p_w}{M_a p_a}\right)^{-1}$$

在室温下,水蒸气的分压强通常只相当于几毫米水银柱产生的压强,故 $p_w \ll p_a$,取一级近似,而 $M_w = 18.02\text{g/mol}, M_a = 28.98\text{g/mol}, \frac{M_w}{M_a} = \frac{5}{8}$,有

$$\rho_a = \rho \left(1 - \frac{5 p_w}{8 p_a}\right) \tag{4-3-3}$$

从气压计测得的空气压强应是

$$p = p_a + p_w = p_a \left(1 + \frac{p_w}{p_a}\right)$$

干燥空气的压强为

$$p_a = p \left(1 + \frac{p_w}{p_a}\right)^{-1}$$

由此可得

$$p_a = p \left(1 - \frac{p_w}{p_a}\right) \tag{4-3-4}$$

在标准状态下,设干燥空气的密度为 ρ_0,则

$$\rho_0 = \frac{p_0 M_a}{RT_0}$$

与式(4-3-2)相比可得到

$$\rho_0 = \frac{p_0 T}{p_a T_0} \rho_a$$

将式(4-3-3)、式(4-3-4)和 $T = T_0(1+at)$ 代入上式,有

$$\rho_0 = \rho\left(1 - \frac{5p_w}{8p_a}\right)\left(1 - \frac{p_w}{p_a}\right)^{-1}\frac{p_0}{p}(1+at)$$

由于 $\dfrac{p_w}{p_a} \ll 1$,取一级近似后得

$$\rho_0 = \rho\left[1 + \frac{3p_w}{8(p-p_w)}\right]\frac{p_0}{p}(1+at) \tag{4-3-5}$$

式中,$a = (1/273.151)℃^{-1}$;t 为摄氏温度;p_0 为标准大气压;p_w 为实验室空气中所含水蒸气的分压强,它等于该温度下的饱和蒸气压乘以当时空气的相对湿度(可查表计算得到).

【仪器描述】

1. 真空系统

真空系统示意图如图 4-3-1 所示,A 为机械真空泵,B 为定容瓶,C 为真空计,1,2,3,4 为真空阀门.抽气时,关闭阀门 4,开通阀门 1,2,3,开动机械泵,就可以对定容瓶抽气,系统真空度可由真空计测出.抽至极限真空 时,关闭阀门 1,由检漏器检验定容瓶是否漏气,然后关闭机械泵,打开阀门 4.

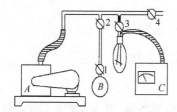

图 4-3-1 真空系统示意图

2. 定容瓶

本实验所用的定容瓶是一个装有真空阀门的玻璃泡,可接在真空系统上抽气.定容瓶的容积 V 由实验室给出.

3. 干湿球湿度计

干湿球湿度计如图 4-3-2 所示,由两支相同的温度计 A 和 B 组成.其中一支的测温球 C(水银的或酒精的)上裹着细纱布,布的下端浸在水槽 D 内.由于纱布上水的蒸发吸热,温度计 B 所指示的温度要低于 A 所指示的温度.周围空气的湿度越小,蒸发越快,两支温度计示数相差就越大.各温度下温度差与相对湿度可以直接读出.

4. 气压计

气压计多种式样,这里介绍一种常用的、简单的水银大气压计(福廷式气压计),如图 4-3-3 所示.

一长约 80cm 的玻璃管 A,上端封口,下端开口,竖直放于水银杯 B 内,水银杯可以上升或下降,玻璃管 A 套在保护用的铜管 C 内,铜管上装有水银温度计 D,铜管上端开着一个矩形的缝口 H,用来观察上方的水银面.由于玻璃管 A 内为真空,而杯 B 内水银面处的压强为大气压,所以按流体静力学原理,水银将在管 A 内上升一定高度.通过测量此高度就能确定大气压强的数值.

测量方法如下:

(1)记下保护管上温度计 D 指示的温度.

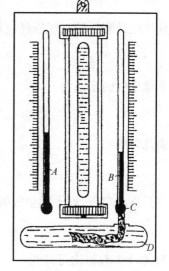

图 4-3-2 干湿球湿度计

（2）旋转气压计下端的水银杯 B，使其升到杯中水银面刚好触及象牙针 G 的尖端为止. 若水银表面足够纯净，这时就能看到针尖和它的影子彼此刚好相接. 在适当的照明下，特别是利用放大镜助视时，这种调节可以做到很准. 还要注意，当管中水银上升时，它的凸面格外凸出；反之，当下降时，它就凸得不很显著. 为使凸面有正常形状，可用手指在保护管上端靠近水银面处轻轻地弹一下，使水银振动，因此就能使凸面自由地形成.

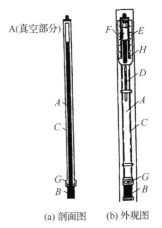

A(真空部分)

(a) 剖面图　(b) 外观图

图 4-3-3　福廷式气压计

（3）读水银柱的高度：可把游标 F 升高些，以便它的下侧边缘和水银凸面间能够透光. 然后降低游标，直到游标的下端面刚好与水银凸面的顶接触为止，即在两个边缘上刚好不透光为止，这时就可以从米尺及附加的游标上读出水银柱的高度.

（4）精确测量时，还必须考虑下列几项修正.

① 温度的修正：由于水银及标尺的热膨胀影响读数，应作修正. 设温度为 t 时从气压计读得大气压强为 p_1，这时实际的大气压强 p 应为

$$p = p_1 - (0.000182 - \beta) p_1 t \tag{4-3-6}$$

β 是标尺材料的线膨胀系数，对于黄铜标尺，$\beta = 0.000019/℃^{-1}$；对于不锈钢，T 在 $293 \sim 373K$ 时，$\beta = 1.00 \times 10^{-5}/℃^{-1}$.

② 重力加速度的修正：由于不同地区纬度不同、海拔不同或其他因素造成的重力加速度 g 的数值不同，会使同样高的水银柱具有不同的压强. 因此，在精密测量时要作修正，即 p（或 p_1，以水银柱高度表示）要乘上一个因子 $\dfrac{g}{g_0}$，g_0 是标准重力加速度，其数值为 $980.665cm/s^2$. 本气压计示数为 mmHg 柱高，应将其换算为 Pa 表示，1mmHg 柱高 = $133.3224Pa$.

③ 由于毛细作用所导致的水银面的降低，以及针尖 G 与标尺零点不一致所要求的修正，这项修正一般定期与标准气压计相比较后作为仪器常数给出.

5. 分析天平

分析天平是一种精密称衡质量的仪器. 一般的分析天平可称准到 1/10000g 或 2/10000g，它们的称量可分别为 $60 \sim 200g$. 有分析天平（摆动式，空气阻尼式和光学式等）、电子分析天平两类. 现介绍实验室常用的一种电光分析天平，其外形及构造如图 4-3-4 所示.

（1）分析天平的构造原理与物理天平是相似的，为了提高称衡精确度，分析天平有更精致的结构. 三个刀口 a, b, b' 是由坚硬不易磨损的玛瑙（或人造宝石）制成，并配有玛瑙刀垫. 当天平摆动时，刀口与刀垫相接触，因它们均由玛瑙制成，所以摩擦力很小. 为了保护刀口，在横梁下装有止动架（图中未画出），转动安置在天平下部的止动旋钮，就可使止动架上升，而把横梁及秤盘向上举起一些，这样刀口就不与刀垫接触，天平止动. 为了保护天平，分析天平都放于玻璃柜内，柜内有干燥剂防潮. 分析天平上还装有水准仪，用来调整刀垫水平.

为了增加横梁摆动时所受的阻力，使它能很快静止下来，以便迅速读取指针位置，装有空气阻尼器. 阻尼器的构造为：在两秤盘上方各装一固定在支柱上的金属外筒，挂在天平吊环上的金属内筒其筒口向下套于外筒中，内外筒之间有一定的（很小）空隙，摆动时二者不会碰上. 横梁摆动时，必有一秤盘下降，相应的内筒也随着下降，并压缩内外筒之间的空气. 被排出的空

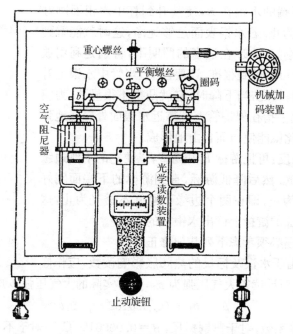

图 4-3-4　电光分析天平外形及构造

气必须通过两筒壁间很窄的缝隙及外筒底板上的小孔,因而流泄较慢,可使横梁的摆动受到阻尼,很快地停止不动,以便于我们迅速地读数.

称衡质量用机械加码装置及光学投影读数装置. 机械加砝码装置分三挡:10~990mg;1~9g;10~190g.

光学投影读数装置(读数范围为 10mg 以下)是为了方便地读取最小称衡值、减轻工作人员的疲劳、提高称衡效率. 其结构是:在天平指针下部固定有透明的微量标尺,由光源发出的光线,透过微量标尺后经过放大、反射投影到观察屏上,实验者就能在屏上看到微量标尺的放大像. 观察屏上刻有一条准线,作为读数标记,其光学系统如图 4-3-5 所示. 微量标尺的刻度中间为零,两边各为 +10mg 及 -10mg,其最小分度相当于 0.1mg,所以感量为 0.1mg/格. 当准线指在正值时,表示砝码读数必须加上微量标尺读数;反之,当准线指在负值时,砝码读数必须加上微量标尺负读数. 称衡时,微量标尺在移动而准线固定不动.

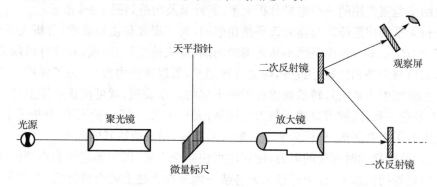

图 4-3-5　电光分析天平光学系统

平衡螺丝是用来调整零点的,较小的零点调整可以用天平底板下的拨杆,使微量标尺上的零点与观察屏上的准线完全重合.重心螺丝是用来调整灵敏度的.

(2)空气浮力影响的修正:若待测物体的体积是 V,砝码的总体积是 V_1,在衡时的温度和压强下,空气的密度是 ρ',则在空气中称衡时,物体受浮力为 $V\rho'g$,而砝码受浮力为 $V_1\rho'g$.

设 M 是物体的真实质量,P 是砝码的真实质量,则当天平平衡时,有

$$Mg - V\rho'g = Pg - V_1\rho'g$$
$$M = P + (V - V_1)\rho' \tag{4-3-7}$$

设 ρ 为待测物体的密度,ρ_1 为砝码的密度,则

$$M = V\rho, \quad P = V_1\rho_1$$

代入式(4-3-7),考虑 $\rho' \ll \rho$,$\rho' \ll \rho_1$,略去高次项,得

$$M = P\left(1 - \frac{\rho'}{\rho_1} + \frac{\rho'}{\rho}\right) \tag{4-3-8}$$

ρ' 可近似认为是 $1.3 \times 10^{-3}\,\mathrm{g/cm^3}$,$\rho_1$ 和 ρ 可由手册中查得.

(3)操作步骤:

① 调水平;

② 调零点;

③ 检查灵敏度:加上(或减去)10mg,看与光学读数装置上的读数是否相符.(如果相差很大,怎么办?)

④ 称衡:用分析天平称衡时要多次启动读数,至少启动两次观察读数是否重复.(为什么?)

(4)操作规则:

除了严格遵守物理天平的操作规则外,根据分析天平的特点,还要遵守下列规则:

① 称衡前,必须先用物理天平称衡,以知道待测物体的近似质量.

② 取放待测物体和砝码(包括圈码)及调节零点、灵敏度时,一定要止动妥善,启动和止动时,应缓慢而均匀地转动止动把手.最好在指针摆动接近零点时再止动天平,避免产生较大的振动,以保护玛瑙刀口不受磨损,并尽量缩短刀口的负载时间.用机械加码器加减圈码时,动作也要轻、慢.

③ 比较待测物体与砝码的质量时,只要稍一启动天平,便能判断谁轻谁重,不必把止动架全放下来,这样可以避免当待测物体与砝码的质量相差较大时,指针过度偏转.

④ 待测物体和砝码要放在秤盘正中间.

6. 电子分析天平

电子分析天平操作使用简便,灵敏度高,其操作步骤和使用注意事项请见实验室内说明书或提示牌.

【实验内容】

1. 取一定容瓶,在真空阀门上涂上一些真空油脂后接在真空系统上,将定容瓶抽至极限真空.

2. 在天平上称出被抽成真空的定容瓶的质量 m_1,然后缓慢打开定容瓶上的真空阀门放入空气,称出质量 m_2.

3. 记下定容瓶的容积 V,读出大气压强 p 和实验室温度 t 与干湿球湿度计的温度差.

4. 由式(4-3-1)计算出空气密度 ρ,由表查出室温下饱和蒸气压及相对湿度,计算出蒸气压 p_w. 由式(4-3-5)计算出在标准状态下干燥空气的密度 ρ_0.

5. 计算测量的准确度,标准状态下空气密度的公认值为 $1.293 \times 10^{-3} \mathrm{g/cm^3}$.

【分析讨论】

1. 真空系统在使用时要注意哪些问题？为什么？

2. 如果实验室不给出定容瓶的容积,应如何测量？

3. 为什么在用分析天平时,要先用物理天平称量？

4. 如何测定式(4-3-5)中的 p_w？

【注意事项】

1. 要遵守真空系统的操作步骤,防止泵油倒灌.

2. 注意不要用手握定容瓶.

3. 在称衡质量时,先在物理天平上称得粗略值,然后再在分析天平上称衡.

【探索创新】

1. 定容瓶漏气时测得的空气密度 ρ_1 与不漏气时测得的空气密度 ρ_2,哪一个大,试分析讨论.

2. 本实验用的天平感量是多少,它与感量为 $0.01\mathrm{mg/格}$ 的天平相比较,哪一个精密些.

【拓展迁移】

[1]魏喜武. 测定空气的密度. 物理实验,2008,28(7)

[2]许美凤,吕善荣. 介绍两种测定空气密度的方法. 实验与教具改革,1996,(7):8,9

[3]赵杰,何金良. 空气密度和湿度对雷电击距的影响. 南方电网技术,2007,1(2):36-39

[4]杜燕军. 线性回归法在风场空气密度模拟中的探讨. 内蒙古科技与经济,2009,(7):165,166

[5]柳明,柳文. 基于风速和空气密度估计的最大风能捕获. 电网技术,2009,33(1):56-60

实验 4　单摆及偶然误差的统计规律

【发展过程与前沿应用概述】

伽利略是第一个发现摆的振动等时性的,在 1582 年前后,他经过长久的实验观察和数学推算,得到了摆的等时性定律,并用实验求得单摆的周期随摆长度的二次方根而变动. 后来荷兰物理学家惠更斯根据这个原理制成了第一个摆钟,人们称之为"伽利略钟". 单摆不仅是准确测定时间的仪器,也可用来测量重力加速度的变化. 1672 年惠更斯的同时代人法国天文学家里希尔,曾将摆钟从巴黎带到位于赤道附近的南美洲法属圭亚那去进行天文观测,在目的地他发现摆钟每天慢 2 分 28 秒,经过校准摆钟精确摆动. 但当考察结束再次回巴黎时,发现在南美洲校准的摆钟又走快了,而且每昼夜恰好快了 2 分 28 秒. 惠更斯就断定这是由于地球自转引起的重力减弱,并推断地球可能不是一个正圆形球体,由于这个原因,地球上各点同一物体受到的重力是不同的. 在摆长相同的情况下,钟摆的摆动快慢会因重力值的不同而不同,重力值小,钟就走得慢,位于赤道附近的法属圭亚那的重力值比巴黎的小,摆钟也就走得慢了. 也就是说,离地球中心距离,南美洲的圭亚那要大于巴黎. 由此,也就得出了地球赤道半径大于极半径这个结论了. 1971 年第 15 届国际大地测量和物理学联合会,根据人造卫星的观测结果确定,地球赤道半径为 6378.140km,地球极半径为 6353.755km. 直到 20 世纪中叶,摆依然是重力测量的主要仪器.

物理模型是实际物体的抽象和概括,它反映了客观事物的主要因素与特征,是连接理论和应用的桥梁,我们把研究客观事物主要因素与特征进行抽象的方法称为模型方法,是物理学研究的重要方法之一. 摆动是常见的一种机械振动,单摆就是研究这类运动的一个物理模型,也就是说单摆运动的研究将为研究复杂摆动打下基础,同时现实生活中的许多摆动可以被近似地看成单摆运动,研究单摆运动规律将直接有助于这类实际问题的解决.

【实验目的及要求】

1. 用单摆测量当地的重力加速度.
2. 研究单摆振动的周期.
3. 研究偶然误差的特点,了解系统误差的来源.

【实验仪器选择或设计】

单摆,米尺,停表(或数字毫秒计,光电门),游标卡尺.

停表(秒表) 这是测量时间间隔的常用仪表,表盘有一长的秒针和一短的分针,秒针转一周,分针转一格. 停表的最小分度值有几种,常用的有 0.2s 和 0.1s 两种. 停表上端的按钮是用来旋紧发条和控制表针转动的. 使用停表时,用手握紧停表,大拇指按在按钮上,稍用力即可将其按下. 按停表分三步:第一次按下时,表开始转动;第二次按下时,表就停止转动;第三次按下时,表针就弹回零点(回表).

数字毫秒计 停表计时是以摆轮的摆动周期为标准,数字毫秒计的计时是以石英晶片控制的振荡电路的频率为标准. 常用的数字毫秒计的基准频率为 100kHz,经分频后可得 10kHz、1kHz、0.1kHz 的时标信号,信号的时间间隔分别为 0.1ms、1ms、10ms. 数字毫秒计上时间选择挡就是对这几种信号的选择. 如选用 1ms 挡,而在测量时间内有 123 个信号进入计数电路,则数字显示为 123,即所测量的时间长度是 123ms 或 0.123s. 对数字毫秒计计时的控制有机控(机械控制,即用电键)和光控(光控制,即用光电门)两种. 光电门是对数字毫秒计进行光控的部件,它由聚光灯和光电二极管组成(图 4-4-1),当光电管被遮光时产生的电信号输入毫秒计,控制其计时电路. 控制信号又分为 S_1 和 S_2 两种,S_1 是测量遮光时间的长度,遮光开始的信号使计时电路的"门"打开,时标信号依次进入毫秒计的计数电路,遮光终了的信号使计时电路的"门"关闭,时标信号不能再进入计数电路,显示的数值即遮光时间的长度. 使用 S_2 时,是测量两次遮光之间的时间间隔,第一次开始遮光时,计时电路和"门"打开,第二次再遮光时,"门"才关闭,显示的数值就是两次遮光的时间间隔. 一般测量多选用 S_2 挡. 为了在一次测量之后消去显示的数字,毫秒计上设有手动和自动置零机构,自动置零时还可以调节改变显示时间的长短. 当测完一次之后来不及置零时, 则最后显示的是两次被测时间的累计.

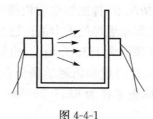

图 4-4-1

图 4-4-2 是数字毫秒计面板的示意图, 所用仪器的实际面板可参阅仪器说明书.

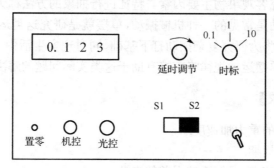

图 4-4-2　数字毫秒计面板示意图

【实验原理】

1. 研究单摆的振动周期

用质量可忽略的细线吊起一质量为 m 的小重锤, 使其左右摆动, 当摆角为 θ 时, 重锤所受合外力大小为 $mg\sin\theta$ (图 4-4-3), 其中 g 为当地的重力加速度, 这时重锤的线加速度为 $a = g\sin\theta$. 设单摆长为 l, 则摆的角加速度为 $\beta = \dfrac{a}{l}$, 即

$$\beta = \frac{g}{l}\sin\theta \tag{4-4-1}$$

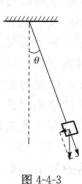

图 4-4-3

当摆角很小时 (一般 $\theta < 5°$), 可认为 $\sin\theta \approx \theta$, 这时

$$\beta = -\frac{g}{l}\theta \tag{4-4-2}$$

即振动的角加速度和角位移成比例, 式中的负号表示角加速度和角位移的方向总是相反. 此时单摆的振动是简谐振动. 从理论分析得知, 其振动周期 T 和上述比例系数的关系是 $\left(\dfrac{2\pi}{T}\right)^2 = \dfrac{g}{l}$, 所以

$$T = 2\pi\sqrt{\frac{l}{g}} \tag{4-4-3}$$

式中, l 为单摆摆长, 是摆锤重心到悬点的距离; g 为当地的重力加速度. 变换式 (4-4-3) 可得

$$g = 4\pi^2 \frac{l}{T^2} \qquad (4\text{-}4\text{-}4)$$

将测出的摆长 l 和对应的周期 T 代入上式可求出当地的重力加速度. 又可将此式改写成

$$T^2 = \frac{4\pi^2}{g} l \qquad (4\text{-}4\text{-}5)$$

这表示 T^2 和 l 之间具有线性关系, $\frac{4\pi^2}{g}$ 为其斜率,如就各种摆长测出各对应周期,则可从 T^2-l 图线的斜率求出 g 值.

摆的振动周期 T 和摆角 θ 之间的关系,经理论推导可得

$$T = T_0 \Big[1 + \Big(\frac{1}{2}\Big)^2 \sin^2 \frac{\theta}{2} + \Big(\frac{1 \cdot 3}{2 \cdot 4}\Big)^2 \sin^4 \frac{\theta}{2} + \cdots \Big]$$

其中, T_0 为 0°时的周期. 如略去 $\sin^4 \frac{\theta}{2}$ 及其后各项,则

$$T = T_0 \Big(1 + \frac{1}{4} \sin^2 \frac{\theta}{2} \Big) \qquad (4\text{-}4\text{-}6)$$

如测出不同摆角 θ 的周期 T,作 T-$\sin^2 \frac{\theta}{2}$ 图线就可检验此式.

2. 研究偶然误差的统计规律

测量单次周期 T 的值,按数值统计次数,画直方图(图 4-4-4). 偶然误差符合正态分布的规律.

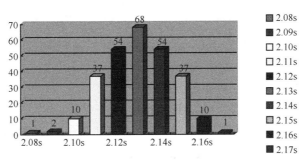

图 4-4-4 直方图

【实验内容】

1. 研究单摆的振动周期

(1)取摆长约为 1m 的单摆,用米尺测量摆线长 l_0,用游标卡尺测量摆锤的高度 h 各两次.

用米尺测长度时,应注意使米尺和被测摆线平行,并尽量靠近,读数时视线要和尺的方向垂直,以防止由于视差产生的误差.

用停表测量单摆连续摆动 50 个周期的时间 t,测 6 次. 注意摆角 θ 要小于 5°.

用停表测周期时,应在摆锤通过平衡位置时按停表并数"0",在完成一个周期时数"1",以后继续在每完成一个周期时数 2,3,…,最后,在数第 50 的同时停住停表.

(2)将摆长每次缩短约 10cm,测其摆长及其周期,直至摆长约为 40cm 时为止.

（3）就某一摆长在不同摆角用毫秒计测周期,在 5°～25°至少测 5 组数据,每个摆角测 4 次.

（4）用步骤 1 的数据求 g 及其误差.

（5）用步骤 1 和 2 的数据作 T^2-l 图线,并求直线的斜率和 g 值.

（6）用步骤 3 的数据作 T-$\sin^2\dfrac{\theta}{2}$ 图线,从图线的截距和斜率检验式(4-4-6)中 $\sin^2\dfrac{\theta}{2}$ 的系数是否等于 $\dfrac{1}{4}$.

2. 研究周期与摆动角度的关系

研究不同摆角 θ 下单摆的周期,作 T-$\sin^2\dfrac{\theta}{2}$ 图,求直线的斜率,并与 $\dfrac{\pi}{2}\sqrt{\dfrac{L}{g}}$ 作比较,验证式(4-4-6).

3. 研究偶然误差的统计规律

1)测量单摆的周期

用秒表测量单摆的周期,测量次数最少为 100 次,每次测量 5 个周期.

2)数据的统计

（1）求平均值 P 及测量列标准偏差 $s(x)$.

$$P = \frac{\sum x_i}{n} \tag{4-4-7}$$

$$s(x) = \sqrt{\frac{\sum (x_i - P)^2}{n-1}} = \sqrt{\frac{\sum x_i^2 - P \cdot \sum x_i}{n-1}} \tag{4-4-8}$$

（2）剔除坏数据.

使用格罗布斯判据去判断,可保留的数据范围为

$$(P - G_n s) \leqslant x \leqslant (P + G_n s) \tag{4-4-9}$$

其中,G_n 为格罗布斯判据系数,可以查表 4-4-1 或用拟合式算出,拟合式见式(4-4-10).

表 4-4-1　G_n 系数表

n	3	4	5	6	7	8	9	10	11	12	13
G_n	1.15	1.146	1.67	1.82	1.94	2.03	2.11	2.18	2.23	2.28	2.33
n	14	15	16	17	18	19	20	22	25	30	
G_n	2.37	2.41	2.44	2.48	2.50	2.53	3.56	2.60	2.66	2.74	

$$G_n = \frac{\ln(n-3)}{2.30} + 1.36 - \frac{n}{550} \tag{4-4-10}$$

（3）求剔除坏数据后的平均值及测量列的标准偏差.

按测量顺序每增加 10 个数据求出一次结果,如表 4-4-2 所示.

表 4-4-2

测量顺序	个数 N	平均值 P	标准偏差 $s(x)$
1～10	10	…	…
1～20	20	…	…

测量顺序	个数 N	平均值 P	标准偏差 $s(x)$
$\vdots$	$\vdots$		
$1\sim n$	n	$\cdots$	$\cdots$

最后用折线图表示 P、$s(x)$ 的变化情形(横坐标为 N).

(4)分区统计并和正态分布作比较.

① 找出数据的最小值(A)和最大值(B);

② 将($B-A$)等分为 M 个区间,区间宽度 E 为

$$E = \frac{B-A}{M} \tag{4-4-11}$$

③ 统计每个区间的数据的个数 n_i ($i=1,2,\cdots,M$);

④ 作统计直方图,与正态分布的概率密度曲线比较.

以测量值为横坐标,以频率 $\dfrac{n_i}{n}$ 和区间宽度的比值 $\dfrac{n_i}{nE}$ 为纵坐标,作统计直方图.根据误差理论,随机变量 x 如果服从高斯分布,则高斯分布的概率密度函数为

$$p(x) = \frac{1}{s \cdot \sqrt{2\pi}} \exp\left[-\frac{(x-p)^2}{2s^2}\right] \tag{4-4-12}$$

此概率密度函数的曲线将穿过以 x 为横坐标,以 $\dfrac{n_i}{nE}$ 为纵坐标的统计直方图的顶端(图 4-4-5).

⑤ 统计在($P-s$)～($P+s$)量值范围中测量值的个数 n_s ,求 n_s/n .

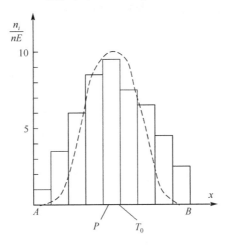

图 4-4-5　统计直方图

注意事项:

(1)使用停表前先上紧发条,但不要过紧,以免损坏发条.

(2)按表时不要用力过猛,以防损坏机件.

(3)回表后,如秒表不指零,应记下其数值(零点读数),实验后从测量值中将其减去(注意符号).

(4)要特别注意防止摔碰停表,不使用时一定要将表放在实验台中央的盒中.

【思考讨论】

1. 摆锤从平衡位置移开的距离为摆长的几分之一时，摆角约为 5°？

2. 从减少误差考虑，测周期时要在摆锤通过平衡位置时按停表，而不在摆锤达最大位移时按停表，试分析其原因？

3. 使用停表测摆的周期时的误差，主要由于对摆锤通过平衡位置的时刻估计不准，提前或错后按表造成的，粗略估计一下其大小（设一个周期为 2s）.

4. 用长为 1m 的单摆测重力加速度，要求结果的相对误差不大于 0.4% 时，测量摆长和周期的绝对误差不应超过多大？若用精度 0.1s 的停表测周期，应连续测多少个周期？在此测量中，如取 $\theta = 5°$ 而又忽略 θ 对 T 的影响时，能给重力加速度的测量造成多大的系统误差？

【探索创新】

用误差均分原理设计一单摆装置，测量重力加速度，测量精度要求

$$\frac{\Delta g}{g} < 1\%$$

1. 对重力加速度 g 的测量结果进行误差分析和数据处理，检验实验结果是否达到设计要求.

2. 自拟实验步骤研究单摆周期与摆长、摆角、悬线质量和弹性系数、空气阻力等因素的关系，试分析各项误差的大小.

3. 自拟实验步骤，用单摆实验验证机械能守恒定律.

【拓展迁移】

[1] 杨兆庆，王学刚. 偶然误差正态分布规律的计算机仿真. 上海师范大学学报，2000，29(3)：88-93.

摘要：利用计算机上仿真的单摆实验系统，根据实验者在测量单摆振动周期时的视觉反映和鼠标单击计时按钮带来的偶然误差，用统计直方图检验测量数据的分布是否符合正态分布规律.

[2] 潘友智. 利用计算机做偶然误差的统计规律实验. 大学物理，2006，02：51-52.

摘要：介绍了如何利用计算机做偶然误差的统计规律实验，并指出了利用计算机进行该实验的优点.

[3] 倪燕茹. 基于 EXCEL 的偶然误差统计规律实验数据处理. 计量技术，2007，06：62-64.

摘要：本文利用 Excel 软件的"粘贴函数"、"图表向导"等数据处理和绘图功能，对测量数据多、计算量大、计算复杂的偶然误差的统计规律实验进行了数据处理与绘图分析，充分展示出用 Excel 处理实验数据的方便和快捷，极大地提高了实验数据处理的工作效率.

[4] 王远景. 富岩，任师兵. 偶然误差统计分布规律的研究. 科技创新导报，2008，10：59-61.

摘要：在同样的条件下，对于同一物理量进行多次测量时，偶然误差的分布就表现出严格的统计规律性，本文通过一个力学实验的误差分析，用统计方法研究偶然误差分布规律，从而加深对偶然误差分布规律的认识，找出改进实验的一般方法.

实验5　自由落体运动规律研究

【发展过程与前沿应用概述】

伽利略·伽利雷(Galileo Galilei,1564-1642),意大利著名物理学家、数学家、天文学家、哲学家、近代实验科学的先驱者.伽利略是近代科学革命的先驱者,现代科学的伟大奠基者,人们称他是世界上曾经有过的伟大的物理学家之一.

伽利略的自由落体实验,是物理学史上有重要历史意义的实验之一,它的意义在于:给予亚里士多德的运动学说以决定性的批判,这在思想上和实验方法上为近代物理学的创立开辟了道路.

1589～1591 年,伽利略对落体运动进行了细致的观察,从实验和理论上否定了统治 1900 年之久的亚里士多德关于"落体运动法则"即"物体下落速度和质量成比例"的错误学说,确立了正确的"自由落体定律",即在忽略空气阻力条件下,质量不同的球在下落时同时落地,下落速度与质量无关.伽利略在比萨斜塔做自由落体实验的故事,记载在他的学生维维安尼(Vincenzo Viviani,1622-1703)在 1654 年著的《伽利略生平的历史故事》(1717 年出版)一书中.但在伽利略、比萨大学和同时代的其他人的著作中都没有关于是否在比萨斜塔上进行过自由落体实验的记载,因此近年来对此存在争议.尽管如此,从世界各地来到意大利的人们都要前往参观比萨斜塔,他们把这座古塔看成伽利略的纪念碑.

伽利略的科学发现,不仅在物理学史上而且在整个科学中上都占有极其重要的地位.他不仅纠正了统治欧洲近两千年的亚里士多德的错误观点,更创立了研究自然科学的新方法.伽利略是第一个把实验引进物理学的科学家,他创立了对物理现象进行实验研究并把实验的方法与数学方法、逻辑论证相结合的科学研究方法.伽利略的这一自然科学研究新方法,有力地促进了物理学的发展,他因此被誉为是"经典物理学的奠基人".

重力加速度 g 是物理学中的一个重要变量.地球上各个地区的重力加速度,随地球纬度和海拔高度的变化而变化.一般说来,在赤道附近 g 的数值最小,纬度越高,越靠近南北两极,则 g 的数值越大.在地球表面附近 g 的最大值与最小值相差仅约 1/300.准确测定重力加速度 g,在理论、生产和科学研究等方面都有着重要的意义.

【实验目的及要求】

1.掌握自由落体法测重力加速度的方法.
2.熟悉重力加速度实验仪的调节方法.
3.练习对组合测量进行数据处理.

【实验仪器选择或设计】

自由落体仪(图 4-5-1),数字毫秒计,光电门,铁球.

【实验原理】

根据牛顿运动定律,仅受重力作用的初速为零的自由落体,如果它运动的行程不是很大,

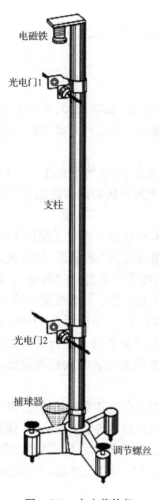

图 4-5-1　自由落体仪

则其运动方程可用下式表示

$$s = \frac{1}{2}gt^2 \qquad (4\text{-}5\text{-}1)$$

其中, s 是该自由落体运动的路程; t 是通过这段路程所用的时间.

若 s 取一系列数值, 只需通过实验分别测出对应的时间 t, 即可验证上述方程. 然而在实际测量时, 测定该自由落体开始运动的时刻存在一定的困难, 因此这种设想难以实现.

如果在该自由落体从静止开始运动通过一段路程 s_0 而达到 A 点的时刻开始计时, 测出它继续自由下落通过一段路程 s 所用的时间 t, 根据式(4-5-1)可得

$$s = v_0 t + \frac{1}{2}gt^2 \qquad (4\text{-}5\text{-}2)$$

这就是初速度不为零的自由落体运动方程. 其中 v_0 是该自由落体通过 A 点时的速度. 式(4-5-2)可写成如下形式

$$\frac{s}{t} = v_0 + \frac{1}{2}gt \qquad (4\text{-}5\text{-}3)$$

设 $x = t, y = s/t$, 则

$$y = v_0 + \frac{1}{2}gx$$

显然 $y(t)$ 是一个一元线性函数. 若 s 取一系列给定值, 同样通过实验分别测出对应的 t 值, 然后作 y-t 实验曲线, 即可验证上述方程. 即:

当测出若干不同的 s 的 t 值, 用 $x = t$ 和 $y = s/t$ 进行直线拟合, 则由 $b = 1/2g$ 可求得 g 为

$$g = 2b$$

【实验内容】

1. 调节实验装置的支架, 使立柱为铅直, 再使落球能通过 A 门和 B 门的中间(图 4-5-2).

2. 设定 A,B 间的距离. 固定 A 门, 移动 B 门, 测 10 个不同的距离.

3. 用 S_2 挡测时间 t.

4. 实验数据处理.

(1)作图法处理.

① 根据表 4-5-1、表 4-5-2 作图拟合直线.

② 根据图线求斜率, 求 g.

表 4-5-1　t-s 表

	1	2	3	4	5	6	7	8	9	10
t/s										
s/m										

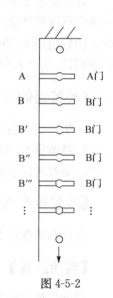

图 4-5-2

表 4-5-2　*x*-*y* 表

	1	2	3	4	5	6	7	8	9	10
x										
y										

(2)用最小二乘法处理.

为了能从上述实验的测值 s_i, t_i,处理得出 g 的最佳值,可应用最小二乘法处理.

令

$$b = \frac{1}{2}g$$

于是式(4-5-3)变为

$$y = v_0 + bt \tag{4-5-4}$$

现在的目标就是要从实验的 5 组测值得出式(4-5-4)中 v_0 和 b 的最佳值.设想若 v_0 和 b 的最佳值已知,则分别将各个测值 t_i 代入式(4-5-4)便可得到对应的各个计算值 y_i',即

$$y_i' = v_0 + bt_i \quad (i = 1, 2, \cdots, 5) \tag{4-5-5}$$

和 t_i 对应的测值 y_i 与相应的计算值 y_i' 之间的差值用 v_i 表示,称为残差.即残差 v_i 为

$$v_i = y_i - y_i' \quad (i = 1, 2, \cdots, 5) \tag{4-5-6}$$

最小二乘法原理指出:v_0 和 b 的最佳值应使得上述各残差的平方和为最小,即

$$\sum v_i^2 = \sum (y_i - y)^2 = \sum [y_i - (v_0 + bt_i)]^2$$

为最小.据此可以推导出

$$b = \frac{\sum [(t_i - \overline{t})(y_i - \overline{y})]}{\sum (t_i - \overline{t})^2} = \frac{g}{2} \tag{4-5-7}$$

$$v_0 = \overline{y} - b\overline{t} \tag{4-5-8}$$

其中,$\overline{t} = (\sum \overline{t}_i)/n, \overline{y} = (\sum \overline{y}_i)/n$.

本实验 $n=5$,于是从式(4-5-7)、式(4-5-8)便可得出 v_0 和 b 的最佳值.在此基础上作 $Y(t)$ 曲线,则直线在 Y 轴上的截距为 v_0,直线通过点 $(\overline{t}, \overline{y})$,直线斜率为 $g/2$.

按下式计算相关系数 r 为

$$r = \frac{\sum (\Delta t_i \Delta y_i)}{\sqrt{\sum (\Delta t_i)^2} \sqrt{\sum (\Delta y_i)^2}} \tag{4-5-9}$$

其中,$\Delta t_i = t_i - \overline{t}, \Delta y_i = y_i - \overline{y}$.

利用相关系数 r 检验实验数据是否满足线性关系.

注意事项:

(1)按"测量"键小球下落后,若计时器计时不停或不计时,则需重调支架竖直,直到铅垂线通过两光电门,即铅垂线的阴影投射在光电管上.

(2)测量时一定要保证支架稳定不晃动.

【思考讨论】

1.如果用体积相同而质量不同的小木球代替小铁球,试问实验所得到的 g 值是否不同?

您将怎样通过实验来证实您的答案呢？

2. 试分析本次实验产生误差的主要原因,并讨论如何减小重力加速度 g 的测量误差.

【探索创新】

总结在物理实验中测量重力加速度主要有哪几种方法,各有什么优缺点？你有什么改进建议？

【拓展迁移】

[1] 罗炳池,王海鹏,魏炳波. 自由落体条件下三元 Ni-Pb-Cu 偏晶合金的快速凝固. 中国有色金属学报,2009,19(2):279-285

[2] 王勇,柯小平,等. 基于自由落体的牛顿万有引力常数测定. 科学通报,2009,54(2):138-143

[3] 陈涨涨. 自由落体实验的新方法. 温州大学学报,2007,28(3):58-60

[4] 聂应才,邓睿平. 改进的自由落体运动实验. 物理实验,2006,26(9):24,25

[5] 魏凤兰. 从伽利略对自由落体的研究谈物理方法教育. 新乡教育学院学报,2005,18(3):120,121

[6] 吴承埙. 伽利略的自由落体定律研究. 物理通报,2003,(4):36-40

实验 6　　牛顿第二定律的研究

【发展过程与前沿应用概述】

艾萨克·牛顿(Isaac Newton 1643-1727)是英国伟大的数学家、物理学家、天文学家和自然哲学家. 牛顿是一位震古烁今的科学巨人,被誉为人类历史上最伟大的科学家,近代科学的奠基人. 他在科学的很多领域里都取得巨大的成就,他发明了微积分,发现了万有引力定律和光的色散原理,创建了经典物理学. 他的著作《自然哲学的数学原理》问世,标志着人类科学时代的开始. 人类为了纪念牛顿,在其碑文的最末一句是这样写的:"让人类欢呼曾经存在过这样伟大的一位人类之光."

在牛顿的《自然哲学的数学原理》一书中,首次提出了宏观运动物体的加速度与物体所受的合力及物体的质量之间的量化关系,即牛顿第二定律,阐明了力是物体运动状态改变的原因. 该定律对火箭、天体动力学的研究具有非常重要的作用. 通过该实验的研究,可有效地理解力与物体运动状态变化的关系,了解机械运动在现代工程技术中的重要作用.

【实验目的及要求】

1. 掌握气垫导轨的调整和使用.
2. 利用气垫导轨测定速度和加速度.
3. 验证牛顿第二定律.

【实验仪器选择或设计】

气垫导轨仪器全套、滑块、物理天平、MUJ—ⅡB 型电脑计数器.

【实验原理】

1. 速度的测定

物体做直线运动时,平均速度为 $\bar{v} = \dfrac{\Delta x}{\Delta t}$,时间间隔 Δt 或位移 Δx 越小时,平均速度越接近某点的实际速度,取极限就得到某点的瞬时速度. 在实验中直接用定义式来测量某点的瞬时速度是不可能的,因为当 Δt 趋向零时,Δx 也同时趋向零,在测量上有具体困难. 但是在一定误差范围内,我们仍可取一很小的 Δt 及其相应的 Δx,用其平均速度来近似地代替瞬时速度.

被研究的物体(滑块)在气垫导轨上做"无摩擦阻力"的运动. 滑块上装有一个一定宽度的挡光片,当滑块经过光电门时,挡光片前沿挡光,计时仪开始计时;挡光片后沿挡光时,计时立即停止. 计数器上显示出两次挡光所间隔的时间 Δt;Δx 则是挡光片两片同侧边沿之间的宽度. 如图 4-6-1 所示,由于 Δx 较小,相应的 Δt 也较小,故可将 Δx 与 Δt 的比值看成是滑块经过光电门所在点(以指针为准)的瞬时速度.

2. 加速度的测定

当滑块在水平方向上受一恒力作用时,滑块将做匀加速直线运动. 其加速度 a 由公式 $v^2 - v_0^2 = 2a(x - x_0)$ 可得,即

$$a = \frac{v^2 - v_0^2}{2(x - x_0)} \tag{4-6-1}$$

根据上述测量速度的方法,只要测出滑块通过第一个光电门的初速度 v_0 及第二个光电门的末速度 v,从光电门的指针可以读出 x_0 和 x,这样根据上式就可算得滑块的加速度 a.

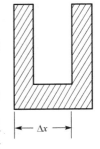

图 4-6-1　挡光片

3. 验证牛顿第二定律

牛顿第二定律是动力学的基本定律. 其内容是:物体受外力作用时,物体获得的加速度的大小与合外力的大小成正比,并与物体的质量成反比.

图 4-6-2 中,滑块质量为 m_1,砝码盘和砝码的总质量为 m_2,细线张力为 T,则有

$$\begin{cases} m_2 g - T = m_2 a \\ T = m_1 a \end{cases}$$

合外力为

$$F = m_2 g = (m_1 + m_2)a$$

令 $M = m_1 + m_2$,则

$$F = Ma \tag{4-6-2}$$

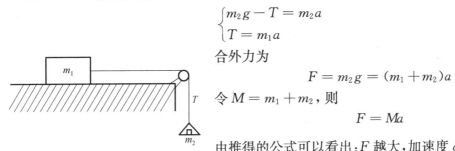

图 4-6-2　验证牛顿第二定律

由推得的公式可以看出:F 越大,加速度 a 也越大,且 $\dfrac{F}{a}$ 为一常量;在恒力(F 保持不变)作用下,M 大的物体,对应的加速度小,反之亦然. 由此可以验证牛顿第二定律. 其中加速度 a 由式(4-6-1)求得.

【仪器描述】

1. 气垫导轨

气垫导轨仪器由导轨、滑块、光电转换系统和气源等几部分组成. 气垫导轨的整体结构如图 4-6-3 所示.

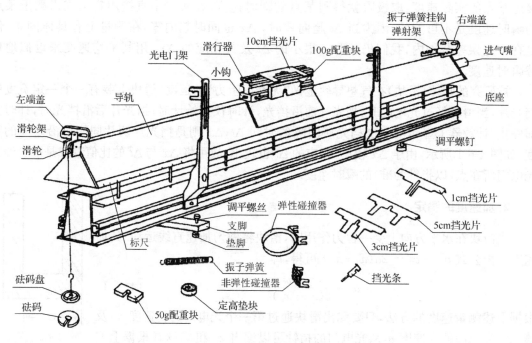

图 4-6-3　气垫导轨全貌图

1）导轨

导轨是用一根平直、光滑的三角形铝合金制成的,固定在一根刚性较强的工字钢梁上. 导轨长为 1.5m. 轨面上均匀分布着孔径为 0.6mm 的两个喷气小孔. 导轨一端封死,另一端装有进气嘴. 当压缩空气经橡皮管从进气嘴进入腔体后,就从小气孔喷出,托起滑块. 滑块漂浮的高度视气流大小而定. 为了避免碰伤,导轨两端及滑块上都装有缓冲弹簧. 在工字钢架的底部装有三个底脚螺旋,分居在导轨的两端. 双脚端的螺旋用来调节轨面两侧线高度;单脚端螺旋用来调节导轨水平. 或者将不同厚度的垫块放在导轨底脚螺旋下,以得到不同的斜度. 在气垫双脚螺旋那一端的上方,还有一个气垫滑轮.

为了测量方便,导轨一侧固定有毫米刻度的米尺,作为定位光电门的工具.

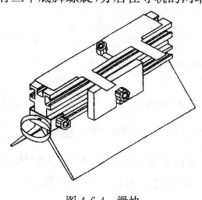

图 4-6-4　滑块

2）滑块

滑块是导轨上的运动物体,如图 4-6-4 所示,长度分别为 120mm 和 240mm,也是用角铝合金制成,下表面与导轨的两个侧面精密吻合. 根据实验需要,滑块上可以加装挡光片、挡光杆、加重块、尼龙扣、缓冲弹簧等附件.

3）光电转换系统

光电转换系统是气垫实验中的计数装置. MUJ-ⅡB通用电脑计数器,采用单片散处理器,程序化控制,可用于各种计时、计频、计数测速度等. 单边式结构的光电门(图 4-6-5),固定在导轨带刻度尺的一侧. 光敏管和聚光灯泡呈上下安装. 小灯点亮时,正好照在光敏管上. 光敏二极管在光照时电阻约为几千欧~几十千欧;无光照时的电阻约为兆欧级以上. 利用光敏二极管两种状态下的电阻变化,可获得信号电压,用来控制计数器,可使其计数或停止.

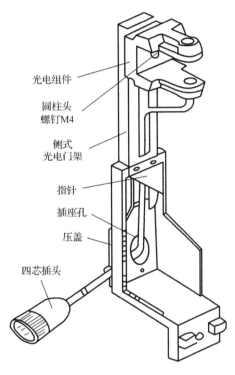

光电组件

圆柱头
螺钉M4

侧式
光电门架

指针

插座孔

压盖

四芯插头

图 4-6-5　光电门

4）气源

本实验采用专用小型气源(气泵),体积小,价格便宜,移动方便,适用于单机工作. 若温度升高,则不宜长时间连续使用.

接通电源(220V)即有气流输出,通过橡皮管从进气嘴进入导轨,轨面气孔即有气喷出. 使用时要严禁进气口或出气口堵塞,否则将烧坏电机. 工作 150~200h 后,应清洗或更换滤料.

5）气垫导轨使用的注意事项

导轨表面和与其接触的滑块内表面,都是经过精密加工的,两者配套使用,不得随便更换. 在实验中严防敲、碰、划伤,以至破坏表面的光洁度. 导轨未通气时,绝不允许将滑块放在导轨上面来回滑动. 更换、安装或调整挡光片在滑块上的位置或放加重块时,都必须把滑块从导轨上取下,待调整或安装好后再放上去. 实验结束,应将滑块从导轨上取下,以免导轨变形.

如果导轨的表面或者滑块内表面沾有污物,可用棉花签(或纱布)蘸少许酒精,将污物擦洗干净,否则将阻碍滑块的运动.

导轨表面要随时保持洁净. 导轨表面上的气孔易被油泥尘埃堵塞,发现气孔不通,可用小于孔径的细钢丝疏通. 实验完毕应罩上防尘罩,以免沾染杂物和灰尘. 导轨严禁放在潮湿或有腐蚀性气体的地方.

2. MUJ-ⅡB型电脑通用计数器

本机以51系列单片微处理机为中央处理器,并编入与气垫导轨实验相适应的数据处理程序,并且具备多组实验的记忆存储功能;功能选择复位键输入指令;数值转换键设定所需数值;数据提取键提取记忆存储的实验数据;P_1、P_2光电输入口采集数据信号,由中央处理器处理;LED数码管显示各种测量结果.

各部位名称请对照前面板图、后面板图(图4-6-6).

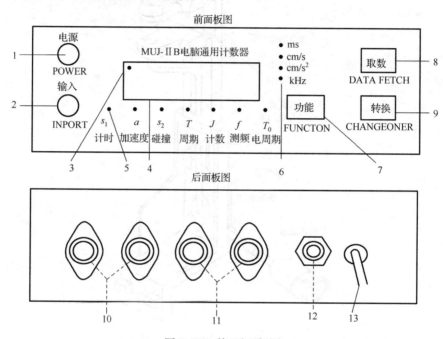

图 4-6-6　前、后面板图

1.电源开关;2.测评输入口;3.溢出指示;4.LED显示屏;5.功能转化指示灯;
6.测量单位指示灯;7.功能选择复位键;8.数值提取键;9.数值转化键;
10.P_1光电门插口;11.P_2光电门插口;12.电源保险;13.电源线

使用和操作注意事项:

(1)根据实验需要选择所需光电门数量,将光电门线插入P_1、P_2插口,按下电源开关,按功能选择复位键,选择所需的功能.注:当光电门没挡光时,依面板排列顺序,每按键一次,依次转换一种功能.发光管显示出对应的功能位置,如计时、加速度、碰撞等七种功能.当光电门挡光后,按下功能选择复位键,则复位清零(如重复测量),屏上显示"0".

(2)开机时,机内自动设定挡光片宽度为1.0cm,周期自动设定为10次.若需重新选择所需挡光片宽度,如设定挡光片宽度为5.0cm,其操作方法是:用手指按住数值转换键不放,屏上将依次显示"1.0,3.0,5.0,…",当显示到"5.0"时,松开手指,挡光片宽度5.0cm设定完毕.当功能键选择设定周期时,同样用上述方法设定周期.

(3)滑块在导轨上运动,若连续经过几个光电门,显示屏上则依次连续显示所测时间或速度.滑块停止运动,显示屏上重复显示各数据.若需提取某数据,手指按住数据提取键,待显示出所提数据时,松开手指即可记录.若按功能选择复位键,显示数据被清除.

(4)计时(S_1):测量 P_1 口或 P_2 口两次挡光时间间隔及滑块通过 P_1 口、P_2 口两个光电门的速度.

(5)加速度(a):测量滑块通过每个光电门的速度及通过相邻光电门的时间或这段路程的加速度 a(加速度 $a = \dfrac{v_2 - v_1}{\Delta t}$).

(6)碰撞(S_2):等质量、不等质量的碰撞.

(7)周期(T):测量简谐运动 $1\sim100$ 周期的时间.

(8)计数(J):测量挡光次数.

(9)测频:可测量正弦波、方波、三角波.

【实验内容】

实验前要仔细阅读仪器描述栏目,弄清仪器结构和使用方法.

1. 气垫导轨的水平调节

在气垫导轨上进行实验,必须按要求先将导轨调节水平.可按下列任一种方法调平导轨.

(1)静态调节法:通接气源,使导轨通气良好,然后把安有挡光片的滑块轻轻置于导轨上.观察滑块"自由"运动的情况,若导轨不水平,滑块将向较低的一边滑动.调节导轨一端的单脚螺钉,使滑块在导轨上保持不动或稍微左右摆动,而无定向移动,则可认为导轨已调平.

(2)动态调节法:将两光电门分别安放在导轨某两点处,两点之间相距约 50cm(以指针为准).打开光电计数器的电源开关,导轨通气后,滑块以某一速度滑行.设滑块经过两光电门的时间分别为 Δt_1 和 Δt_2,由于空气阻力的影响,对于处于水平的导轨,滑块经过第一个光电门的时间 Δt_1 总是略小于经过第二个光电门的时间 Δt_2(即 $\Delta t_1 < \Delta t_0$).因此,若滑块反复在导轨上运动,只要先后经过两个光电门的时间相差很小,且后者略为增加(两者相差 5% 以内),就可认为导轨已调水平.否则,根据实际情况调节导轨下面的单脚螺钉,反复观察,直到左右来回运动对应的时间差($\Delta t_2 - \Delta t_1$)大体相同即可.

2. 测定速度

首先在计数器上设定挡光片的宽度.方法是:在打开计数器电源开关后,用手指按住"转换"键,显示屏上立即显示出"1.0,3.0,5.0,…",当显示"5.0"时,立即松开手指.实际所用挡光片宽度即已设定.

然后使滑块在导轨上运动,计数器设定在"计时"功能,显示屏上依次显示出滑块经过光电门的时间及滑块经过两光电门的速度 v_1 和 v_2.

3. 测量加速度

按动计数器"功能"键,将功能设定在"加速度"位置.

利用图 4-6-2 所示装置,在滑块挂钩上系一细线,绕过导轨端部的滑轮,线的另一端系上砝码盘(砝码盘和单个砝码的质量均为 $m_1 = 5g$),估计线的长度,使砝码盘在落地前滑块能顺利通过两光电门.

将滑块移至远离滑轮的一端,稍静置后,自由释放.滑块在合外力 F 的作用下从静止开始做匀加速运动.此时,计数器屏上依次显示出滑块经过光电门的速度 v_1、v_2 及加速度 a.

选定两光电门之间的距离分别为 50.00cm,60.00cm,70.00cm,测量出相应的加速度,并比较加速度是否相等,从而证明滑块是否做匀加速运动.

根据公式(4-6-2)计算出加速度 a,与上述测量的 a 值比较,求百分偏差.

4. 验证牛顿第二定律

按如图 4-6-2 所示安置滑块,并在滑块上加两个砝码 $2m$,将滑块移至远离滑轮一端,让它从静止开始做匀加速运动,记录先后通过两个光电门的速度和加速度.注意:计数器功能应设定"加速度"位置.

再将滑块上两个砝码分两次从滑块上移至砝码盘中,重复上述步骤.验证物体质量不变时加速度大小与合外力大小成正比.

利用同一装置,测量某质量时滑块由静止做匀加速运动时的速度,再分两次将两个加重块逐次加在滑块上,测量出对应的加速度,验证物体所受合外力不变时加速度大小与物体质量成反比.

【数据处理】

1. 测量加速度数据表(表 4-6-1)

表 4-6-1

$\Delta x = 5.00\text{cm}$　　　　　$M = m_1 + m_2 = $ _____ g　　　　　$a_{\text{计}} = \dfrac{m_2 g}{m_1 + m_2} = $ _____ cm/s^2

次数	$S_1 = 50.00\text{cm}$			$S_2 = 60.00\text{cm}$			$S_3 = 70.00\text{cm}$		
	v_1(cm/s)	v_2(cm/s)	a_1(cm/s^2)	v_1(cm/s)	v_2(cm/s)	a_1(cm/s^2)	v_1(cm/s)	v_2(cm/s)	a_1(cm/s^2)
1									
2									
3									

百分偏差为

$$B = \frac{a_{\text{计}} - \bar{a}}{a} \times 100\%.$$

2. 验证加速度与合外力关系的数据表(表 4-6-2)

表 4-6-2

$x - x_0 = $ _____ cm　　　　　$M = m_1 + 2m_0 + m_2 = $ _____ g

次数	$m_2 = $　g			$m_2 + m_0 = $　g			$m_2 + 2m_0 = $　g		
	v_1(cm/s)	v_2(cm/s)	a_1(cm/s^2)	v_1(cm/s)	v_2(cm/s)	a_1(cm/s^2)	v_1(cm/s)	v_2(cm/s)	a_1(cm/s^2)
1									
2									
3									

3. 验证加速度与质量关系的数据表（表 4-6-3）

表 4-6-3

$x - x_0 =$ _____ cm　　　　　$m_2 =$ _____ g　　　　　m（加重块）$=$ _____ g

次数	$M = m_1 + m_2 =$　g			$M = m_1 + m_2 + m =$　g			$M = m_1 + m_2 + 2m =$　g		
	v_1(cm/s)	v_2(cm/s)	a_1(cm/s^2)	v_1(cm/s)	v_2(cm/s)	a_1(cm/s^2)	v_1(cm/s)	v_2(cm/s)	a_1(cm/s^2)
1									
2									
3									

其余表格自拟.

【分析讨论】

1. 怎样调整导轨水平？ 能否认为滑块经过光电门的时间 $\Delta t_1 = \Delta t_2$，导轨才算调平，为什么？

2. 利用图表 4-6-2 所示装置验证牛顿第二定律 $F = Ma$. 其合外力 F 应指什么力；质量 M 是指哪几个物体的质量？ 怎样保证质量不变？

【探索创新】

1. 研究物体所受的空气阻力与物体运动速度的关系.

2. 减小测量误差的有效途径.

3. 测量空气阻尼系数的有效方法.

4. 能否提出验证牛顿第二定律的其他方案？

【拓展迁移】

[1] 张晓玲. 牛顿第二定律实验的改进. 物理通报, 2006, 3:55, 56.

[2] 莫筱萍. 牛顿第二定律验证实验的改进. 物理实验, 1998, 04:15, 16.

[3] 盛春苒, 詹士昌. 运动阻力对牛顿第二定律验证实验的影响及修正. 大学物理实验, 2003, 02:15, 16.

[4] 徐婕. 二元线性回归分析法在牛顿第二定律验证实验中的应用. 大学物理, 23(6): 37-40.

[5] 李铁. 运用斜面滑块模型探究牛顿第二定律. 物理通报, 2008, 6:31-33.

[6] 王宝英. 用自制激光测速仪来验证牛顿第二定律. 物理教学探讨, 25(283):57.

实验 7　弦振动的研究

【发展过程与前沿应用概述】

在自然界中, 振动现象是广泛存在的. 广义地说, 任何一个物理量在某个定值附近做反复变化, 都可称为振动. 振动与波动的关系十分密切. 振动是产生波动的根源, 波动是振动的传播. 波动有自己的特点, 首先它具有一定的传播速度, 且伴随着能量的传播; 另外, 波动还具有反射、折射、干涉和衍射等现象. 本实验只研究干涉现象的特例——驻波.

通过对固定均匀弦振动的研究,可以对驻波的形成有进一步的观察和了解.固定均匀弦振动的传播实际上是两个振幅相同的相干波在同一直线上沿相反方向传播的叠加,这两个相干波分别称为沿这一直线传播的入射波和反射波,在一定的条件下,它们的叠加可以形成驻波.弦线上横波传播规律的研究有着重要的意义,利用驻波原理测量横波波长的方法,在声学、光学、无线电等学科中都有非常广泛的应用.

【实验目的及要求】

1. 测量横波在均匀弦上传播的波速.
2. 研究固定均匀弦振动传播的规律.
3. 观察固定弦振动传播时形成驻波的波形.

【实验仪器选择或设计】

固定弦振动实验装置,砝码(58\log、20g)若干,变频器等.

【实验原理】

设一均匀弦线,一端由劈尖 A 支住,另一端由劈尖 B 支住,对均匀弦线扰动引起弦线上质点的振动,于是波动就由沿弦线 A 端朝 B 端方向传播,再由 B 点反射沿弦线朝 A 端传播,前者称为入射波,后者称为反射波.入射波与反射波在同一弦线上沿相反方向传播时,将相互干涉.移动劈尖 B 到适当的位置,弦线上的波就形成驻波.这时,弦线上的波被分成了几段,且每段两端的点静止不动,而中间的点振幅最大.这些始终静止的点称为波节,振幅最大的点称为波腹.

驻波的形成如图 4-7-1 所示.设图中的两列波(沿 OX 轴相向传播)是振幅相同、频率相同的简谐波,向右传播的波用细实线表示,向左传播的波用虚线表示,它们的合成波就是驻波,用粗实线表示.

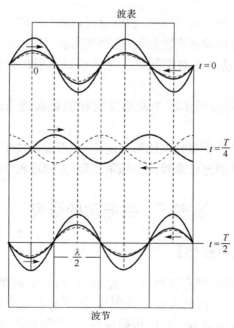

图 4-7-1　驻波

由图可见,两个波节间(或两个波腹间)的距离都等于半个波长,这可从波动方程推导出来.

下面用简谐波表达式对驻波进行定量描述. 沿 OX 轴正方向传播的波为入射波,沿 OX 轴负方向传播的波为反射波,取它们的振动相位始终相同的点作为坐标原点,且在 $x = 0$ 处,振动质点向上达最大位移时开始计时,它们的波动方程分别表示为

$$y_1 = A\cos\left[2\pi\left(\nu t - \frac{x}{\lambda}\right)\right]$$

$$y_2 = A\cos\left[2\pi\left(\nu t + \frac{x}{\lambda}\right)\right]$$

式中,A 为简谐波的振幅;ν 为频率;λ 为波长;x 为弦线上质点的坐标位置.

两波叠加后的合成波为驻波,其方程为

$$y = y_1 + y_2 = 2A\cos\left(2\pi\frac{x}{\lambda}\right)\cos(2\pi\nu t) \tag{4-7-1}$$

由上式可见,入射波与反射波合成后,弦上各点都以同一频率作简谐振动,它们的振幅为 $\left|2A\cos\left(2\pi\frac{x}{\lambda}\right)\right|$,即驻波的振幅与时间 t 无关,与质点的位置 x 有关(图 4-7-1).

因为在波节处振幅为零,即

$$\left|\cos\left(2\pi\frac{x}{\lambda}\right)\right| = 0$$

或

$$2\pi\frac{x}{\lambda} = (2k+1)\frac{\pi}{2} \quad (k = 0,1,2,3,\cdots)$$

所以可得波节位置为

$$x = (2k+1)\frac{\lambda}{4} \tag{4-7-2}$$

而相邻两波节之间的距离为

$$x_{k+1} - x_k = [2(k+1)+1]\frac{\lambda}{4} - (2k+1)\frac{\lambda}{4} = \frac{\lambda}{2} \tag{4-7-3}$$

又因为波腹处的质点振幅为最大,即

$$\left|\cos\left(2\pi\frac{x}{\lambda}\right)\right| = 1$$

或

$$2\pi\frac{x}{\lambda} = k\pi \quad (k = 0,1,2,3,\cdots)$$

可得波腹的位置为

$$x = k\frac{\lambda}{2} \tag{4-7-4}$$

同理可知,相邻两波腹间的距离也是半个波长. 因此,在驻波实验中,只要测得相邻两波节(或相邻两波腹)间的距离,就能确定该波的波长.

由于固定弦的两端是用劈尖支住的,故两端处的点不会动,必为波节,所以,只有当弦线的两个固定端之间的距离(弦长)等于半波长的整数倍时,才能形成驻波. 这就是均匀弦振动产生驻波的条件,其数学表示式为

$$\ell = n \frac{\lambda}{2} \quad (n = 0,1,2,3,\cdots)$$

由此可得沿弦线传播的横波波长为

$$\lambda = \frac{2\ell}{n} \tag{4-7-5}$$

式中, n 为弦线上驻波的段数.

波动理论指出,弦线中横波的传播速度为

$$v = \sqrt{\frac{T}{\rho}} \tag{4-7-6}$$

式中, T 为弦线中的张力; ρ 为单位长度弦线的质量(即弦线的线密度).

根据波速、频率及波长的普遍关系式 $v = \nu\lambda$,可得

$$v = \nu\lambda = \nu\frac{2\ell}{n} \tag{4-7-7}$$

由式(4-7-6)和式(4-7-7)可得

$$\nu = \frac{n}{2\ell}\sqrt{\frac{T}{P}} \quad (n = 0,1,2,3,\cdots) \tag{4-7-8}$$

由此可见,当给定 T、ρ、ℓ 时,频率只有满足上式的要求才能在弦上形成驻波.同理,当用外力(例如,流过金属弦线上的交变电流在磁场中受到交变安培力的作用)去驱动弦线振动时,外力的频率必须与这个频率一致,才会促使弦振动的传播形成驻波.

【仪器介绍】

均匀弦振动实验装置如图 4-7-2 所示.实验时,将电源接通,并将接线柱上的导线与弦线连接,构成通电回路.这样,在磁场的作用下,通有电流的金属弦线就会振动,还可改换变频插孔以改变电流频率.拉动滑把,可移动磁铁的位置,使弦振动调整到最佳状态(使弦振动的振动面与磁场方向完全垂直).移动劈尖的位置,可以改变弦长.

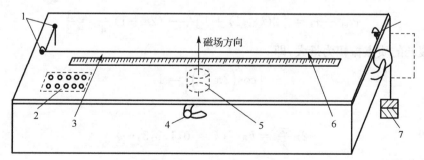

图 4-7-2　弦振动装置外形图

1.接线柱;2.变频插孔;3.劈尖;4.滑把;5.磁铁;6.劈尖;7.砝码

【实验内容】

1. 测定弦线的线密度 ρ_0.

选取 $\nu = 75.0\,\text{Hz}$ 的频率(只需将插头插入变频器的相应插孔即可),张力 T 由 40.0g 砝码挂在弦线的一端产生,调节劈尖 A、B 之间的距离,使弦上依次出现单段、双段及三段驻波,

并记录相应的弦长 ℓ_i. 由式(4-7-8)算出 ρ_i(这里 $i = 1, 2, 3$),求出平均值 $\overline{\rho}$.

2.在频率一定的条件下,改变张力的大小,测量弦上横波的传播速度 v_ν.

选取频率 $\nu = 50.0\,\text{Hz}$,张力 T 还是由砝码挂在弦线的一端产生,以30.0g砝码为起点,逐次增加 5.0g 直至 55.0g 为止.同时调节相应的弦长,使弦长出现 $n = 1$、$n = 2$ 两个驻波段.记录相应的 T、ℓ、n 值,由式(4-7-7)计算弦上横波速度的测量值 v_ν.

3.在张力 T 一定的条件下,改变频率 ν,测量弦线上横波的传播速度 v_T.

将 40.0g 砝码挂在弦线的一端,先取频率 ν,分别为 25.0Hz、50.0Hz、75.0Hz、100.0Hz 和 125.0Hz,调节相应的弦长 ℓ,仍使弦长出现 $n = 1$、$n = 2$ 两个驻波段.记录相应的 ν、n、ℓ 值,由式(4-7-7)计算出弦上横波传播的速度 v_T.

注意:在移动劈尖调整驻波段时,必须待波形稳定后再记录数据.

【数据处理】

将测量数据填入表 4-7-1～表 4-7-3 中.

表 4-7-1　弦线线密度的测量

弦长 ℓ 驻波段	ℓ_A/m	ℓ_B/m	$\ell = \ell_B - \ell_A/\text{m}$	线密度 $\rho/(\text{kg/m})$
$n = 1$				
$n = 2$				
$n = 3$				

$f =$ 　Hz; 　　　$T =$ 　N; 　　　$\overline{\rho} =$ 　kg/m

表 4-7-2　频率不变时弦中波速的测定

砝码质量 $/(m/\text{g})$	张力 $T = mg/\text{N}$	$n = 1$			$n = 2$			$\overline{\lambda}/\text{m}$	$v_\nu = \nu\overline{\lambda}$ $/(\text{m/s})$	$v = \sqrt{\dfrac{T}{\rho}}$ $/(\text{m/s})$	$\Delta v =$ $|v - v_\nu|$ $/(\text{m/s})$	$E/\%$
		ℓ_{1A}/m	ℓ_{1B}/m	ℓ_1/m	ℓ_{2A}/m	ℓ_{2B}/m	ℓ_2/m					
30.0												
35.0												
40.0												
45.0												
50.0												
55.0												

$\nu =$ 　Hz; 　　　　　　$\rho =$ 　kg/m

表 4-7-3　张力不变时弦中波速的测定

ν/Hz	$n = 1$			$n = 2$			$\overline{\lambda}/\text{m}$	$v_T = \nu\overline{\lambda}$ $/(\text{m/s})$	$v = \sqrt{\dfrac{T}{\rho}}$ $/(\text{m/s})$	$\Delta v = |v - v_\nu|$ $/(\text{m/s})$	$E/\%$
	ℓ_{1A}/m	ℓ_{1B}/m	ℓ_1/m	ℓ_{2A}/m	ℓ_{2B}/m	ℓ_2/m					
25.0											
50.0											
75.0											
100.0											
125.0											

$T =$ 　N; 　　　　　　$\rho =$ 　kg/m

1. 取表 4-7-1 的数据,根据式(4-7-3)计算密度 ρ_1、ρ_2、ρ_3,并求出平均值 $\overline{\rho}$,作为本实验弦线密度.

2. 表 4-7-2 和表 4-7-3 中的 $\overline{\lambda} = (\lambda_1 + \lambda_2)/2$,其中 λ_1 和 λ_2 根据式(4-7-5)在 $n=1$ 和 $n=2$ 的情况下计算得到. 表中的 $E = (\Delta v/v) \times 100\%$.

【思考讨论】

1. 产生驻波的条件是什么?本实验中怎样调节才能获得稳定的驻波?

2. 弦上驻波两波节间的距离与哪些因素有关?关系怎样?

3. 根据实验数据证明 $v \propto \sqrt{T}$(提示:曲线改直).

4. 增大弦的张力时,如果线密度 ρ 有变化,对实验将有何影响?能否在实验中检查 ρ 的变化?

【探索创新】

1. 设计用信号发生器测量音叉振动频率的实验方案,并将其与已知音叉频率、实验计算出弦振动的频率作比较分析.

2. 试设计用固定弦振动仪装置测量液体密度的实验方案.

【拓展迁移】

[1] 吕淑玲. 弦振动实验的若干讨论. 淮北煤师院学报,2002,32(2):88-93

[2] 陈海波. 弦线波振动实验的一种新的数据处理方法. 广西科学院学报,2007,23(3):157-159

[3] 王武廷. 对弦振动实验中振源的改进. 大学物理,2004,23(5):30-32

[4] 王玉清. 固定均匀弦振动仪装置的拓展应用. 实验室研究与探索,2009,28(3):31,32

[5] 李德双,戈新生. 轴向运动弦线受迫振动分析. 北京机械工业学院学报,2008,23(2):18-22

【附录】

柔软弦线上横波的波动方程的推导

若横波在张紧的弦线上沿 x 轴正方向传播,我们取 $AB = \mathrm{d}\delta$ 的微元段加以讨论,如图 4-7-3 所示. 设弦线的线密度(即单位长质量)为 ρ,则此微元段弦线 $\mathrm{d}s$ 的质量为 $\rho \mathrm{d}s$. 在 A、B 处受到左右邻段的张力分别为 T_1、T_2,其方向为沿弦的切线方向,与 x 轴夹角为 a_1、a_2.

由于弦线上传播的横波在 x 方向无振动,所以作用在微元段 $\mathrm{d}s$ 上张力的 x 分量应该为零,即

$$T_2 \cos a_2 - T_1 \cos a_1 = 0 \qquad (4\text{-}7\text{-}9)$$

又根据牛顿第二定律,在 y 方向微元段的运动方程为

$$T_2 \sin a_2 - T_1 \sin a_1 = \rho \mathrm{d}s \frac{\mathrm{d}^2 y}{\mathrm{d}t^2} \qquad (4\text{-}7\text{-}10)$$

对于小的振动,可取 $\mathrm{d}s \approx \mathrm{d}x$,而 a_1、a_2 都很小,所以

$$\cos a_1 \approx 1, \quad \cos a_2 \approx 1, \quad \sin a_1 \approx \tan a_1, \quad \sin a_2 \approx \tan a_2$$

又从导数的几何意义可知

$$\tan a_1 = \left(\frac{\mathrm{d}y}{\mathrm{d}x}\right)_x, \tan a_2 = \left(\frac{\mathrm{d}y}{\mathrm{d}x}\right)_{x+\mathrm{d}x}$$

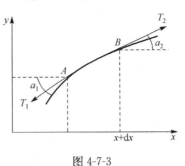

图 4-7-3

式(4-7-9)将成为 $T_2 - T_1 = 0$,即 $T_2 = T_1 = T$ 表示张力不随时间和地点而变,为一定值. 式(4-7-10)将成为

$$T\left(\frac{\mathrm{d}y}{\mathrm{d}x}\right)_{x+\mathrm{d}x} - T\left(\frac{\mathrm{d}y}{\mathrm{d}x}\right)_x = \rho\mathrm{d}s\frac{\mathrm{d}^2 y}{\mathrm{d}t^2} \quad (4\text{-}7\text{-}11)$$

将 $\left(\frac{\mathrm{d}y}{\mathrm{d}x}\right)_{x+\mathrm{d}x}$ 按泰勒级数展开并略去二级微量,得 $\left(\frac{\mathrm{d}y}{\mathrm{d}x}\right)_{x+\mathrm{d}x}$

$= \left(\frac{\mathrm{d}y}{\mathrm{d}x}\right)_x + \left(\frac{\mathrm{d}^2 y}{\mathrm{d}x^2}\right)_x \mathrm{d}x$,将此式代入式(4-7-11)得

$$T\left(\frac{\mathrm{d}^2 y}{\mathrm{d}x^2}\right)_x \mathrm{d}x = \rho\mathrm{d}x\frac{\mathrm{d}^2 y}{\mathrm{d}t^2} \quad 即 \quad \frac{\mathrm{d}^2 y}{\mathrm{d}t^2} = \frac{T}{\rho}\frac{\mathrm{d}^2 y}{\mathrm{d}x^2} \quad (4\text{-}7\text{-}12)$$

将式(4-7-12)与简谐波的波动方程 $\frac{\mathrm{d}^2 y}{\mathrm{d}t^2} = v^2\frac{\mathrm{d}^2 y}{\mathrm{d}x^2}$ 相比较可知:在线密度为 ρ、张力为 T 的弦线上横波传播速度 v 的平方等于

$$v^2 = \frac{T}{\rho} \quad 即 \quad v = \sqrt{\frac{T}{\rho}} \quad (4\text{-}7\text{-}13)$$

实验 8　用三线摆测定物体的转动惯量

【发展过程与前沿应用概述】

转动惯量是描述刚体在转动中保持原有转动状态的特性、量度刚体转动惯性大小的一个物理量,是研究、设计、控制转动物体运动规律的重要参数. 如钟表摆轮的体形设计、枪炮的弹丸、机器零件、导弹和卫星的发射与控制等,都不能忽视转动惯量的量值大小. 因此,测量特定物体的转动惯量对研究设计工作具有重要意义.

转动惯量越大,保持原有转动状态的惯性就越大;反之,保持原有转动状态的惯性就越小. 刚体的转动惯量与刚体的大小、几何形状、质量、质量的分布及转轴的位置有关. 对于形状简单规则的匀质刚体,可以用数学方法推导出其绕定轴转动时转动惯量的计算公式,而对于形状比较复杂、质量分布不均匀的刚体,可以用不同的实验方法测量其转动惯量. 常用于测量刚体转动惯量的方法有三线摆法和扭摆法,本实验采用三线摆法测定刚体的转动惯量,它被广泛用于测定不规则刚体的转动惯量.

【实验目的及要求】

1. 加深对转动惯量概念的理解.
2. 学会用三线摆测量刚体的转动惯量.
3. 验证转动惯量的平行轴定理.

【实验仪器选择或设计】

三线摆实验仪、气泡水准仪、游标卡尺、秒表(计数毫秒仪)、待测刚体(圆环、圆柱).

【实验原理】

图 4-8-1 是三线摆实验装置示意图. 三线摆是由上、下两个匀质圆盘用三条等长的摆线(摆线为不易拉伸的细线)连接而成. 上、下圆盘的系线点构成等边三角形,上圆盘圆心固定,转动上圆盘可带动下圆盘绕两盘的中心轴线转动.

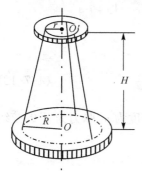

图 4-8-1　三线摆示意图

设质量为 m 的刚体以小角度摆动,因悬线扭转而使下圆盘沿轴线上升的高度为 h,则增加的势能 $E_1 = mgh$. 下圆盘回到平衡位置时,动能 $E_2 = \frac{1}{2} I_0 \omega_0^2$,$I_0$ 是下圆盘对上、下盘中心轴线的转动惯量,ω_0 是回到平衡位置时的角速度,忽略空气阻力和摩擦阻力,根据机械能守恒定律有

$$\frac{1}{2} I_0 \omega_0^2 = mgh \tag{4-8-1}$$

从下圆盘角位移 θ 与时间 t 的关系可推导出角速度 ω 与时间 t 的关系如下

$$\theta = \theta_0 \sin\left(\frac{2\pi}{T}t\right) \quad \Rightarrow \quad \omega = \frac{d\theta}{dt} = \frac{2\pi\theta_0}{T}\cos\left(\frac{2\pi}{T}t\right) \tag{4-8-2}$$

式中,θ_0 为角振幅;T 为振动周期.

当 $t = 0, \frac{1}{2}T, T, \frac{3}{2}T, \cdots$ 时,下圆盘通过平衡位置,ω 的最大值是

$$\omega_0 = \frac{2\pi\theta_0}{T} \tag{4-8-3}$$

把式(4-8-3)代入式(4-8-1)有

$$mgh = \frac{1}{2} I_0 \left(\frac{2\pi\theta_0}{T}\right)^2 \tag{4-8-4}$$

图 4-8-2 中,设 H 是上、下圆盘的垂直距离(下圆盘通过平衡位置时),R 是下圆盘悬挂点到盘中心的距离,r 是上圆盘悬挂点到盘中心的距离,摆线的长度 AB 为 l,摆动前有

$$(BC)^2 = (AB)^2 - (AC)^2 = l^2 - (R-r)^2 = H^2 \tag{4-8-5}$$

当摆角振幅为 θ_0 时,下圆盘上某悬点 A 移到位置 A_1,圆盘的轴上升高度为

$$h = OO_1 = BC - BC_1 = \frac{(BC)^2 - (BC_1)^2}{BC + BC_1} \tag{4-8-6}$$

此时

$$(BC_1)^2 = (A_1 B)^2 - (A_1 C_1)^2 = l^2 - (R^2 + r^2 + 2Rr\cos\theta_0) \tag{4-8-7}$$

将式(4-8-5)、式(4-8-7)代入式(4-8-6)得

$$h = \frac{2Rr(1 - \cos\theta_0)}{BC} = \frac{2Rr \cdot 2\sin^2\frac{\theta_0}{2}}{2H - h} \tag{4-8-8}$$

由于 $H \gg h$,所以 $2H - h \approx 2H$,当摆角 θ_0 很小时,$\sin^2\frac{\theta_0}{2} \approx \left(\frac{\theta_0}{2}\right)^2 \approx \frac{\theta_0^2}{4}$,故

$$h = \frac{Rr\theta_0^2}{2H} \tag{4-8-9}$$

将式(4-8-9)代入式(4-8-4)可得

$$I_0 = \frac{mgRr}{4\pi^2 H}T^2 \tag{4-8-10}$$

式(4-8-10)即为刚体绕几何中心轴线转动惯量的测量公式.其成立条件是:θ_0很小($\theta_0 < 10°$),三线等长,张力相等,上、下盘水平.

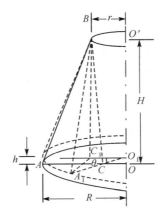

图 4-8-2　三线摆几何示意图

当把一质量为 M_1 的刚体放置在下圆盘上时,由式(4-9-10)可以测量 M_1 和下圆盘绕几何中心轴线的转动惯量为

$$I = \frac{(m+M_1)gRr}{4\pi^2 H}T_1^2 \tag{4-8-11}$$

式中,T_1 是 M_1 与下圆盘共同摆动的周期.则质量为 M_1 的刚体绕几何中心轴线的转动惯量为

$$I_1 = I - I_0 \tag{4-8-12}$$

利用式(4-8-12)可以测量形状不规则、质量分布不均的刚体绕特定轴的转动惯量.

平行轴定律:若一刚体绕某一轴线的转动惯量为 I_0,则绕平行于该轴且距该轴为 d 的另一轴线的转动惯量为

$$I' = I_0 + md^2 \tag{4-8-13}$$

【实验内容】

1. 调整三线摆.利用铅垂线和气泡水准器,调节三线摆,使三线等长,上、下盘水平.

2. 用游标卡尺测量刚体的各个几何参量,用天平称量刚体的质量.

3. 刚体摆动周期的测量.

(1)使下圆盘摆动,用秒表测量摆动周期,测量 50 个周期,求周期的平均值;

(2)把圆环放在下圆盘上,用秒表测圆环和下圆盘一起摆动时的周期;

(3)将两个圆柱对称地放置在下圆盘中心两侧,用秒表测两个圆柱和下圆盘一起摆动时的周期.

4. 数据处理

(1)用式(4-9-10)～式(4-9-12)计算下圆盘、圆环的转动惯量.刚体绕自身几何中心轴转动

惯量理论值的计算公式如下：

圆盘　　$I_0 = \frac{1}{2}m\left(\frac{D_1}{2}\right)^2$　　（D_1 为圆盘的直径）

圆环　　$I_1 = \frac{1}{2}M_1\left[\left(\frac{D_内}{2}\right)^2 + \left(\frac{D_外}{2}\right)^2\right]$　　（$D_内$ 为圆环内径，$D_外$ 为圆环外径）

计算圆环转动惯量的百分误差.

（2）计算圆柱的转动惯量，按照式（4-9-13）验证平行轴定理.

【思考讨论】

1. 如何测量任意形状的刚体绕特定轴的转动惯量？
2. 当待测物体的转动惯量比下盘的转动惯量小得多时，是否可以用三线摆法进行测量？

【注意事项】

1. 圆盘应尽可能消除摆动之外的振动.
2. 防止游标卡尺的刀口割伤悬线.

【探索创新】

摆角对三线扭摆周期的影响：测定刚体转动惯量的方法有多种，三线扭摆法就是其中之一. 本实验在处理这个问题时大多认为摆角较小时可作为谐振动，给出谐振动周期，从而求出刚体的转动惯量. 但是在具体实验操作时，经常使悬盘转动角度超过规定的限度，偏离谐振动较远，影响周期的准确度. 因此，给出非谐振动下的周期关系对实验本身很有意义，可拓展我们的视野.

有意识地增大摆角，测量相应数据，并进行数据处理和理论分析.

【拓展迁移】

[1] 吴晓慧. 旋转电机转子转动惯量测定方法. 中小型电机，2005，32(2)：62-65.

[2] 刘旭，阮毅，张朝艺. 一种异步电机转动惯量辨识方法. 电机与控制应用，2009，36(9)：1-3.

[3] 徐小方，张华. 飞行器转动惯量测量方法研究. 科学技术与工程，2009，9(6)：1653-1656.

[4] 郭丹，沈力行，赵改平，等. 下肢假肢的转动惯量测定装置. 中国组织工程研究与临床康复，2008，12(39)：7620-7622.

[5] 张心明，王凌云，刘建河，等. 复摆法测量箭弹转动惯量和质偏及其误差分析. 兵工学报，2008，04：450-453.

【附录】　FB213A 型数显计时计数毫秒仪使用说明书

（1）FB213A 计时仪内设单片机芯片，经适当编程，具有计时、计数、存储和查询功能，如图 4-8-3 所示. 可用于单摆、气垫导轨、马达转速测量、生产线产品计数、产品厚度测量、车辆运动速度测量及体育比赛计时等诸多与计时相关的实验.

（2）该毫秒仪通用性强，可以与多种传感器连接，用不同的传感器控制毫秒仪的启动和停止，从而适应不同实验条件下计时的需要．

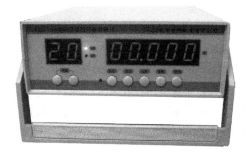

图 4-8-3

（3）毫秒仪量程可根据实验需要进行切换：99.999s，分辨率 1ms；9.9999s，分辨率 0.1ms，由仪器面板上"量程"按钮进行转换．"计时"指示灯亮，左窗口数码管熄灭，仪器进入"计时"功能状态．

（4）周期与计数功能由面板"功能"按钮转换：周期指示灯亮，仪器面板左窗口二位数码管同时点亮，仪器进入"周期"计数功能．在此功能下，可预置测量周期个数：根据实验需要，周期设置范围为 1～99 个，"周期数"由左窗口显示．"周期数显示"随计数进程逐次递减，当显示数到达 1 以后自动返回到"设置数值"，此时计数停止．

（5）仪器有两种工作方式：周期方式和计数方式．在两种方式下均有存储和查询功能．在周期方式下，按"执行"键，"执行"工作指示灯亮，当测量启动时灯光闪烁，表示毫秒仪在工作．在每个周期结束时，显示并存储该周期对应的时间值，在预设周期数执行完后，显示并存储总时间值，然后退出执行状态．

（6）在周期或计时方式下，逐次按"查询"键，则依次显示出各周期对应的时间值，在最后周期显示出总时间值，在预设周期完后，则停止查询．

（7）按"复位"键，除了预设周期值恢复原设置、时间显示清零之外，还有退出查询的功能．记住查询完后一定要按"复位"键退出查询．

（8）周期方式或计数方式在执行中均可按"复位"键退出执行．

（9）断电后保留已执行的预设周期数、各周期对应的时间值以及总时间值．

（10）计数方式时，"光电门 1"和"光电门 2"都能控制启动或停止，按先后顺序执行．

（11）同时按"复位"和"功能"键 5s 以上，则存储的周期值与计时值全部清零，但仍然保留预设周期数（直至重新设置新的周期数值才会改变）．

实验 9　扭摆法测定物体的转动惯量

【发展过程与前沿应用概述】

扭摆和扭动装置的来源很古老．早在 1785 年，法国物理学家和工程师库仑（Coulomb）使用扭秤（torsion balance）来测定磁极间的力，从而建立了磁力定律（库仑定律）．1797～1798 年，卡文迪许（Henry Cavendish）用扭动装置测定万有引力常数，为了根据扭角的大小来推知大球和小球之间的吸引力，他用巧妙的方法求出悬丝的扭转常数．1835 年，韦伯（W. weber）把试样作为一个冲击电流计的悬丝,由测定振动振幅的衰减来计算对数减缩量.1947 年,扭摆开始使用于内耗研究,它既可以用来测定技术上的阻尼(内耗)及其有关数据,又可以提供固体内部的微观状态及其运动变化的信息.

本实验采用扭摆法测定刚体的转动惯量.

【实验目的及要求】

1.熟悉扭摆的构造及使用方法,测定扭摆的设备常数(弹簧的扭转系数)K.

2.用扭摆测量几种不同形状刚体的转动惯量,并与理论值进行比较.

3.验证转动惯量的平行轴定理.

【实验仪器选择或设计】

扭摆装置及其附件(塑料圆柱体等),计时仪,天平,钢直尺,游标卡尺.

【实验原理】

扭摆的结构如图 4-9-1 所示,在垂直轴 1 上装有一个薄片状的螺旋弹簧 2,用以产生恢复力矩.在轴 1 上方可以安装各种待测物体,为减少摩擦,在垂直轴和支座间装有轴承.3 为水准器,以保证轴 1 垂直于水平面.将轴 1 上方的物体转一角度 θ,由于弹簧发生形变将产生一个恢复力矩 M,则物体将在平衡位置附近做周期性摆动.根据胡克定律有

$$M = -K\theta \qquad\qquad (4\text{-}9\text{-}1)$$

式中,K 为弹簧的扭转系数.而由转动定律有

$$M = I\beta$$

式中,I 为物体绕转轴的转动惯量;β 为角加速度.将式(4-9-1)代入上式即有

$$\beta = -\frac{K}{I}\theta \qquad\qquad (4\text{-}9\text{-}2)$$

令 $\omega^2 = \dfrac{K}{I}$,则有

$$\beta = -\omega^2\theta$$

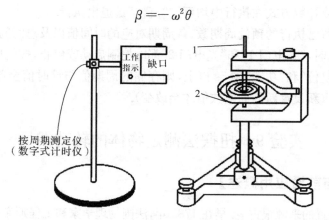

图 4-9-1　扭摆的结构及装置

此方程表示扭摆运动是一种角谐振动.方程的解为

$$\theta = A\cos(\omega t + \varphi)$$

式中,A 为谐振动的角振幅；φ 为初相位；ω 为角谐振动的圆频率.此谐振动摆动周期为

$$T = \frac{2\pi}{\omega} = 2\pi\sqrt{\frac{I}{K}} \tag{4-9-3}$$

由此可见,对于扭摆,只要测定某一转动惯量已知的物体(如形状规则的匀质物体,可用数学方法求得其转动惯量)的摆动周期,即可求得扭转系数 K.对其他物体,只要测出摆动周期,就可根据式(4-9-3)求得转动惯量 I.在本实验中,是将待测物体放在载物圆盘上测量其转动惯量的,则由式(4-9-3)得

$$\frac{T_0}{T_1} = \frac{\sqrt{I_0}}{\sqrt{I_0 + I_1'}} \quad 或 \quad \frac{I_0}{I_1'} = \frac{T_0^2}{T_1^2 - T_0^2}$$

式中,I_0 为金属载物圆盘绕转轴的转动惯量；T_0 为其摆动周期；待测物体的转动惯量为 I_1',它与载物圆盘一起转动的转动周期为 T_1,其单独绕转轴转动的转动周期为 $\sqrt{T_1^2 - T_0^2}$,因此

$$K = 4\pi^2\frac{I_1'}{T_1^2 - T_0^2}$$

对于实验中所用的质量为 m_1、直径为 D_1 的匀质圆柱体,其转动惯量为 $I_1' = \frac{1}{8}m_1 D_1^2$,由此可以求出弹簧的扭转系数 K.若要测定其他形状物体的转动惯量,只要测其摆动周期 T,利用已知的 K 值,由式(4-9-3)得

$$I = \frac{K}{4\pi^2}T^2$$

根据刚体力学理论,若质量为 m 的物体绕通过质心轴的转动惯量为 I_0,则其绕距其质心轴平移距离为 x 的轴旋转时,转动惯量为

$$I = I_0 + mx^2 \tag{4-9-4}$$

该定理称为转动惯量的平行轴定理.

【实验内容】

1.熟悉扭摆的结构及计时仪的使用方法,调整扭摆基座底部螺钉,使水准泡中的气泡居中.

2.用天平测量所有待测物体的质量.

3.用游标卡尺及钢直尺分别测量各待测物体的几何尺寸.

4.装上金属载物盘,测量其 10 次摆动所用时间 3 次.

5.将塑料圆柱、金属圆筒分别同轴地垂直放于载物盘上,测量其 10 次摆动所用时间 8 次.

6.取下载物盘,分别装上实心球及金属细杆,测量其 10 次摆动所用时间 3 次.

7.将两滑块对称地放置在细杆两边的凹槽内,质心离转轴的距离分别为 5.00cm、10.00cm、15.00cm、20.00cm、25.00cm,分别测量细杆 5 次摆动所用时间,验证平行轴定理.

【数据记录及处理】

1.弹簧扭转系数及物体转动惯量的测定(表 4-9-1)

$$K = 4\pi^2\frac{I_1'}{T_1^2 - T_0^2} = \underline{\quad\quad\quad} \text{N} \cdot \text{m}$$

表 4-9-1

物体名称	质量/kg	几何尺寸/cm	周期 T/s	转动惯量理论值 /($\times 10^{-4}$kg·m²)	实验值/ ($\times 10^{-4}$kg·m²)	百分误差
金属载物盘			$10\,T_0$	$I_0 = \dfrac{T_0^2 I_1'}{T_1^2 - T_0^2}$		
			$\overline{T_0}$			
塑料圆柱		D_1	$10\,T_1$	$I_1' = \dfrac{1}{8} m_1 \overline{D_1}^2$		
		$\overline{D_1}$	$\overline{T_1}$			
金属圆筒		$D_内$		$I_2' = \dfrac{1}{8} m_2$ $(\overline{D_内}^2 + \overline{D_外}^2)$		
		$\overline{D_内}$	$10\,T_2$			
		$D_外$				
		$\overline{D_外}$	$\overline{T_2}$			
实心球		D_3	$10\,T_3$	$I_3' = \dfrac{1}{10} m_3 \overline{D_3}^2$		
		$\overline{D_3}$	$\overline{T_3}$			
金属细杆		ℓ	$10\,T_4$	$I_4' = \dfrac{1}{12} m_4 \overline{\ell}^2$		
		$\overline{\ell}$	$\overline{T_4}$			

2. 验证转动惯量的平行轴定理（表 4-9-2）

表 4-9-2

x/cm	5.00	10.00	15.00	20.00	25.00
摆动 5 个周期的时间/s					
摆动周期 T/s					
实验值/($\times 10^{-4}$kg·m²) $I = \dfrac{K}{4\pi^2} \overline{T}^2$					
理论值/($\times 10^{-4}$kg·m²) $I' = I_4' + 2mx^2 + I_5'$					
百分误差					

其中：

细杆夹具转动惯量 $I = 0.230 \times 10^{-4}$kg·m² ；

球支座转动惯量 $I = 0.178 \times 10^{-4}$kg·m² ；

两个滑块绕通过质心轴的转动惯量 $I_5' = 2 \times 0.406 \times 10^{-4}$kg·m² $= 0.812 \times 10^{-4}$kg·m² ；

单个滑块质量 $m=239.7g$.

【注意事项】

1. 弹簧的扭转系数 K 不是固定常数,与摆动的角度有关,但在 $40°\sim90°$ 基本相同.因此为了降低实验时由于摆角变化带来过大的系统误差,在测量时摆角应取 $40°\sim90°$,且各次测量时的摆角应基本相同.

2. 光电探头应放置在挡光杆的平衡位置处,且不能相互接触,以免增加摩擦力矩.

3. 在实验过程中,基座应保持水平状态.

4. 载物盘必须插入转轴,并将止动螺钉旋紧,使它与弹簧组成固定的体系.如果发现摆动数次之后摆角明显减小或停下,应将止动螺钉旋紧.

【分析思考】

1. 在测定摆动周期时,光电探头应放置在挡光杆平衡位置处,为什么?

2. 在实验中,为什么称衡球和细杆的质量时,必须将安装夹具取下?为什么它们的转动惯量在计算时可以不考虑?

3. 在验证转动惯量平行轴定理时,若两个滑块不对称放置,应采用什么方法验证此定理?

4. 数字式计时仪的仪器误差为 $0.01s$,实验中为什么要测量 $10T$ 的时间?

5. 如何估算转动惯量的测量误差或不确定度?

【探索创新】

1920 年马若兰(Majorana)提出引力吸收假说,根据这种假说进行计算,当日、月、地球三星共线时,由于中间星体的引力屏蔽作用,引力将发生可观测的变化.为了验证这一假说,几十年来人们用多种仪器装置在日、月食期间做了大量观测工作.结果是,对重力变化敏感的重力仪并没有出现明显变化,而对重力变化并不敏感的倾斜仪、锥摆和扭摆等却出现明显反应,且这些反应皆属于异常反应,并不能被引力吸收假说和经典引力理论圆满解释.面对这些难以解释的观测结果,显然需进行更深入的重复性观测研究,获取更多的信息,才能得出可靠的结论.

结合本实验所用测量仪器,提出改进实验装置的设想,以提高扭摆周期测量精确度.

【拓展迁移】

[1]罗俊,范淑华.平板电容作用力的扭摆测量方法.物理实验,1994,14(6):230

[2]孙文光,刘柏春.用霍尔传感器测量扭摆周期.大学物理实验,2001,14(4):6,7

[3]金星,洪延姬,陈景鹏,等.激光单脉冲冲量的扭摆测量方法.强激光与粒子束,2006,18(11):1809-1812

[4]黄德东,吴斌,刘建平.扭摆法测量导弹转动惯量的误差分析.弹箭与制导学报.2009,29(5):76-78

实验 10　物体比热容的测定

【发展过程与前沿应用概述】

热容、比热容的概念是历史形成的.热质说的主要倡导者英国物理学家布莱克(Black,

Joseph,1728—1799)首先发现了比热.热质说认为,热是一种看不见的没有质量的特殊物质——热质.物体的冷热程度决定于它所含热质的多少,含的热质多即温度高.热传导是由于热质的流动,吸热是吸收热质,放热是放出热质.比热是与水比较热质的容纳量,因此取名为"比热容".虽然焦耳(James Prescott Joule,1818-1889)的热功当量实验否定了热质说,但由于历史的原因,比热就像热量等概念一样仍沿用下来,只是它们已不再具有热质说的含义,而是赋予这些概念以新的正确的意义.

比热容是物质重要的热力学参数之一,其定义为使单位质量物体温度升高(或降低)1°所吸收(或释放)的热量.物体比热容的测定属于量热学范围,由于量热学实验的误差通常较大,要做好这类实验,必须仔细分析实验产生误差的各种原因,并采取相应措施设法减小误差.

【实验目的及要求】

1. 熟悉热学实验的基本知识,掌握用混合法测定金属比热容的方法.
2. 学习散热修正的实验方法.

【实验仪器选择或设计】

量热器、水银温度计、物理天平、待测金属粒、停表、量筒、水杯及电加热器等.

【实验原理】

几个温度不同的物体相接触或混合在一起时,要进行热交换,其中高温物体放出热量,温度降低,低温物体吸收热量,温度升高.如果交换仅在这几个物体之间进行(即与外界绝热,不交换热量),则各物体最终将具有相同的末温,达到热平衡.根据能量守恒定律,高温物体放出的热量就应等于低温物体吸收的热量,即

$$Q_{放} = Q_{吸}$$

本实验测量比热容采用的混合量热法,就是这一原理的应用.此方法主要用水量热器(也称水卡计)来完成实验.为了不使水与外界发生热交换,量热器又特地进行了热绝缘处理.

实验时,量热器内先盛以质量为 m_1、温度为 t_1 的冷水,之后,把加热到温度为 t_2、质量为 m_2 的待测金属块投入量热器中,经过热交换后,水量热器与金属块达到共同的末温 t.于是可按如下公式

$$c = \frac{(m_1 + W) \cdot c_1 \cdot (t - t_1)}{m_2(t_2 - t)} \tag{4-10-1}$$

求出金属块的比热容 c.式中,$c_1 = 4.2 \text{J}/(\text{g} \cdot ℃)$,为水的比热容;$W$ 为量热器的水当量.

量热器水当量是这样定义的:如果量热器温度升高1℃时所吸收的热量与质量为 W 的水温度升高1℃时所吸收的热量相等,则称 W 为量热器的水当量.如已知量热器的质量为 m,其材料的比热容为 c',则按定义有

$$W = \frac{mc'}{c_1} \tag{4-10-2}$$

实验时 W 用混合量热法来测定.设 m_1、t_1 为量热器内所盛冷水的质量和温度,m_2、t_2 为加入量热器的热水的质量和温度,t 为热水与冷水混合后末温,则可按以下公式

$$W = \frac{m_2(t_2 - t)}{t - t_1} - m_1 \tag{4-10-3}$$

求出量热器的水当量.

本实验所用量热器构造如图 4-10-1 所示,A 为一铜质圆筒,待测金属与水的混合即在此圆筒内进行.S 为搅拌器,上下移动可使圆筒内各处的温度迅速均匀,为了尽可能减少与外界交换热量,使实验在近似绝热的条件下进行,圆筒 A 又置于一个有夹层壁(即水套)的大圆筒 A' 中的十字木架 F 上,A' 上方有一绝热盖,盖中橡皮塞插一个温度计 T,可测量热器中水的温度.

尽管量热器特地进行了热绝缘处理,但并未达到完全绝热,因而高于室温的混合水,在温度达到平衡以前总要散失一部分热量,因此需要进行散热修正.一种常用的修正方法是,根据牛顿冷却规律进行粗略地修正的方法——散热补偿法.其基本思想是设法使系统在实验过程中能从外界吸热以补偿散热损失.在系统温度与环境(实验室)温度 θ 之差相当小时,由牛顿冷却规律可知系统的散热速率与温度差成正比,所以在实验过程中系统吸热和散热的多少也主要决定于温度差的大小.一般情况下,选择系统的初温 t_1 和末温 t 与室温 θ 之差近似相等,即 $\theta-t_1=t-\theta$,这样即可粗略地使散热得以补偿.为使系统的初温 t_1 低于室温 θ,实验时量热器需装已经预冷到室温以下的冷水,并注意恰当地选择各实验参量,如水的温度、质量等,以使系统的末温 t 能够满足 $t-\theta=\theta-t_1$ 的条件.

另外一种修正散热损失的方法是所谓的外推法,在处理数据时把系统的热交换外推到进行得无限快的情况(即系统没有吸热、放热的情况),此种方法也称推求系统温度的外推法.

图 4-10-2 是测定量热器水当量时系统温度随时间变化的情况,AB、CD 是相隔一定时间 (0.5min)读出的系统温度变化图线,如过某点 G 作垂直于时间轴的直线,分别交 AB、CD 的延长线于 E、F,并使其与实测曲线 BC 所围面积 BEG 和面积 CFG 相等,此时,E、F 两点的温度就是热交换进行得很快时系统的初温 t_1 和末温 t.

本实验用混合量热法测定金属比热容,应用散热补偿法进行散热修正.

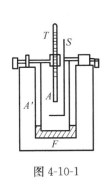

图 4-10-1

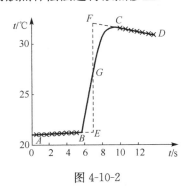

图 4-10-2

【实验内容】

实验加热装置如图 4-10-3 所示.待测金属块放在蒸汽室 C 内,其下口塞有橡皮塞,上口用插有温度计的橡皮塞塞住.蒸汽锅 B 在炉子 F 上加热产生的蒸汽通过橡皮管进入汽室,即可加热用细线悬吊着的金属块 E,在蒸汽的出口置一杯子 D 以盛冷凝水.

1. 测定量热器的水当量 W

(1)称量量热器(含搅拌器)的质量 m,及倒入量热器内(约有 $\dfrac{1}{3}$)的预冷到室温以下的冷水质量 m_1.

（2）测量冷水的温度 t_1，每隔 0.5mm 读一次，共测 5min. 同时测量热水温度 t_2，在读完最后一个 t_1 的数值后，将热水迅速倒入量热器内，搅拌并继续每隔 0.5min 测量一次混合水的温度 t，共测 5min.

（3）称量倒入量热器内热水的质量 m_2，并按式（4-10-3）计算量热器的水当量 W，与按式（4-10-2）计算 W 值作以比较.

2. 测定金属块的比热容 c

（1）测定待测金属块的质量 m_2，并将其放入蒸汽室内，通入蒸汽加热，当上方所插温度计温度不再上升时，记下金属块的温度值 t_2.

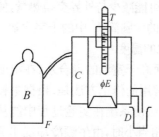

图 4-10-3　加热装置

（2）将预冷到室温以下的冷水倒入量热器，并称量其质量 m_1，测定其温度 t_1 之后，迅速将加热的金属块放入量热器内，不停搅拌并观测混合水的温度，直到不再上升时记下此温度值 t，按式（4-10-1）求金属的比热容 c.

【注意事项提示】

1. 实验时要仔细读准温度计的数值.

2. 金属块放入量热器的动作要迅速，但不能将水溅出.

3. 精细温度计较长，易打碎，使用时要特别注意.

【思考讨论】

1. 混合量热法的原理是什么？它的基本实验条件是什么？如何保证？

2. 如果金属块放入量热器的动作缓慢，对实验有何影响？

3. 试分析你在实验中对各参量（如温度、水的质量等）的选取是否恰当？

4. 用本实验的设备能否测液体的比热容？如能，试叙述实验的主要方法步骤.

【探索创新】

动态法测定固体比热容：在热学实验中，测定固体比热容通常用混合法或动态法. 动态法测量原理是，测量样品在受到功率为 W 的热源加热时，其温度 T 与加热时间 t 之间呈负指数函数关系. 由所得的 $T \sim t$ 关系可进一步计算该固体样品比热容的表达式，由实验绘出的动态 $E \sim t$ 曲线求得固体比热容.

试设计出使用这种动态法测定固体比热容的实验方案.

【拓展迁移】

［1］王喜中，陈玉新. 膨胀法测气体比热容比的改进. 河南师范大学学报，1993，21（2）：96-98

［2］杜厚雪，刘林禧. 比热容演示实验装置的改进. 教学仪器与实验，1998，14（5）：8

［3］汤文辉. 液态金属的定容比热随温度变化的理论研究. 高压物理学报，1997，11（1）：32-38

［4］王铁行，刘自成，卢靖. 黄土导热系数和比热容的实验研究. 岩土力学，2007，28（4）：655-658

[5]孙毅,孙广宇,谭志诚,等.原油 10～70℃比热容的测定.石油化工,1997,26(3):187-189

实验 11 用落球法测定液体的黏滞系数

【发展过程与前沿应用概述】

在我们的周围,存在着各种各样的摩擦现象.我们能走路、坐定和工作,这都离不开摩擦.摩擦是普遍存在的.潺潺的流水里,甚至连能自由流动的空气里也存在着摩擦.人们把流体的内摩擦也称为黏滞性.

流体在受到外部剪切力作用时发生变形(流动).内部相应要产生对变形的抵抗,并以内摩擦的形式表现出来.所有流体在有相对运动时都要产生内摩擦力,这是流体的一种固有物理属性,称为流体的黏滞性或黏性.黏性是流体的内摩擦属性,是流体反抗形变(流动是形变的形式之一)的特性.黏度是黏滞的程度,是内摩擦力或流动阻力的度量.

运动液体中的摩擦力是液体分子间的动量交换和内聚力作用的结果.液体温度升高时黏性减小,这是因为液体分子间的内聚力随温度升高而减小,而动量交换对液体的黏性作用不大.气体的黏性主要是由于分子间的动量交换引起的,温度升高,动量交换加剧,因此气体的黏性随温度升高而增大.

有关液体中物体运动的问题,19 世纪物理学家斯托克斯建立了著名的流体力学方程组,其较为系统地反映了流体在运动过程中质量、动量、能量之间的关系:一个在液体中运动的物体所受力的大小与物体的几何形状、速度以及液体的内摩擦力有关.当液体内各部分之间有相对运动时,接触面之间存在着内摩擦力,阻碍液体的相对运动,这种性质称为液体的黏滞性,液体的内摩擦力称为黏滞力.黏滞力的大小与接触面面积以及接触面处的速度梯度成正比,比例系数称为黏度或黏滞系数.

液体黏滞性的测量是非常重要的.例如,现代医学发现,许多心血管疾病都与血液黏度的变化有关,血液黏度的增大会使流入人体器官和组织的血流量减少,血液流速减缓,使人体处于供血和供氧不足的状态,可能引发多种脑血管疾病和其他许多身体不适症状,因此,测量血黏度的大小是检查人体血液健康的重要标志之一.所以,对液体黏滞系数的研究和测量与人们生活、工农业生产及科学研究密切相关,特别是在流体力学、化学化工、医学、水利工程、材料科学、机械工业、国防建设、航天科技等领域有着重要意义和广泛的应用.测量液体黏滞系数的方法有多种,如落球法、转筒法、毛细管法等,其中落球法是最基本的一种,它可用于测量黏度较大的透明或半透明液体,如蓖麻油、变压器油、甘油等.本实验采用多管落球法测定蓖麻油的黏滞系数.

【实验原理】

1.当金属小球在黏性液体中下落时,它受到三个铅直方向的力:小球的重力 mg(m 为小球质量)、液体作用于小球的浮力 $\rho \cdot g \cdot V$(V 是小球体积,ρ 是液体密度)和黏滞阻力 F(其方向与小球运动方向相反).如果液体无限深广,在小球下落速度 v 较小情况下有

$$F = 6\pi \cdot \eta \cdot r \cdot v \tag{4-11-1}$$

上式称为斯托克斯公式. 其中,r 为小球的半径;η 为液体的黏度,其单位是 Pa·s.

　　小球开始下落时,由于速度尚小,所以阻力也不大;但随着下落速度的增大,阻力也随之增大. 最后,三个力达到平衡,即

$$mg = \rho \cdot g \cdot V + 6\pi \cdot \eta \cdot r \cdot v$$

于是,小球做匀速直线运动,由上式可得

$$\eta = \frac{(m - V \cdot \rho) \cdot g}{6\pi \cdot r \cdot v}$$

令小球的直径为 d,并用 $m = \frac{\pi}{6}d^3 \cdot \rho'$,$v = \frac{L}{t}$,$r = \frac{d}{2}$ 代入上式得

$$\eta = \frac{(\rho' - \rho) \cdot g \cdot d^2 \cdot t}{18L} \qquad (4\text{-}11\text{-}2)$$

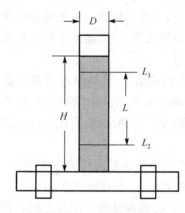

图 4-11-1　实验装置示意图

式中,ρ' 为小球材料的密度;L 为小球匀速下落的距离;t 为小球下落 L 距离所用的时间.

　　2.实验时,待测液体必须盛于容器中(图 4-11-1),故不能满足无限深广的条件.

　　实验证明,若小球沿筒的中心轴线下降,式(4-11-2)须做如下改动方能符合实际情况

$$\eta = \frac{(\rho' - \rho) \cdot g \cdot d^2 \cdot t}{18L \cdot \left(1 + 2.4\dfrac{d}{D}\right)\left(1 + 1.6\dfrac{d}{H}\right)} \qquad (4\text{-}11\text{-}3)$$

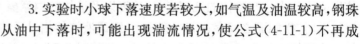

其中,D 为容器内径;H 为液柱高度.

　　3.实验时小球下落速度若较大,如气温及油温较高,钢珠从油中下落时,可能出现湍流情况,使公式(4-11-1)不再成立,此时要作另一个修正(详见附录 1).

【实验装置】

FB328A 型落球法液体黏滞系数测定仪(图 4-11-2)、小钢球、蓖麻油、(千分尺、游标卡尺、电子天平——自备)、激光光电计时仪、温度计等(若实验室给出钢球材料密度,可不必用电子天平).

【实验内容】

1.调整黏滞系数测定仪及实验准备:

　　(1)调整底盘水平,在仪器横梁中间部位放重锤部件,调节底盘旋钮,使重锤对准底盘的中心圆点.

　　(2)将实验架上的上、下两个激光器接通电源,可看见其发出红色激光束. 调节上、下两个激光器,使其红色激光束平行地对准铅锤线.

　　(3)收回重锤部件,将盛有被测液体的量筒放置到实验架底盘中央,在实验中保持位置不变.

　　(4)在实验架上放上钢球导管. 小球用乙醚、酒精混合液清洗干净,并用滤纸吸干残液备用.

　　(5)将小球放入铜质球导管,看其下落过程中能否阻挡光线,若不能,则适当调整激光器位置.

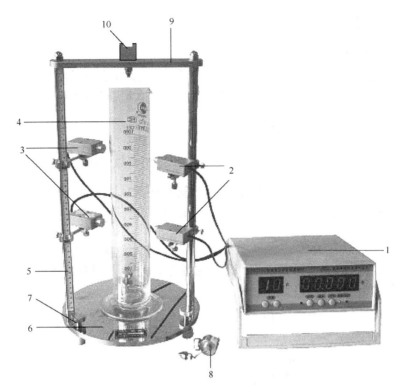

图 4-11-2 FB328A 型落球法液体黏滞系数测定仪实物照片
1.计时、计数毫秒仪;2.激光发射探头及固定装置;3.激光接收探头及固定装置;4.落球法
测量圆筒;5.测量装置立杆(带刻度尺);6.测量装置底座;7.测量装置水平调节螺钉;
8.铅垂线;9.测量装置横梁;10.小钢球导向器

2. 由于仪器在开机时,自动设定在"周期"测量状态,本实验需要转换到"计时"状态,按一下仪器面板上的功能按钮,"计时"指示灯点亮,同时面板左窗口的周期显示数码管熄灭,仪器进入"计时"状态. 开始时,"测量量程"默认设定在 99.999s,如果测量时间不超过 9.9s,可按动仪器后盖板上的按钮开关,把量程切换到 9.9999s,从而使时间的分辨率提高到 0.1ms.

3. 测量前用温度计测量出油的温度,在全部小球下落完后再测量一次油温,取平均值作为实际油温.

4. 用电子分析天平测量 20~30 颗小钢球的质量 m,用比重瓶法测其体积,计算小钢球的密度 ρ'. 用液体密度计测量蓖麻油的密度 ρ. 用游标卡尺测量筒的内径 D.

5. 用激光光电门(关于光电门,请参阅产品说明书)与电子计时仪器测量下落小球的匀速运动速度(收尾速度)(注意:激光束必须通过玻璃圆筒中心轴).

(1)从立柱刻度尺上读取上、下两个激光束的位置,计算它们之间的距离 H.

(2)用千分尺测量小球直径,将小球放入导管,当小球落下,阻挡上面的红色激光束时,光线受阻,此时计时仪器开始计时,到小球下落到阻挡下面的红色激光束时,计时停止,读出下落时间,重复测量 6 次以上. 最后计算蓖麻油的黏度.

6. 将测量结果与公认值进行比较.

说明:由于液体黏滞系数与温度关系密切,所以温度必须测准,否则测量结果与公认值查出结果会有一定差别.

【观察与思考】

1. 如何判断小球在做匀速运动？

2. 如果遇到待测液体的 η 值较小，而钢珠直径较大，这时为何用式(4-11-5)计算？

3. 用激光光电开关测量小球下落时间的方法测量液体黏滞系数有何优点？

【附录1】

为了判断是否出现湍流，可利用流体力学中一个重要参数雷诺数 $Re = \dfrac{\rho \cdot d \cdot v}{\eta}$ 来判断.

当 Re 不很小时，应对式(4-11-1)进行修正，但在实际应用落球法时，小球的运动不会处于高雷诺数状态，一般 Re 值小于 10，故黏滞阻力 F 可近似用下式表示

$$F = 6\pi \cdot \eta' \cdot v \cdot r \cdot \left(1 + \frac{3}{16}Re - \frac{19}{1080}Re^2\right) \tag{4-11-4}$$

式中，η' 表示考虑到此种修正后的黏度. 因此，在各力平衡时，并顾及液体边界影响，可得

$$\eta' = \frac{(\rho' - \rho) \cdot g \cdot d^2 \cdot t}{18l} \times \frac{1}{\left(1 + 2.4\dfrac{d}{D}\right)\left(1 + 3.3\dfrac{d}{2H}\right)} \times \frac{1}{1 + \dfrac{3}{16}Re - \dfrac{19}{1080}Re^2}$$

$$= \eta \cdot \left(1 + \frac{3Re}{16} + \frac{19Re^2}{1080}\right)^{-1}$$

式中，η 为式(4-11-3)求得的值. 上式又可写为

$$\eta' = \eta\left[1 + \frac{A}{\eta} - \frac{1}{2}\left(\frac{A}{\eta}\right)^2\right]^{-1} \tag{4-11-5}$$

式中，$A = \dfrac{3}{16}\rho \cdot d \cdot v$. 式(4-11-5)的实际算法如下：先将式(4-11-3)算出的 η 值作为方括弧中第二、三项的 η' 代入，于是求出答案为 η_1；再将 η_1 代入上述第二、三项中，求得 η_2；……因为这两项为修正项，所以用这种方法逐步逼近可得到最后结果 η'（如果使用具有储存代数公式功能的计算器，可很快得到答案）. 一般在测得数据后，可先算出 A 和 η，然后根据 $\dfrac{A}{\eta}$ 的大小来分析. 如 $\dfrac{A}{\eta} < 0.5\%$（即 Re 很小），就不再求 η'；如 $\dfrac{A}{\eta} = 0.5\% \sim 10\%$，可以只作一级修正，即不考虑 $\dfrac{1}{2}\left(\dfrac{A}{\eta}\right)^2$ 项；如果 $\dfrac{A}{\eta} > 10\%$，则应完整地计算式(4-11-5).

【附录2】

不同温度条件时蓖麻油的黏度如表 4-11-1 所示.

表 4-11-1　不同温度条件时蓖麻油的黏度

温度 $t/℃$	0	10.00	15.00	20.00	25.00	30.00	35.00	40.00
$\eta/(\text{Pa} \cdot \text{s})$	5.300	2.418	1.514	0.950	0.621	0.451	0.312	0.231

注：实际使用表 4-11-1 时，各实验中心可以把表中的数据作图，画出光滑曲线 η-t 图，可供学生实验时查阅。蓖麻油黏度与温度关系曲线如图 4-11-3 所示。

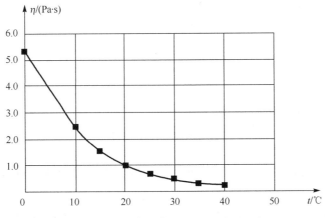

图 4-11-3 蓖麻油的黏度与温度的关系曲线

【附录3】

FB328A 落球法液体黏滞系数测定仪使用说明

（用多功能激光光电传感器计时）

1. 概述

液体黏滞系数又称液体黏度，是液体的重要性质之一，在工程技术、医学领域等方面都有重要的应用. 落球法测量液体黏滞系数，物理现象明显，概念清晰，实验操作和训练内容较多，是非常适合大学一、二年级实验教学的实验内容. 但以往由于受手工按秒表、视差及小球下落偏离中心等因素影响，测量下落速度准确度不高. 由杭州精科仪器有限公司研制的 FB328A 型落球法液体黏滞系数测定仪具有以下优点：

（1）用激光光电传感器结合单片机计时，克服秒表计时的视差和反应误差，测量小球下落速度的准确度高，使学生掌握一种新型计时、测速、计数的方法.

（2）设计底盘水平和立杆垂直调节装置及横梁中心小球下落漏斗形引导管，保证小球能够从待测液体量筒中心下落.

（3）两个严格平行的激光束，不仅可以精确测量下落时间，而且可以精确测量下落距离（当采用手工秒表计时，激光照明测距，可消除视差，利于两种计时方法的比较和误差分析）. 仪器增加了激光光电计时器的原理及使用方法，扩大了知识面，提高了测量精确度，体现了实验教学的现代化. 本仪器可用于高等院校的基础物理实验、设计研究性实验和演示实验.

（4）小钢球用电磁铁吸住，释放时可确保小球从中心轴线下落，能准确启、停光电门.

2. 技术指标

（1）激光光电发射、接收器件在立柱上沿柱移动的距离（量程）：约 40cm，刻度 1mm；

（2）激光光电计时器量程可切换：99.999s，分辨率 1ms；9.9999s，分辨率 0.1ms；

（3）周期预置范围：1～99 个；二位数码管显示；

（4）盛待测液体容器规格：1000mL，高度 40cm；

（5）直径为 2mm 小钢珠在液体中下落测量速度的误差：小于 1%；

（6）液体黏滞系数测量误差：小于 3%；

（7）计时器工作电源：AC（220±20）V.

3. 仪器装置

（1）仪器整机结构如图 4-11-2 所示.

（2）仪器优点：

① 抗干扰能力强；

② 光源发射与接收可远距离测量；

③ 对半透明物质（透光性能较差的介质）也可以进行测量.

4. 使用方法

（1）调整底盘水平、立柱铅直. 在实验架的铝质横梁中心部位放置重锤部件，放线，使重锤尖端靠近底盘，并留一小间隙. 调节底盘旋钮，使重锤对准底盘中心圆点.

（2）激光发射器 3.5mm 双通道插头端连接线套有红色标记，请注意不要接错. 接通实验架上的两个激光发射器的电源，可看见它们发出红光，调节激光发射器的位置，使红色激光束平行地对准垂线.

（3）收回重锤部件，将盛有被测液体的量筒放置到实验架底盘中央，使量筒底部外围与底座面上环行刻线对准，并在实验中保持位置不变.

（4）调整激光接收器（光电三极管）接收孔的位置，使其对准激光束.

（5）用厚纸挡光，试验激光光电门挡光效果，观察是否能正常启动和结束计时.

（6）将小球放入横梁上的导向器中，松手后观测小球下落途中是否能两次阻挡激光光线（即控制计时器启、停），若不能，可适当调整激光器或接收器的位置.

（7）测量上、下两平行激光束的间距，可以从固定激光器的立柱标尺上读出.

（8）FB213A 型数显计时计数毫秒仪的使用方法见附录 4.

5. 使用注意事项

（1）小钢珠直径可用读数显微镜测量，也可以用千分尺测量. 用千分尺测量时必须正确使用保护螺栓，防止压力太大将钢珠压扁，从而增大附加误差.

（2）测量液体温度时，须用精确度较高的温度计，若使用水银温度计，则必须定时校准.

（3）实验时，也可采用秒表与激光计时器同时计时，以增加实验内容，加强动手能力及误差分析的训练.

（4）避免激光束直接照射人的眼睛，以免造成眼睛损伤.

【附录 4】

FB213A 型数显计时计数毫秒仪使用说明

1. FB213A 计时仪内设单片机芯片，经适当编程，具有计时、计数、存储和查询功能，可用于单摆、气垫导轨、马达转速测量、生产线产品计数、产品厚度测量、车辆运动速度测量及体育比赛计时等诸多与计时相关的实验.

2. 该仪器通用性强，可以与多种传感器连接，用不同的传感器控制毫秒仪的启动和停止，从而适应不同实验条件下计时的需要.

3. 仪器有三种工作方式：周期 1 方式、周期 2 方式和计数方式，在三种方式下均有存储和查询功能. 在周期 1 和周期 2 方式下，按"执行"键，"执行"工作指示灯亮，当测量启动时灯光闪烁,表示毫秒仪在工作.在每个周期结束时,显示并存储该周期对应的时间值,在预设周期数执行完后,显示并存储总时间值,然后退出执行状态.

4.毫秒仪在计时状态下的量程可根据实验需要进行切换:99.999s,分辨率1ms;9.9999s,分辨率0.1ms,由仪器面板"量程"按钮进行转换."计时"指示灯亮,左窗口数码管熄灭,仪器进入"计时"功能状态.

5.周期1、周期2与计数功能由面板"功能"按钮转换,周期1测量的是摆动周期,周期2测量的是旋转周期,工作时周期指示灯亮,仪器面板左窗口二位数码管同时点亮,仪器进入"周期1"计时功能.在此功能下,可预置测量周期个数:根据实验需要周期设置范围为1～99个,周期数由左窗口显示.周期显示数随计数进程逐次递减,当显示数到达1以后接着就返回到设置数值,此时计数停止.

6.在周期2工作状态时,周期指示灯和计时指示灯都熄灭,测量方式同"周期1".

7.在周期1或周期2方式下完成实验后,逐次按"查询"键,则依次显示出各周期对应的时间值,最后周期显示出总时间值,在预设周期完后,则停止查询.在计时方式下,逐次按"查询"键,则依次显示出各周期对应的时间值,一共可存20次的值.

8.周期1、周期2共用存储空间,即存储的数据为最近一次在周期1或周期2得到的数据.

9.在周期1或周期2方式下查询时,按"量程"键显示各周期计时的平均值.

10.按"复位"键,除了预设周期值恢复原设置、时间显示清零之外,还有退出查询的功能.查询完后一定要按"复位"键退出查询.

11.周期方式或计数方式在执行中,均可按"复位"键退出执行.

12.断电后保留已执行的预设周期数,各周期对应的时间值、总时间值以及最后一次完成的工作状态(周期1或周期2或计时三种方式之一).开机后自动恢复预设周期数及上次关机时的工作状态.

13.计数方式时,光电门1和光电门2均可控制启动与停止,由先后顺序决定.

14.同时按"复位"和"功能"键5s以上,则存储的周期值与计时值全部清零,但仍然保留.

FB213A型数显计时计数毫秒仪的前后面板布局及功能说明见图4-11-4.

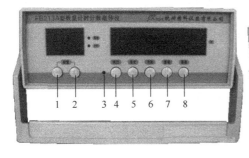
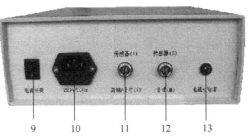

图4-11-4 FB213A型数显计时计数毫秒仪前后面板功能分布图

1.周期设置、显示"十位数";2.周期设置、显示"个位数";3.工作指示灯;4."执行"按钮;
5."复位"按钮;6."功能"转换按钮;7."量程"转换按钮;8."查询"按钮;9.电源开关;
10.电源插座带熔丝管座;11.传感器(1)插座;12.传感器(2)插座;13.电磁铁电源插座

实验 12　金属线胀系数的测量

【发展过程与前沿应用概述】

绝大多数物体都具有"热胀冷缩"的性质,这是由于常压下物体内部分子的热运动加剧或减弱造成分子间距增大或减小,从而使物体的宏观体积增大或减小. 因此,工程结构设计中,在机械仪表的制造中,在材料选择和加工(如焊接)中都必须考虑这个性质. 否则,将影响结构的稳定性和仪表的质量,甚至会造成严重的后果.

固体受热后在一维方向上的膨胀称为线膨胀,在相同条件下,不同材料的固体其线膨胀程度不同,这就需要引进线胀系数来描述不同材料的这种差异. 线胀系数是选用材料的一项重要指标,对于新材料的研制必定会对其线胀系数进行测定,特别是在现代建筑设计中必须考虑材料的线胀系数,否则就会因为材料的热应力而破坏建筑物.

【实验目的及要求】

1. 测定固体样品的线胀系数,了解线胀系数的概念并进行实际测量.
2. 掌握微小位移量的测量方法(千分尺法和光杠杆法).

【实验仪器选择或设计】

金属线膨胀系数测定仪及相关仪器用具(具体介绍见仪器说明书).

【实验原理】

为了定量地描述固体材料的热胀冷缩特性,在物理学中引入了线胀系数的概念.

线胀系数 α 定义为固体温度上升 $1℃$ 时,其线度伸长量与 $0℃$ 时的线度 L_0 之比,设固体温度升高到 $t℃$ 时的长度为 L,则线胀系数为

$$\alpha = \frac{L - L_0}{L_0 t} \quad (1/(°)) \tag{4-12-1}$$

根据上式测定线胀系数时,L_0 的测定不易实现. 下面推求初温不为 $0℃$ 时线胀系数的表示式.

若固体温度由 $t_1℃$ 升到 $t_2℃$,其长度分别为 L_1、L_2,则由上式可得

$$L_1 = L_0(1 + \alpha \cdot t_1) \tag{4-12-2}$$

$$L_2 = L_0(1 + \alpha \cdot t_2) \tag{4-12-3}$$

上式两边分别相除得

$$\frac{L_1}{L_2} = \frac{1 + \alpha \cdot t_1}{1 + \alpha \cdot t_2}$$

整理后得

$$\alpha = \frac{L_2 - L_1}{L_1 t_2 - L_2 t_1} = \frac{\Delta L}{L_1(t_2 - t_1)} \tag{4-12-4}$$

式中,$\Delta L = L_2 - L_1$ 为微小伸长量,测出了温度 t_1 和 t_2,长度 L_1 和 L_2,即可由上式求得线胀系数数值.

【实验内容】

1. 用数字千分表测量法测定实验样品黄铜(或铁、铝)管的线胀系数

(1)安装仪器设备(按测试仪器说明书操作),给加热器水箱注入 2/3 的软性水.

(2)设置仪器测量参数:

① Range:[25~80℃],测量温度区间为 25~80℃,指测量起始温度为 25℃,测量终止温度为 80℃;

② Step:[5℃],采样温度间隔为 5℃,指样品温度每变化 5℃,仪器采样一次;

③ Mode:[Rise],测量方式为样品升温时测量;

④ Heat Power:[75%],加热功率为全功率的 75%,即 700W×75%=525W.

(3)实验测量:

① 启动水泵开关,使水在系统中循环起来后→按加热键→按测量开始键;

② 观察记录温度与数字千分表对应的数据(即 t_i 及 L_i)直到仪器自动停止;

③ 浏览仪器自动采集的所有数据,并记录仪器自动计算的平均线胀系数.

(4)对水循环加热系统进行冷却(排出热水、加注冷水进行循环).

(5)数据记录与处理.

① 记录样品在不同温度下的线膨胀长度(见数字千分表)的数据,并填入表 4-12-1.

表 4-12-1

$L_1 = 50.00\text{cm},\quad \Delta t = 5℃,\quad \alpha_{标} = 1.67 \times 10^{-5}℃^{-1}\quad \alpha_{仪} = \underline{\qquad}$

物理量 ＼ 次数	1	2	3	4	5	6	7	8	9	10
$t/℃$										
L/mm										

② 用 t_i 与 L_i 数据作 $L\text{-}t$ 图线,求其直线斜率 K 值.

③ 根据公式(4-12-4)

$$\alpha = \Delta L / L_1 \Delta t$$

可得

$$\Delta L = \alpha L_1 \Delta t \tag{4-12-5}$$

则有

$$\alpha L_1 = K$$

故

$$\alpha = K / L_1 \tag{4-12-6}$$

④ 计算线胀系数 α 的不确定度.

2. 用光杠杆法测量金属棒的线胀系数

用光杠杆测量微小长度的变化. 实验时将待测金属棒直立在线胀系数测定仪的金属筒中,将光杠杆的后足尖置于金属棒的上端,二前足尖置于固定的台上.

设在温度 t_1 时,通过望远镜和光杠杆的平面镜,看见直尺上的刻度 a_1 刚好在望远镜中叉丝横

线(或交点)处,当温度升至 t_2 时,直尺上刻度 a_2 移至叉丝横线上,则根据光杠杆原理可得

$$\Delta L = \frac{(a_2 - a_1)d_1}{2d_2}$$

式中,d_2 为光杠杆镜面到直尺的距离;d_1 为光杠杆后足尖到二前足尖连线的垂直距离. 将上式代入式(4-12-4),则

$$\alpha = \frac{(a_2 - a_1)d_1}{2d_2 L_1(t_2 - t_1)} = \frac{d_1(\Delta a)}{2d_2 L_1(\Delta t)}$$

(1)用米尺测量金属棒长 l 之后,将其插入线胀系数测定仪的金属筒中,棒的下端要和基座紧密相接,上端露出筒外.

(2)安装温度计(插温度计时要小心,切勿碰撞,以防损坏).

(3)将光杠杆放在仪器平台上,其后足尖放在金属棒的顶端上,光杠杆的镜面在铅直方向. 在光杠杆前 $1.5\sim2.0$ m 处放置望远镜及直尺(尺在铅直方向),调节望远镜,看到平面镜中直尺的像(仔细聚焦以消除叉丝与直尺的像之间的视差).

读出叉丝横线(或交点)在直尺上的位置 a_1.

(4)记下初温 t_1 后,给线胀系数测定仪通电加热. 温度每增加 Δt,读出叉丝横线所对直尺的数值 a. 当升温到 $100℃$ 时开始降温,温度每降低 Δt 时,读出叉丝横线所对直尺的数值 a. 用逐差法求出 Δt 和 Δa 的平均值.

(5)停止加热,测出直尺到平面镜镜面间距离 d_2.

(6)取下光杠杆及温度计,将光杠杆在白纸上轻轻压出三个足尖痕,用游标卡尺测其后足尖到二前足尖连线的垂直距离 d_1.

(7)取出金属棒,用冷水冷却金属筒之后安装另一根金属棒,重复以上的测量.

(8)按上式求出二金属的线胀系数,并求出测量结果的标准不确定度.

【思考讨论】

1.调节光杠杆的程序是什么? 在调节中要特别注意哪些问题?

2.分析本实验中各物理量的测量结果,哪一个对实验误差影响较大?

3.根据实验室条件,还能设计一种测量 ΔL 的方案吗?

【探索创新】

本实验的关键技术就是对微小变化的精确测量,大家可设计用如下的方法进行测量:

(1)用牛顿环法(光的干涉原理)测量材料的线膨胀变化量.

(2)用千分尺法测量材料的线膨胀变化量.

(3)用毛细管法测量材料的线膨胀变化量.

(4)用光的衍射法测量材料的线膨胀变化量.

【拓展迁移】

[1] 史宏凯,史宏亮,等. 多光束干涉法精确测量金属线胀系数. 西南师范大学学报,2009,34(2):193-196

[2] 张皓辉,武旭东,等. 单缝衍射法测量金属线胀系数. 云南师范大学学报,2009,29(1):53-57

[3] 范利平. 采用千分表测定金属线胀系数. 大学物理,2005,24(2):61,62

[4] 陈向炜,李彦敏. 用迈克耳孙干涉仪测量金属线胀系数. 大学物理实验,1996,9(1):17,18

[5] 俞世钢,许富洋. 基于光纤传感技术的金属线胀系数非接触测量. 传感器技术,2005,25(2):66,67.

[6] 安奎生,郭静杰. 用组合测量方法测金属线胀系数. 物理实验,2008,28(10):33-35.

[7] 张永,袁广宇. 利用非平行矩形板电容器测量金属的线胀系数. 物理实验,2006,26(7):45-47.

实验 13 固体导热系数的测量

【发展过程与前沿应用概述】

导热系数是表征物质热传导性质的物理量. 材料结构的变化与所含杂质等因素都会对导热系数产生明显的影响,因此,材料的导热系数常需要通过实验来具体测定. 测量导热系数的方法比较多,但可以归并为两类基本方法:一类是稳态法,另一类为动态法. 用稳态法时,先用热源对测试样品进行加热,并在样品内部形成稳定的温度分布,然后进行测量. 而在动态法中,待测样品中的温度分布是随时间变化的,如按周期性变化等. 本实验采用稳态法进行测量.

【实验目的】

1. 用稳态法测定出不良导体的导热系数,并与理论值进行比较.

2. 用稳态法测定良导体铝合金棒的导热系数,分析用稳态法测定良导体的导热系数存在较大实验误差的原因.

【实验原理】

根据傅里叶导热方程式,在物体内部,取两个垂直于热传导方向、彼此间相距为 h、温度分别为 T_1、T_2 的平行平面(设 $T_1 > T_2$),若平面面积均为 S,在 Δt 时间内通过面积 S 的热量 ΔQ 满足下述表达式

$$\frac{\Delta Q}{\Delta t} = \lambda \cdot S \cdot \frac{T_1 - T_2}{h} \tag{4-13-1}$$

式中,$\frac{\Delta Q}{\Delta t}$ 为热流量;λ 为该物质的热导率(又称为导热系数). λ 在数值上等于相距单位长度的两平面的温度相差 1 个单位时,单位时间内通过单位面积的热量,其单位是 $W \cdot m^{-1} \cdot K^{-1}$.

图 4-13-1 为 TC-3 型导热系数测定仪中加热盘及待测样品等置放示意图.

图中:1—防护罩;2—加热部件总成;3—加热圆铜盘(A);4—待测样品(B);5—调节螺杆;6—散热圆铜盘(P);7—热电偶温度传感器(E).

按图 4-13-1 所示,在调节螺杆上先放上散热圆铜盘 P,在 P 的上面放上待测样品 B(圆盘

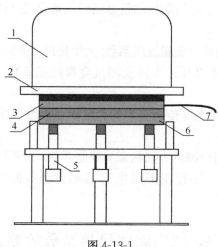

图 4-13-1

形的不良导体),再把带加热器的圆铜盘 A 放在 B 上,加热器通电后,热量从 A 盘传到 B 盘,再传到 P 盘,由于 A 和 P 盘都是良导体,其温度即可以代表 B 盘上、下表面的温度 T_1、T_2,T_1、T_2 分别由插入 A,P 盘边缘小孔热电偶 E 温度传感器来测量. 热电偶的冷端则浸在杜瓦瓶中的冰水混合物中,通过"传感器切换"开关 G,切换 A、P 盘中的热电偶与数字电压表的连接回路. 由式(4-13-1)可知,单位时间内通过待测样品 B 任一圆截面的热流量为

$$\frac{\Delta Q}{\Delta t} = \lambda \cdot \frac{T_1 - T_2}{h_B} \cdot \pi \cdot R_B^2 \qquad (4\text{-}13\text{-}2)$$

式中,R_B 为样品的半径;h_B 为样品的厚度. 当热传导达到稳定状态时,T_1 和 T_2 的值不变,于是通过 B 盘上表面的热流量与由圆铜盘 P 向周围环境散热的速率相等,因此,可通过圆铜盘 P 在稳定温度 T_2 时的散热速率求出热流量 $\frac{\Delta Q}{\Delta t}$. 实验中,在读得稳定时的 T_1 和 T_2 后,即可将待测样品 B 盘移去,而使圆铜盘 A 的底面与圆铜盘 P 直接接触. 当圆铜盘 P 的温度上升到高于稳定时的 T_2 值若干摄氏度后,再将圆铜盘 A 移开,让圆铜盘 P 自然冷却. 观察其温度 T 随时间 t 变化情况,然后由此求出圆铜盘 P 在 T_2 的冷却速率 $\frac{\Delta T}{\Delta t}\Big|_{T=T_2}$,而 $m \cdot C \cdot \frac{\Delta T}{\Delta t}\Big|_{T=T_2} = \frac{\Delta Q}{\Delta t}$ (m 为紫铜盘 P 的质量,C 为铜材的比热容),就是紫铜盘 P 在温度为 T_2 时的散热速率. 但要注意,这样求出的 $\frac{\Delta T}{\Delta t}$ 是紫铜盘的全部表面暴露于空气中的冷却速率,其散热表面积为 $2\pi \cdot R^2 + 2\pi \cdot R_P \cdot h_P$ (其中 R_P 与 h_P 分别为紫铜盘的半径与厚度). 然而,在观察测试样品的稳态传热时,P 盘的上表面(面积为 πR_P^2)是被样品覆盖着的. 考虑到物体的冷却速率与它的表面积成正比,则稳态时铜盘散热速率的表达式应作如下修正

$$\frac{\Delta Q}{\Delta t} = m \cdot C \cdot \frac{\Delta T}{\Delta t} \cdot \frac{\pi \cdot R_P^2 + 2\pi \cdot R_P \cdot h_P}{2\pi \cdot R_P^2 + 2\pi \cdot R_P \cdot h_P} \qquad (4\text{-}13\text{-}3)$$

将式(4-13-3)代入式(4-13-2),得

$$\lambda = m \cdot C \cdot \frac{\Delta T}{\Delta t} \cdot \frac{(R_P + 2h_P) \cdot h_B}{(2R_P + 2h_P)(T_1 - T_2)} \cdot \frac{1}{\pi \cdot R_B^2} \qquad (4\text{-}13\text{-}4)$$

【实验仪器】

实验采用 TC-3 型导热系数测定仪. 该仪器采用低于 36V 的隔离电压作为加热电源,安全可靠. 整个加热圆筒可上下升降和左右转动,发热圆盘和散热圆盘的侧面有一小孔,为放置热电偶之用. 散热盘 P 放在可以调节的三个螺旋头上,可使待测样品盘的上下两个表面与发热圆盘和散热圆盘紧密接触. 散热盘 P 下方有一个轴流式风扇,用来快速散热. 两个热电偶的冷端分别插在放有冰水的杜瓦瓶中的两根玻璃管中,热端分别插入加热圆盘和散热圆盘的侧面小孔内. 冷、热端插入时,涂少量的硅脂,热电偶的两个接线端分别插在仪器面板上的相应插座内. 利用面板上的开关可方便地直接测出两个温差电动势,温差电动势采用量程为 20mV 的数字式电压表测量,再根据附录的铜-康铜分度表转换成对应的温度值.

仪器设置了数字计时装置,计时范围 166min,分辨率 1s,供实验时计时用. 仪器还设置了 PID 自动温度控制装置,控制精度 ±1℃,分辨率 0.1℃,供实验时加热温度控制.

【实验内容】

在测量导热系数前应先对散热盘 P 和待测样品的直径、厚度进行测量.

(1)用游标卡尺测量待测样品直径和厚度,各测 5 次.

(2)用游标卡尺测量散热盘 P 的直径和厚度,测 5 次,按平均值计算 P 盘的质量. 也可直接用天平称出 P 盘的质量.

1. 不良导体导热系数的测量

(1)实验时,先将待测样品(如硅橡胶圆片)放在散热盘 P 上面,然后将加热盘 A 放在样品盘 B 上方,并用固定螺母固定在机架上,再调节三个调节螺杆,使样品盘的上下两个表面与发热盘和散热盘紧密接触.

(2)在杜瓦瓶中放入冰水混合物,将热电偶的冷端(黑色)插入杜瓦瓶中,将热电偶的热端(红色)分别插入加热盘 A 和散热盘 P 侧面的小孔中,并分别将其插入加热盘 A 和散热盘 P 的热电偶接线,连接到仪器面板的传感器 Ⅰ、Ⅱ 上. 分别用专用导线将仪器机箱后部分与加热组件圆铝板上的插座间加以连接.

(3)接通电源,在"温度控制"仪表上设置加温的上限温度(具体操作见附录 4). 将加热选择开关由"断"打向"1～3"任意一挡,此时指示灯亮,当打向"3"挡时,加温速度最快,如 PID 设置的上限温度为 100℃ 时;当传感器 Ⅰ 的温度读数 V_{T_1} 为 4.2mV 时,可将开关打向"2"或"1"挡,降低加热电压.

(4)大约加热 40min 后,传感器 Ⅰ、Ⅱ 的读数不再上升时,说明已达到稳态,每隔 5min 记录 V_{T_1} 和 V_{T_2} 的值.

(5)在实验中,如果需要掌握用直流电位差计和热电偶来测量温度的内容,可将"传感器切换"开关转至"外接",在"外接"两接线柱上接上 UJ36a 型直流电位差计的"未知"端,即可测量散热铜盘上热电偶在温度变化时所产生的电势差(具体操作方法见附录 3)

(6)测量散热盘在稳态值 T_2 附近的散热速率 $\dfrac{\Delta Q}{\Delta t}$. 移开铜盘 A,取下橡胶盘,并使铜盘 A 的底面与铜盘 P 直接接触,当 P 盘的温度上升到高于稳定态的 V_{T_2} 值若干度(0.2mV 左右)

后,再将铜盘 A 移开,让铜盘 P 自然冷却,每隔 $30\mathrm{s}$(或自定)记录此时的 T_2 值. 根据测量值计算出散热速率 $\dfrac{\Delta Q}{\Delta t}$.

2. 金属导热系数的测量

(1)按图 4-13-2 所示,将圆柱体铝合金棒置于加热圆盘与散热圆盘之间.

(2)当加热盘与散热盘达到稳定的温度分布后,T_1、T_2 值为金属样品上下两个面的温度,此时散热盘 P 的温度为 T_3 值. 因此测量 P 盘的冷却速率为

$$\left. \frac{\Delta Q}{\Delta t} \right|_{T_1 = T_3}$$

由此得到导热系数为

$$\lambda = m \cdot C \cdot \left. \frac{\Delta Q}{\Delta t} \right|_{T_1 = T_3} \cdot \frac{h}{T_1 - T_2} \cdot \frac{1}{\pi \cdot R^2}$$

测 T_3 值,可在 T_1、T_2 达到稳定时,将插在加热圆盘与散热圆盘中的热电偶取出,分别插入金属圆柱体上的上、下两孔中进行测量.

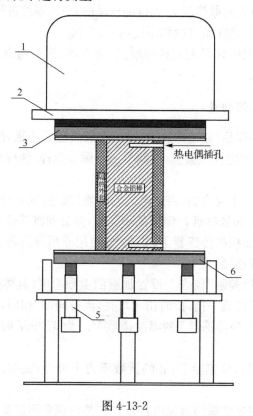

图 4-13-2

3. 空气的导热系数的测量

测量空气的导热系数时,通过调节三个螺旋头,使发热圆盘与散热圆盘平行,它们之间的距离为 h,并用塞尺进行测量(即塞尺的厚度,一般为几毫米),此距离即为待测空气层的厚度. 注意:由于存在空气对流,所以此距离不宜过大.

【注意事项】

1. 放置热电偶的加热和散热圆盘侧面的小孔应与杜瓦瓶同一侧,避免热电偶线相互交叉.

2. 实验中,抽出被测样品时,应先旋松加热圆筒侧面的固定螺钉.样品取出后,小心将加热圆筒降下,使发热盘与散热盘接触,注意防止高温烫伤.

【数据与结果】

1. 实验数据记录(铜的比热 $C = 0.09197\text{cal} \cdot \text{g}^{-1} \cdot ℃^{-1}$,密度 $\rho = 8.9\text{g/cm}^3$),如表 4-13-1～表 4-13-4 所示.

表 4-13-1

散热盘 P:质量 $m = \underline{\hspace{1cm}}$ g;　　半径 $R_P = \dfrac{1}{2}D_P = \underline{\hspace{1cm}}$ cm

测量次数	1	2	3	4	5
D_P /cm					
h_P /cm					

表 4-13-2

橡胶盘:半径 $R_B = \dfrac{1}{2}D_B = \underline{\hspace{1cm}}$ cm

测量次数	1	2	3	4	5
D_B /cm					
h_B /cm					

表 4-13-3

稳态时 T_1、T_2 的值(转换见附录 2 的分度表) $T_1 = \underline{\hspace{1cm}}$　　$T_2 = \underline{\hspace{1cm}}$

测量次数	1	2	3	4	5
V_{T1} /mV					
V_{T2} /mV					

表 4-13-4

散热速率:$\underline{\hspace{1cm}}$

时间/s	0	30	60	90	120	150	180	210
V_{T3} /mV								

2. 根据实验结果,计算出不良导热体的导热系数(导热系数单位换算:$1\text{cal} \cdot \text{cm}^{-1} \cdot \text{s}^{-1} \cdot ℃^{-1} = 418.68\text{W/(m} \cdot \text{K)}$),并求出相对误差.

【附录 1】　实验举例

例如,实验时室温 7.5℃,热电偶冷端温度 0℃. 待测样品:硬橡皮盘,直径 $D_B = 13.02\text{cm}$,厚 $h_B = 0.85\text{cm}$;紫铜盘质量 $m = 1053\text{g}$,厚 $h_P = 0.95\text{cm}$. 紫铜的比热:$C = 0.09197\text{cal} \cdot \text{g}^{-1} \cdot ℃^{-1}$.

加热置于高挡,20～25min 后,改为低挡,每隔 5min 读取温度示值,见表 4-13-5.

表 4-13-5

时间/min	0	5	10	15	20	25	30	35	40	45
V_{T1} /mV	3.45	3.43	3.42	3.42	3.42	3.42	3.42	3.43	3.42	3.42
V_{T2} /mV	2.41	2.42	2.43	2.44	2.44	2.44	2.45	2.45	2.45	2.45

由于热电偶冷端温度为 0℃,对一定材料的热电偶,如果温度变化范围不太大时,其温差电动势(mV)与待测温度(℃)的比值为一常数. 因此,稳定的温度相对应的电动势分别为 $T_1 = 3.42\text{mV}$ 及 $T_2 = 2.45\text{mV}$.

测量散热铜盘在稳态值 T_2 附近的散热速率时,每隔 30s 记录的温度示值,见表 4-13-6.

表 4-13-6

测量时间/s	0	30	60	90	120	150
V_{T3} /mV	2.57	2.53	2.49	2.45	2.41	2.37

计算硅橡胶的导热系数:

$$\lambda = m \cdot C \cdot \frac{\Delta T}{\Delta t} \cdot \frac{(R_P + 2h_P) \cdot h_B}{(2R_P + 2h_P) \cdot (T_1 - T_2)} \cdot \frac{1}{\pi \cdot R_B^2}$$

$$= 1053 \times 0.09197 \times \frac{(2.57 - 2.37) \times (6.51 + 0.95 \times 2) \times 0.85 \times 1}{30 \times 5 \times (13.02 + 0.95 \times 2) \times (3.42 - 2.45) \times 3.142 \times 6.51^2}$$

$$= 4.80 \times 10^{-4} \text{cal} \cdot \text{cm}^{-1} \cdot \text{s}^{-1} \cdot ℃^{-1} = 0.20 \text{W} \cdot \text{m}^{-1} \cdot \text{K}^{-1}$$

【附录 2】 铜-康铜热电偶分度表

表 4-13-7

	0	1	2	3	4	5	6	7	8	9
0	0	0.038	0.076	0.114	0.152	0.190	0.228	0.266	0.304	0.342
10	0.380	0.419	0.458	0.497	0.536	0.575	0.614	0.654	0.693	0.732
20	0.772	0.811	0.850	0.889	0.929	0.969	1.008	1.048	1.088	1.128
30	1.169	1.209	1.249	1.289	1.330	1.371	1.411	1.451	1.492	1.532
40	1.573	1.614	1.655	1.696	1.737	1.778	1.819	1.860	1.901	1.942
50	1.983	2.025	2.066	2.108	2.149	2.191	2.232	2.274	2.315	2.356
60	2.398	2.440	2.482	2.524	2.565	2.607	2.649	2.691	2.733	2.775
70	2.816	2.858	2.900	2.941	2.983	3.025	3.066	3.108	3.150	3.191
80	3.233	3.275	3.316	3.358	3.400	3.442	3.484	3.526	3.568	3.610
90	3.652	3.694	3.736	3.778	3.820	3.862	3.904	3.946	3.988	4.030
100	4.072	4.115	4.157	4.199	4.242	4.285	4.328	4.371	4.413	4.456
110	4.499	4.543	4.587	4.631	4.674	4.707	4.751	4.795	4.839	4.883
120	4.527									

【附录 3】 直流电势差计测热电偶温差电动势

一、热电偶的测温原理

热电偶亦称温差电偶,是由 A、B 两种不同材料的金属丝的端点彼此紧密接触而组成的. 当两个接点处于不同温度时(图 4-13-3),在回路中就有直流电动势产生,该电动势称温差电动势或热电动势. 当组成热电偶的材料一定时,温差电动势 E_X 仅与两接点处的温度有关,并且两接点的温差在一定的温度范围内有如下近似关系式:

$$E_X \approx \alpha \cdot (t - t_0)$$

式中,α 称为温差电系数. 对于不同金属组成的热电偶,α 是不同的,其数值等于两接点温度差为 1℃ 时所产生的电动势.

　　为了测量温差电动势,就需要在图 4-13-3 所示的回路中接入电势差计,但测量仪器的引入不能影响热电偶原来的性质,例如,不影响它在一定的温差 $t-t_0$ 下应有的电动势 E_X 值. 要做到这一点,实验时应保证一定的条件. 根据伏打定律,即在 A、B 两种金属之间插入第三种金属 C 时,若它与 A、B 两连接点处于同一温度 t_0(图 4-13-4),则该闭合回路的温差电动势与上述只有 A、B 两种金属组成回路时的数值完全相同. 所以,我们把 A、B 两根不同化学成分的金属丝的一端焊在一起,构成热电偶的热端(工作端). 将另两端各与铜引线(即第三种金属 C)焊接,构成两个同温度 (t_0) 的冷端(自由端). 铜引线与电位差计相连,这样就组成一个热电偶温度计,如图 4-13-5 所示. 通常将冷端置于冰水混合物中,保持 $t_0=0$℃,将热端置于待测温度处,即可测得相应的温差电动势,再根据事先校正好的曲线或数据来求出温度 t. 热电偶温度计的优点是热容量小,灵敏度高,反应迅速,测温范围广,还能直接把非电学量温度转换成电学量,因此在自动测温、自动控温等系统中得到广泛应用.

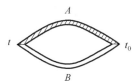

图 4-13-3　两种不同金属组成的热电偶

图 4-13-4　带补偿的热电偶示意图

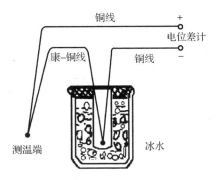

图 4-13-5　热电偶与冰瓶

二、测量步骤

　　1. 在 UJ36a 型直流电势差计机箱底部的电池盒中分别装入 1.5V 及 9V 电池.

　　2. 将 TC-3 型导热系数测定仪面板上的"外接"两接线柱与 UJ36a "未知端"之间用导线连接(注意极性).

　　3. UJ36a 的量程开关拨向"×0.2". 调节"调零"电位器,使检流计指零.

　　4. 将扳键开关推向"标准"位置,调节工作电流,调节"R_P"旋钮,使检流计指零(一般称"工作电流标准化").

　　5. 将扳键开关打向"未知",调节步进测量盘和滑线盘,使检流计指零,未知电动势为

$$E = (步进盘示值+滑线盘示值) \times 0.2$$

　　6. 在测量过程中,应经常使工作电流标准化,使测量精确.

【附录 4】 PID 智能温度控制器

该控制器是一种高性能、可靠的智能型调节仪表,广泛应用于机械化工、陶瓷、轻工、冶金、热处理等行业的温度、流量、压力、液位自动控制系统.控制器面板布置如图 4-13-6 所示.

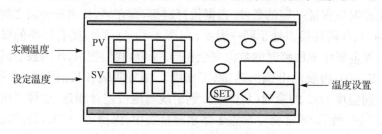

图 4-13-6 温度控制器面板布置图

具体的温度设置步骤如下:

(1)先按设定键(SET).

(2)按位移键(<),选择需要调整的位数,小数点移到位数后面,即是需要调整的位数.

(3)按加键(∧)或减键(∨)确定这一位数值,按此办法,直到各位数值都满足设定温度值.

(4)再按设定键(SET)1 次,设定工作完成.如需要改变温度设置,只要重复以上步骤就可.操作过程可按图 4-13-7 进行(图中数据为出厂时设定的参数).

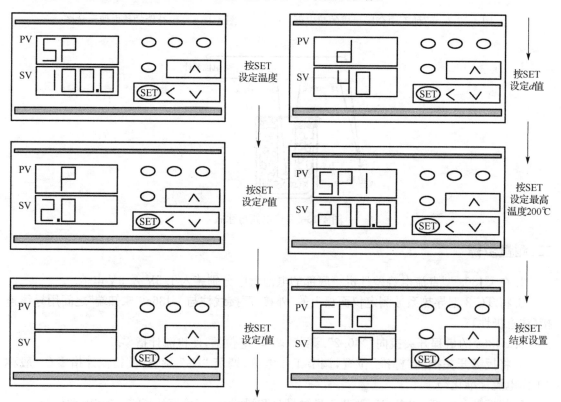

图 4-13-7 PID 温控器温度设定流程图

实验 14　模拟法测绘静电场

【发展过程与前沿应用概述】

自然现象千差万别,有的稍纵即逝;有的延续若干世纪;有的百年不遇;有的不时出现. 对这些现象的实时实地测量有时是很困难的,有时甚至是不可能的. 于是,人们在实验室中模仿实际情况,使现象重现、延缓或加速,并进行测量. 这种实验方法称为模拟法. 例如,利用风洞来研究飞行器在大气中飞行时的动力学特性,就是一种模拟法. 还有一种模拟,如果某个物理量的直接测量有困难,人们就转向另一个物理量,而这两个物理量具有相同的空间(或时间)分布. 这样,从比较容易测量的物理量间接得到难于直接测量的物理量的时空分布. 本实验就是用电流场来模拟静电场的.

【实验目的及要求】

1. 学习用电流场模拟静电场的方法.
2. 测绘几种静电场的等势线.
3. 学习应用最小二乘法处理实验数据.

【实验仪器选择或设计】

静电场描绘仪、游标卡尺、坐标纸.

【实验原理】

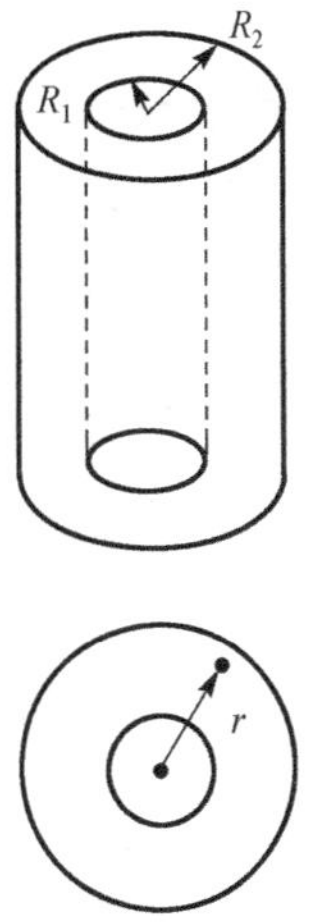

静电场的电场强度和电位是描述静电场的两个基本量,这两个量的直接测量是很困难的. 首先,难于保持场源电荷电量持久不变,这是因为电荷总要通过大气或支持物不断地泄漏. 其次,在测量时将探针引入静电场的同时,在探针上会感应电荷,这些电荷产生的静电场迭加在原电场,使电场发生显著畸变,测量亦失去了意义.

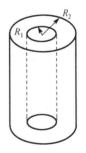

现以同轴带电圆柱为例,对模拟法作一说明. 设同轴圆柱面是无限长的,内、外半径分别为 R_1 和 R_2,电荷线密度为 $+\lambda$ 和 $-\lambda$,柱面间介质的介电系数为 ε(图 4-14-1). 若取外柱面的电位为零,则内柱面的电势 U_0 就是两柱面间的电势差

$$U_0 = \int_{R_1}^{R_2} E \mathrm{d}r = \int_{R_1}^{R_2} \frac{\lambda}{2\pi\varepsilon} \frac{\mathrm{d}r}{r} = \frac{\lambda}{2\pi\varepsilon} \ln \frac{R_2}{R_1}$$

图 4-14-1

在两柱面间任一点 $r(R_1 \leqslant r \leqslant R_2)$ 的电位 $U(r)$ 是

$$U(r) = \frac{\lambda}{2\pi\varepsilon} \ln \frac{R_2}{R_1}$$

比较以上两式,可得

$$U(r) = U_0 \frac{\ln \dfrac{R_2}{r}}{\ln \dfrac{R_2}{R_1}} \tag{4-14-1}$$

现考察一电流场.若在导体两端维持恒定电势差(电压),在导体内就形成稳恒电流.从场的角度看,在导体内部存在一个电场,正是这个电场的作用才使导体中载流子产生定向运动.这个电场与静电场不同,称为电流场.若两圆柱面为导体,其间填充了电阻率为 ρ 的导体,并在两导体柱面间维持恒定电势差 U_0.我们来计算电流场中任一点的电位 $U(r)$,如图 4-14-2 所示.设导体厚为 t,在半径 r 处取一薄圆环,宽为 dr,这个薄圆环的电阻 dR 是

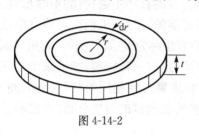

$$dR = \rho \frac{dr}{S} = \rho \frac{dr}{2\pi rt}$$

导体的总电阻 R_0 是这些圆环电阻的总和,即

$$R_0 = \int dR = \int_{R_1}^{R_2} \frac{\rho dr}{2\pi r \cdot t} = \frac{\rho}{2\pi t} \ln \frac{R_2}{R_1}$$

导体中的径向电流为

$$I = \frac{U_0}{R_0} = \frac{U_0}{\rho \ln \frac{R_2}{R_1}} 2\pi t$$

图 4-14-2

再计算导体 $r(R_1 \leqslant r \leqslant R_2)$ 处的电势.在半径 r 和 R_2 之间导体的电阻 R' 是

$$R' = \int_r^{R_2} dR = \frac{\rho}{2\pi t} \ln \frac{R_2}{r}$$

r 处的电势是

$$U(r) = IR' = \frac{U_0}{\rho \ln \frac{R_2}{R_1}} \cdot 2\pi t \cdot \frac{\rho}{2\pi t} \cdot \ln \frac{R_2}{r} = U_0 \frac{\ln \frac{R_2}{r}}{\ln \frac{R_2}{R_1}} \tag{4-14-2}$$

比较式(4-14-1)和(4-14-2)可知,在同轴圆柱面之间建立一个静电场或电流场,如果柱面间静电电势差和直流电势差相同,则在两种场中对应点有相同的电势.这就是用电流场来模拟静电场的理论依据.

【实验内容】

本实验用静电场描迹仪来测量电流场中各点电势.描迹仪分为电源、电极架、同步探针和各种形状的电极板等,如图 4-14-3 所示.

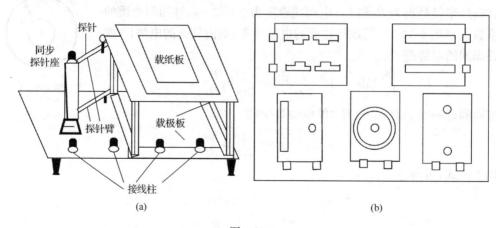

(a)　　　　　　　　　　(b)

图 4-14-3

1.定性研究,画出两个点电荷带电系统静电场的等势线.

(1)取两个点电荷电极板,接入 10 V 电源.

(2)画出 1 V、3 V、5 V、7 V、9 V 的等势线.每条等势线至少取 7 个等势点.

(3)将电势相等的点连成光滑曲线即成为一组等势线.共 5 条等势线.

(4)将电极板改为聚焦电极.重复步骤(2)、(3),再画出 5 条等势线(选做).

2.定量研究,测量同轴带电圆柱面静电场的等势线分布.

(1)取同轴带电圆柱面电极,用同步探针记下圆柱面中心的位置.

(2)接上电源,调节电压 $U_0=10$ V,画出 $U=1$ V、3 V、5V、7V、9V 等势线.每条等势线至少取 8 个等位点.

(3)取下记录纸.根据等势点位置,测得各等位点到中心的距离 r,计算每个等势面的平均半径 r,填入表 4-14-1.

表 4-14-1

U/V	1.0	3.0	5.0	7.0	9.0
U/U_0	0.10	0.30	0.50	0.70	0.90
r/mm					
$\ln r$					

(4)用最小二乘法计算两圆柱面的半径 R_1 和 R_2.由式(4-14-1)可得

$$\frac{U}{U_0}=-\frac{1}{\ln\left(\frac{R_2}{R_1}\right)}\cdot\ln r+\frac{\ln R_2}{\ln\left(\frac{R_2}{R_1}\right)} \tag{4-14-3}$$

可见 $\frac{U}{U_0}$ 与 $\ln r$ 呈线性关系,即 $\frac{U}{U_0}$-$\ln r$ 图线为直线.实验给出 $\frac{U}{U_0}$ 与 $\ln r$ 的若干组实验数据,用最小二乘法可计算该直线的斜率 k 和截距 b.设

$$y=\frac{U}{U_0},\quad x=\ln r$$

$$k=-\frac{1}{\ln\left(\frac{R_2}{R_1}\right)},\quad b=\frac{\ln R_2}{\ln\left(\frac{R_2}{R_1}\right)}$$

最小二乘法给出

$$k=\frac{\overline{x}\cdot\overline{y}-\overline{(x\cdot y)}}{\overline{x}^2-\overline{x^2}},\quad b=\overline{y}-k\overline{x}$$

由式(4-14-3),又知 k、b 与 R_1、R_2 有关,因而

$$R_1=\mathrm{e}^{\frac{1-b}{k}}(\text{计算值}),\quad R_2=\mathrm{e}^{-\frac{b}{k}}(\text{计算值})$$

(5)用游标卡尺测量柱形电极的半径 R_1(实测值)和 R_2(实测值).计算误差

$$\varepsilon_{R_1}=\frac{R_1(\text{计})-R_1(\text{测})}{R_1(\text{测})},\quad \varepsilon_{R_2}=\frac{R_2(\text{计})-R_2(\text{测})}{R_2(\text{测})}$$

【思考讨论】

1."无限长"同轴带电圆柱面间的电场强度和电势是怎样的?电场强度和电势梯度关系怎样?

2.怎样根据实验数据来确定两个变量之间的线性相关关系?

3.如果电源电压增大1倍,等势线、电力线的形状是否变化?

4.通过这次实验你对模拟法有何认识?两个物理量可模拟的条件是什么?

【探索创新】

静电场描迹仪通常采用导电玻璃作为导电介质,也可选用导电纸作为导电介质.用模拟法描绘静电场,还可以选用自来水作为导电介质,可在一不深的矩形水槽中放置两块中间夹有坐标纸的玻璃板,槽中倒入自来水,使水面高出玻璃板5mm,再将两个圆环电极同心放入玻璃板上,并在同心圆环电极间加上频率为1000Hz的交流电,则内、外圆环间可形成模拟电场,如图4-14-4所示.用接在交流毫伏表(或耳机)上的两个金属探针测量模拟电场中各电势相同的点(当毫伏表读数为零或耳机中听不到声音时,两点间电位相等).试分析用交流电水槽法模拟静电场的原理.

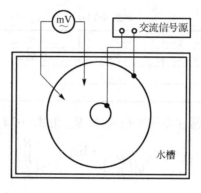

图 4-14-4

【拓展迁移】

[1]万连茂,刘建波.高压电极电场的数值模拟.先进制造技术,2004,23(6):31,32

[2]谢菊芳,张建林,刘高平.高压静电场对植物细胞畸变的分子动力学模拟.2000,19(2):12-15

[3]曾花秀,王敬农.聚焦型激发极化电场的数值模拟方法.1999,21(4):11-15

[4]刘忠乐,龚沈光.海水中稳恒电流电场的点电极计算模型.2004,16(1):35-39

实验 15　用霍尔效应法测量螺线管线圈磁场

【发展过程与前沿应用概述】

1879 年美国霍普金斯大学研究生霍尔在研究载流导体在磁场中受力性质时发现了一种电磁现象,此现象称为霍尔效应,半个多世纪以后,人们发现半导体也有霍尔效应,而且半导体霍尔效应比金属强得多.近 30 多年来,由高电子迁移率的半导体材料制成的霍尔传感器已广泛用于磁场测量和半导体材料的研究.用于制作霍尔传感器的材料有许多种:单晶半导体材料有锗、硅;化合物半导体有锑化铟、砷化铟和砷化镓等.在科学技术发展中,磁的应用越来越被人们重视. 目前霍尔传感器典型的应用有:磁感应强度测量仪(又称特斯拉计),霍尔位置检测器,无触点开关,霍尔转速测定仪,100~2000A 大电流测量仪,电功率测量仪等. 在电流体中的霍尔效应也是目前在研究中的"磁流体发电"的理论基础. 近年来,霍尔效应实验不断有新发现. 1980 年德国冯·克利青教授在低温和强磁场下发现了量子霍尔效应,这是近年来凝聚态物理领域最重要的发现. 目前对量子霍尔效应正在进行更深入研究,并得到了重要应用. 例如,用于确定电阻的自然基准,可以极为精确地测定光谱精细结构参数等.

通过本实验学会消除霍尔元件副效应的实验测量方法,用霍尔传感器测量螺线管线圈励磁电流与输出霍尔电压之间关系,证明霍尔电势与螺线管内磁感应强度成正比;了解和熟悉霍尔效应重要物理规律,证明霍尔电势差与霍尔工作电流成正比;通过实验测定霍尔传感器的灵敏度,熟悉霍尔传感器的特性和应用;用该霍尔传感器测量螺线管线圈中心轴线上磁感应强度与位置刻度之间的关系,作磁感应强度与位置刻线的关系图,学会用霍尔元件测量磁感应强度的方法.

【实验目的】

1. 掌握用霍尔效应法测量磁场的原理,测量螺线管线圈中心轴线的磁感应强度分布.
2. 学会 FB400 型螺线管磁场实验仪的使用方法.
3. 验证霍尔电势差与励磁电流(磁感应强度)及霍尔元件的工作电流成正比的关系式.

【实验原理】

1. 霍尔效应

霍尔元件的作用如图 4-15-1 和图 4-15-2 所示. 若电流 I 流过厚度为 d 的半导体薄片,且磁场 B 垂直作用于该半导体,则电子流方向由于洛伦兹力作用而发生改变,该现象称为霍尔效应,在薄片两个横向面 a,b 之间产生的与电流 I、磁场 B 垂直方向的电势差称为霍尔电势差.

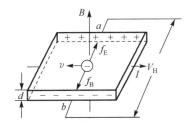

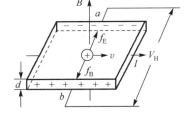

图 4-15-1　n 型霍尔元件　　　　　　　　图 4-15-2　p 型霍尔元件

霍尔电势差是这样产生的:当电流 I_H 通过霍尔元件(假设为 p 型)时,空穴有一定的漂移速度 v,垂直磁场对运动电荷产生一个洛伦兹力

$$F_B = q \cdot (v \times B) \tag{4-15-1}$$

式中,q 为电子电荷. 洛伦兹力使电荷产生横向的偏转,由于样品有边界,所以偏转的载流子将在边界积累起来,产生一个横向电场 E,直到电场对载流子的作用力 $F_E = q \cdot E$ 与磁场作用的洛伦兹力相抵消为止,即

$$q \cdot (v \times B) = q \cdot E \tag{4-15-2}$$

这时电荷在样品中流动时不再偏转,霍尔电势差就是由这个电场建立起来的.

如果是 n 型样品,则横向电场与前者相反,所以 n 型样品和 p 型样品的霍尔电势差有不同的符号,据此可以判断霍尔元件的导电类型.

设 p 型样品的载流子浓度为 P,宽度为 w,厚度为 d,通过样品电流 $I_S = P \cdot q \cdot v \cdot w \cdot d$,则空穴的速度 $v = \dfrac{I_S}{P \cdot q \cdot w \cdot d}$,代入式(4-15-2)有

$$E = |v \times B| = \frac{I_S \cdot B}{p \cdot q \cdot w \cdot d} \tag{4-15-3}$$

上式两边各乘以 ω,便得到

$$U_H = E \cdot w = \frac{I_S \cdot B}{p \cdot q \cdot d} = R_H \cdot \frac{I_S \cdot B}{d} \tag{4-15-4}$$

其中,$R_H = \dfrac{1}{p \cdot q}$ 称为霍尔系数,在应用中一般写成

$$V_H = K_H \cdot I_S \cdot B \tag{4-15-5}$$

$K_H = R_H/d = 1/(p \cdot q \cdot d)$ 称为霍尔元件的灵敏度,单位为 mV/(mA·T).

于是磁感应强度为

$$B = \frac{V_H}{K_H \cdot I_S} \tag{4-15-6}$$

一般要求 K_H 越大越好. K_H 与载流子浓度 P 成反比,半导体内载流子浓度远比金属载流子浓度小,所以都用半导体材料作为霍尔元件,K_H 与材料片厚 d 成反比,因此霍尔元件都做得很薄,一般只有 0.2mm 厚(甚至只有十几微米厚).

由式(4-15-5)可以看出,知道了霍尔片的灵敏度 K_H,只要分别测出霍尔电流 I_S 及霍尔电势差 V_H,就可以算出磁场 B 的大小,这就是霍尔效应测量磁场的原理.

因此,根据霍尔电流 I_S 和磁场 B 的方向,实验测出霍尔电压的正负,由此确定霍尔系数的正负,即判定载流子的正负,是研究半导体材料的重要方法. 对于 n 型半导体的霍尔元件,则导电载流子为电子,霍尔系数和灵敏度为负;反之,对于 p 型半导体的霍尔元件,则导电载流子为空穴,霍尔系数和灵敏度为正.

2. 霍尔元件的副效应及消除副效应的方法

一般霍尔元件有四根引线,两根为输入霍尔元件电流的"电流输入端",接在可调的电源回路内;另两根为霍尔元件的"霍尔电压输出端",接到数字电压表上. 虽然从理论上霍尔元件在无磁场作用时($B = 0$ 时),$V_H = 0$,但是实际情况用数字电压表测并不为零,该电势差称为剩余电压.

这是半导体材料电极不对称、结晶不均匀及热磁效应等多种因素引起的电势差. 具体如下.

(1)不等势电压降 V_0.

霍尔元件在不加磁场的情况下通以电流,理论上霍尔片的两电压引线间应不存在电势差. 实际上由于霍尔片本身不均匀,性能上稍有差异,加上霍尔片两电压引线不在同一等位面上,因此即使不加磁场,只要霍尔片上通以电流,则两电压引线间就有一个电势差 V_0. V_0 的方向与电流的方向有关,与磁场的方向无关. V_0 的大小和霍尔电势 V_H 同数量级或更大,在所有附加电势中居首位.

(2)埃廷豪森(Etinghausen)效应.

当放在磁场 B 中的霍尔片通以电流 I 以后,由于载流子迁移速度的不同,载流子所受到的洛伦兹力也不相等. 因此,做圆周运动的轨道半径也不相等. 速率较大的载流子将沿半径较大

的圆轨道运动,而速率较小的载流子将沿半径较小的圆轨道运动,从而导致霍尔片一面出现快载流子多,温度高;另一面慢载流子多,温度低.两端面之间由于温度差,出现温差电势 V_E. V_E 的大小与 $I \cdot B$ 乘积成正比,方向随 I、B 换向而改变.

（3）能斯托（Nernst）效应.

由于霍尔元件的电流引出线焊点的接触电阻不同,通以电流 I 以后,因帕尔贴效应,一端吸热,温度升高;另一端放热,温度降低.于是出现温度差,样品周围温度不均匀也会引起温差,从而引起热扩散电流.当加入磁场后会出现电势梯度,从而引起附加电势 V_N. V_N 的方向与磁场的方向有关,与电流的方向无关.

（4）里纪-勒杜克（Righi-Leduc）效应.

上述热扩散电流的载流子迁移速率不尽相同,在霍尔元件放入磁场后,电压引线间同样会出现温度梯度,从而引起附加电势 V_{RL}. V_{RL} 的方向与磁场的方向有关,与电流方向无关.

在霍尔元件实际应用中,一般用零磁场时采用电压补偿法消除霍尔元件的剩余电压,如图 4-15-2 所示.

在实验测量时,为了消除副效应的影响,分别改变 I_S 的方向和 B 的方向,记下四组电势差数据（K_1, K_2 换向开关向上为正）：

当 I_S 正向、B 正向时：$V_1 = V_H + V_0 + V_E + V_N + V_{RL}$；

当 I_S 负向、B 正向时：$V_2 = -V_H - V_0 - V_E + V_N + V_{RL}$；

当 I_S 负向、B 负向时：$V_3 = V_H - V_0 + V_E - V_N - V_{RL}$；

当 I_S 正向、B 负向时：$V_4 = -V_H + V_0 - V_E - V_N - V_{RL}$.

作运算 $V_1 - V_2 + V_3 - V_4$,并取平均值,得

$$\frac{1}{4}(V_1 - V_2 + V_3 - V_4) = V_H + V_E$$

由于 V_E 和 V_H 始终方向相同,所以换向法不能消除它,但 $V_E \ll V_H$,故可以忽略不计,于是

$$V_H = \frac{1}{4}(V_1 - V_2 + V_3 - V_4) \tag{4-15-7}$$

温度差的建立需要较长时间,因此,如果采用交流电使它来不及建立就可以减小测量误差.

3. 长直通电螺线管中心点磁感应强度理论值

根据电磁学毕奥-萨伐尔（Biot-Savart）定律,长直通电螺线管轴线上中心点的磁感应强度为

$$B_{中心} = \frac{\mu \cdot N \cdot I_M}{\sqrt{L^2 + D^2}} \tag{4-15-8}$$

螺线管轴线上两端面上的磁感应强度为

$$B_{端} = \frac{1}{2} B_{中心} = \frac{1}{2} \cdot \frac{\mu \cdot N \cdot I_M}{\sqrt{L^2 + D^2}} \tag{4-15-9}$$

式中,μ 为磁介质的磁导率,真空中 $\mu_0 = 4\pi \times 10^{-7}$ T·m/A；N 为螺线管的总匝数；I_M 为螺线管的励磁电流；L 为螺线管的长度；D 为螺线管的平均直径.

【实验仪器】

FB400 型螺线管磁场测定仪由测试仪和测试架组成.

【实验内容】

如图 4-15-3 所示,用专用连接线把 FB400 型螺线管磁场测定仪和螺线管实验装置接好,接通交流市电.

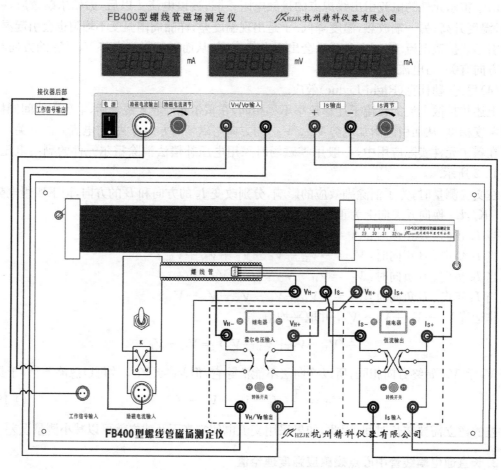

图 4-15-3

1.将测量探头位置调节到螺线管轴线中心,即 $x=13.0\text{cm}$,对应 $x'\approx15.1\text{cm}$ 刻度处(实际数值由仪器标注中心值为准).调节恒流源 2,使 $I_\text{S}=\pm4.00\text{mA}$,按下 (V_H/V_σ),即测 V_H,依次调节励磁电流为 $I_\text{M}=0\sim\pm1000\text{mA}$,每次改变 $\pm100\text{mA}$,测量霍尔电压,并证明霍尔电势差与螺线管内磁感应强度成正比.

2.与实验步骤 1 相同,保持测量探头于螺线管轴线中心,固定励磁电流 $\pm1000\text{mA}$,调节霍尔工作电流为:$I_\text{S}=0\sim\pm4.00\text{mA}$,每次改变 $\pm0.50\text{mA}$,测量对应的霍尔电压,证明霍尔电势差与霍尔电流成正比.

3.调节励磁电流为 500mA,调节霍尔电流为 4.00mA,测量螺线管轴线上刻度尺为 $x=0.0\sim30.0\text{cm}$,且移动步长为 1cm 各位置的霍尔电势.(注意,根据仪器设计,这时对应的霍尔片离螺线管轴线中心位置的距离为:$-15.0\sim+15.0\text{cm}$,刻度尺读数为 2.1cm 处为螺线管轴线一个端面(离螺线管轴线中心距离为 $x=13.0\text{cm}$).按给出的霍尔灵敏度作磁场分布 $B\text{-}X$

图. 找出霍尔电势值为螺线管中央一半数值的刻度位置.

4. 用螺线管中心点磁感应强度理论计算值,校准或测定霍尔传感器的灵敏度.

【数据与结果】

1. 验证霍尔电势差与螺线管内磁感应强度成正比

霍尔工作电流 $I_S = \pm 4.00\text{mA}$.

记录数据于表 4-15-1 中,按实验数据作 $V_H\text{-}I_M$ 关系曲线,求出线性关系方程式,并求出相关系数.

注:表格中 $\overline{V}_H = \left| \dfrac{1}{4}(V_{H1} - V_{H2} + V_{H3} - V_{H4}) \right|$.

表 4-15-1　霍尔电势差与螺线管内磁感应强度关系测量数据记录

I_M /mA	V_{H1} /mV $+I_S, +I_M$	V_{H2} /mV $+I_S, -I_M$	V_{H3} /mV $-I_S, +I_M$	V_{H4} /mV $-I_S, -I_M$	$\overline{V}_H$ /mV
0					
100					
200					
⋮					
600					
1000					

2. 测量霍尔电势差与霍尔工作电流的关系

螺线管励磁电流 $I_M = \pm 500\text{mA}$,霍尔传感器位于螺线管"轴线中心",即 $x' \approx 15.1\text{cm}$ 处(实际数值按仪器标注中心值确定).

记录数据于表 4-15-2 中,按实验数据作 $V_H\text{-}I_S$ 关系曲线,求出线性关系方程式,并求出相关系数.

注:表格中 $\overline{V}_H = \left| \dfrac{1}{4}(V_{H1} - V_{H2} + V_{H3} - V_{H4}) \right|$.

表 4-15-2　霍尔电势差与霍尔工作电流的关系测量数据记录

I_S /mA	V_{H1} /mV $+I_S, +I_M$	V_{H2} /mV $+I_S, -I_M$	V_{H3} /mV $-I_S, +I_M$	V_{H4} /mV $-I_S, -I_M$	$\overline{V}_H$ /mV
0.00					
0.50					
1.00					
1.50					
2.00					
2.50					
3.00					
3.50					
4.00					

3. 通电螺线管轴向磁场分布测量

$$I_S = \pm 4.00\text{mA}, \quad I_M = \pm 500\text{mA}, \quad K_H = 194\text{mV}/(\text{mA} \cdot \text{T})$$

记录数据于表 4-15-3 中,按实验数据作 V_H-X 关系曲线.

注:表格中 $\bar{V}_H = \left| \dfrac{1}{4}(V_{H1} - V_{H2} + V_{H3} - V_{H4}) \right|$.

表 4-15-3　　通电螺线管轴向磁场分布测量数据记录(注:一般 $x' \approx x + 2.1\text{cm}$)

X /cm	X' /cm	V_{H1} /mV $+I_S, +I_M$	V_{H2} /mV $+I_S, -I_M$	V_{H3} /mV $-I_S, +I_M$	V_{H4} /mV $-I_S, -I_M$	$\bar{V}_H$ /mV	B /mT
0.0							
1.0							
2.0							
3.0							
4.0							
5.0							
⋮							
11.0							
12.0							
13.0							
14.0							
15.0							
16.0							

【注意事项】

1. 注意实验中霍尔元件不等位效应的观测,设法消除其对测量结果的影响.

2. 励磁线圈不宜长时间通电,否则线圈发热,会影响测量结果.

3. 霍尔元件有一定的温度系数,为了减少其自身发热对测量的影响,实验时工作电流不允许超过其额定值 5mA,所以,为保证使用安全,一般取 4mA 作为上限.

【思考题】

1. 用简略图形表示霍尔效应法,判断霍尔片是属于 n 型还是 p 型的半导体材料?

2. 用霍尔效应测量磁场过程中,为什么要保持 I_H 的大小不变?

3. 若螺线管在绕制时,单位长度的匝数不相同或绕制不均匀,在实验时会出现什么情况?绘制 B-X 分布图时,电磁学上的端面位置是否与螺线管几何端面重合?

4. 霍尔效应在科研中有何应用,试举几个实际例子说明?

【附录1】　　FB400 型螺线管磁场测定仪使用说明

一、概述

霍尔效应是研究半导体材料性能、测定磁感应强度重要的基本方法之一. 用霍尔效应法测定长直螺线管磁场,是高等院校理工科物理实验教学基本要求中的一个重要实验.随着人们深入研究霍尔效应和半导体技术的迅速发展，新一代半导体霍尔元件性能得到进一步提高.
FB400 型螺线管磁场测定仪就是采用新型塑封砷化镓(GaAs)霍尔元件作为实验测量探头，该
传感器具有灵敏度高、线性好、工作电流小、温度系数好、封装坚固、使用方便等诸多优点，因
此，该传感器也常用于压力、位移、转速测定等非电量测量，在工业控制、汽车、航天航空和磁计
量等领域也得到广泛应用.本实验仪器经过定标后可以用于应用性测量，如测量磁性材料和电
磁铁的磁感应强度等.本仪器直观性强、操作方便、设计合理、装置牢固耐用，使用配套实验装
置和电源，实验中不会因接线错误造成实验仪器损坏，因此特别适合学生实验的频繁操作.

二、用途

主要用于高等院校物理实验，可做实验内容有：

(1)验证霍尔电势差与磁感应强度的线性关系(霍尔工作电流保持不变).

(2)验证霍尔电势差与霍尔工作电流的线性关系(磁感应强度保持不变).

(3)根据长直螺线管轴线中心点磁感应强度理论值校准霍尔传感器的灵敏度.

(4)测量长直螺线管中心轴线内磁感应强度与位置刻度之间的关系.

三、仪器外形(图 4-15-4)

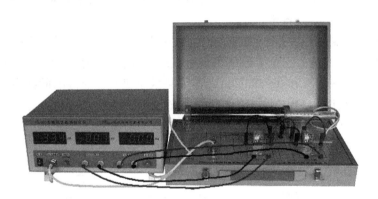

图 4-15-4　FB-400 型螺线管磁场测定仪实物照片及接线图

四、技术指标

1. 实验探头——砷化镓(GaAs) 霍尔传感器，n 型半导体材料

(1)额定工作电流：5mA(最大值，应尽量不用).

(2)输入电阻：700Ω 左右.

(3)输出电阻：1000Ω 左右.

(4)磁场测量范围：0~100mT.

(5)线性误差：<±0.5%.

(6)温度误差，零点漂移：<±0.06%/℃.

2. 螺线管参数

(1)螺线管长度 $L = 260$mm，螺线管内径 $D_内 = 25$mm，外径 $D_外 = 45$mm.

(2)螺线管层数 10 层,螺线管总匝数: $N=(2550\pm10)$ 匝.

(3)螺线管轴线中心最大均匀磁场: $>12\text{mT}$.

3. FB400 型螺线管磁场测定仪

(1)数字式直流恒流源 I :输出电流 0～1000mA 连续可调 ,三位半数字显示,最小分辨率为 1mA. (与继电器工作电流一起)用四芯电缆与 FB400 螺线管测试架的励磁电路连接(及继电器电路).

(2)数字直流恒流源 II :输出电流 0～5.0mA 连续可调,三位半数字显示,最小分辨率为 0.01mA. 用香蕉插头连接线 FB400 螺线管测试架霍尔元件工作电路连接.

(3)用二芯电缆将工作信号输出(插座在测试仪后面板上)连接到螺线管测试架面板上的工作信号输入插座.

(4)数字电压表量程:测量 V_σ 时 0～1999mV,测量 V_H 时 0～19.99mV. 三位半数字显示(功能转换时量程跟随切换).

五、使用说明

FB400 型霍尔效应实验仪供电电压 AC220V,50Hz. 电源插座装在机箱背面. 电源插座内装有 1A 保险丝管二只(一只备用).

实验仪面板从左到右分为三个部分,左面为数字直流恒流源 I ,由精密多圈电位器调节输出电流,调节精度 1mA ,电流由三位半数字表显示,最大输出电流为 1000mA. 中间为三位半电压表,量程分别为:0～1999mV 和 0～19.99mV. 右面是数字直流恒流源 II ,同样由精密多圈电位器调节输出电流,调节精度 0.01mA ,电流由三位半数字表显示,最大输出电流为 5.0mA.

继电器的电原理如图 4-15-5 所示. 当继电器线包不加控制电压时,动触点与常闭端相连,当继电器线包加上控制电压继电器吸合,动触点与常开端相连接.

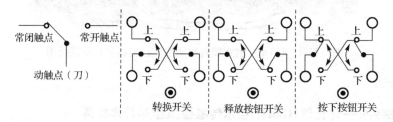

图 4-15-5　继电器工作状态示意图

螺线管磁场测试仪中,使用三个双刀双向继电器组成三个换向开关,由按钮开关控制. 当未按下按钮开关时,继电器线包不加电,常闭触点连接(常开触点断开);按下按钮开关时,继电器吸合,常开触点连接(常闭触点断开).接通的回路由相应点亮的指示灯指示.通过按下、释放按钮开关,实现与继电器相连的电路的转换功能.

六、注意事项

1.实验测量时,应仔细检查,不要使线路长时间处于接错状态.

2.实验结束时应先关闭电源,再拆除接线.

3.为保证实验质量,仪器应预热 10min,稳定后开始测量数据.

【附录2】 实验数据范例

1. 励磁电流与霍尔电势差的关系

霍尔工作电流 $I_S = \pm 5.00\text{mA}$，霍尔传感器位于螺线管轴线中心即刻度尺指示值大约 15.1cm 处（各台仪器实际位置稍有差别）．$\overline{V}_H = \left| \dfrac{1}{4}(V_{H1} - V_{H2} + V_{H3} - V_{H4}) \right|$，当 $I_M = 0$ 时，对应表 4-15-4 中的第 1 行数据．

$$\overline{V}_{H0} = \left| \frac{1}{4}(V_{H10} - V_{H20} + V_{H30} - V_{H40}) \right| = \left| \frac{1}{4}[-0.40 - (-0.40) + 0.38 - 0.38] \right| \approx 0$$

表 4-15-4　霍尔电势差与励磁电流的关系测量数据记录

I_M /mA	V_{H1} /mV	V_{H2} /mV	V_{H3} /mV	V_{H4} /mV	$\overline{V}_H$ /mV
0	−0.40	−0.40	0.38	0.38	0
100	−1.58	0.78	1.56	−0.80	1.18
200	−2.76	1.97	2.74	−1.98	2.36
300	−3.95	3.14	3.93	−3.16	3.55
400	−5.13	4.32	5.11	−4.34	4.73
500	−6.32	5.51	6.29	−5.52	5.91
600	−7.50	6.69	7.48	−6.71	7.10
700	−8.68	7.88	8.67	−7.89	8.28
800	−9.86	9.05	9.85	−9.08	9.46
900	−11.06	10.25	11.03	−10.26	10.65
1000	−12.23	11.42	12.22	−11.43	11.83

作 V_H-I_M 直线拟合（图 4-15-6）得相关系数：$\gamma = 0.9999$．由于螺线管内磁感应强度 B 与激励电流 I_M 成正比，所以表 4-15-4 所示数据可以说明霍尔电势差 V_H 与磁感应强度 B 成正比．

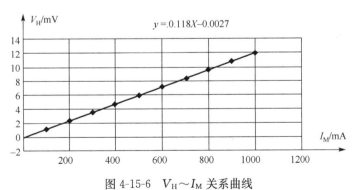

图 4-15-6　$V_H \sim I_M$ 关系曲线

2. 测量霍尔电势差与霍尔工作电流的关系

螺线管通电励磁电流 $I_M = \pm 500\text{mA}$，霍尔传感器位于螺线管轴线中心，即刻度尺指示值大约 15.1cm 处（各台仪器稍有差别）．

$$\overline{V}_H = \left| \frac{1}{4}(V_{H1} - V_{H2} + V_{H3} - V_{H4}) \right|$$

作 V_H-I_S 直线拟合(图 4-15-7)得相关系数：$\gamma = 0.9985$，所以表 4-15-5 所示数据可以说明霍尔电势差 V_H 与霍尔工作电流 I_S 成正比.

表 4-15-5　霍尔电势差与霍尔工作电流的关系数据记录

I_S /mA	V_{H1} /mV	V_{H2} /mV	V_{H3} /mV	V_{H4} /mV	$\overline{V}_H$ /mV
0.00	0.00	0.00	0.00	0.00	0.00
0.50	−0.62	0.56	0.64	−0.54	0.59
1.00	−1.25	1.11	1.20	−1.10	1.17
1.50	−1.89	1.67	1.90	−1.65	1.78
2.00	−2.52	2.23	2.53	−2.22	2.38
2.50	−3.15	2.78	3.15	−2.77	2.96
3.00	−3.78	3.32	3.73	−3.32	3.54
3.50	−4.41	3.88	4.40	−3.87	4.14
4.00	−5.05	4.43	5.04	−4.44	4.74
4.50	−5.08	4.97	5.67	−4.97	5.17
5.00	−6.32	5.50	6.30	−5.53	5.91

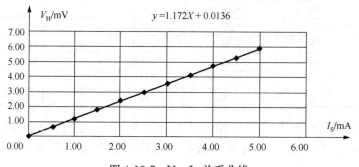

图 4-15-7　V_H-I_S 关系曲线

3. 通电螺线管轴向磁场分布测量(表 4-15-6)

霍尔电流 $I_H = \pm 5.00\text{mA}$，螺线管通电励磁电流 $I_M = \pm 500\text{mA}$，$K_H = 194\text{mV}/(\text{mA} \cdot \text{T})$.

$$\overline{V}_H = \left| \frac{1}{4}(V_{H1} - V_{H2} + V_{H3} - V_{H4}) \right|$$

表 4-15-6　通电螺线管轴向磁场分布测量数据记录

X /cm	X' /cm	V_{H1} /mV	V_{H2} /mV	V_{H3} /mV	V_{H4} /mV	$\overline{V}_H$ /mV	B /mT
0.0	2.1	−2.35	3.27	2.36	−3.25	2.81	2.89
1.0	3.1	−3.86	4.78	3.87	−4.75	4.32	4.45
2.0	4.1	−4.68	5.58	4.68	−5.57	5.13	5.29
3.0	5.1	−5.02	5.94	5.03	−5.91	5.48	5.64
4.0	6.1	−5.19	6.10	5.19	−6.08	5.64	5.81
5.0	7.1	−5.29	6.21	5.30	−6.18	5.75	5.92

续表

X /cm	X' /cm	V_{H1} /mV	V_{H2} /mV	V_{H3} /mV	V_{H4} /mV	$\overline{V}_H$ /mV	B /mT
6.0	8.1	−5.31	6.26	5.32	−6.24	5.78	5.96
7.0	9.1	−5.34	6.27	5.35	−6.26	5.81	5.98
8.0	10.1	−5.37	6.29	5.38	−6.28	5.83	6.01
9.0	11.1	−5.40	6.33	5.41	−6.31	5.86	6.04
10.0	12.1	−5.42	6.36	5.43	−6.34	5.89	6.07
11.0	13.1	−5.46	6.38	5.46	−6.37	5.92	6.10
12.0	14.1	−5.46	6.39	5.47	−6.38	5.93	6.11
13.0	15.1	−5.45	6.40	5.45	−6.39	5.92	6.11

磁感应强度均匀区为离端面距离 $x = 8.0 \sim 13.0$cm 区域,磁感应强度变化$<0.7\%$.

4. 通电螺线管轴线中央磁感应强度的理论值

螺线管匝数为 $N = 2550$T,长度为 $L = 0.26$m,平均直径为 $D = 0.035$m,励磁电流为 $I_M = 0.500$A,所以

$$B_{中心} = \frac{\mu \cdot N \cdot I_M}{\sqrt{L^2 + D^2}} = \frac{4\pi \times 10^{-7} \times 2550 \times 0.500}{\sqrt{0.26^2 + 0.035^2}} = 6.11 \times 10^{-3} \text{T}$$

上述实验中,$I_S = 5.00$mA,$V_H = 5.92$mV.

由式(1)

$$V_H = K_H \cdot I_S \cdot B$$

因此

$$K_H = \frac{V_H}{I_S \cdot B} = \frac{5.92 \times 10^{-3}}{5.00 \times 10^{-3} \times 6.11 \times 10^{-3}} = 1.94 \times 10^2 \text{mV/(mA} \cdot \text{T)}$$

由此原理,霍尔元件经定标后,作为磁场测量探头,能简便、直观、快速地测量磁场的磁感应强度,还可以用于压力、位移、转速等非电量的测量,特别是可作为乘法器用于功率测量等创新应用性实验,所以具有广阔的应用前景.

实验 16　电学元件的伏安特性测量

【发展过程与前沿应用概述】

通过元件的电流随元件两端所加电压而变化的关系曲线,称为该元件的伏安特性曲线. 从元件的伏安特性曲线可以得知元件的导电特性,从而获得制作元件所用材料的电学特性,这在研究应用领域中具有重要意义. 对有些电阻,其伏安特性为直线,称为线性电阻,如常用的碳膜电阻、线绕电阻、金属膜电阻等. 有些元件,如灯泡、晶体二极管、稳压二极管等,伏安特性不是直线,称为非线性元件,可通过作图法反映它的特性. 非线性元件的伏安特性所反映出来的规律总是与一定的物理过程相联系. 对非线性元件伏安特性的研究,有助于加深对有关物理过程、物理规律及其应用的理解和认识.

在电学实验中,伏安法是测量元件的伏安特性常用的基本方法之一.

【实验目的】

1. 验证欧姆定律.
2. 掌握测量伏安特性的基本方法.
3. 学会直流电源、电压表、电流表、电阻箱等仪器的正确使用方法.

【实验原理】

1. 电学元件的伏安特性

在某一电学元件两端加上直流电压,在元件内就会有电流通过,通过元件的电流与端电压之间的关系称为电学元件的伏安特性. 在欧姆定律 $U = IR$ 中,电压 U 的单位为伏特,电流 I 的单位为安培,电阻 R 的单位为欧姆. 一般以电压为横坐标,以电流为纵坐标作出元件的电压-电流关系曲线,称为该元件的伏安特性曲线.

对于碳膜电阻、金属膜电阻、线绕电阻等电学元件,在通常情况下,通过元件的电流与加在元件两端的电压成正比关系变化,即其伏安特性曲线为一直线. 这类元件称为线性元件,如图 4-16-1 所示. 至于半导体二极管、稳压管等元件,通过元件的电流与加在元件两端的电压不呈线性关系变化,其伏安特性为一曲线. 这类元件称为非线性元件,如图 4-16-2 所示为某非线性元件的伏安特性.

图 4-16-1　线性元件的伏安特性　　　图 4-16-2　非线性元件的伏安特性

在设计测量电学元件伏安特性的线路时,必须了解待测元件的规格,使加在它上面的电压和通过的电流均不超过额定值. 此外,还必须了解测量时所需其他仪器的规格(如电源、电压表、电流表、滑线变阻器等的规格),也不得超过其量程或使用范围. 根据这些条件所设计的线路,可以将测量误差减到最小.

2. 实验线路的比较与选择

在测量电阻 R 的伏安特性的线路中,常有两种接法,即图 4-16-3(a)中电流表内接法和图 4-16-3(b)中电流表外接法. 电压表和电流表都有一定的内阻(分别设为 R_V 和 R_A). 简化处理时直接用电压表读数 U 除以电流表读数 I 得到被测电阻值 R,即 $R = U/I$,这样会引入一定的系统性误差.

当电流表内接时,电压表读数比电阻端电压值大,即有

$$R = \frac{U}{I} - R_A \tag{4-16-1}$$

当电流表外接时,电流表读数比电阻 R 中流过的电流大,这时应有

$$\frac{1}{R} = \frac{I}{U} - \frac{1}{R_V} \tag{4-16-2}$$

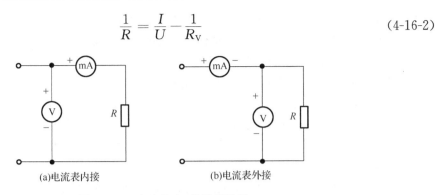

(a)电流表内接　　　　　(b)电流表外接

图 4-16-3　电表的内、外接线路图

在式(4-16-1)和式(4-16-2)中，R_A 和 R_V 分别代表安培表和伏特表的内阻. 比较电流表的内接法和外接法，显然，如果简单地用 U/I 值作为被测电阻值，电流表内接法的结果偏大，而电流表外接法的结果偏小，都有一定的系统性误差. 在需要作这样简化处理的实验场合，为了减少上述系统性误差，测量电阻的线路方案可以粗略地按下列办法选择.

(1)当 $R \ll R_V$，且 R 较 R_A 大得不多时，宜选用电流表外接；

(2)当 $R \gg R_A$，且 R 和 R_V 相差不多时，宜选用电流表内接；

(3)当 $R \gg R_A$，且 $R \ll R_V$ 时，则必须先用电流表内接法和外接法测量，然后再比较电流表的读数变化大还是电压表的读数变化大. 根据比较结果再决定采用内接法还是外接法，具体方法见本实验的实验内容第 2 点的第(3)小点.

如果要得到待测电阻的准确值，则必须测出电表内阻，并按式(4-16-1)和式(4-16-2)进行修正，本实验不进行这种修正.

【实验仪器】

FB321 型电阻元件 V-A 特性实验仪一台(测试元件、专用连接线等).

【实验内容】

1. 测定线性电阻的伏安特性，并作出伏安特性曲线，求出电阻值

(1)按图 4-16-4 接线，其中 $R = 1\text{k}\Omega$.

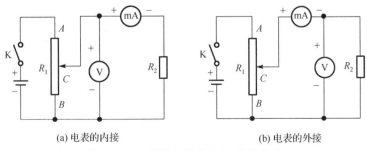

(a) 电表的内接　　　　　(b) 电表的外接

图 4-16-4　判断电流表的内、外接线路

(2)依此选择电源的输出电压挡为 10V，电流表和电压表的量程分别为 20mA 和 20V，分压输出滑动端 C 置于 B 端(为什么？注意本实验中 B 端皆指接于电源负极的公共端)，然后复核电路无误后，请教师检查.

(3)选择测量线路. 按图 4-16-4(a)连接线路并合上 K_1，调节分压输出滑动端 C 使电压表（可设置电压值 $U_1 = 2.00V$）和电流表有一合适的指示值，记下这时的电压值 U_1 和电流值 I_1；然后，再按图 4-16-4(b)连接线路并合上 K_1，调节分压输出滑动端 C 使电压表值不变，记下 U_2 和 I_2. 将 U_1、I_1 与 U_2、I_2 进行比较，若电流表示值有显著变化（增大），R 便为高阻（相对电流表内阻而言），则采用电流表内接法；若电压表有显著变化（减小），R 即为低阻（相对电压表内阻而言），则采用电流表外接法. 按照系统误差较小的连接方式接通电路（即确定电流表内接还是外接）. 但若无论电流表内接还是外接，电流表示值和电压表示值均没有显著变化，则采用任何一种连接方式均可（为什么会产生这样的现象）.

(4)选定测量线路后，取合适的电压变化值（如变化范围为 3.00～10.00V，变化步长为 1.00V），改变电压测量 8 个测量点，将对应的电压与电流值列表记录，以便作图.

2. 测定二极管正向伏安特性，并画出伏安特性曲线

(1)连线前，先记录所用晶体管型号和主要参数（即最大正向电流和最大反向电压），然后用万用表欧姆挡测量其正反向阻值，从而判断晶体二极管的正负极（万用表处于欧姆挡时，负笔为正电位，正笔为负电位. 指针式、数字式则相反）.

想一想如何利用它判别二极管的正负极？还有其他判别二极管极性的办法吗？

在本实验中，实际上可以直接根据二极管元件上的标志来判断其正反向（正负极）.

(2)测量晶体二极管正向特性.

因为二极管正向电阻小，可用图 4-16-5 所示的电路，图中 $R = 100\Omega$ 为保护电阻，用以限制电流. 避免电压到达二极管的正向导通电压值时，电流太大，损坏二极管或电流表. 接通电源前应调节电源 E，使其输出电压为 3V 左右，并将分压输出滑动端 C 置于 B 端（这与图 4-16-4 是一样的）；然后缓慢增加电压，如取 $0.00V$、$0.10V$、$0.20V$、…（到电流变化大的地方，如硅管为 $0.6～0.8V$ 可适当减小测量间隔），读出相应电流值，将数据记入相应表格；最后关断电源（此实验硅管电压范围在 $1.0V$ 以内，电流应小于最大正向额定电流，可据此选用电表量程. 表格上方应注明各电表量程及相应误差）.

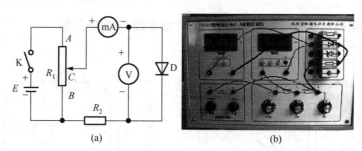

(a)　　　　　　　　　　　　(b)

图 4-16-5　测量二极管正向特性电路与实验接线图

【数据与结果】

1. 线性电阻伏安特性的测定

测量线路的选择及误差分析（表 4-16-1）.

表 4-16-1

电压表准确度等级 $K =$ _____，量程 U_m _____ V

电流表准确度等级 $K =$ _____，量程 I_m _____ A

	U_1	I_1	$R_1 = \dfrac{U_1}{I_1}$	$\dfrac{\Delta_{R_1}}{R_1}$	$R_1 \pm \Delta_{R_1}$
电流表内接					
	U_2	I_2	$R_2 = \dfrac{U_2}{I_2}$	$\dfrac{\Delta_{R_2}}{R_2}$	$R_2 \pm \Delta_{R_2}$
电流表外接					

表 4-16-1 中 Δ_R，Δ_U，Δ_I 的计算公式如下

$$\frac{\Delta_R}{R} = \sqrt{\left(\frac{\Delta_U}{U}\right)^2 + \left(\frac{\Delta_I}{I}\right)^2}$$

其中，$\Delta_U = K\% \cdot U_m$，U 为测得值；$\Delta_I = K\% \cdot I_m$，I 为测得值.

由此可见，使电表读数尽可能接近满量程时，测量电阻的准确度高.

将 U_1、I_1 与 U_2、I_2 进行直接比较，可以确定电流表内接还是外接. 本实验可以作进一步分析.

2. 电阻伏安特性测定

数据处理要求：

(1)按表 4-16-2 所示数据进行等精度作图(复习等精度作图规则). 以自变量 U 为横坐标，应变量 I 为纵坐标，且根据等精度原则选取作图比例尺. 例如，电压表准确度 $K = 0.5$，$U_m = 10V$，则 $\Delta_U = 10 \times 0.5\% = 0.05V$，即测量的电压值中小数点后第一位(十分位)是可信值，而百分位为可疑数，故作图时横轴的比例尺应为 1mm＝0.1V. 同理，可定出纵轴 1mm 代表多少 mA.

表 4-16-2

测量序数	1	2	3	4	5	6	7	8
U /V								
I /mA								

(2)从 U-I 图上求电阻 R 值. 在 U-I 图上选取两点 A 和 B（不要选与测量数据相同的点，且 A、B 点尽可能相距远一些，请思考为什么?），由下式求出 R 值.

$$R = \frac{U_B - U_A}{I_B - I_A}$$

3. 二极管正、反向伏安特性曲线测定

数据处理要求：

按表 4-16-3 所示数据进行等精度作图，画出二极管正向伏安特性曲线.

表 4-16-3

测量序数	1	2	3	4	5	6	7	8
U /V								
I /mA								

【思考题】

1. 电流表或电压表面板上的符号各代表什么意义？电表的准确度等级是怎样定义的？怎样确定电表读数的示值误差和读数的有效数字？

2. 滑线变阻器在电路中主要有几种基本接法？它们的功能分别是什么？在图 4-16-4 和图 4-16-6 的线路中滑线变阻器各起什么作用？在图 4-16-6 中，当滑动端 C 移至 A 或 B 时，电压表读数的变化与图 4-16-4 中移动 C 点时的变化是否相同？

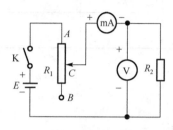

图 4-16-6   变阻器的限流接法

3. 1.5 级 0～3V 的电压表表面共有 60 分格，如以 V 为单位，它的读数应读到小数点后第几位？2.5 级 0～10mA 的毫安表表面共有 50 分格，如以 mA 为单位，它的读数又应读到小数点后第几位？

4. 有一个 0.5 级、量限为 100mA 的电流表，它的最小分度值一般应是多少？最大绝对误差是多少？当读数为 50.0mA 时，相对误差是多少？若电表还有 200mA 的量程，上列各项分别是多少？

5. 用量程为 1.5V/3.0V/7.5V/15V 的电压表和 50mA/500mA/1000mA 的电流表测量额定电压为 6.3V，额定电流为 300mA 的小电珠的伏安特性，电压表和电流表应选哪一量程？若欲测另一额定电压力为 12V 的小电珠，额定电流不知道，这时电压表和电流表的量程如何选取？

6. 提供下列仪表：0～6V 可调直流稳压电源；滑线变阻器 $R_0 = 100\Omega(2A)$ 及 $1k\Omega(0.5A)$ 各一只；0.5 级多量程电流表；0.5 级多量程电压表；待测电阻一只；待校 1.5 级电压表一只．已知电表内阻如下：

$$\begin{cases} \text{量程} \quad (mA):7.5,\ 15,\ 30,\ 75 \\ \text{内阻} \quad R_A(\Omega):3.43,\ 2.31,\ 1.26,\ 0.4 \end{cases}$$

$$\begin{cases} \text{量程} \quad (V):3,\ 7.5,\ 15 \\ \text{内阻} \quad R_V(\Omega):500 \end{cases}$$

(1) 设计一个伏安法测电阻的控制电路，待测电阻 200Ω，电流表内接，电流调节范围 20～30mA，画出电路，并注明电路中各元件的参数．

(2) 设计一个校正电压表的控制电路，待校表量程 5V，内阻 50kΩ，画出电路，并注明电路中各元件的参数．

【附录】   FB321 型电阻元件 *V-A* 特性实验仪使用说明

一、实验仪概述

本实验仪由直流稳压电源、可变电阻器、电流表、电压表及被测元件等五部分组成，电压表和电流表采用四位半数显表头，可以独立完成对线性电阻元件、半导体二极管、钨丝灯泡等电学元件的伏安特性测量．必须合理配接电压表和电流表，才能使测量误差最小，这样可使初学者在实验方案设计中得到锻炼．

二、直流稳压电源技术指标

1. 输出电压:0～2V、0～10V 两挡(连续可调);

2. 负载电流:0～200mA;

3. 输出电压稳定性:优于 $1\times10^{-4}h^{-1}$;

4. 输出波纹:≤1mVrms;

5. 负载稳定性::优于 1×10^{-3};

6. 输出设有短路和过流保护电路,输出电流 ≤200mA;

7. 输出电压调节:分粗调、细调、配合使用;

8. 输入电源:220V±10%,50Hz,耗电≤20W.

三、电阻箱结构和技术指标

1. 整机结构

可变电阻箱由 $(0\sim10)\times1k\Omega$,$(0\sim10)\times100\Omega$,$(0\sim10)\times10\Omega$ 三位可变电阻开关盘构成,如图 4-16-7 所示.

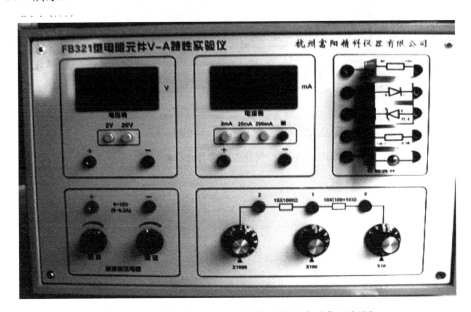

图 4-16-7 FB321 型电阻元件伏安特性实验仪面板图

2. 技术指标

(1)电阻变化范围:$0\sim11\Omega$,100Ω,最小步进量 10Ω;

(2)电阻的功耗值:$(1\sim10)\times1k\Omega$,0.5W;$(1\sim10)\times100\Omega$,1W;$(1\sim10)\times10\Omega$,5W.

3. 使用说明

(1)作变阻器使用:0 号和 2 号端之间电阻等于三个位电阻盘电阻值之和,电阻值为

$0\sim11,100\Omega$,最小步进值为 10Ω;0 号和 1 号端子间电阻值为 $0\sim1100\Omega$,最小步进量为 10Ω;1号和 2 号端子间电阻值为 $0\sim10\text{k}\Omega$,步进量为 $1\text{k}\Omega$.

(2)构成分压器:当电源正极接于 2 号端子,负极接于 0 号端子,从 0 号端、1 号端子上获得电源电压的分压输出,由电压表显示出分电压值.其接线图如图 4-16-8 所示.

由图 4-16-8 得

$$U_0 = E \cdot \frac{R_0 + R_1}{R_0 + R_1 + R_2}$$

式中,U_0 为分压电压输出值;E 为电源电压;R_2 为 $\times1\text{k}\Omega$ 电阻盘示值电阻,可由电阻盘旋钮调节阻值;$(R_1 + R_0)$ 为 $\times100\Omega$ 与 $\times10\Omega$ 电阻盘总电阻,$\leqslant1100\Omega$.

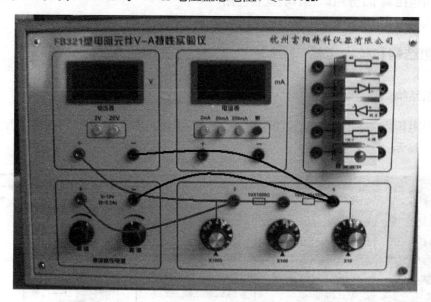

图 4-16-8　FB321 型实验仪分压电路接法(电压表指示分电压)

四、电压表

(1)满量程电压:2V,20V,量程变换由调节转换开关完成.

(2)表头最大显示:19999V.

(3)各量程内阻值:见表 4-16-4.

表 4-16-4

电压表量程	2V	20V
电压表内阻	1MΩ	10MΩ

五、电流表

表头参数:

(1)满量程电流:2mA、20mA、200mA,量程变换由调节转换开关完成.

(2)各量程内阻:见表 4-16-5.

(3)表头最大显示:19999

表 4-16-5

电流表量程	2mA	20mA	200mA
电流表内阻	100Ω	10Ω	1Ω

六、被测元件

1. 仪器设计时, 被测元件采用标准化插件方式接入仪器, 使用和更换待测元件十分便利, 而且用户可根据实验需要增加测试内容. 随机测件参数如下.

(1)电阻器: RJ-2W-10Ω±5%; 安全电压: 20V.

(2)电阻器: RJ-0.5W-10kΩ±5%; 安全电压: 10V.

(3)二极管: 由 NPN9013 型三极管作二极管使用, 最高反向峰值电压为 10V, 正向最大电流≤0.2A(正向压降 0.8V).

(4)稳压管二极管: 1N4735, 稳定电压 6.2V, 最大工作电流 35mA, 工作电流 5mA 时动态电阻为 20Ω, 正向压降≤1V.

(5)钨丝灯泡: 冷态电阻为 10Ω 左右(室温下), 12V, 0.1A 时热态电阻为 80Ω 左右, 安全电压≤13V.

2. 被测元件使用说明:

(1)稳压二极管和普通二极管的正向特性大致相同, 测量时要限制正向电流, 一般不要超过正向额定电流值的 75%, 正向最大电流按给定的工作电流. 稳压管反向击穿电压即为稳压值, 此时要串入电阻箱限制工作电流不超过最大额定工作电流(如不超过 100mA), 否则稳压二极管将从齐纳击穿转变为不可逆转的热击穿, 此时稳压二极管将损坏!

(2)钨丝灯泡冷态电阻较低, 约 10Ω, 如果电压增加太快, 容易造成过载, 提高电压时要缓慢一些, 避免灯丝烧毁.

七、成套性

1. FB321 型电阻 V-A 特性实验仪   1 台

2. 产品合格证   1 份

3. 实验讲义   1 本

4. 专用连接线   8 根

5. 电源线   1 根

6. 保险丝(1A, 已在电源插座中)   2 支

实验 17   薄透镜焦距的测量及成像规律的研究

【发展过程与前沿应用概述】

透镜(lens)广泛应用于显微镜、望远镜、航空航天摄像、数码相机、眼镜等多种领域. 焦距(focal length)是表征透镜光学特性最重要的参数之一, 对它的精确测量直接关系光学仪器的正常使用和技术性能的充分发挥, 并且随着光学技术应用的不断深入, 测量精度的要求越来越

高. 透镜分为两大类:凸透镜和凹透镜. 对于凸透镜焦距的测量方法通常有:准直法、二次成像法、Moiré 条纹同向法、CCD 放大率法、光栅二次调焦法、Talbot 像对称法等. 准直法和二次成像法是物理实验常用的测量方法;凹透镜焦距的测量主要采用直接法(视角法,光发散法等)测量和凸透镜辅助测量等.

在实际工作中,常需要测定不同透镜的焦距以供选择. 因此,掌握测量透镜焦距的方法、熟知其成像规律及学会光路的调节技术,为日后正确使用光学仪器打下良好的基础.

透镜焦距的测量方法有多种,应根据不同的透镜、不同精度的要求和具体实验条件选择合适的方法. 本实验介绍几种常用的方法.

【实验目的及要求】

1. 学会调节光学系统共轴.
2. 掌握薄透镜焦距的常用测定方法.
3. 研究透镜成像透的规律.

【实验仪器选择或设计】

光具座,会聚透镜,发散透镜,物屏,白屏,平面反射镜等.

【实验原理】

透镜分为会聚透镜和发散透镜两类,当透镜厚度与焦距相比甚小时,这种透镜称为薄透镜. 如图 4-17-1 所示,设薄透镜的像方焦距为 f',物距为 p,对应的像距为 p',在近轴光线的条件下,透镜成像的高斯公式为

$$\frac{1}{p'} - \frac{1}{p} = \frac{1}{f'} \qquad (4\text{-}17\text{-}1)$$

故

$$f' = \frac{pp'}{p - p'} \qquad (4\text{-}17\text{-}2)$$

应用上式时必须注意各物理量所适用的符号法则. 本书规定:距离自参考点(薄透镜光心)量起,与光线行进方向一致时为正,反之为负. 运算时已知量须添加符号,未知量则根据求得结果中的符号判断其物理意义.

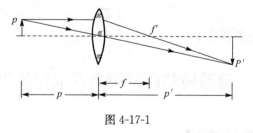

图 4-17-1

1. 测量会聚透镜焦距的方法

(1)测量物距与像距求焦距.

用实物作为光源,其发出的光线经会聚透镜后,在一定条件下成实像,可用白屏接取实像

加以观察,通过测定物距和像距,利用式(4-17-2)即可算出 f'.

(2)由透镜两次成像求焦距.

当物体与白屏的距离 $l > 4f'$ 时,保持其相对位置不变,则会聚透镜置于物体与白屏之间,可以找到两个位置,在白屏上都能看到清晰的像. 如图 4-17-2 所示,透镜两位置之间的距离的绝对值为 d,运用物像的共轭对称性质,容易证明

$$f' = \frac{l^2 - d^2}{4l} \tag{4-17-3}$$

上式表明,只要测出 d 和 l,就可以算出 f'. 由于是通过透镜两次成像而求得的 f',这种方法称为二次成像法或贝塞尔法. 这种方法中不须考虑透镜本身的厚度,因此用这种方法测出的焦距一般较为准确.

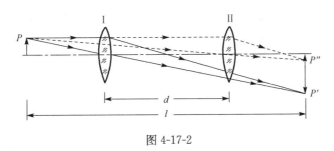

图 4-17-2

(3)自准直法确定焦距.

如图 4-17- 3 所示,当物屏 P 放在透镜 L 的物方焦面上时,由 p 发出的光经过透镜后成为平行光,如果在透镜后放一与透镜光轴垂直的平面反射镜 M,则平行光经 M 反射后仍为平行光,沿原来的路线反方向进行,并成像 P' 于物平面上,P 与 L 之间的距离就是透镜的像方焦距. 这个方法是利用调节实验装置本身使之产生平行光以达到调焦的,所以又称为自准直法.

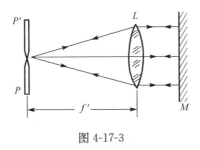

图 4-17-3

2. 测定发散透镜焦距的方法(虚物成像求焦距)

如图 4-17-4 所示,设物 P 发出的光经辅助透镜 L_1 后成实像 P',当加上待测焦距的发散透镜 L 后使成实像 P''. 则 P' 和 P'' 相对于 L 来说是虚物体和实像,分别测出 L 到 P' 和 P'' 的距离,根据式(4-17-2)即可算出 L 的像方焦距 f'.

【实验内容】

1. 在箭形开孔的物屏处加一块毛玻璃(或滤光纸),用光源照亮屏,以此屏平面图形作为物. 这样既使物各点发光均匀,又便于较准确地确定物的位置.

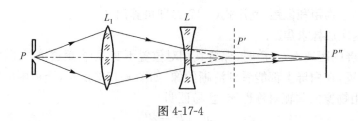

图 4-17-4

2. 共轴调节. 使物、屏的中心处在透镜光轴上,并使透镜光轴与光具座导轨平行,称为共轴调节. 达到共轴不仅能保证近轴光线的条件成立,也能使光具座上的刻度指示数即为光轴上的相应位置共轴调节. 一般分为两步进行,第一步粗调,即用眼睛观察,使物、屏与透镜中心大致在一条与导轨平行的直线上;第二步细调,即移动透镜,当两次成像中心重合即达到共轴,若不重合,需视情况,有针对性地调节各光学元件,直至两次成像的中心重合. 如果系统有两个以上的透镜,先加入一个透镜调节共轴,然后再依次加入透镜,使每次所加透镜都与原系统共轴.

3. 粗测待测凸透镜的焦距.

4. 物距像距法测会聚透镜焦距.

用具有箭形开孔的物屏为物,用光源照明,如图 4-17-1 所示. 使物屏与白屏之间相隔一定的距离(一般大于 $2f'$,为什么?),移动待测透镜,直至白屏呈现出箭形物体的清晰像,记录物、像及透镜的位置. 由式(4-17-2)算出 f'. 改变屏的位置,重复几次,求其平均值.

5. 两次成像法测会聚透镜焦距.

将物屏与白屏固定在相距大于 $4f'$ 的位置,测出它们之间的距离 l,如图 4-17-2 所示. 移动透镜,使屏上得到清晰的像,记录透镜的位置;移动透镜至另一位置,使屏上又得到清晰的像,再记录透镜的位置,由式(4-17-3)求出 f'. 改变屏的位置,重复几次,求其平均值.

6. 自准直法测会聚透镜焦距.

按图 4-17-3 所示,以有空孔的物屏为物,移动透镜 L 并适当调节平面镜的方位,沿光轴方向可看到物屏上出现一倒立的物屏的像,调整透镜位置,使成清晰的像. 测出物屏及透镜的位置,二者之差即为透镜的焦距. 重复几次,取其平均值.

7. 虚物成像法测发散透镜焦距.

按图 4-17-4 所示,先用辅助会聚透镜 L_1 把物屏 P 成像在 P' 屏上,记录 P' 的位置. 然后将待测发散透镜置于 L_1 与 P' 之间的适当位置,并将发散透镜向外移,使屏上重新得到清晰的像 P'',分别测出 P'、P'' 及发散透镜 L 的位置,求出物距 P 和像距 P'(注意 P 应取的符号),代入式(4-17-2),算出 f'. 改变发散透镜的位置,重复几次,求其平均值.

8. 观察会聚透镜成像规律.

观察且列表记录四种情况(即 $S>2f$,$S=2f$,$2f>S>f$,$S<f$)下透镜的成像规律,包括大小、虚实、正倒等(f 为物方焦距值).

9. 比较和评价.

对透镜的不同测量方法的测量结果作比较和评价.

【思考讨论】

1. 为什么要调节光学系统共轴,如何调节光学系统共轴?

2. 实验中为什么用白屏作为接收像屏？可否用黑屏、平面镜、透明玻璃片等？为什么？

3. 分析会聚透镜的几种测量方法中哪种方法更为准确,如何减小实验中的系统误差？

4. 在用辅助透镜测发散透镜焦距时,成像位置判断较难,实验中如何提高？

【探索创新】

1. 试分析比较各种测凸透镜焦距方法的误差来源,提出你对各种方法优缺点的看法.

2. 设计两种测量凹透镜焦距的实验方案,并说明原理及测量方法.

3. 如一凸透镜焦距大于光具座长度,试设计一个实验方案,能在该光具座上测定它的焦距.

【拓展迁移】

[1] 姚旻 ,瞿汉武 ,包良桦. 薄透镜焦距测量实验中焦深问题的研究. 浙江教育学院学报,2009,(2):107-112

[2] 汪莎,刘崇,陈军. 固体激光器腔型结构对热透镜焦距测量的影响. 中国激光,2007,34(10):1431-1435

[3] 龚华平,吕志伟,林殿阳. 透镜焦距对受激布里渊散射光限幅特性的影响. 物理学报,2006,55(6):2735-2739

[4] 李筼,沙定国. 光学透镜焦距测量的熵处理方法. 仪器仪表学报,2004,25(4):817,818

[5] 纪俊,姚混,张权. 利用莫尔条纹的计算机图像测量长焦距透镜焦距. 量子电子学报,2003,20(2):241-245

[6] 程丽红,向阳. 精确测量透镜焦距的一种方法. 大学物理实验,2001,14(3):27,28

实验 18　分光计的调节及三棱镜折射率的测量

【发展过程与前沿应用概述】

分光计通常是利用棱镜或光栅把多色光分解为单色光的仪器. 光线在传播过程中,遇到不同介质的分界面时,会发生反射和折射,光线将改变传播的方向,结果在入射光与反射光或折射光之间就存在一定的夹角. 通过对这些角度的测量,可以测定折射率、光栅常数、光波波长、色散率等许多物理量. 因而精确测量这些角度,在光学实验中显得十分重要.

分光计是一种能精确测量光线偏转角度的精密光学仪器,经常用来测量材料的折射率、色散率、光波波长和进行光谱观测等. 由于该装置比较精密,控制部件较多而且操作复杂,所以使用时必须严格按照一定的规则和程序进行调整,方能获得较高精度的测量结果.

在光学技术中,分光计的应用十分广泛. 所以分光计的调整思想、方法与技巧,在光学仪器中具有一定的代表性,学会对它的调节和使用方法,有助于掌握更为复杂的光学仪器的操作,如与单色仪、摄谱仪等基本部件和调节方法有许多相似之处,因此学习和使用分光计能为今后使用更为精密的光学仪器打下良好的基础. 本实验对于初次使用者来说,往往会遇到一些困难. 但只要在实验调整中认真观察中,弄清调整要求,注意观察出现的现象,并努力运用已有理论知识去分析、指导操作，弄清楚分光计的基本原理、结构及调整思想，在反复练习之后再开始正式实验，一般都能掌握分光计的使用方法，并顺利地完成实验任务.

【实验目的及要求】

1. 了解分光计的构造，掌握分光计的调节和使用方法.
2. 掌握测量棱镜顶角的方法.
3. 用最小偏向角法测定棱镜玻璃的折射率.

【实验仪器选择或设计】

分光计、平面反射镜、玻璃三棱镜、照明装置、汞灯（或钠灯）等.

【实验原理】

分光计主要由 5 个部分组成，即底座、望远镜、载物平台、准直管和读数盘，外形如图 4-18-1所示.

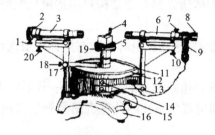

图 4-18-1

1. 狭缝宽度调节螺丝；2. 狭缝套筒紧固螺丝；3. 准直管；4. 夹持架；5. 载物平台；
6. 望远镜筒；7. 目镜套筒紧固螺丝；8. 目镜视度调节手轮；9. 阿贝目镜照明灯；
10. 望远镜主轴水平调节螺丝；11. 载物平台锁紧螺丝；12. 度盘；13. 望远镜微调螺丝；
14. 望远镜与度盘固定螺丝；15. 望远镜止动螺丝；16. 底盘；17. 游标微调螺丝；
18. 游标盘止动螺丝；19. 载物平台水平调节螺丝；20. 准直管主轴水平调节螺丝

1. 底座

它是分光计的基座，中心轴线是分光计的转轴，望远镜、载物平台和读数盘可绕中心转轴转动，准直管装在一个底脚的立柱上.

2. 自准直望远镜

图 4-18-2(a)为望远镜示意图. 它由自准目镜、全反射直角棱镜、分划板（十字叉丝），物镜组成. 常用的自准目镜有高斯式目镜和阿贝式目镜. 实验室的分光计大多采用阿贝目镜，就是在目镜和分划板之间装有全反射直角棱镜，直角棱镜上刻有"十"字，从目镜观察，叉丝的一小部分被直角棱镜挡住，呈现它的阴影.

目镜筒套在安装分划板的套筒内. 调节图 4-18-1 中所示的手轮 8 可改变目镜和分划板的距离. 分划板套筒又套在物镜筒内，前后移动分划板套筒，可改变目镜和分划板相对于物镜的距离. 若在物镜前放一平面镜，使平面镜镜面与望远镜光轴垂直，且分划板位于物镜焦平面上时,则焦平面(分划板)上发出的光(绿十字)经物镜后成平行光射于平面镜,由平面镜反射经物镜后在焦平面(分划板)上形成绿十字反射像,如图 4-18-2(b)所示.

望远镜的倾斜度可用螺丝 10 调节,通过螺丝 14 使望远镜与刻度盘相连.松开螺丝 15,望远镜可绕转轴转动.微调螺丝 13 能使望远镜在小范围内微动.

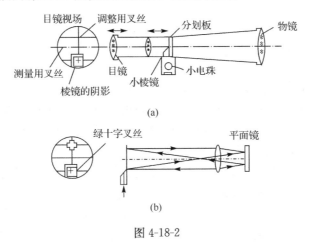

(a)

(b)

图 4-18-2

3. 载物平台

载物平台套在仪器转轴上,是用来放置待测物体的.平台下面的 3 个螺丝 19 用来调节平台的倾斜度.松开螺丝 11,平台可单独绕轴旋转或沿转轴升降.拧紧螺丝 11,载物平台与游标盘相连.松开螺丝 18,载物平台和游标盘一起绕转轴转动.拧紧螺丝 18,微调螺丝 17 可使载物平台和游标盘同时微动.

4. 准直管(平行光管)

准直管用来获得平行光.准直管的一端装有物镜,另一端是套筒(图 4-18-3),套筒末端有一可变狭缝.狭缝宽度由螺丝 1 调节.前后移动狭缝套筒,可改变狭缝与物镜的距离.当狭缝位于物镜的焦平面上时,准直管发出平行光.调节螺丝 20,可改变准直管的倾斜度.

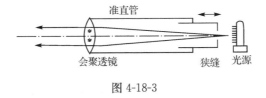

图 4-18-3

5. 读数盘

读数盘有内、外两层,外层是主刻度盘,上面有 $0\sim360°$ 的圆刻度,分度值为 $0.5°$.内盘为游标盘,有两个相隔 $180°$ 的角游标,分度值为 $1'$.望远镜的方位由刻度盘和游标确定.为了消除刻度盘中心与仪器转轴之间的偏心差,测量时,两个游标都应读数.然后算出每个游标两次读数的差,再取平均值.角游标的读数方法与游标卡尺的读数方法相似.如图 4-18-4 所示的位置,其读数为

$$87°+30'+15'=87°45'$$

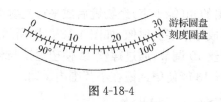

图 4-18-4

6. 用最小偏向角法测定玻璃三棱镜的折射率

玻璃的折射率可以用很多方法和仪器测定,方法和仪器的选择取决于对测量结果精度的要求. 在分光计上用最小偏向角法测定玻璃的折射率,可以达到较高的精度. 但此方法需把待测材料磨成一个三棱镜. 如果是测液体的折射率,可用平面平行玻璃板做一个中空的三棱镜,充入待测的液体,然后用类似的方法进行测量.

三棱镜是分光仪器中的色散元件,其主截面是等腰三角形,顶角指两个折射面的夹角,如图 4-18-5 所示. 光线入射到三棱镜的 AB 面,经折射后由另一面 AC 射出. 入射光和 AB 面法线的夹角 i 称为入射角,出射光和 AC 面法线的夹角 i' 称为出射角,入射光和出射光的夹角 δ 称为偏向角. 理论证明,当入射角 i 等于出射角 i' 时,入射光和出射光之间的夹角最小,称为最小偏向角 δ_{min}. 由图 4-18-5 可知

$$\Delta = (i - r) + (i' - r')$$

其中,r 和 r' 意义见图 4-18-5.

当 $i = i'$ 时,由折射定律得

$$r = r'$$

用 δ_{min} 代替 Δ 得

$$\delta_{min} = 2(i - r) \tag{4-18-1}$$

又因 $r + r' = A$,其中 G 和 A 的意义见图 4-18-5,所以

$$r = \frac{A}{2} \tag{4-18-2}$$

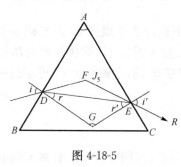

图 4-18-5

由式(4-18-1)和式(4-18-2)得:$i = \dfrac{A + \delta}{2}$,由折射定律得

$$n = \frac{\sin i}{\sin r} = \frac{\sin \dfrac{A + \delta_{min}}{2}}{\sin \dfrac{A}{2}} \tag{4-18-3}$$

由式(4-18-3)可知,只要测出三棱镜顶角 A 和最小偏向角 δ,就可以计算出三棱镜对该波长的入射光的折射率.

顶角 A 和最小偏向角 δ 由分光计测定.

【实验内容】

1. 分光计的调节

分光计的调节要求是:望远镜聚焦于无穷远;准直管发出平行光;准直管与望远镜同轴并

与分光计转轴正交. 调节时,首先用目视法进行粗调,使望远镜、准直管和载物台面大致垂直于分光计转轴,然后按下述步骤和方法进行细调.

(1)用自准法调节望远镜聚焦于无穷远.

① 目镜视度的调节. 点亮目镜照明小灯,转动目镜视度调节手轮 8,使从目镜中能清晰地看到分划板上的黑十字叉丝.

② 将平面镜轻轻贴住望远镜物镜镜筒,使平面镜与望远镜主轴基本垂直. 前后移动分划板套筒,直至从目镜视场中观察到反射回的绿十字像清晰,且绿十字像与分划板上的叉丝间无视差,则望远镜聚焦于无穷远.

(2)调节望远镜主轴垂直于仪器转轴.

① 为了方便调节,将分划板套筒顺时针转动 90°,使目镜视场变为如图 4-18-6 所示状态.

② 将平面镜按图 4-18-7 置于载物平台上,转动载物平台,使镜面与望远镜主轴大致垂直,从目镜中观察由平面镜反射回的绿十字像.

一般地,由于置于载物台上的平面镜与望远镜不互相垂直,所以不能一下子观察到反射绿十字像. 轻缓转动载物平台,使镜面旋转一个小角度. 从望远镜外侧用眼睛观察从平面镜反射回的绿十字像,适当调节望远镜和载物平台的倾斜度,直到转动载物平台时,从目镜中能观察到反射回的绿十字像.

图 4-18-6

③ 通常,绿十字像水平线和分划板调整叉丝水平线(图 4-18-6)不重合,可采用 $\frac{1}{2}$ 调节法来调节. 调节望远镜的水平调节螺丝 10,使两者水平线的差距减小一半;调节载物平台下的调节螺丝(a 或 b),使两者水平线重合.

图 4-18-7

④ 将载物平台旋转 180°,重复步骤③. 这样反复进行调节,直到平面镜的任何一面正对望远镜时,绿十字像与分划板调整叉丝两者水平线都重合. 说明望远镜主轴与平面镜的两个面都垂直,则望远镜主轴垂直于仪器转轴.

(3)调节分划板上十字叉丝水平与垂直. 转动载物平台,从目镜中观察绿十字像是否沿叉丝水平线平行移动,若不平行,则可转动分划板套筒使其平行(注意不要破坏望远镜的调焦),至此,望远镜已调好,可作为基准进行其他调节.

(4)调节准直管发出平行光且准直管主轴与转轴垂直.

① 将已点亮的汞灯置于狭缝前,转动望远镜,从目镜中观察到狭缝的像,前后移动狭缝套筒,改变狭缝与准直管物镜之间的距离,使狭缝像最清晰,此时准直管即发出平行光.

② 转动狭缝套筒,使狭缝呈水平,调节准直管的水平调节螺丝 20,使狭缝像与测量用叉丝水平线重台,则准直管与望远镜共轴,即准直管主轴与仪器转轴垂直.

为了用于测量,转回狭缝套筒,使狭缝竖直放置,复查狭缝像是否清晰. 如不清晰,则按①中要求调节.

至此,分光计已调节完毕.

2. 棱镜顶角的测定

(1)待测三棱镜的调整. 为了测量准确,需调节三棱镜主截面垂直于仪器转轴. 将三棱镜放置在载物平台上,使三棱镜的一光学面 AB 与调节螺丝 a 和 b 的连线垂直,如图 4-18-8 所示. 转动载物平台,使三棱镜 AB 面正对望远镜,调节螺丝 a 和 b(望远镜已调好,不能再调),使 AB 面与望远镜主轴垂直,再转动载物平台,使 AC 面正对望远镜,调节螺丝 c,使 AC 面与望远镜主轴垂直. 反复调节,直至三棱镜两折射面都与望远镜主轴垂直,则三棱镜的主截面垂直于仪器转轴.

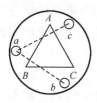

图 4-18-8

(2)用反射法测定三棱镜顶角. 测三棱镜顶角的方法有反射法和自准法等. 图 4-18-9 为反射法测量三棱镜顶角. 将待测棱镜置于载物平台上,使棱镜的顶角对准准直管,由准直管射出的平行光被分成两部分在棱镜的两个工作面上反射. 先转动望远镜,观察平行光经两工作面反射的狭缝像,然后将望远镜转至 T_1 位置,使叉丝中间竖线对准狭缝像的中心,记下望远镜的位置读数 φ_1、φ_1'. 转动望远镜至 T_2 位置,同样记下望远镜的位置读数 φ_2、φ_2',由图 4-18-9 可证得棱镜顶角 A 为

$$A = \frac{\varphi}{2} = \frac{1}{4}\left[(\varphi_2 - \varphi_1) + (\varphi_2' - \varphi_1')\right]$$

重复 5 次,求出棱镜顶角 A.

3. 测量最小偏向角

(1)用汞灯照亮狭缝,将已知顶角为 A 的棱镜置于载物台上,相对位置如图 4-18-10 所示.

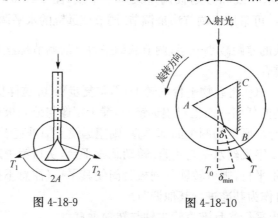

图 4-18-9　　　　　图 4-18-10

(2)转动望远镜至 T 位置,使能清楚地看到汞灯经棱镜色散后所形成的光谱. 缓慢转动载物平台,使谱线往偏向角减小的方向移动,用望远镜跟踪谱线观察(如对准汞的绿谱线). 当载物平台转到某一位置,该谱线不再移动,如继续按原方向转动载物平台,可看到谱线反而往相反方向移动,即偏向角变大. 该谱线反向移动的转折位置即为最小偏向角位置.

(3) 反复试验,找出谱线正向移动的确切位置. 固定载物平台,微动望远镜,使叉丝中间竖线对准谱线中心,记录望远镜在 T 位置的读数 θ 和 θ'.

(4)转动望远镜至 T_0 位置,使叉丝中间竖线对准白色的狭缝中心,记录读数 θ_0 和 θ_0'. 重复 5 次,按公式 $\delta_{\min} = \frac{1}{2}\left[(\theta - \theta_0) + (\theta' - \theta_0')\right]$ 求出 $\delta_{\min}$.

(5)将棱镜转到图 4-18-10 所示的对称位置,使光线向另一侧偏转,同上寻找最小偏向角位置,相应的读数为 θ_1 和 θ_1',则

$$\delta_{\min} = \frac{1}{4}\left[(\theta_1 - \theta) + (\theta_1' - \theta')\right]$$

将测出的三棱镜的顶角 A 和最小偏向角 $\delta_{\min}$ 代入公式

$$n = \frac{\sin\left[\dfrac{1}{2}(A + \delta_{\min})\right]}{\sin\left(\dfrac{1}{2}A\right)}$$

求出棱镜玻璃的折射率 n 并分析误差,注意有关表示角度误差的数值要以弧度为单位.

【思考讨论】

1. 分光计主要由哪几个部分? 各部分的主要作用是什么?

2. 分光计有哪些调节要求? 调节的步骤是什么?

3. 为什么分光计要有两个游标刻度? 计算角度时应注意什么?

4. 怎样用反射法测定棱镜顶角?

5. 何谓最小偏向角? 实验中如何确定最小偏向角的位置?

6. 能否直接用三棱镜代替平面镜进行分光计的调节? 为什么?

7. 用反射法测三棱镜顶角时,为什么要使三棱镜顶角置于载物平台中心附近? 试画出光路图,并分析其原因.

8. 扼要说明用自准法测定棱镜顶角的基本原理和测量步骤.

【探索创新】

1. 设计实验方案,用分光计测量液体折射率.

2. 设计用"自准直法"测量三棱镜顶角的实验方案,并画出数据记录表格.

【拓展迁移】

[1] 王彩霞,陈颖聪. 分光计快速调节法——跟踪法剖析. 物理与工程,2006,16(4):36,37

[2] 诸挥明,梁路光,付妍. 分光计实验中望远镜和载物台调整的一种快速方法. 大学物理实验,2006,19(1):51-54

[3] 唐明杰,刘鹏. 利用分光计测凸透镜焦距. 教学仪器与实验,2005,21(6):25

[4] 金逢锡,顾广瑞. 用三棱镜测量液体折射率的一种方法. 延边大学学报(自然科学版),2005,31(2):100-102

[5] 贾虎. 分光计的一种新调节方法及仪器的改进. 物理与工程,2009,18(5):27-32

[6] 黄英群,李宝河. 分光计调整实验中望远镜光轴的一种极限调节法. 大学物理实验,2008,21(4):36-41

[7] 芦立娟,沈建尧. 分光计观察钠灯谱线的方法及线系归属的研究. 大学物理实验,2004,17(2):16-18

[8] 孙云,孙文斌. 棱镜分光计测量里德堡常数. 安徽工业大学学报,2008,25(4):457-459

[9] 漆成莉,殷德奎. 我国新一代极轨气象卫星红外分光计真空辐射定标试验. 气象科技,2009,37(5):572-575

【阅读材料】

用平面镜调整分光计方法研究.

1."十字像"的作用及调节

"十字像"在分光计调节及实验中所起的作用可归纳为如下四点:
(1)自准值法调望远镜聚焦于无穷远的标志;
(2)调节光轴与转轴垂直的标志;
(3)作为测量标志,如垂直法测棱镜顶角;
(4)元件放置标志,如光栅放置(十字像、叉丝、狭缝像三重合).

可见"十字像"在分光计调节和测量中起着重要作用. 在对"十字像"进行捕捉和调节之前必须先明确两点. 即如果叉丝没有位于物镜的焦平面上,则"十字像"将是模糊的或消失;如果望远镜与平面镜法线有夹角(即使很小)"十字像"将偏离或消失. 还应指出的是"十字像"出现在很小的空间立体角内(不大于20′),从而说明对望远镜及平台倾度调节的幅度都很小,且要求调节过程是足够细致的.

2.调节技巧研究

在分光计调节的几项要求中,难点是掌握使望远镜轴线与平台转轴垂直的方法与技巧. 认真细致的粗调和"半调法"是实现这一步调节的前提和基础,必须熟练掌握. 在实际调节中往往很难保证粗调的质量,仅用半调法是不够的. 下面补充几点辅助调节技巧.

(1)单像跟踪法.

分光计调节的程序一般是先调节目镜看清叉丝,再目视整个系统进行细致的粗调,然后是用自准值法调节望远镜聚焦于无穷远,下一步要调节望远镜光轴与平台转轴垂直. 现在我们分析一下"十字像"的情况,如果平台转动180°前后都能看到"十字像"且位置较合适,那么直接用半调法即可. 如果平台转动用180°前后只有一面能看到"十字像",则无法往下调节. 原因显然是粗调质量不够好. 这里可以采用所谓的"单像跟踪法"进行调节,具体做法是使望远镜对准已看到的"十字像",将其按一定步长(适当选择)用半调法使之移动,再转动平台观察另一面是否有"十字像",如没有,转回平台重复开始的操作,直至两面都能看到十字像,继续使用半调法即可完成调节任务.

(2)边缘像的处理.

在细致粗调的基础上,转动平台两面都能看到"十字像",但位置紧靠视场的边缘,这时如直接用半调法,很可能使其中一面的"十字像"消失. 本着有像胜无像的原则,我们应慎重地处理边缘像. 这里分三种情况进行处理.

第一种情况是两面"十字像"都在同一边缘,据光路分析,此时是望远镜光轴有所偏离,只调望远镜倾度螺丝即可.

第二种情况是两面"十字像"分别在两侧的边缘,这时说明平台有一定偏离,所以只调平台倾度螺丝即可.

第三种情况是只有一面"十字像"在边缘,这时只需对边缘"十字像"用半调法往里收缩即可. 需要指出的是,不管是哪一种情况,对边缘像的处理都要求是十分细致的.

(3)动态平衡调节法

这里还要举出一种新的调节法,即"动态平衡调节法".具体做法是先进行认真细致的粗调(望远镜与平行光管同轴、平台转轴尽量与望远镜光轴同轴),然后是正确放置光学元件(平面镜要垂直于平台下两倾度螺丝连线,三棱镜的两光学表面要对准平台下两倾度螺丝).在此基础上,开始搜索两调节面的"十字像",并记忆此时望远镜筒高度(其中一面),然后对另一面进行调节,使看到"十字像".此时对望远镜高度可任意调节,但需要进一步对平台倾度的谐调节,使望远镜高度基本恢复,然后对第二个面进行同样调节,并再重复此调节,使两光学表面都反射位置合适的"十字像",再进一步细调(半调法),即可完成此步调节.这个调节过程是望远镜高度始终在调,而其平衡位置基本不变,故称为"动态平衡调节法".此方法尤其适用于三棱镜的调节.

实验 19　等厚干涉的应用

【发展过程与前沿应用概述】

牛顿(英国伟大的数学家、物理学家、天文学家和自然哲学家,1642－1727)不仅对力学有伟大的贡献,对光学也有十分深入的研究.自然界中光的干涉现象经常发生.17 世纪下半叶,物理学家牛顿和惠更斯等把光的研究引向进一步发展的道路.1672 年牛顿完成三棱镜的色散理论后,于 1675 年进一步考察胡克研究的肥皂泡薄膜的色彩问题及其他薄膜的干涉现象时,把一个玻璃三棱镜压在一个曲率已知的透镜上,偶然发现了干涉圆环,并对此进行了实验观测和深入研究.牛顿发现,用一个曲率半径很大的凸透镜和平面玻璃相接触,用白光照射时,其接触点处为一暗点,其周围出现明暗相间的同心彩色圆圈,用单色光照射,则出现明暗相间的单色圆圈.这种光的干涉现象被称为"牛顿环".按理说,牛顿发现了牛顿环实验现象,并做了精确的定量测定,可以说已经走到了光的波动说的边缘.牛顿环实验本应可以成为光的波动说的有力证据之一,但由于牛顿过分偏爱他的光的粒子说,始终无法正确解释这个现象.

所以,牛顿环实验现象的解释直到 19 世纪初才得到理论验证.英国科学家托马斯·杨发现利用透明物质的薄片同样可以观察到干涉现象,他进而对牛顿环进行了研究,并用自己创建的光的波动理论解释牛顿环的成因和薄膜的彩色.他第一个近似地测定了七种色的光的波长,从而完全确认了光的周期性.牛顿环干涉现象是对光的波动性的最好证明之一.

牛顿环实验装置十分简单,但在物理学发展史上却放射着灿烂的光芒.物理学家门利用这一装置,做了大量卓有成效的研究工作,推动了光学理论特别是波动理论的建立和发展;杨氏利用这一装置验证了相位跃变理论;阿喇戈通过检验牛顿环的偏振状态,对微粒说理论提出了质疑;斐索用牛顿环装置测定了钠双线的波长差,从而推断钠黄光具有两个强度近乎相等的分量.

在实际工作中,牛顿环干涉现象在光学计量、光学加工和基本物理测量等方面有着广泛应用.例如,常用牛顿环的原理来检验光学元件的粗糙度和平面度或曲面表面的准确度.如果改变凸透镜和平板玻璃间的压力,能使其间空气薄膜的厚度发生微小变化,条纹也会随着移动,用此原理可以精密地测量压力或长度的微小变化量.光的等厚干涉现象是一种重要的、极为常见的光的干涉现象.深入地研究它的基本规律,无疑将极大地加深对光的波动本性的认识以及增加对光的干涉现象众多应用的理解.本实验是利用读数显微镜、牛顿环装置或劈尖来观察分析光的等厚干涉现象,并学习用光的干涉法测量长度.

【实验目的及要求】

1. 掌握用牛顿环测定透镜曲率半径的方法.
2. 掌握用劈尖干涉测定细丝直径(或薄片厚度)的方法.
3. 通过实验加强对等厚干涉现象的观察,并加深对分振幅干涉原理的理解.

【实验仪器选择或设计】

单色光源(钠灯)、读数显微镜、牛顿环仪、两块光学平玻璃板和细丝(或薄片)等.

【实验原理】

1. 牛顿环

牛顿环仪是由待测平凸透镜 L 和磨光的平面玻璃板 P 叠合安装在金属框架 F 中构成(图 4-19-1).框架边上有三个螺旋 H,用以调节 L 和 P 之间的接触,以改变干涉环纹的形状和位置.调节 H 时,不可旋得过紧,以免接触压力过大引起透镜弹性形变,甚至损坏透镜.

当一曲率半径很大的平凸透镜的凸面与一平玻璃板相互接触时,在透镜的凸面与平玻璃板之间形成一空气薄膜,薄膜中心处的厚度为零,越向边缘越厚,离接触点等距离的地方,空气膜的厚度相同,如图 4-19-2 所示.若波长为 λ 的单色平行光投射到这种装置上,则由于空气膜上下表面反射的光波将在空气膜附近互相干涉,两束光的光程差将随着气膜厚度的变化而变化,空气膜厚度相同处反射的两束光具有相同的光程差,形成的干涉条纹为膜的等厚各点的轨迹.这种干涉是一种等厚干涉.

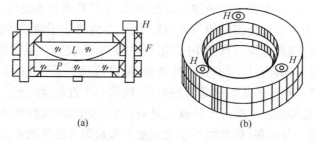

图 4-19-1

在反射方向观察时,将看到一组以接触点为中心的亮暗相间的圆环形干涉条纹,而且中心是一暗斑,如图 4-19-3(a)所示;如果在透射方向观察,则看到的干涉环纹与反射光的干涉环纹的光强分布恰成互补,中心是亮斑,原来的亮环处变为暗环,暗环处变为亮环,如图 4-19-3(b)所示.这种干涉现象最早为牛顿所发现,故称为牛顿环.

在图 4-19-2 中,R 为透镜的曲率半径,形成的第 m 级干涉暗条纹的半径为 r_m,第 m 级干涉亮条纹的半径为 r'_m,不难证明

$$r_m = \sqrt{mR\lambda} \tag{4-19-1}$$

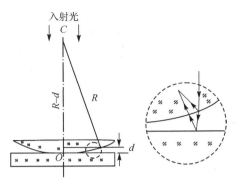

图 4-19-2

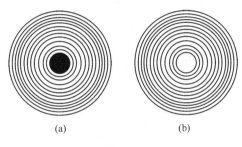

(a)　　　　　　　　(b)

图 4-19-3

$$r'_m = \sqrt{(2m-1)R \cdot \frac{\lambda}{2}} \qquad (4\text{-}19\text{-}2)$$

以上两式表明,当 λ 已知时,只要测出第 m 级暗环(或亮环)的半径,即可算出透镜的曲率半径 R;相反,当 R 已知时,即可算出 λ. 但是,由于两接触面之间难免附着尘埃以及在接触时难免发生弹性形变,因而接触处不可能是一个几何点,而是一个圆斑,所以近圆心处条纹粗且模糊,以致难以确切判定环纹的干涉级数 m,即干涉环纹的级数和序数不一定一致. 因而利用式(4-19-1)或式(4-19-2)来测量 R 实际上是不可能的. 为了避免这一困难并减少误差,必须测量距中心较远的、比较清晰的两个环纹的半径. 例如,测第 m_1 个和第 m_2 暗环(或亮环)的半径(这里 m_1,m_2 均为环序数,不一定是干涉级数,若设 j 为干涉级修正值,则它们的干涉级数分别为 m_1+j 和 m_2+j,因而式(4-19-1)修正为

$$r_m^2 = (m+j)R\lambda \qquad (4\text{-}19\text{-}3)$$

于是

$$r_{m_1}^2 - r_{m_2}^2 = [(m_2+j)-(m_1+j)]R\lambda = (m_2-m_1)R\lambda \qquad (4\text{-}19\text{-}4)$$

上式表明,任意两干涉环的半径平方差和干涉级及环序数无关,而只与两个环的序数之差 (m_2-m_1) 有关,因此,只要精确测定两个环的半径,由两个半径的平方差值就可准确地算出透镜的曲率半径 R,即

$$R = \frac{r_{m_2}^2 - r_{m_1}^2}{(m_2-m_1)\lambda} \qquad (4\text{-}19\text{-}5)$$

又因环心不易确定,故可用环的直径 $D = 2r$ 替换,得

$$D_{m_2}^2 - D_{m_1}^2 = 4(m_2-m_1)R\lambda$$

因而,透镜的曲率半径也可用下式获得

$$R = \frac{D_{m_2}^2 - D_{m_1}^2}{4(m_2 - m_1)\lambda} \tag{4-19-6}$$

由式(4-19-3)还可以看出，r_m^2 与 m 成直线关系，其斜率为 $R\lambda$，因此也可以测出一组暗环(或亮环)的半径 r_m 和它们相应的环序数 m，作 r_m^2-m 的关系曲线，然后从直线的斜率

$$k = R\lambda = \frac{r_{m_1}^2 - r_{m_2}^2}{(m_2 - m_1)}$$

算出 R. 显然和式(4-19-5)的结果是一致的.

2. 劈尖干涉

将两块平板玻璃叠放在一起，一端用细丝(或薄片)将其隔开，则形成一劈尖形空气薄层(图 4-19-4). 若用单色平行光垂直入射，在空气劈尖的上下表面反射的两束光将发生干涉，其光程差 $\Delta = 2l + \frac{\lambda}{2}$. 因为空气劈尖厚度相等之处是一系列平行于两玻璃板接触处(即棱边)的平行直线，所以其干涉图样是与棱边平行的一组明暗相间的等间距的直条纹.

当 $\Delta = (2k+1)\dfrac{\lambda}{2}(k = 0,1,2,\cdots)$ 时，为干涉暗条纹. 与 k 级暗条纹对应的薄膜厚度为

$$h_k = k\frac{\lambda}{2} \tag{4-19-7}$$

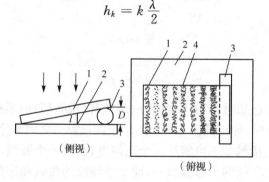

图 4-19-4
1.上玻璃板；2.下玻璃板；3.细丝；4.干涉条纹

由于 k 值一般较大，为了避免数错，在实验中可先测出某长度 L_x 内的干涉暗条纹的间隔数 x，则单位长度内的干涉条纹数为 $n = \dfrac{x}{L_x}$. 若棱边与细丝处的距离为 L，则细丝处出现的暗条纹的级数为 $k = nL$，可得细丝的直径为

$$D = nL\frac{\lambda}{2} \tag{4-19-8}$$

【实验内容】

1. 利用牛顿环测定平凸透镜的曲率半径

(1)借助室内灯光，用眼睛直接观察牛顿环仪，调节框上的螺旋 H 使牛顿环呈圆形，并位于透镜的中心，但要注意螺旋不可旋得过紧.

（2）将仪器按图 4-19-5 所示装置好，直接使用单色扩展光源钠灯照明. 由光源 S 发出的光经玻璃片 G 反射后，垂直进入牛顿环仪，再经牛顿环仪反射进入读数显微镜 M. 调节玻璃 G 的高低及倾斜角度，使显微镜视场中能观察到黄色明亮的视场.

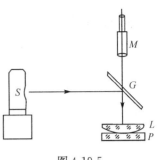

图 4-19-5

（3）调节移测显微镜 M 的目镜，使目镜中看到的叉丝最为清晰，将移测显微镜对准牛顿环仪的中心，从下向上移动镜筒对干涉条纹进行调焦，使看到的环纹尽可能清晰，并与显微镜的测量叉丝之间无视差. 测量时，显微镜的叉丝最好调节成其中一根叉丝与显微镜的移动方向相垂直，移动时始终保持这根叉丝与干涉环纹相切，这样便于观察测量.

（4）通过测量干涉环的半径，计算透镜的曲率半径.

用读数显微镜测量时，由于中心附近比较模糊，一般取 m 大于 3，至于 $(m_2 - m_1)$ 取多大，可根据所观察的牛顿环而定. 但是从减小测量误差考虑，$(m_2 - m_1)$ 不宜太小. 下面举一测量方案供参考.

如图 4-19-6 所示，选取视场中环纹清晰的第 3 暗环到第 22 暗环作为测量范围，自右向左单向测出各环直径两端的位置 x_k, x_k'，即由 x_{22} 开始向左测到 x_3. 越过中心，由 x_3' 继续向左测到 x_{22}' 为止. 各环的半径为 $r_k = \dfrac{1}{2}(x_k' - x_k)$. 取环序差 $m_2 - m_1 = 10$，再用逐差法处理数据，可得

$$\Delta_1 = r_{13}^2 - r_3^2, \Delta_2 = r_{14}^2 - r_4^2, \cdots, \Delta_{10} = r_{22}^2 - r_{12}^2$$

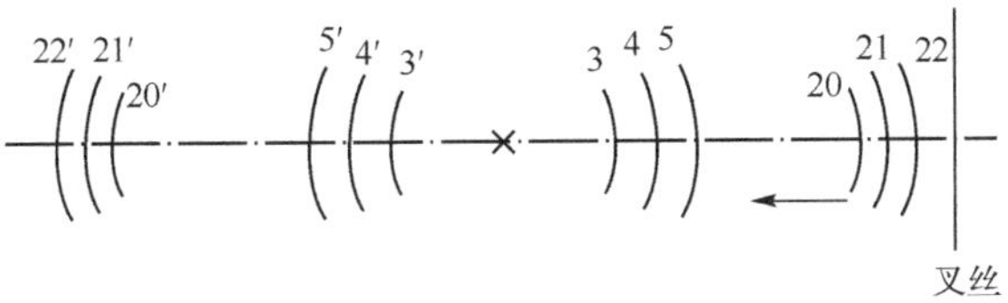

图 4-19-6

（5）将 Δ 的平均值及钠黄光的平均波长 589.3nm 代入式（4-19-5），即可算出透镜的曲率半径 R. 注意测量时先将读数显微镜叉丝移到右边第 24 环，然后左移到第 22 环依次测量（为什么）.

（6）通过测量干涉环的直径，计算透镜的曲率半径.

测出 15 级以上 10 条环的直径. 要求叉丝从左至右或从右至左测量，以差值 $m_2 - m_1 = 5$，用逐差法计算直径平方差的平均值 $\overline{D_{m_2}^2 - D_{m_1}^2}$，代入式（4-19-6）计算出 R.

2. 利用空气劈尖干涉测量细丝的直径（或薄片的厚度）

将劈尖置于干涉测量平台上，照明调节基本同牛顿环，要求清晰地看到干涉条纹且与叉丝间无视差. 调整劈尖，使干涉条纹相互平行且与棱边平行. 测出式（4-19-8）中要求的各量，计算细丝的直径（或薄片的厚度）D.

【思考讨论】

1. 在测量牛顿环干涉各环的直径时,若叉丝交点不是准确地通过圆环的中心,因而测量的是弦长而非真正的直径. 这对实验结果是否有影响? 为什么?

2. 为什么相邻两暗环(或亮环)的间距,靠近中心的要比边缘的大?

3. 本实验有哪些系统误差? 怎样减小?

【探索创新】

1. 设计用牛顿环实验测量液体折射率的实验方案,并说明实验的关键步骤和注意问题.

2. 如果将钠光灯换成白光光源,所观察到的牛顿环有什么特点,请分析讨论.

【拓展迁移】

[1] 张明霞. 牛顿环干涉实验的改进及调节技巧. 甘肃联合大学学报,2009,23(3): 116-118

[2] 陈殿伟,盖啸尘. 牛顿环实验测量结果不确定度的评定. 大学物理实验,2007,20(3): 72-74

[3] 孙青海,唐晓东. 重新认识光的半波损失及牛顿环中心暗斑. 浙江工商大学学报, 2006,(3):61-64

[4] 王雅红. 不同数据采集方法对牛顿环测曲率半径准确度的影响. 物理与工程,2005, 15(4):36-38

[5] 戴薇. 用迈克耳孙干涉仪观察多种不同形式空气劈尖形成的牛顿环. 大学物理实验, 2004,17(3):15-18

[6] 刘才明,许毓敏. 对牛顿环干涉实验中若干问题的研究. 实验室研究与探索,2003, 22(6):13,14

第五章 综合提高物理实验

实验 1 液体表面张力系数的研究

【发展过程与前沿应用概述】

在自然界中,我们可以看到很多表面张力的现象和对张力的运用. 比如,露水总是尽可能地呈球形,而某些昆虫(如水黾),它们则利用表面张力可以在水面上漂浮或爬行,既不会划破水面,也不会浸湿自己的腿. 密度比水大的物体(如镍质钱币或剃须刀片等)也可以通过表面张力浮在水面上. 而洗衣粉的作用之一就是降低水的表面张力,使物体易浸湿.

液体表面由于表面层内分子的作用,存在着一种沿着液面切线方向的张力,称为表面张力. 正是由于这种表面张力的存在使液体的表面犹如张紧的弹性薄膜,有收缩的趋势. 表面张力是液体表面的重要特性,它使得液体的表面总是试图获得最小的、光滑的面积,利用它能说明液态物质所特有的许多现象,如泡沫的形成、毛细现象、浸润现象等. 在工业技术上,浮选技术、液体输送技术、船舶制造、凝聚态物理等方面都要研究液体的表面张力.

测定液体表面张力系数常用的方法有很多,如焦利氏秤拉脱法、毛细管升高法和平行玻璃板法等. 本实验要求通过观察与分析现象得出许多有意义的结论.

(一)拉脱法

【实验目的及要求】

1. 掌握焦利氏秤测量微小力的原理和方法.
2. 学会用拉脱法测定液体的表面张力系数.
3. 观察分析表面张力作用的现象,得出结论.

【实验仪器选择或设计】

焦利氏秤、砝码、烧杯、水、待测金属丝.

【实验原理】

液体分子之间存在作用力,称为分子力,其有效作用半径约为 10^{-8} cm. 液体表面层(厚度等于分子的作用半径)内的分子所处的环境和液体内部分子不同. 液体内部每个分子四周都被同类的其他分子所包围,它所受到的周围分子的合力为零. 但处于液体表面层内的分子,由于液面上方为气相,分子数很少,因而表面层内每个分子受到向上的引力比向下的引力小,合力不为零,即液体表面处于张力状态. 表面分子有从液面挤入液体内部的倾向,使液面自然收缩,直到处于动态平衡,即在同一时间内脱离液面挤入液体内部的分子数和因热运动而到达液面的分子数相等时为止. 因而,在没有外力作用时液滴总是呈球形,即使其表面积缩到最小.

表面张力类似于固体内部的拉伸应力,只不过这种应力存在于极薄表面层内,而且不是由于弹性形变所引起的,是液体表面层内分子力作用的结果.

表面张力的方向沿着液体表面的切线方向,大小可以用表面张力系数来描述.

设想在液面上作一长为 L 的线段,则因张力的作用使线段两边液面以一定的拉力 f 相互作用,且力的方向恒与线段垂直,大小与线段长度 L 成正比,即

$$f = \alpha L \tag{5-1-1}$$

其比例系数 α 称为液体表面张力系数,定义为作用在单位长度直线两边液体的表面张力,单位为 N/m. 实验证明,表面张力系数 α 的大小与液体的种类、纯度、温度和它上方的气体成分有关,温度越高,液体中所含杂质越多,则表面张力系数越小.

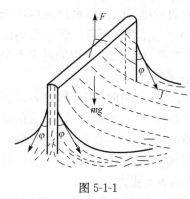

图 5-1-1

拉脱法实验是将一弯成门形的金属丝浸入液体中,然后将其缓慢地拉出水面,此时在金属丝附近的液面会产生一个沿着液面的切线方面的表面张力. 由于表面张力的作用,金属丝四周将带起一个水膜,水膜呈弯曲形状(图 5-1-1). 液体表面的切线与金属丝表面的切线之间的夹角称为接触角. 当将金属丝缓缓地拉出水面时,表面张力 f 的方向将随着液面方向的改变而改变,接触角 φ 逐渐减小而趋向于零. 因此 f 的方向趋向于垂直向下. 在液膜将要破裂前诸力的平衡条件为

$$F = mg + f \tag{5-1-2}$$

其中,F 为将金属丝拉出液面时所加的外力;mg 为金属丝和它所粘附的液体的总重量.

金属丝与水面接触部分的周长为(液膜有两个表面)

$$L = 2(l + d) \tag{5-1-3}$$

其中,l 为金属丝的宽度;d 为金属丝的直径,又因 $l \gg d$,故

$$L \approx 2l \tag{5-1-4}$$

由式(5-1-1)、式(5-1-3)可求得表面张力系数

$$\alpha = \frac{f}{2l} \tag{5-1-5}$$

实验中由于表面张力很小,故用焦利氏秤测金属丝宽度 l 可用游标尺测出(或由实验室给出).

【仪器介绍】

焦利氏秤实际上是一个精细的弹簧秤,常用于测微小力,外形如图 5-1-2 所示. 一金属套管 B 垂直竖立在三角底座上,调节底座上的螺丝 R,可使金属套管处于垂直状态. 带米尺刻度的金属杆 A 套在金属套管内,旋转金属套管下部的升降钮 G,可使套管内的金属杆上升或下降. 金属套管上附有游标 P 和平台 H. 一锥形弹簧 C 挂于横梁 S 上,下端挂一个两头带钩的小镜 I. 小镜穿过固定在支杆上的玻璃管 D 后挂一秤盘 E. 旋动旋钮 F,平台 H 可上下移动,盛有水(或肥皂液)的烧杯放置在平台上. 玻璃管和小镜上均刻有一横刻线,测量时,秤盘中加上砝码后旋动 G,使杆上升,弹簧亦随之上升,使镜中横线与玻璃管上横线及其在镜中的像对齐(三线对齐),用这种方法保证弹簧下端的位置固定,而弹簧的伸长量 ΔL 可由伸长前后米尺与

游标两次读数之差确定. 按照胡克定律, 在弹性限度内, 弹簧的伸长量 ΔL 与所加的外力 F 成正比, 即 $F = K\Delta L$, 式中 K 为弹簧的劲度系数. 对于一个特定的弹簧, K 值是一定的. 如果将已知质量的砝码加在砝码盘中, 测出相应弹簧的伸长量, 由上式即可计算出弹簧的 K 值, 这一步骤称为焦利氏秤的校准. 焦利氏秤校准后, 只要测出弹簧的伸长量, 就可以算出作用于弹簧上的外力 F.

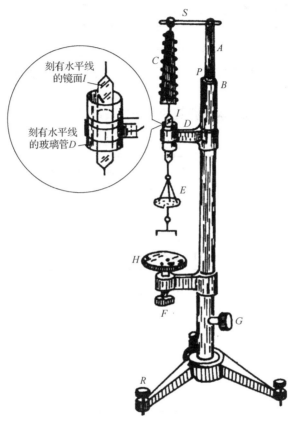

图 5-1-2

【实验内容】

1. 按图 5-1-2 安装各附件 (先不放烧杯及门形金属丝). 调节 R, 使金属套管保持垂直. 当小镜沿竖直方向上下振动时, 不与玻璃管内壁发生摩擦.

2. 测定弹簧的劲度系数 K.

用镊子依次夹 0.2×10^{-3} kg 砝码放入秤盘内, 转动升降钮 G, 使小镜与玻璃管横刻线及像三线对齐, 分别记下米尺与游标上读数 $L_0, L_1, L_2, \cdots$; 再依次从秤盘中取走 0.2×10^{-3} kg 砝码, 记下读数 $L_0', L_1', L_2', \cdots$ 将数据填入表 5-1-1 中, 分别求出加重和减重时读数平均值 $\overline{L_0}, \overline{L_1}, \overline{L_2}, \cdots$. 用逐差法求出弹簧的劲度系数 K 值.

3. 测定水的表面张力系数.

(1) 清洁门形丝. 用氢氧化钠溶液清洗门形丝, 然后在蒸馏水中洗净, 并用酒精仔细擦拭后放入干净的蒸发皿中留待使用.

（2）门形丝待干燥后挂于小钩上，转动升降钮 G 使"三线对齐"，记下此时读数 S_0.

（3）观察液膜的形成与破裂过程. 取下秤盘，用镊子将门形丝挂在小镜下端钩子上；将盛水的烧杯放在平台上，调节升降钮 G，将门形丝浸入水中，然后由液面下缓慢地拉起，直至脱出液面，仔细观察液膜的形成、液膜表面积的不断扩大及最后破裂等一系列过程. 并注意掌握应如何操作才能使液膜被充分地拉伸而又不过早地破裂.

（4）升起平台，直至门形丝全部浸入水中. 转动旋钮 F，使平台徐徐下降，由于门形丝受表面张力的作用，小镜随之下沉. 调节 G，使得三线对齐，再使平台逐渐下降，并同时调节升降钮使得测量过程中时刻保持三线对齐，直至平台下降时小镜的横刻线稳定在此位置上，只要平台再稍下降一点，门形丝就脱出液面时为止. 记下此时读数 S，求出弹簧伸长量 $S-S_0$，将数据填入表 5-1-2 中.

（5）重复步骤（4），共测三次，求出弹簧的平均伸长量 $\overline{S-S_0}$，由下式

$$\alpha = \frac{f}{2l} = \frac{K \cdot \overline{S-S_0}}{2l} \tag{5-1-6}$$

求出水的表面张力系数 α 值，并求出其不确定度，正确写出测量结果（门形丝的宽度由实验室给出）.

【数据处理】

表 5-1-1　弹簧劲度系数 K 的测定

次数 i	砝码质量 $m /(\times 10^{-3}\text{kg})$	增重时读数 $L_i /(\times 10^{-2}\text{m})$	减重时读数 $L_i' /(\times 10^{-2}\text{m})$	平均值 $\overline{L_i'} /(\times 10^{-2}\text{m})$	逐差法求平均值 $\overline{\Delta L} = \frac{1}{3}\sum\limits_{i=0}^{2} \mid \overline{L_{i+3}} - \overline{L_i} \mid /(\times 10^{-2}\text{m})$
0	0				
1	0.200				
2	0.400				
3	0.600				
4	0.800				
5	1.000				

表 5-1-2　水的表面张力系数的测定

平均水温 $t=$ _____ ℃，门形丝宽度 $l=$ _____ m

t℃水的表面张力系数标准值 $\alpha_0=$ _____ N/m　（注：标准值 α_0 可由附录中查得）

实验次数	$S_0 /(\times 10^{-2}\text{m})$	$S /(\times 10^{-2}\text{m})$	$S-S_0 /(\times 10^{-2}\text{m})$	$\overline{S-S_0} /(\times 10^{-2}\text{m})$
1				
2				
3				

【分析讨论】

1. 液体的表面张力是怎样形成的？

2. 液体的表面张力与哪些因素有关？

【注意事项】

1. 取弹簧要小心,勿使弹簧粘在一起,切勿使弹簧负荷超过规定值,以防止超过弹性限度而产生残余形变.用毕应立即放回盒里.

2. 注意保护金属丝和砝码,一定要用镊子拿取,不允许掉在地上.

3. 实验室使用的器皿与金属丝必须保持清洁,待测液体切勿混入杂质,应在开始测定表面张力时才从容器中取出.

4. 烧杯放在平台上,调节平台时应小心、轻、缓,防止因平台脱出打破烧杯或使烧杯跌落地上.

5. 测定表面张力时动作必须轻缓,应注意液膜必须充分地被拉伸开,且不能使其过早地破裂,并应注意避免因称身振动而导致测量失败或测量不准.

(二)毛细管法

【实验目的及要求】

学会用毛细管法测液体表面张力系数.

【仪器用具选择或设计】

读数显微镜,广口杯,毛细管.

【实验原理】

把半径为 r 的毛细管插入盛在广口杯中密度为 ρ 的液体中,当液体能够完全浸润毛细管的管壁时,则液体在管中上升的高度 h 为

$$h = \frac{2\alpha}{r\rho g} \tag{5-1-7}$$

式中,g 为重力加速度.若有两个半径分别为 r_1,r_2 的毛细管同时插入液体中,其液体上升高度分别为 h_1,h_2,则

$$h_1 = \frac{2\alpha}{r_1\rho g} \tag{5-1-8}$$

$$h_2 = \frac{2\alpha}{r_2\rho g} \tag{5-1-9}$$

式(5-1-8)、式(5-1-9)相减可得

$$h_2 - h_1 = \frac{2\alpha}{\rho g}\left(\frac{1}{r_2} - \frac{1}{r_1}\right) = \frac{2\alpha(r_1 - r_2)}{\rho g r_1 r_2}$$

由上式可得

$$\alpha = \frac{\rho g r_1 r_2 (h_2 - h_1)}{2(r_1 - r_2)} \tag{5-1-10}$$

可见知道了 r_1,r_2,h_1,h_2,ρ,即可按式(5-1-10)求出 α.

如果考虑到凹面周围水的体积的影响时,式(5-1-7)、式(5-1-8)中液面上升的高度 h 应增加一修正值 $\frac{1}{3}r$,故式(5-1-10)经修正后为

$$\alpha = \frac{\rho g r_1 r_2}{2(r_1 - r_2)}\left[h_2 - h_1 - \frac{1}{3}(r_1 - r_2)\right] \tag{5-1-11}$$

【实验内容】

1.用一根公用支架,将二毛细管夹在一起铅直地悬挂起来,并插入盛水的烧杯中,上下升降烧杯,使得毛细管管壁充分浸润.

2.用读数显微镜测定二毛细管内水凹面最低点的高度差($h_2 - h_1$),测量毛细管的孔径 $2r_1, 2r_2$.

3.测定水温,并求实验温度下水的表面张力系数.

【分析讨论】

1.试分析实验产生误差的原因?

2.毛细管孔径不均匀时,将会出现什么现象?怎样消除由此带来的误差?

3.为什么毛细管要清洗干净?否则会给实验结果带来什么影响?

(三)平行玻璃板法

【实验目的及要求】

学会用平行玻璃板法测液体表面张力系数.

【仪器用具选择或设计】

读数显微镜,平行玻璃板,铁架台.

【实验原理】

两个相距为 d 的平行玻璃板浸入水中,由于水对玻璃是浸润的,则水在平行玻璃板间上升且呈现圆柱形凹液面.

在玻璃很干净,接触角近似为零时,可证液面上升的高度 h 与液体表面张力系数 α 的关系为

$$\alpha = \frac{1}{2}\rho g h d \tag{5-1-12}$$

式中,ρ 为纯水的密度;g 为重力加速度;d 为间隔层厚度.

考虑到圆柱凹液面高出 h 部分的影响后,可证水面高度应增加 $\frac{4-\pi}{8}d$ 的修正值,故式(5-1-12)修正为

$$\alpha = \frac{1}{2}\rho g d\left(h + \frac{4-\pi}{8}d\right) \tag{5-1-13}$$

由于高度 h 不易测量,可用双间隔层厚度分别为 d_1, d_2 的三块平行板装置.此时,将其插入水中,在两个玻璃板间层中液面上升高度分别为 h_1, h_2 且有

$$\frac{2\alpha}{d_1} = \rho g\left(h_1 + \frac{4-\pi}{8}d_1\right)$$

$$\frac{2\alpha}{d_2} = \rho g \left(h_2 + \frac{4-\pi}{8} d_2 \right)$$

两式相减得

$$\alpha = \frac{\rho g \left[(h_1 - h_2) - \dfrac{4-\pi}{8}(d_2 - d_1) \right] d_1 d_2}{2(d_2 - d_1)} \tag{5-1-14}$$

测定了 d_1, d_2 和两间隔层液面高度差 $(h_2 - h_1)$，即可由式(5-1-14)求得表面张力系数 α.

【实验内容】

1. 在三块用洗涤液清洗干净的玻璃板间隔层间的两边分别平行地夹两根直径相同且均匀的细金属丝，然后用有机玻璃夹持起来即为本实验所用之装置.

2. 在充分浸润后用读数显微镜测定二间隔层内的最低点的高度差 $(h_1 - h_2)$，即二间隔层距离高度 d_1, d_2.

3. 测水温，并求出实验温度下水的表面张力系数.

【分析讨论】

1. 试分析实验产生误差的原因？

2. 平行玻璃板间隔层宽度不均匀时，将会产生什么现象？怎样消除由此带来的误差？

3. 为什么玻璃板要清洗干净？否则会给实验结果带来什么影响？

(四)垂滴法

【原理概述】

垂直细玻璃管底部的液滴欲掉而未掉时，由于重力和表面张力的作用，形成底部呈球形且靠近玻璃管部分成柱状的液滴. 设球的半径为 R，则球表面内外压强差为 $\dfrac{2\alpha}{R}$，其中 α 为液体的表面张力系数. 若液滴水平截面的最大直径为 $2X_m$，从底面算起高 $2X_m$ 处液滴表面内外压强差为 $\alpha\left(\dfrac{1}{R_1} + \dfrac{1}{R_2}\right)$，其中 R_1、R_2 为高 $2X_m$ 处液滴的主曲率半径. 当液滴是轴对称时，近似有

$$\rho g \cdot 2X_m = \frac{2\alpha}{R} - \left(\frac{1}{R_1} + \frac{1}{R_2} \right)\alpha$$

或

$$2\rho g X_m^2 = \alpha X_m \left(\frac{2}{R} - \frac{1}{R_1} - \frac{1}{R_2} \right)$$

令

$$2J = \left[X_m \left(\frac{2}{R} - \frac{1}{R_1} - \frac{1}{R_2} \right) \right]^{-1}$$

则有

$$2\rho g X_{\mathrm{m}}^2 = \frac{\alpha}{2J}$$

从而

$$\alpha = 4J\rho g X_{\mathrm{m}}^2$$

式中，ρ 为液滴的密度；g 为重力加速度.

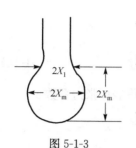

图 5-1-3

在测定了高 $2X_{\mathrm{m}}$ 处的横截面的半径 X_1（图 5-1-3），并求出 $\dfrac{X_1}{X_{\mathrm{m}}}$ 后，可由表 5-1-3 查出 J 值.

表 5-1-3

X_1/X_{m}	0.68	0.69	0.70	0.71	0.72	0.73	0.74	0.75
J	0.8674	0.8347	0.8938	0.7745	0.7464	0.7179	0.6945	0.6704
X_1/X_{m}	0.76	0.77	0.78	0.79	0.80	0.81	0.82	0.83
J	0.6474	0.6255	0.6046	0.5846	0.5655	0.5473	0.5298	0.51305
X_1/X_{m}	0.84	0.85	0.86	0.87	0.88	0.89	0.90	0.91
J	0.4970	0.48165	0.4668	0.4527	0.4391	0.4260	0.4134	0.4012

【探索创新】

浮水硬币实验——表面张力研究

由于表面张力，密度比水大的硬币会浮在水面上，水中的蜡烛或玻璃棒靠近浮水硬币时会相斥，本实验要求通过观察与分析这些现象得出许多有意义的结论.

固体与液体接触时，如果固体与液体分子间的吸引力大于液体分子间吸引力，液体与固体的接触面扩大而相互附着在固体上，这种现象称为浸润；如果固体与液体分子间的吸引力小于液体分子间吸引力，液体与固体表面不相互附着，这种现象称为不浸润. 由于水与玻璃浸润，玻璃管中的水面显凹面；反之，水与蜡不浸润，蜡管中的水面显凸面.

仪器用具：游标卡尺，千分尺，烧杯，硬币，蜡烛，玻璃管，酒精，天平，玻璃杯等.

研究内容：

1）研究的基本内容

（1）用游标卡尺测出各面值的硬币直径，用千分尺测出其厚度，用天平称出其质量，算出硬币在水中的浮力、表面张力.

（2）在烧杯内注入水，小心地把硬币放在水面上（放入前硬币必须保持干燥），观察哪些面值的硬币能浮在水上？

（3）对硬币的受力分析后，计算出浮力加上表面张力是否等于重力（表面张力方向近似为向上）？ 如不等，为什么能平衡？

（4）使硬币浮在水面上，分别用蜡烛、玻璃管小心插入水中，慢慢靠近硬币，观察并记录现象，并进行受力情况的分析.

（5）用丝绸摩擦过的有机玻璃棒靠近浮水硬币边缘外的水面上时，有什么现象产生？为什么？

(6)将两枚浮水硬币相距 1cm 左右,观察到什么现象? 它们是否会自动合拢在一起? 为什么?

(7)试设计几种方法,可使两枚合拢的浮水硬币分开,并实验之.

2)研究的提高内容

(1)取一个玻璃杯,注入水,小心放置硬币在水面上,观察浮水硬币在水面上位置,待静止后,观察硬币在水面上的位置,取出硬币,再注入水直到水面超过玻璃杯口,但水没溢出. 然后小心放置硬币在水面上,观察此时硬币在水面上的位置,试分析硬币在上述两种条件下所处平衡位置不同的原因. 取两个大小不同的烧杯(如直径小于 5cm 的烧杯与直径大于 15cm 的烧杯),分别注入烧杯容量 3/4 的水,小心放置硬币在水面上,观察这两种情况下硬币在水面上的位置有什么不同? 为什么?

(2)将酒精轻轻地滴在浮水硬币旁的水面上,观察有什么现象产生? 试分析之.(纯酒精在 25.2℃ 时的表面张力系数为 $71.95 \times 10^{-3} \mathrm{N/m}$).

(3)在蜡烛表面涂以少许洗洁精,重复研究内容,观察其结果有何区别,并分析之.

3)研究内容拓展

(1)将洗洁精轻轻地滴在有浮水硬币的水面上,过一段时间,观察有什么现象产生? 用不同面值的硬币做此实验,有何区别? 试分析之.

(2)硬币可以浮在水上,也可以浮在洗洁精上,是否可以浮在水与洗洁精的混合溶液上? 水与洗洁精的混合比例是否对实验现象有影响? 试以实验证明之.

(3)在硬币表面涂上一些洗洁精并擦干,还能浮在水上吗? 分析其原因.

(4)铝质瓶盖代替硬币进行实验. 所见现象与硬币实验有何异同? 分析其原因.

(5)向铝盖内注水,但不下沉,重复上述实验.

(6)把水注入玻璃杯内直到水将要溢出为止,在杯的边缘轮换滴上酒精与水,观察有什么现象产生.

(7)把两块有机玻璃板叠放在一起,用什么方法拿起上面一块有机玻璃的同时下面一块有机玻璃板也被提起? 阐述其原理,如果下面一块粘上物体,粘上物体最大有多重时下面一块有机玻璃板不会掉下,估计此时两块板接触面积.

(8)观察把水滴滴在不同材料平面上形成的形状,如果这些平面涂有一层油,情况如何?

【拓展迁移】

[1] 郭瑞. 表面张力测量方法综述. 计量与测试技术,2009,36(4):62-64

[2] 梅策香,王广平,柳钰. 液体表面张力系数与温度和浓度的关系实验研究. 咸阳师范学院学报,2008,23(6):21,22

[3] 王凤坤,吴江涛,刘志刚. 激光散射法测量液体表面张力系统的研制. 西安交通大学学报,2006,40(9):1006-1009

[4] 孙志伟,任昭君,赵铁军. 液体表面张力对混凝土断裂能及其应变软化的影响. 工程建设,2007,39(3):6-9

[5] 冷雪松,王画华,王开明. 基于力敏传感器测量的液体表面张力系数. 辽宁科技大学学报,2008,31(5):466-469

实验 2 金属材料杨氏模量测定

【发展过程与前沿应用概述】

1807 年英国物理学家托马斯·杨（Thomas Young，1773－1829）在研究材料的形变时提出了弹性模量的概念，为此后人称弹性模量为杨氏模量.

力作用于物体所引起的效果之一是使受力物体发生形变，物体的形变可分为弹性形变和塑性形变. 固体材料的弹性形变又可分为纵向、切变、扭转、弯曲，对于纵向弹性形变可以引入杨氏模量来描述材料抵抗形变的能力. 杨氏模量是表征固体材料性质的一个重要的物理量，是工程设计上选用材料时常需涉及的重要参数之一，一般只与材料的性质和温度有关，与其几何形状无关. 根据胡克定律，在物体的弹性限度内，应力与应变成正比，比值称为材料的弹性模量即杨氏模量，它是表征材料性质的一个物理量，仅取决于材料本身的物理性质. 杨氏模量的大小标志了材料的刚性，杨氏模量越大，越不容易发生形变.

杨氏弹性模量是选定机械零件材料的依据，是工程技术设计中常用的重要参数. 杨氏模量的测定对研究金属材料、光纤材料、半导体、纳米材料、聚合物、陶瓷、橡胶等各种材料的力学性质有着重要意义，还可应用于机械零部件设计、生物力学、地质等领域.

测量杨氏模量的方法一般有拉伸法、梁弯曲法、振动法、内耗法等，近年来还出现了利用光纤位移传感器、莫尔条纹、电涡流传感器和波动传递技术（微波或超声波）等实验技术和方法测量杨氏模量. 本实验用静态拉伸法测定金属丝的杨氏模量. 实验中采用光杠杆放大原理测量金属丝的微小伸长量，即光杠杆法. 光杠杆法是一种测量微小长度变化的简便方法，可以实现非接触式的放大测量，且直观、简便、精度高，所以在物理实验中常被采用.

【实验目的及要求】

1. 学习用静态拉伸法测定金属丝杨氏模量的方法.
2. 学习使用光杠杆测微小长度的变化，学会使用望远镜.
3. 学会使用逐差法处理数据.

【实验仪器选择或设计】

杨氏模量测定仪，螺旋测微器，钢卷尺，钢板尺等.

【实验原理】

金属材料在外力作用下，产生内应力和形变. 当外力不是很大的情况下，形变后撤去外力仍能恢复原形的形变称为弹性形变，如图 5-2-1 中 AB 段的线性变化. 当外力过大，撤消外力后形变不能恢复原形状，称为塑性形变，如图 5-2-1 中 BC 段. 当外力再加大到 C 时，材料发生断裂. 该实验仅在 AB 段的弹性范围内进行，因此外力不能过大.

设长为 L，截面积为 S 的金属丝（或棒），沿长度方向受一外力 F 作用后，伸长了 δL，金属丝单位横截面上受到的力 $\dfrac{F}{S}$ 称为应力，相对伸长量 $\dfrac{\delta L}{L}$ 称为应变，在弹性范围内，由胡克定律

可知物体的应力与应变成正比,即

$$\frac{F}{S} = E\frac{\delta L}{L} \tag{5-2-1}$$

式中的比例系数

$$E = \frac{F/S}{\delta L/L} \tag{5-2-2}$$

称为材料的弹性模量,其大小取决于材料的性质,是表示金属抗应变能力的物理量.式中各量均为 SI 单位,E 的单位为 Pa(1Pa = 1N/m²).杨氏模量越大的材料,要使它发生一定的相对形变所需的单位横截面积上的作用力也越大.几种材料的杨氏模量如表 5-2-1 所示.

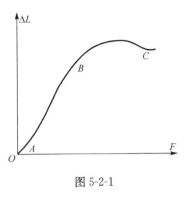

图 5-2-1

表 5-2-1 几种材料的杨氏模量

材料	玻璃	铝	铜	铁	钢
弹性模量/10Pa	0.55	0.7	1.1	1.9	2.0

本实验测定钢丝的弹性模量,横截面为圆形,直径为 d,则式(5-2-2)变为

$$E = \frac{4FL}{\pi d^2 \delta L} \tag{5-2-3}$$

可见,只要测出式(5-2-3)中右边各量,则可算出弹性模量 E.式中 F(外力)、L(金属丝原长)、d(金属丝直径)均容易测定,只有 δL 是一微小伸长量,很难用普通测长度的仪器测准.为此采用光杠杆法,利用光杠杆和望远镜尺组测量微小长度的变化,可对 δL 进行较为精确的测量.

1. 杨氏模量仪

杨氏模量仪如图 5-2-2 所示,三角底座上装有两根立柱和底角螺丝.通过调节底角螺丝,使立柱铅直,由立柱下端的水平仪来判断.金属丝的上端夹紧在横梁上的夹头中.立柱的中部有一个可以沿立柱上下移动的平台,用来承托光杠杆.平台上有一个圆孔,孔中有一个可以上下滑动的夹头,金属丝的下端夹紧在夹头中.夹头下面有一个挂钩,可挂砝码托,用来承托拉伸金属丝的砝码.平台上的光杠杆及望远镜尺组是用来测量微小长度变化的实验装置.

2. 光杠杆及望远镜尺组

光杠杆构造如图 5-2-3(a) 所示,在"T"形横架上装一平面反射镜,横架下面有三个支点 f_1,f_2,f_3,f_3 到 f_1,f_2 连线的垂直距离 b 称为光杠杆常数.测量时调节平面镜与横架大致垂直,将两前支点 f_1,f_2 放在固定不动的平台沟槽内,后支点 f_3 放在金属丝的圆柱夹头上(夹头的位置随金属丝长度的变化而变化),当金属丝有微小长度变化时,支点 f_3 随着长度的变化而升降,平面镜也将以 f_1,f_2 为轴转动.设转过的角度为 a,根据反射定律可知,平面镜反射线转过 $2a$ 角,如图 5-2-3 (b) 所示.配合光杠杆进行读数的部分是镜尺装置,它由一个与被测长度变化方向平行的标尺和尺旁的望远镜组成,望远镜水平地对准光杠杆镜架上的平面反射镜,平面反射镜与标尺的距离为 D,金属丝原长时由望远镜看到标尺示值为 x_0,长度变化 δL 后,标尺示值为 x_1,由几何关系可知

$$\tan 2a = \frac{|x_i - x_0|}{D} = \frac{\Delta x_i}{D} \tag{5-2-4}$$

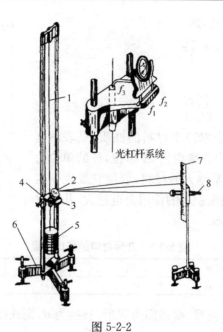

图 5-2-2

1.金属丝；2.光杠杆；3.平台；4.挂钩；5.砝码；6.三角底座；7.标尺；8.望远镜

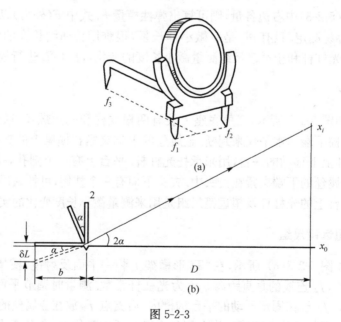

图 5-2-3

$$\tan a = \frac{\delta L}{b} \tag{5-2-5}$$

当 δL 很小，即 $2a < 5$ 时有

$$2a \approx \frac{\Delta x_i}{D}, \quad a = \frac{\delta L}{b}$$

可得

$$\delta L = \frac{b \Delta x_i}{2D} \tag{5-2-6}$$

由上式可知,光杠杆的作用在于将微小的长度变化量 δL 放大为标尺上的位移 Δx_i, D 越大, Δx_i 越大. 将式(5-2-6)代入式(5-2-3)有

$$E = \frac{8FLD}{\pi d^2 b \Delta x} \tag{5-2-7}$$

【实验内容】

1. 杨氏模量仪的调整

(1)调节杨氏模量仪三角底座上的螺丝,使立柱铅直.

(2)将光杠杆放在平台上,支点 f_1, f_2 放在平台前面的横槽内, f_3 放在活动金属丝夹头上,但不可与金属丝相碰. 调整平台的上下位置,使 f_1, f_2, f_3 位于同一水平面上.

(3)在砝码托上加 1kg 砝码,把金属丝拉直,检查金属丝夹头能否在平台的孔中自由地上下滑动.

2. 光杠杆及望远镜尺组的调节

(1)外观对准. 将望远镜尺放在离光杠杆镜面 1.5～2.0m 处,并使二者在同一高度. 调整光杠杆镜面与平台面垂直,望远镜成水平,并与标尺垂直.

(2)镜外找像. 从望远镜上方观察光杠杆镜面,应看到镜面中有标尺的像. 若没有标尺的像,可左右移动望远镜尺组或微调光杠杆镜面的垂直程度,直到能观察到标尺像为止. 只有这时,来自标尺的入射光才能经平面镜反射到望远镜内.

(3)镜内找像. 先调望远镜目镜,看清叉丝后,再缓慢调节物镜,直到看清标尺的像.

(4)细调对零. 观察到标尺像后,再仔细地调节目镜和物镜,使其既能看清叉丝又能看清标尺像,且没有视差. 最后仔细调整光杠杆镜面,直到能观察到标尺零刻度附近刻度的像.

3. 测量

采用等增量测量法.

(1)首先记下望远镜中标尺上的初读数 x_0 及每增重 1kg 后的读数 x_i,共 7 次.

(2)再将所加的 7kg 砝码依次减少 1kg,并记下每次相应的标尺读数 x_i. 注意加减砝码时,要轻取轻放,勿使砝码托振动或摆动,并将砝码缺口交叉放置,以免掉下.

(3)用钢卷尺测量光杠杆镜面到标尺的距离 D 和金属丝的长度 L.

(4)用钢板尺测出光杠杆常数 b(取下光杠杆,将三个支点记录在白纸上,作图后再进行测量).

(5)用螺旋测微器测量金属丝的直径 d,选择金属丝的上、中、下三处来测量. 每处都要在相互垂直的方向上各测一次,共 6 次,求其平均值.

【数据处理】

1. 各个单次测量值

$D = \underline{\hspace{2cm}} \pm u_D$ (cm);　$\Delta_D = 0.2$ cm

$b =$_____$\pm u_b$(cm)；　Δ_b 为游标卡尺的最小读数

$L =$_____$\pm u_L$(cm)；　$\Delta_L = 0.2$ cm

2. 望远镜中标尺的读数(表 5-2-2)

表 5-2-2

测量次数	砝码质量 m/kg	望远镜标尺读数			$\Delta x_i = \overline{x_{i+4}} - \overline{x_i}$	$\Delta(\Delta x_i)$
		加砝码时 x_i/cm	减砝码时 x_i'/cm	平均值 $\overline{x_i}$/cm		
1	m_1					
2	$m_1 + 0.5$					
3	$m_1 + 1.0$					
4	$m_1 + 1.5$					
5	$m_1 + 2.0$					
6	$m_1 + 2.5$					
7	$m_1 + 3.0$					
8	$m_1 + 3.5$					
				平均		

$\sigma_{\Delta x} = \sqrt{S_{\Delta x}^2 + \Delta_{仪}^2}$,　$\Delta x + \sigma_{\Delta x} =$_____(cm)

3. 钢丝直径的测量(表 5-2-3)

螺旋测微器零查:_____cm

表 5-2-3

测量次数	1	2	3	4	5	平均值
d/cm						
Δd/cm						

$$S_d = \sqrt{\frac{\sum_{i=1}^{n}(d_i - \bar{d})^2}{n-1}}$$

$$U_d = \sqrt{S_d^2 + \Delta_{仪}^2}, \quad \Delta_{仪} = \Delta_{千} = 0.0005 \text{cm}$$

$$d = (\bar{d} \pm U_d) \text{ cm}$$

4. 逐差法处理数据

从误差理论知道,算术平均值能接近真值,但是在某些实验中如果简单地取各次测量的平均值,并不能达到好的效果,如本实验中望远镜标尺读数 $x_1, x_2, x_3, \cdots, x_8$ 取相邻差值

$$\Delta x = x_2 - x_1, \Delta x_2 = x_3 - x_2, \cdots, \Delta x_7 = x_8 - x_7$$

由此得到平均值

$$\Delta x = \frac{\Delta x_1 + \Delta x_2 + \Delta x_3 + \Delta x_4 + \Delta x_5 + \Delta x_6 + \Delta x_7}{7}$$

$$= \frac{(x_2 - x_1) + (x_3 - x_2) + \cdots + (x_8 - x_7)}{7}$$

$$= \frac{x_8 - x_1}{7}$$

可以看出,中间值全部抵消,只有始末两次测量值起作用,与一次加七个砝码单次测量相同. 为了保证中间各次测量值不抵消,发挥多次测量优越性,可把数据分成前后两组:一组是 $x_1, x_2,$ x_3, x_4;另一组是 x_5, x_6, x_7, x_8,去对应项的差值

$$\Delta x_1 = x_5 - x_1, \quad \Delta x_2 = x_6 - x_2, \quad \Delta x_3 = x_7 - x_3, \quad \Delta x_4 = x_8 - x_4$$

求平均值得

$$\Delta x = \frac{\Delta x_1 + \Delta x_2 + \Delta x_3 + \Delta x_4}{4}$$

$$= \frac{(x_5 - x_1) + (x_6 - x_2) + (x_7 - x_3) + (x_8 - x_4)}{4}$$

这种处理数据的方法称为逐差法,注意 Δx 是增加四个砝码($F = 4 \times 0.5 = 2\text{kg}, f = 1.96\text{N}$)的平均值.

5. 将所有的测试数据代入式(5-2-7)计算 E,并求出测量结果的总合成不确定度 σ_E,写出杨氏弹性模量结果的标准式

$$E = \frac{8FLD}{\pi d^2 b \Delta x} \quad (\text{N/m}^2)$$

$$E_E = \sqrt{\left(\frac{\sigma_D}{D}\right)^2 + \left(\frac{\sigma_L}{L}\right)^2 + \left(\frac{\sigma_b}{b}\right)^2 + \left(\frac{2\sigma_d}{d}\right)^2 + \left(\frac{\sigma_{\Delta x}}{\Delta x}\right)^2}$$

$$\sigma_E = E \cdot E_E \, (\text{N/m}^2)$$

$$E \pm \sigma_E = \underline{\qquad\qquad} (\text{N/m}^2)$$

【预习思考】

1. 实验中需要测哪几个长度量? 为什么选用不同的测量仪器?

2. 光杠杆镜尺法利用了什么原理? 优点是什么?

3. 调节望远镜的要求是什么?

4. 实验中整个钢丝都被拉伸,应正确测量哪一段长度,并计入原始数据中? 为什么不是钢丝全长的长度?

【分析讨论】

1. 在什么情况下可以用逐差法处理数据? 逐差法处理数据有哪些优点?

2. 本实验中若不用逐差法处理数据,如何用作图法处理数据?

3. 分析本实验测量中哪个量的测量对 E 的结果影响最大? 你对实验有何改进建议?

【探索创新】

1. 设计实验方案,利用弹性测量仪及其用具,测量薄金属片的厚度.

2. 设计一种不用光杠杆测量微小长度的实验方案,并估计其不确定度.

【拓展迁移】

[1]史智平. 杨氏模量测量新方法. 宝鸡文理学院学报,2000,20(3):233-235

[2]刘吉森,张进治. 杨氏模量的动态法测量研究. 北方工业大学学报,2006,18(1):49-52

[3]余观夏,阮锡根. 木质材料中动弹模量色散关系的分析. 南京林业大学学报,2007,31(1):131-134

[4]刘盈,曹正东,陆申龙. 人造骨杨氏弹性模量的测量与材料物理稳定性的研究. 实验室研究与探索,2008,27(5):39-41

[5]黄险峰. 建筑结构的杨氏模量的声学测量方法. 电声技术,2003,(5):

[6]邱晓晓,于虹. 单晶硅纳米梁杨氏模量的弯曲测试. 纳米技术与精密工程,2009,7(4):324-327

实验3 空气、液体及固体介质的声速测量

【发展过程与前沿应用概述】

声波是一种在弹性介质中传播的机械波,声波能够在所有物质(除真空外)中传播. 声速指声波在介质中传播的速度,它是描述声波在介质中传播特性的一个基本物理量,也是进行声学研究的重要参量之一. 从声源发出的声波以一定的速度向周围传播,其传播速度由传声介质的某些物理性质(主要是力学性质)所决定. 例如,声速与介质的密度和弹性性质有关,因此也随介质的温度、压强等状态参量而改变. 气体中声速为每秒约数百米,随温度升高而增大,温度每升高 1℃,声速约增加 0.6m/s. 通常,固体介质中声速最大,液体介质中的声速较小,气体介质中的声速最小. 另外,不均匀介质中的声速处处不等. 各向异性介质中的声速随传播方向而异.

在有些情况下声速还与声波本身的振幅、频率、振动方式(纵波、横波等)有关. 如果传播介质的尺寸不够大,则其边界对声速也有影响. 因此,为了使声速的量值确切地表征传声介质的声学特征,不受其几何形状的影响,一般需规定传声介质的尺寸应足够大(理论上为无限大).

在弹性介质中,频率在 20 Hz～20 kHz 的振动所引起的机械波称为声波,高于 20 kHz 的声波称为超声波,超声波的频率范围为 $2 \times 10^4 \sim 5 \times 10^8$ Hz. 超声波的传播速度就是声波的速度. 超声波具有波长短、易于定向发射等优点,在超声波段进行声速测量是比较方便的. 通常利用压电陶瓷换能器来进行超声波的发射和接收.

随着声学的迅速发展,检测声学在实际应用中也越来越广泛. 声波特性的测量,如频率、波长、声速、声压衰减、相位等,是声波检测技术中的重要内容. 特别是声速的测量,不仅可以了解介质的特性,而且可以了解介质的状态变化,在声波定位、探伤、测距等应用中具有重要的实用意义,如声波测井、声波测量气体或液体的浓度和比重、声波测量输油管中不同油品的分界面等. 在无损检测、探伤、流体测速、定位、测距等声学检测领域中声速的测量尤为重要. 测量氯气(气体)、蔗糖(溶液)的浓度、氯丁橡胶乳液的比重以及输油管中不同油品的分界面等,这些问题都可以通过测定这些物质中的声速来解决. 可见,声速测定在工业生产上具有一定的实用意义. 同时,通过液体中声速的测量,了解水下声呐技术应用的基本概念.

【实验目的】

1. 了解压电换能器的功能，加深对驻波及振动合成等理论知识的理解.

2. 学习用共振干涉法、相位比较法和时差法测定超声波的传播速度.

3. 通过用时差法对多种介质的测量，了解声呐技术的原理及其重要的实用意义.

【实验原理】

在波动过程中波速 V、波长 λ 和频率 f 之间存在着下列关系：$V = f \cdot \lambda$，实验中可通过测定声波的波长 λ 和频率 f 求得声速 V. 常用的方法有共振干涉法与相位比较法.

声波传播的距离 L 与传播的时间 t 存在下列关系：$L = V \cdot t$，只要测出 L 和 t 就可测出声波传播的速度 V，这就是时差法测量声速的原理.

1. 共振干涉法(驻波法)测量声速的原理

当两束幅度相同，方向相反的声波相交时，产生干涉现象，出现驻波. 对于波束 1：$F_1 = A \cdot \cos(\omega t - 2\pi \cdot X/\lambda)$；波束 2：$F_2 = A \cdot \cos(\omega t + 2\pi \cdot X/\lambda)$. 当它们相交会时，叠加后的波形成波束 3：$F_3 = 2A \cdot \cos(2\pi \cdot X/\lambda) \cdot \cos\omega t$，这里 ω 为声波的角频率，t 为经过的时间，X 为经过的距离. 由此可见，叠加后的声波幅度，随距离按 $\cos(2\pi \cdot X/\lambda)$ 变化，如图 5-3-1 所示. 压电陶瓷换能器 S_1 作为声波发射器，它由信号源供给频率为数千周的交流电信号，由逆压电效应发出一平面超声波；而换能器 S_2 则作为声波的接收器，正压电效应将接收到的声压转换成电信号，该信号输入示波器，我们在示波器上可看到一组由声压信号产生的正弦波形. 声源 S_1 发出的声波，经介质传播到 S_2，在接收声波信号的同时反射部分声波信号，如果接收面(S_2)与发射面(S_1)严格平行，入射波即在接收面上垂直反射，入射波与发射波相干涉形成驻波. 我们在示波器上观察到的实际上是这两个相干波合成后在声波接收器 S_2 处的振动情况. 移动 S_2 位置(即改变 S_1 与 S_2 之间的距离)，你从示波器显示上会发现，当 S_2 在某些位置时，振幅有最小值或最大值. 根据波的干涉理论可知：任何两相邻的振幅最大值的位置之间(或两相邻的振幅最小值的位置之间)的距离均为 $\lambda/2$. 为测量声波的波长，可以在观察示波器上声压振幅值的同时，缓慢地改变 S_1 和 S_2 之间的距离. 在示波器上就可以看到，声振动幅值不断地由最大变到最小再变到最大，两相邻的振幅最大之间 S_2 移动过的距离亦为 $\lambda/2$. 超声换能器 S_2 至 S_1 之间距离的改变可通过转动螺杆的鼓轮来实现，而超声波的频率又可由声波测试仪信号源频率显示窗口直接读出. 在连续多次测量相隔半波长的 S_2 的位置变化及声波频率 f 以后，可运用测量数据计算出声速，用逐差法处理测量的数据.

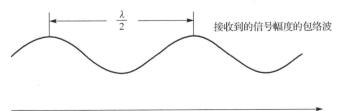

图 5-3-1　发射换能器与接收换能器之间的距离

2. 相位法测量原理

声源 S_1 发出声波后,在其周围形成声场,声场在介质中任一点的振动相位是随时间而变化的.但它和声源的振动相位差 $\Delta\Phi$ 不随时间变化.

设声源方程为

$$F_1 = F_{01} \cdot \cos\omega t$$

距声源 X 处 S_2 接收到的振动为

$$F_2 = F_{02} \cdot \cos\left[\omega\left(t - \frac{X}{Y}\right)\right]$$

两处振动的相位差为

$$\Delta\Phi = \omega\frac{X}{Y}$$

把 S_1 和 S_2 的信号分别输入到示波器 X 轴和 Y 轴,当 $X = n \cdot \lambda$,即 $\Delta\Phi = 2n\pi$ 时,合振动为一斜率为正的直线;当 $X = (2n+1)\lambda/2$,即 $\Delta\Phi = (2n+1)\pi$ 时,合振动为一斜率为负的直线;当 X 为其他值时,合成振动为椭圆(图 5-3-2).

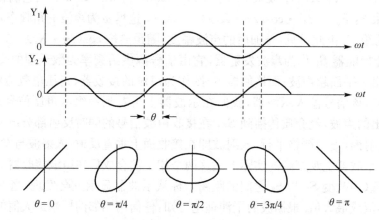

图 5-3-2　接收信号与发射信号形成李萨如图

3. 时差法测量原理

以上两种方法测声速,都是用示波器观察波谷和波峰,或观察两个波间的相位差,原理是正确的,但存在读数误差,能较精确测量声速的是时差法,时差法在工程中得到了广泛的应用.如图 5-3-3 所示,它是将经脉冲调制的电信号加到发射换能器上,声波在介质中传播,经过 t 时间后,到达 L 距离处的接收换能器,所以可以用以下公式求出声波在介质中传播的速度.

$$速度\ V = L/t$$

【实验仪器】

实验仪器采用杭州精科仪器有限公司生产的 SV5(或 SV6)型声速测量组合仪及 SV5 型声速测定专用信号源各一台.其外形结构见图 5-3-4.

组合仪主要由储液槽、传动机构、数显标尺、两副压电换能器等组成.储液槽中的压电换能

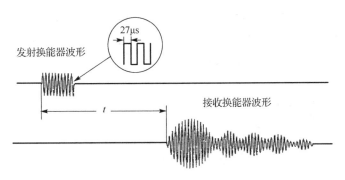

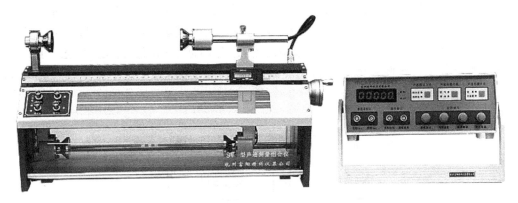

图 5-3-3 用时差法测量声速的波形图

图 5-3-4 SV5 型声速测量组合仪实物照片

器供测量液体声速用,另一副换能器供测量空气及固体声速用.作为发射超声波用的换能器 S_1 固定在储液槽的左边,另一只接收超声波用的接收换能器 S_2 装在可移动滑块上.上下两只换能器的相对位移通过传动机构同步行进,并由数显表头显示位移的距离.

S_1 发射换能器超声波的正弦电压信号由 SV5 声速测定专用信号源供给,换能器 S_2 把接收到的超声波声压转换成电压信号,用示波器观察;时差法测量时则还要接收到专用信号源进行时间测量,测得的时间值具有保持功能.

实验时需自备示波器一台;300mm 游标卡尺一把,用于测量固体棒的长度.

【实验内容】

1. 声速测量系统的连接

声速测量时,专用信号源、测试仪、示波器之间,连接方法见图 5-3-5.

2. 谐振频率的调节

根据测量要求初步调节好示波器.将专用信号源输出的正弦信号频率调节到换能器的谐振频率,以使换能器发射出较强的超声波,能较好地进行声能与电能的相互转换,以得到较好的实验效果,方法如下:

(1)将专用信号源的"发射波形"端接至示波器,调节示波器,能清楚地观察到同步的正弦波信号;

(2)调专用信号源的上"发射强度"旋钮,使其输出电压在 $20V_{P-P}$ 左右,然后将换能器的接收信号接至示波器,调整信号频率$(25\sim45\text{kHz})$,观察接收波的电压幅度变化,在某一频率点处$(34.5\sim39.5\text{kHz}$,因不同的换能器或介质而异)电压幅度最大,此频率就是压电换能器 S_1、S_2 相匹配频率点,记录此频率 f_i.

(3)改变 S_1、S_2 的距离,使示波器的正弦波振幅最大,再次调节正弦信号频率,直至示波器显示的正弦波振幅达到最大值.共测 5 次,取平均频率 f.

3. 共振干涉法、相位法、时差法测量声速的步骤

1)共振干涉法(驻波法)测量波长

将测试方法设置到连续方式.按实验内容 2 的方法,确定最佳工作频率.观察示波器,找到接收波形的最大值,记录幅度为最大时的距离,由数显尺上直接读出或在机械刻度上读出;记下 S_2 位置 X_0.然后,向着同方向转动距离调节鼓轮,这时波形的幅度会发生变化(同时在示波器上可以观察到来自接收换能器的振动曲线波形发生相移),逐个记下振幅最大的 X_1, X_2,$\cdots, X_9$ 共 10 个点,单次测量的波长 $\lambda_i = 2 \cdot |X_i - X_{i-1}|$.用逐差法处理这 10 个数据,即可得到波长 λ.

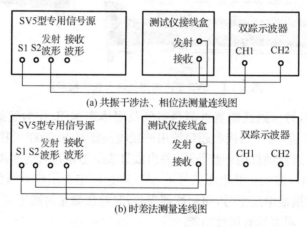

(a)共振干涉法、相位法测量连线图

(b)时差法测量连线图

图 5-3-5 测量连线图

2)相位比较法(李萨如图法)测量波长

将测试方法设置到连续波方式.确定最佳工作频率,单踪示波器接收波接到"Y",发射波接到"EXT"外触发端;双踪示波器接收波接到"CH1",发射波接到"CH2",打到"X-Y"显示方式,适当调节示波器,出现李萨如图形.转动距离调节鼓轮,观察波形为一定角度的斜线,记下 S_2 的位置 X_0,再向前或者向后(必须是一个方向)移动距离,使观察到的波形又回到前面所说的特定角度的斜线,这时来自接收换能器 S_2 的振动波形发生了 2π 相移.依次记下示波器屏上斜率负、正变化的直线出现的对应位置 $X_1, X_2, \cdots, X_9$.单次波长 $\lambda_i = 2 \cdot |X_i - X_{i-1}|$.多次测定用逐差法处理数据,即可得到波长 λ.

3)干涉法、相位法的声速计算

已知波长 λ 和平均频率 f(频率由声速测试仪信号源频率显示窗口直接读出),则声速为

$$V = f \cdot \lambda$$

由于声速还与介质温度有关,故请记下介质温度 t (℃).

4)时差法测量声速

（1）空气介质.

测量空气声速时，将专用信号源上"声速传播介质"置于"空气"位置，发射换能器（带有转轴）用紧定螺钉固定，然后将话筒插头插入接线盒中的插座中.

将测试方法设置到脉冲波方式. 将 S_1 和 S_2 之间的距离调到一定距离（$\geqslant 50\mathrm{mm}$）. 开启数显表头电源，并置 0，再调节接收增益，使示波器上显示的接收波信号幅度在 $300\sim400\mathrm{mV}$（峰-峰值），以使计时器工作在最佳状态. 然后记录此时的距离值和显示的时间值 L_{i-1}、t_{i-1}（时间由声速测试仪信号源时间显示窗口直接读出）；移动 S_2，记录下这时的距离值和显示的时间值 L_i、t_i. 则声速为 $V_1 = (L_i - L_{i-1})/(t_i - t_{i-1})$.

记录介质温度 t（℃）.

需要说明的是，由于声波的衰减，移动换能器使测量距离变大（这时时间也变大）时，如果测量时间值出现跳变，则应顺时针方向微调"接收放大"旋钮，以补偿信号的衰减；反之，测量距离变小时，如果测量时间值出现跳变，则应逆时针方向微调"接收放大"旋钮，以使计时器能正确计时.

（2）液体介质.

当使用液体为介质测试声速时，先小心地将金属测试架从储液槽中取出，取出时应用手指稍稍抵住储液槽，再向上取出金属测试架；然后向储液槽注入液体，直至液面线处，但不要超过液面线. 注意：在注入液体时，不能将液体淋在数显表头上，然后将金属测试架装回储液槽.

专用信号源上"声速传播介质"置于"液体"位置，换能器的连接线接至测试架上的"液体"专用插座上，即可进行测试，步骤与（1）相同.

记录介质温度 t（℃）.

（3）固体介质.

测量非金属（有机玻璃棒）、金属（黄铜棒）固体介质时，可按以下步骤进行实验：

① 将专用信号源上的"测试方法"置于"脉冲波"位置，"声速传播介质"按测试材质的不同，置于"非金属"或"金属"位置.

② 先拔出发射换能器尾部的连接插头，再将待测测试棒的一端面小螺柱旋入接收换能器中心螺孔内，再将另一端面的小螺柱旋入能旋转的发射换能器上，使固体棒的两端面与两换能器的平面可靠、紧密接触，注意：旋紧时，应用力均匀，不要用力过猛，以免损坏螺纹，拧紧程度要求两只换能器端面与被测棒两端紧密接触即可. 调换测试棒时，应先拔出发射换能器尾部的连接插头，然后旋出发射换能器的一端，再旋出接收换能器的一端.

③ 把发射换能器尾部的连接插头插入接线盒的插座中，按图 5-3-5(b)接线，即可开始测量.

④ 记录信号源的时间读数，单位为 $\mu\mathrm{s}$. 测试棒的长度可用游标卡尺测量得到并记录.

⑤ 用以上方法调换第二长度及第三长度被测棒，重新测量并记录数据.

⑥ 用逐差法处理数据，根据不同被测棒的长度差和测得的时间差计算出被测棒的声速.

【数据处理】

1. 自拟表格记录所有的实验数据，表格要便于用逐差法求相应位置的差值和计算 λ.

2. 以空气介质为例，计算出共振干涉法和相位法测得的波长平均值 $\bar{\lambda}$ 及标准偏差 S_λ，同时考虑仪器的示值读数误差为 $0.01\mathrm{mm}$. 经计算可得波长的测量结果 $\lambda = \bar{\lambda} \pm \Delta\lambda$.

3. 按理论值公式 $V_s = V_0 \cdot \sqrt{\dfrac{T}{T_0}}$，算出理论值 V_s. 式中 $V_0 = 331.45\text{m/s}$，为 $T_0 = 273.15\text{K}$ 时的声速，$T = (t + 273.15)\text{K}$.

4. 计算出通过两种方法测量的 V 以及 ΔV 值，其中 $\Delta V = V - V_s$.

将实验结果与理论值进行比较，计算百分比误差，分析误差产生的原因. 在室温为 _____℃ 时，用共振干涉法（相位法）测得超声波在空气中的传播速度为

$$V = \underline{\hspace{2cm}} \pm \underline{\hspace{2cm}} \text{ m/s}, \quad \delta = \frac{\Delta V}{V_s} = \underline{\hspace{2cm}} \%$$

5. 列表记录用时差法测量非金属棒及金属棒的实验数据.

(1)三根相同材质，但不同长度待测棒的长度.

(2)每根待测棒所测得相对应的声速.

(3)用逐差法求相应的差值，然后通过计算与理论声速传播测量参数进行比较，并计算百分误差.

【思考题】

1. 声速测量中共振干涉法、相位法、时差法有何异同？

2. 为什么要在谐振频率条件下进行声速测量？如何调节和判断测量系统是否处于谐振状态？

3. 为什么发射换能器的发射面与接收换能器的接收面要保持互相平行？

4. 声音在不同介质中传播有何区别？声速为什么会不同？

【阅读材料 1】超声波的发射与接收——压电换能器

压电陶瓷超声换能器能实现声压和电压之间的转换. 压电换能器做波源具有平面性、单色性好以及方向性强的特点. 同时，由于频率在超声范围内，一般的音频对它没有干扰. 频率提高，波长 λ 就短，在较短的距离中可测到许多个 λ，取其平均值，λ 的测定就比较准确. 这些都可使实验的精度大大提高. 压电换能器的结构示意图见图 5-3-6.

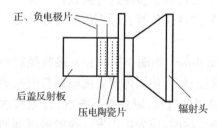

图 5-3-6　压电换能器结构

压电换能器由压电陶瓷片和轻、重两种金属组成. 压电陶瓷片（如钛酸钡，锆钛酸铅等）是由一种多晶结构的压电材料做成，在一定的温度下经极化处理后，具有压电效应. 在简单情况下，压电材料受到与极化方向一致的应力 T 时，在极化方向上产生一定的电场强度 E，它们之间有一简单的线性关系 $E = g \cdot T$；反之，当与极化方向一致的外加电压 U 加在压电材料上时，材料的伸缩形变 S 与电压 U 也有线性关系 $S = dU$. 比例常数 g, d 称为压电常数，与材料性质有关. 由于 E, T, S, U 之间具有简单的线性关系，因此可以将正弦交流电信号转变成压电材料纵向长度的伸缩，成为声波的声源，同样也可以使声压变化转变为电压的变化，用来接收声信号. 在压电陶瓷片的头尾两端胶粘两块金属，组成夹心形振子. 头部用轻金属做成喇叭形，尾部用重金属做成柱型，中部为压电陶瓷圆环，紧固螺钉穿过环中心. 这种结构增大了辐射面积，增强了振子与介质的耦合作用. 由于振子是以纵向长度的伸缩直接影响

头部轻金属作同样的纵向长度伸缩(对尾部重金属作用小),这样所发射的波方向性强,平面性好.

压电换能器谐振频率为(35 ± 3)kHz,功率不小于10W.

【阅读材料2】 数显表头的使用方法及维护

声速测量组合仪储液槽上方的测量显示两换能器移动距离的数显表头使用方法:

1. inch/mm 按钮为英制/公制转换用,测量声速时一般只用"mm".

2. "OFF"、"ON"按钮为数显表头电源开关.

3. "ZERO"按钮为表头数字回零用.

4. 数显表头在标尺范围内,接收换能器处于任意位置都可设置"0"位. 摇动丝杆,接收换能器移动的距离为数显表头显示的数字.

5. 数显表头右下方有"▼"处,可打开更换表头内扣式电池.

6. 使用时严禁将数显表头淋湿,如表头不慎受潮不能正常显示,可用电吹风吹干(用电吹风低温挡,温度不超过 60℃)或把标尺卸下放在太阳光下晒干驱潮即可恢复功能).

7. 数显表头与数显杆尺的配合极其精密,应避免剧烈的撞击和重压.

8. 仪器使用完毕后,应关掉数显表头的电源,以免无谓消耗纽扣电池.

9. SV6 的数显温度表电源不能关闭,必要时可取出纽扣电池.

10. 当数显表头的电池能量使用完时,应及时更换新电池. 但在数显表暂时不能使用的情况下,可以直接用游标卡尺进行读数,不会影响测量结果!

【阅读材料3】 不同介质声速传播测量参数(供参考)

1. 空气介质(标准大气压下)

$$V = (331.45 + 0.61t) \text{ m/s}$$

2. 液体介质

(1)淡水　1480m/s;

(2)甘油　1920m/s;

(3)变压器油　1425m/s;

(4)蓖麻油　1540m/s.

3. 固体介质

(1)有机玻璃　1800~2250m/s;

(2)尼龙　1800~2200m/s;

(3)聚氨酯　1600~1850m/s;

(4)黄铜　3100~3650m/s;

(5)金　2030m/s;

(6)银　2670m/s.

注:固体材料由于其材质、密度、测试的方法各有差异,故声速测量参数仅供参考.

实验 4　电表的改装与校准

【发展过程与前沿应用概述】

电表在电学测量中有着广泛的应用,因此了解电表和使用电表就显得十分重要.电流计(表头)由于构造的原因,一般只能测量较小的电流和电压,如果要用它来测量较大的电流或电压,就必须进行改装,以扩大其量程.万用表的原理就是对微安表头进行多量程改装而来,在电路的测量和故障检测中得到了广泛的应用.

【实验目的】

1.测量表头内阻 R_g 及满度电流 I_g.
2.掌握将 $100\mu A$ 表头改成较大量程的电流表和电压表的方法.
3.设计一个 $R_中=10k\Omega$ 的欧姆表,要求 E 在 $1.35\sim1.6V$ 范围内使用能调零.
4.用电阻器校准欧姆表,画校准曲线,并根据校准曲线用组装好的欧姆表测未知电阻.
5.学会校准电流表和电压表的方法.

【实验原理】

常见的磁电式电流计主要由放在永久磁场中的由细漆包线绕制的可以转动的线圈、用来产生机械反力矩的游丝、指示用的指针和永久磁铁所组成.当电流通过线圈时,载流线圈在磁场中就产生一磁力矩 $M_磁$,使线圈转动并带动指针偏转.线圈偏转角度的大小与线圈通过的电流大小成正比,所以可由指针的偏转角度直接指示出电流值.

1. 测量量程 I_g、内阻 R_g

电流计允许通过的最大电流称为电流计的量程,用 I_g 表示,电流计的线圈有一定内阻,用 R_g 表示,I_g 与 R_g 是两个表示电流计特性的重要参数.

测量内阻 R_g 常用方法有以下几种.

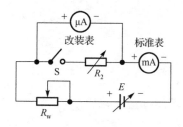

图 5-4-1　半值法测量表头
灵敏度和内阻

(1)半电流法(也称中值法).

测量原理图见图 5-4-1.当被测电流计接在电路中时,使电流计满偏,再用十进位电阻箱与电流计并联作为分流电阻改变电阻值即改变分流程度,当电流计指针指示到中间值,且总电流强度仍保持不变,显然这时分流电阻值就等于电流计的内阻.

(2)替代法.

测量原理图见图 5-4-2.当被测电流计接在电路中时,用十进位电阻箱替代它,且改变电阻值,当电路中的电压不变时,且电路中的电流亦保持不变,则电阻箱的电阻值即为被测电流计内阻.替代法是一种运用很广的测量方法,具有较高的测量准确度.

2. 改装为大量程电流表

根据电阻并联规律可知,如果在表头两端并联上一个阻值适当的电阻 R_2,如图 5-4-3 所示,可使表头不能承受的那部分电流从 R_2 上分流通过.这种由表头和并联电阻 R_2 组成的整体(图中虚线框住的部分)就是改装后的电流表.如需将量程扩大 n 倍,则不难得出

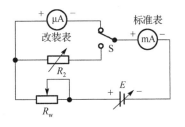

图 5-4-2　替代法测量表头
灵敏度和内阻

$$R_2 = R_g/(n-1) \qquad (5\text{-}4\text{-}1)$$

图 5-4-3 为扩流后的电流表原理图.用电流表测量电流时,电流表应串联在被测电路中,所以要求电流表应有较小的内阻.另外,在表头上并联阻值不同的分流电阻,便可制成多量程的电流表.

3. 改装为电压表

一般表头能承受的电压很小,不能用来测量较大的电压.为了测量较大的电压,可以给表头串联一个阻值适当的电阻 R_M,如图 5-4-4 所示,使表头上不能承受的那部分电压降落在电阻 R_M 上.这种由表头和串联电阻 R_M 组成的整体就是电压表,串联的电阻 R_M 称为扩程电阻.选取不同大小的 R_M,就可以得到不同量程的电压表.由图 5-4-4 可求得扩程电阻值为

$$R_M = \frac{U}{I_g} - R_g \qquad (5\text{-}4\text{-}2)$$

实际的扩展量程后的电压表原理见图 5-4-4,用电压表测电压时,电压表总是并联在被测电路上.为了不致因为并联了电压表而改变电路中的工作状态,要求电压表应有较高的内阻.

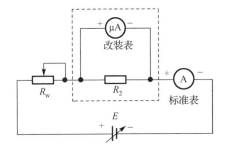

图 5-4-3　改装电流表实验线路图

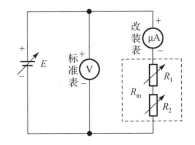

图 5-4-4　改装电压表实验线路图

4. 改装微安表为欧姆表

用来测量电阻大小的电表称为欧姆表.根据调零方式的不同,可分为串联分压式和并联分流式两种.其原理电路如图 5-4-5 所示.图中 E 为电源,R_3 为限流电阻,R_w 为调"零"电位器,R_x 为被测电阻,R_g 为等效表头内阻.图 5-4-5(b)中,R_G 与 R_w 一起组成分流电阻.

欧姆表使用前先要调"零"点,即 a、b 两点短路,(相当于 $R_x = 0$),调节 R_w 的阻值,使表头指针正好偏转到满度.可见,欧姆表的零点是就在表头标度尺的满刻度(即量限)处,与电流表和电压表的零点正好相反.

在图 5-4-5(a)中,当 a、b 端接入被测电阻 R_x 后,电路中的电流为

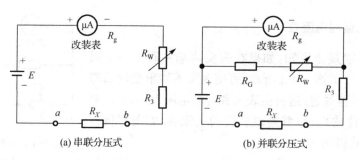

图 5-4-5　磁电式电流表改装欧姆表原理图

$$I = \frac{E}{R_g + R_w + R_3 + R_X} \tag{5-4-3}$$

对于给定的表头和线路来说，R_g、R_w、R_3 都是常量. 由此可见，当电源端电压 E 保持不变时，被测电阻和电流值有一一对应的关系. 即接入不同的电阻，表头就会有不同的偏转读数，R_X 越大，电流 I 越小. 短路 a、b 两端，即 $R_X = 0$ 时，指针满偏.

$$I = \frac{E}{R_g + R_w + R_3} = I_g \tag{5-4-4}$$

当 $R_X = R_g + R_w + R_3$ 时

$$I = \frac{E}{R_g + R_w + R_3 + R_X} = \frac{1}{2} \cdot I_g \tag{5-4-5}$$

这时指针在表头的中间位置，对应的阻值为中值电阻，显然 $R_{中} = R_g + R_w + R_3$. 当 $R_X = \infty$（相当于 a、b 开路）时，$I = 0$，即指针在表头的机械零位. 所以欧姆表的标度尺为反向刻度，且刻度是不均匀的，电阻 R 越大，刻度间隔越密. 如果表头的标度尺预先按已知电阻值刻度，就可以用电流表来直接测量电阻了.

并联分流式欧姆表利用对表头分流来进行调零的，具体参数可自行设计.

欧姆表在使用过程中电池的端电压会有所改变，而表头的内阻 R_g 及限流电阻 R_3 为常量，故要求 R_w 要随着 E 的变化而改变，以满足调"零"的要求，设计时用可调电源模拟电池电压的变化，范围取 $1.35 \sim 1.6\text{V}$ 即可.

【实验仪器】

FB308 型电表改装与校准实验仪 1 台，附专用连接线等.

【实验内容】

1. 用中值法或替代法测出表头的内阻

（1）中值法测量可参考图 5-4-6 接线. 先将 E 调至 0V，接通 E、R_w，被改装表和标准电流表后，先不接入电阻箱 R，调节 E 中 R_w 使改装表头满偏，记录标准表的读数，此电流即为改装表头的满度电流，$I_g = $ _____ μA；再接入电阻箱 R（图中虚线所示），改变 R 数值，使被测表头指针从满度 $100\mu A$ 降低到 $50\mu A$ 处. 注意调节 E 或 R_w，使标准电流表的读数保持不变. $R_g = $ _____ Ω.

（2）替代法测量可参考图 5-4-7 接线. 先将 E 调至 0V，接通 E、R_w，被改装表和标准电流表后,调节 E 中 R_W 使改装表头满偏,记录标准表的读数,此值即为被改装表头的满度电流,$I_g =$ _____ μA;再断开接到改装表头的接线,转接到电阻箱 R(图中虚线所示),调节 R 使标准电流表的电流保持刚才记录的数值.这时电阻箱 R 的数值即为被测表头内阻 $R_g =$ _____ Ω.

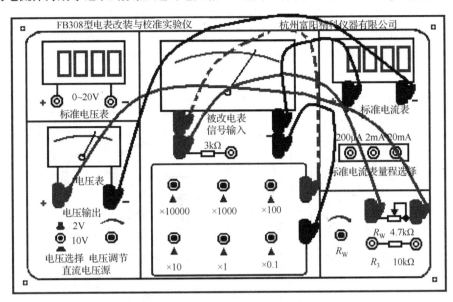

图 5-4-6　中值法测量表头内阻接线图

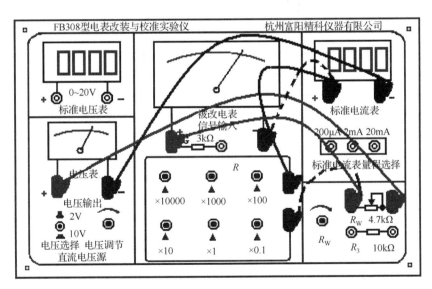

图 5-4-7　替代法测量表头内阻接线图

2. 将一个量程为 100μA 的表头改装成 1mA(或自选)量程的电流表

(1)根据电路参数,估计 E 值大小,并根据式(5-4-1)计算出分流电阻值.

(2)参考图 5-4-8 接线,先将 E 调至 0V,检查接线正确后,调节 E 和滑动变阻器 R_W,使改装表指到满量程,这时记录标准表读数.注意:R_W 作为限流电阻,阻值不要调至最小值.然后每隔 0.2mA 逐步减小读数直至零点,再按原间隔逐步增大到满量程,每次记下标准表相应的读数于表 5-4-1.

(3)以改装表读数为横坐标,标准表由大到小及由小到大调节时两次读数的平均值为纵坐标,在坐标纸上作出电流表的校正曲线,并根据两表最大误差的数值定出改装表的准确度等级.

(4)重复以上步骤,将 100μA 表头改成 10mA 表头,可按每隔 2mA 测量一次(可选做).

(5)将 R_G 和表头串联,作为一个新的表头,重新测量一组数据,并比较扩流电阻有何异同(可选做).

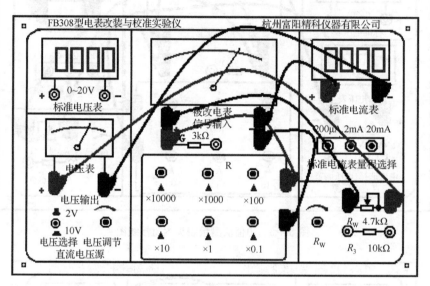

图 5-4-8　改装电流表接线图

表 5-4-1

改装表读数/μA	标准表读数/mA			误差 ΔI /mA
	递减时	递增时	平均值	
20				
40				
60				
80				
100				

3. 将一个量程为 100μA 的表头改装成 1.5V(或自选)量程的电压表

(1)根据电路参数估计 E 的大小,根据式(5-4-2)计算扩程电阻 R_M 的阻值,可用电阻箱 R 进行实验.按图 5-4-9 进行连线,先调节 R 值至最大值,再调节 E;用标准电压表监测到 1.5V 时,再调节 R 值,使改装表指示为满度.于是 1.5V 电压表就改装好了.

(2)用数显电压表作为标准表来校准改装的电压表.

调节电源电压,使改装表指针指到满量程(1.5V),记下标准表读数.然后每隔 0.3V 逐步减小改装读数直至零点,再按原间隔逐步增大到满量程,每次记下标准表相应的读数于表 5-4-2.

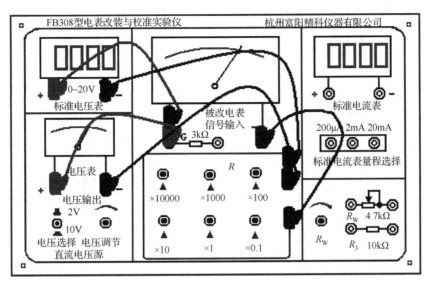

图 5-4-9 改装电压表接线图

表 5-4-2

改装表读数/V	标准表读数/V			示值误差 ΔU /V
	减小时	增大时	平均值	
0.3				
0.6				
0.9				
1.2				
1.5				

（3）以改装表读数为横坐标,标准表由大到小及由小到大调节时两次读数的平均值为纵坐标,在坐标纸上作出电压表的校正曲线,并根据两表最大误差的数值定出改装表的准确度等级.

（4）重复以上步骤,将 $100\mu A$ 表头改成 10V 表头,可按每隔 2V 测量一次（可选做）.

（5）将 R_G 和表头串联,作为一个新的表头,重新测量一组数据,并比较扩程电阻有何异同（可选做）.

4. 改装欧姆表及标定表面刻度

（1）根据表头参数 I_g 和 R_g 以及电源电压 E,选择 R_W 为 4.7kΩ, R_3 为 10kΩ.

（2）按图 5-4-10 进行连线.调节电源 $E=1.5$V,短路 a、b 两接点,调 R_W 使表头指示为零.因此欧姆表的调零工作即完成.

（3）测量改装成的欧姆表的中值电阻. 如图 5-4-10 中虚线所示,将电阻箱 R（即 R_x）接于欧姆表的 a、b 测量端,调节 R,使表头指示到正中,这时电阻箱 R 的数值即为中值电阻, $R_{中}=$ _____ Ω.

（4）取电阻箱的电阻为一组特定的数值 R_{xi},读出相应的偏转格数,记录于表 5-4-3. 利用所得读数 R_{xi}、偏转格数绘制出改装欧姆表的标度盘.

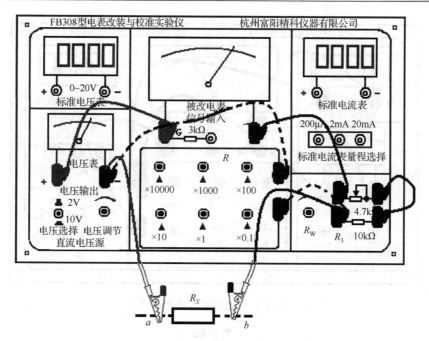

图 5-4-10 改装串联分压式欧姆表接线图

表 5-4-3

$E = $ _____ V, $R_中 = $ _____ Ω

R_{Xi}/Ω	$\frac{1}{5}R_中$	$\frac{1}{4}R_中$	$\frac{1}{3}R_中$	$\frac{1}{2}R_中$	$R_中$	$2R_中$	$3R_中$	$4R_中$	$5R_中$
偏转格数/div									

(5)确定改装欧姆表的电源使用范围. 短接 a、b 两测量端,将工作电源放在 0～2V 一挡,调节 $E = 1$V 左右,先将 R_W 逆时针调到低,调节 E 直至表头满偏,记录 E_1 值;接着将 R_W 顺时针调到低,再调节 E 直至表头满偏,记录 E_2 值. $E_1 \sim E_2$ 值就是欧姆表的电源使用范围.

(6)按图 5-4-5(b)进行连线,设计一个并联分流式欧姆表并进行连线、测量. 试与串联分压式欧姆表进行比较,有何异同(可选做).

【思考题】

1.测量电流计内阻应注意什么? 是否还有其他办法来测定电流计内阻? 能否用欧姆定律进行测定? 能否用电桥来进行测定?

2.设计 $R_中 = 10$kΩ 的欧姆表,现有两块量程为 100μA 的电流表,其内阻分别为 2500Ω 和 1000Ω,你认为选哪块较好?

3.若要求制作一个线性量程的欧姆表,有什么方法可以实现?

【阅读材料】 FB308 型电表改装与校准实验仪说明

仪器采用组合式设计,包括工作电源、标准电表、被改装表、调零电路和电阻箱等电路和元件. 学生通过自己连线,可以将指针式微安表改装成不同量程的电流表、电压表和欧姆表. 该仪器使用和管理方便,又能培养学生实际的动手能力.

1. 主要技术参数

(1)电压源:该仪器电压源设计有 0～2V、0～10V 两挡,输出电压连续可调,用按钮开关转换,输出电压值用指针式电压表监测,电压表的满度值与量程开关同步.

(2)被改装电表:采用宽表面表头,量程 $100\mu A$,内阻约 $1.6k\Omega$,精度 1.5 级.

(3)标准电压表:量程 20V,四位半数字式电压表,精度 0.1%.

(4)标准电流表:分为三个量程, 即 $200\mu A$,2mA,20mA,四位半位数字式电流表,精度 0.1%,用按钮开关转换量程.

(5)电阻箱 R: 0～111111Ω,分辨率 0.1Ω.

(6)外电源:AC220V±10%,50Hz.

2. 使用注意事项

(1)仪器内部有限流保护措施,但工作时尽可能避免工作电源短路(或近似短路),以免造成仪器元器件等不必要的损坏.

(2)实验时应注意电压源的输出量程选择是否正确,0～10V 量程一般只用于电压表改装,其余电流表及欧姆表改装建议选用 0～2V 量程.

(3)仪器采用开放式设计,在连接插线时要注意:被改装表头只允许通过 $100\mu A$ 的小电流,过载时会损坏表头! 要仔细检查线路和电路参数无误后才能将改装表头接入使用.

(4)仪器采用高可靠性能的专用连接线,正常的使用寿命很长. 但使用时须注意不要用力过猛,插线时要对准插孔,避免使插头的塑料护套变形.

实验 5　示波器的原理及应用

【发展过程与前沿应用概述】

示波器是一种主要用于测量电信号电压与时间关系的电子仪器. 如果配合各种传感器,把非电量转换成电量,它也可以用来测量诸如压力、振动、声、光、热等非电信号,甚至通过传感器,可用示波器来观察某些化学量、生物量的高速变化过程.示波器不仅能像电流表、电压表那样测量信号的大小,而且可以测量信号的周期、频率、相位等多种参数. 因此,示波器是科学实验和工程技术中应用非常广泛的一种信号测试仪器.

20 世纪 40 年代是电子示波器兴起的时代,雷达和电视的开发需要性能良好的波形观察工具,泰克成功开发带宽为 10MHz 的同步示波器,这是近代示波器的基础. 50 年代半导体和电子计算机的问世,促进电子示波器的带宽达到 100MHz.70 年代模拟式电子示波器达到高峰,行谱系列非常完整,带宽 1GHz 的多功能插件式示波器标志着当时科学技术的高水平,为测试数字电路又增添逻辑示波器和数字波形记录器.模拟示波器从此没有更大的进展,开始让位于数字示波器.

随着科学技术的不断发展,示波器的种类越来越多,功能也越来越强,各种新产品相继问世,主要分为两种基本类型:传统的模拟示波器和新型的数字示波器,两者的系统结构和功能原理明显不同.

自示波器发明以来的大半个世纪中,模拟式示波器一直占主导地位,并且至今还在国内外广泛地使用着.模拟式示波器的规格和型号尽管很多,但它们都是由几个基本部分组成:示波管(又称阴极射线管(Cathode Ray Tube))、竖直放大器(Y 放大)、水平放大器(X 放大)、扫描锯齿波发生器、触发同步等.模拟式示波器价格便宜,图形美观,作为一种传统的多用途测量仪器,几十年来变化不大.本实验介绍模拟示波器的基本原理与操作方法.

数字式示波器是数字化潮流在示波器领域的体现.数字式示波器实现了对波形的数字化测量、采集和存储.它解决了模拟式示波器长久以来难以解决的对高速过程、瞬间过程记录和重现的难题.数字式示波器具有很多智能化测量功能,使很多在模拟式示波器中很难实现的测量变得十分容易,同时又使测量精度大幅度提高,测量功能和内容极大扩展,测量难度大大减少.它可以对测量结果进行各种修正和补偿,测量结果可以直接输入计算机.

【实验目的及要求】

1. 了解示波器的主要结构和显示波形的基本原理.
2. 掌握模拟示波器和函数信号发生器的使用方法.
3. 学习用示波器观测信号的方法.
4. 通过用示波器观察李萨如图形,加深对互相垂直振动合成理论的理解.

【实验仪器选择或设计】

示波器,函数信号发生器,电阻箱,电容箱.

【实验原理】

1. 模拟示波器的基本构造

示波器是由示波管及与其配合的电子线路组成的.为了适应各种测量的要求,示波器的电子线路是多样而复杂的,这里仅就其主要部分进行介绍.

1)示波管

图 5-5-1 中,F 是灯丝,K 是阴极,G 是控制栅极,A_1 是第一阳极,A_2 是第二阳极,Y 是竖直偏转板,X 是水平偏转板.示波管主要包括电子枪、偏转系统和荧光屏三部分,全都密封在玻璃外壳内,里面抽成高真空,以避免电子与气体分子碰撞而引起电子束散射.下面分别说明各部分的作用.

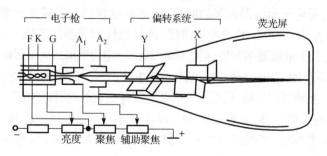

图 5-5-1　示波管的结构简图

荧光屏　它是示波器的显示部分.当被加速聚焦后的电子打到荧光屏上时,屏上所涂的荧光物质就会发光,从而显示出电子束的位置.当电子束停止作用后,荧光剂发光能维持一定时间,称为余晖效应.

电子枪　由灯丝、阴极、控制栅极、第一阳极、第二阳极五部分组成.灯丝通电后加热阴极,阴极是一个表面涂有氧化物的金属筒,被加热后发射电子.控制栅极是一个顶端有小孔的圆筒,套在阴极外面,它的电位比阴极低,对阴极发射出来的电子起控制作用,只有初速度较大的电子才能穿过栅极顶端的小孔,然后在阳极加速下奔向荧光屏.示波器面板上的"亮度"调节就是通过调节电位以控制射向荧光屏的电子流密度,从而改变屏上的光斑亮度.阳极电位比阴极电位高很多,电子被它们之间的电场加速而形成射线.当控制栅极、第一阳极、第二阳极之间的电位调节合适时,电子枪内的电场对电子射线有聚焦作用(参见实验"电子束线的偏转和聚焦"),所以第一阳极也称为聚焦阳极.第二阳极电位更高,又称为加速阳极.面板上的"聚焦"调节就是调第一阳极电位,使荧光屏上的光斑更清晰.有的示波器还有"辅助聚焦"功能,实际上就是调节第二阳极电位.

偏转系统　它由两对相互垂直的偏转板组成,一对垂直偏转板,一对水平偏转板.在偏转板上加以适当电压,电子束通过时,其运动方向发生偏转,从而使电子束在荧光屏上光斑的位置发生改变.容易证明,光点在荧光屏上偏移的距离与偏转板上所加的电压成正比,因而可将电压的测量转化为屏上光点偏移距离的测量,这就是示波器测量电压的原理(参见实验"电子束的偏转和聚焦").

2)信号放大器和衰减器

示波管本身相当于一个多量程电压表,这一作用是靠信号放大器和衰减器实现的.由于示波管本身的 X 及 Y 轴偏转板的灵敏度不高($0.1\sim1\mathrm{mm/V}$),当加在偏转板的信号过小时,要预先将小的信号电压加以放大后再加到偏转板上,为此设置 X 轴及 Y 轴电压放大器.衰减器的作用是使过大的输入信号电压变小,以适应放大器的要求,否则放大器不能正常工作,使输入信号发生畸变,甚至使仪器受损.对一般示波器来说,X 轴和 Y 轴都设置有衰减器,以满足各种测量的需要.

3)扫描系统

扫描系统也称为时基电路,用来产生一个随时间线性变化的扫描电压,这种扫描电压随时间变化的关系曲线形如锯齿,故称锯齿波电压.这个电压经 X 轴放大器放大后加到示波管的水平偏转板上,使电子束产生水平扫描.这样,屏上的水平坐标变成时间坐标,Y 轴输入的被测信号波形就可以在时间轴上展开.扫描系统是示波器显示被测电压波形必需的重要组成部分.

2. 示波器显示波形的原理

如果只在竖直偏转板上加一交变的正弦电压,则电子束的亮点将随电压的变化在竖直方向上来回运动.如果电压频率较高,则看到的是一条竖直亮线,如图 5-5-2 所示.要能显示波形,必须同时在水平偏转板上加一扫描电压,使电子束的亮点能沿水平方向拉开.这种扫描电压的特点是电压随时间呈线性关系增加到最大值,最后突然回到最小,此后再重复地变化,即前面所说的"锯齿波电压",如图 5-5-3 所示.当只有锯齿波电压加在水平偏转板上时,如果频率足够高,则荧光屏上只显示一条水平亮线.

如果在竖直偏转板上(简称 Y 轴)加正弦电压,同时在水平偏转板上(简称 X 轴)加锯齿波电压,电子受竖直、水平两个方向力的作用,电子的运动就是两相互垂直的运动的合成,在荧光屏上将能显示出完整周期的所加正弦电压的波形图,如图 5-5-4 所示.

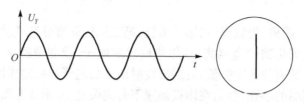

图 5-5-2   只有竖直(Y 轴)偏转信号

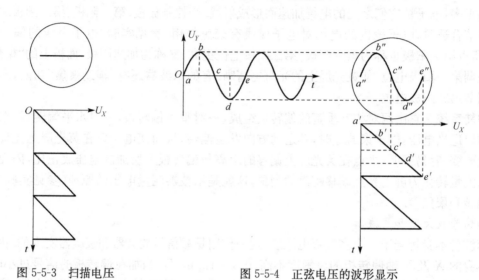

图 5-5-3   扫描电压   图 5-5-4   正弦电压的波形显示

3. 同步的概念

由图 5-5-4 可以看出,当 U_Y 与 X 轴的锯齿波扫描电压周期相同时,亮点描完整个正弦曲线后迅速返回原来开始的位置,于是,又描出一条与前一条完全重合的正弦曲线,如此重复,荧光屏上显示出一条稳定的正弦曲线. 如果周期不同,那么第二次、第三次、…描出的曲线与第一次的就不重合,荧光屏上显示的图形就不是一条稳定的曲线. 因此,只有信号电压的周期与扫描电压的周期严格相同或 T_X 为 T_Y 的整数倍时,图形才会清晰而稳定. 换言之,对于连续的周期信号,构成清晰而稳定的示波图形的条件是信号电压的频率 f_Y 与扫描电压的频率 f_X 成整数倍关系,即

$$f_Y = n f_X \qquad n=1,2,3,\cdots$$

事实上,由于被测信号 U_Y 与示波器内部的锯齿波电压 U_X 来自不同振荡源,互相独立. 它们之间的频率比不会自然满足简单的整数倍,所以示波器中的扫描电压的频率必须可调. 细心调节扫描电压的频率,可以大体满足以上关系. 但要准确地满足此关系,仅靠人工调节是不容易的. 待测电压的频率越高,调节越不容易. 为此,示波器内设有扫描同步装置,让锯齿波电压的扫描起点自动跟着被测信号改变,在两频率基本满足整数倍的基础上,此装置可用被测信号电压的频率 f_Y 调节示波器内部的锯齿波扫描电压的频率 f_X,从而使 f_X 准确地等于 f_Y 的 $1/n$ 倍,这样便可在示波器上显示出 n 个稳定的被测信号波形. 这称为同步(或整步).

同步电路从垂直放大电路中取出部分待测信号,输入到扫描发生器,迫使锯齿波与待测信号同步,称为内同步;如果同步电路信号是从仪器外部输入的,则称外同步;如果同步信号从电源变压器获得,则称为电源同步.为了有效地稳定显示波形,目前多数示波器都采用触发扫描电路来达到同步目的.操作时,使用"电平"(LEVEL)旋钮,改变触发电平大小.当待测信号电压上升到触发电平时,扫描发生器便开始扫描.扫描时间的长短,由扫描速度选择开关控制.由于每次波形的扫描起点都在荧光屏上的固定位置,所以显示的波形极为稳定.

双踪示波器可接收两路输入信号,利用手动开关切换,将信号施加在竖直偏转板上,分别显示两路输入信号的波形,也可利用快速电子开关切换,同时显示两路输入信号的波形.还可以利用手动开关切换,将一路(X轴输入)信号施加在水平偏转板上,将另一路(Y轴输入)信号施加在竖直偏转板上,从而显示两路输入信号正交叠加形成的图形(见实验内容3观察李萨如图形).

【实验内容】

1. 调节示波器,观察扫描及输入信号波形.

(1)熟悉示波器、信号发生器面板上各调节旋钮、开关及按钮,明确它们的功能.

示波器上所有开关与旋钮都有一定的强度与调节角度,使用时应缓慢旋转,不能用力过猛或随意乱旋.荧光屏上的光点亮度不可调得太强,且不可将光点固定在荧光屏上某一点的时间过长,以免损坏荧光屏.

(2)观察不同频率和幅度的正弦信号、方波信号、三角波的波形.

2. 用示波器测量两个正弦信号(如100Hz、10kHz)的峰峰值、周期(或频率),与信号发生器的输出值进行比较.

示波器测量信号的峰峰值 U_{pp} 与信号发生器的输出有效值 U 之间关系为 $U=\dfrac{\sqrt{2}}{4}U_{p-p}$.

3. 观察李萨如图形,并测频率.

示波管内的电子束受 X 偏转板上正弦电压的作用时,屏上亮点在 X 轴方向做简谐振动;受 Y 轴偏转板上正弦电压作用时,亮点在 Y 轴方向做简谐振动.若 X 与 Y 偏转板同时加上正弦电压时,亮点的运动是两个相互垂直简谐振动的合成.一般地,如果频率 f_X 与 f_Y 的比值为整数,则合成运动的轨迹是一个封闭的图形,称为李萨如图形,如表5-5-1所示.

表 5-5-1　李萨如图形

$f_X:f_Y$	1:1	1:2	1:3	2:3	3:2	3:4	2:1
李萨如图形							

李萨如图形与振动频率之间有如下简单关系

$$\frac{N_X}{N_Y}=\frac{f_Y}{f_X}$$

N_X表示 X 方向切线对图形的切点数, N_Y 表示 Y 方向切线对图形的切点数. 如果 f_X 或 f_Y 中有一个是已知的,则可由李萨如图形的切点数决定其频率比值,求出另一个未知频率.

4. 利用示波器测量 RC 串联电路中电压和电流之间的相位差,自行设计测量方案及测量电路. 参看【探索创新】.

【思考讨论】

1. 如果打开示波器的电源开关后,在屏幕上既看不到扫描线又看不到光点,可能有哪些原因? 应分别进行怎样的调节?

2. 为什么观察扫描现象时,必须在 X 偏转板加锯齿波电压? 是否可以加恒值电压?

3. 示波器的扫描频率远大于或远小于输入正弦波电压信号的频率时,屏上的图形是什么情况?

4. 示波器上的正弦波形不断向右"跑"或向左"跑",这是为什么? 什么情况下向左? 什么情况下向右?

5. 李萨如图形的变化快慢与哪些因素有关?

【探索创新】

用示波器测量 RC 串联电路中电压与电流间的位相差.

一只纯电阻 R 和阻抗元件 Z 组成串联电路,如图 5-5-5(a)所示. 其中, $u(t)$ 是正弦交流电源的输出电压. 将电路总电压信号接在示波器的 Y 轴输入端 Y_1、Y_2,因 R 和 Z 串联,流过它们的电流大小、位相都相同,而 R 是纯电阻,通过 R 的电流和 R 两端的电压又是同位相的,所以可以用 R 上的电压信号表示电路总电流变化规律. 给示波器 X 轴端 X_1、X_2 输入 R 上的电压信号,即电路总电流信号.

利用示波器双踪方式同时观测 X、Y 两路输入信号,可以测量输入的电压与电流间的位相差. 也可以利用两路输入信号形成的李萨如图(图 5-5-5(b))进行测量,因为电压、电流是同频率简谐量,所以不需要调节,李萨如图形就很稳定.

令这时电路中的总电流 $i = I_m\cos\omega t$,于是,加在 X 轴上的电压为 $u_X = I_m R\cos\omega t$,而加在 Y 轴上的电压为 $u_Y = I_m Z\cos(\omega t + \varphi)$,其中 Z 为电路总阻抗.

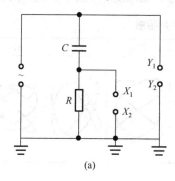
(a)

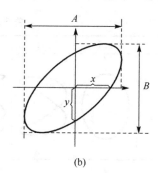
(b)

图 5-5-5

设这时 X、Y 轴放大电路对信号的放大倍数分别为 K_{X1}、K_{Y1},电子束在 X、Y 轴上的偏转灵敏度(灵敏度定义为:当偏转板上加单位电压时所引起电子束在荧光屏上的位移)分别为 K_{X2}、K_{Y2},则图 5-5-5(b)中的 A、B 有下列数值

$$A=2\,K_{X1}\,K_{X2}\,I_{m}R,\quad B=2\,K_{Y1}\,K_{Y2}\,I_{m}Z$$

也可以得到

$$U_x = x\,\frac{1}{K_{X1}K_{X2}}$$

$$U_y = y\,\frac{1}{K_{Y1}K_{Y2}}$$

即

$$x\,\frac{1}{K_{X1}K_{X2}} = I_{m}R\cos\omega t$$

$$y\,\frac{1}{K_{Y1}K_{Y2}} = I_{m}Z\cos(\omega t + \phi)$$

当 $\omega t = \dfrac{\pi}{2}$ 时, $x=0,y = K_{Y1}K_{Y2}I_{m}Z\,|\sin\phi\,|$;

当 $\omega t + \varphi = \dfrac{\pi}{2}$ 时, $y=0,x = K_{X1}K_{X2}I_{m}R\,|\sin\phi\,|$.

因而

$$\phi = \arcsin\frac{y}{K_{Y1}K_{Y2}I_{m}Z} = \arcsin\frac{2y}{B} \quad \text{或} \quad \phi = \arcsin\frac{x}{K_{X1}K_{X2}I_{m}R} = \arcsin\frac{2x}{A}$$

但这时位相差的正负还是不能确定,即不能确定电压位相是落后还是超前电流位相.而另一种测量位相差的方法,利用双踪示波器同时观测两路信号进行测量(如何测量?),可以确定电压位相是落后电流位相的,如图 5-5-6(a)所示.

由图 5-5-6(b)可知,RC 串联电路中总电压与总电流间位相差的理论值为 $\phi = -\arctan\dfrac{U_C}{U_R}$ $= -\arctan\dfrac{1}{\omega CR}$,负号表示电压落后于电流位相.

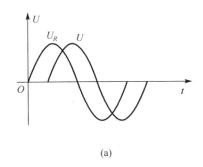
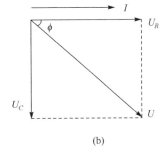

(a)　　　　　　　　　　(b)

图 5-5-6

【拓展迁移】

结合实验室仪器设备,学习数字示波器的原理与使用方法.

实验 6　霍尔效应及其应用

【发展过程与前沿应用概述】

霍尔效应是 1879 年美国物理学家霍尔(E. H. Hall,1855－1938)在霍普金斯大学读研究生期间,研究载流导体在磁场中的受力性质时发现的一种电磁现象.直到 20 世纪,随着半导体材料的应用,人们才认识到霍尔效应的应用价值.

根据霍尔效应原理制成的霍尔元件具有频率响应宽(从直流到微波)、小型、可不接触测量、使用寿命长和成本低等优点,但它的主要不足是受温度的影响比较大.用它制成的特斯拉计或磁场测量装置,测量范围可以从 10T 的强磁场到 10^{-7}T 的弱磁场,精度为 1%～0.01%,既可测量直流磁场也可测量交流磁场,还可测量脉宽为 ms～μs 的脉冲磁场.嵌形电流表是霍尔效应又一个典型应用,它可以测量几十毫安到几百安的交直流电流.用霍尔效应原理制成的各种霍尔传感器可以将微小位移、应力、角度、转速等非电学物理量转换为电学量,在工业自动控制、检测技术和信息处理等领域得到广泛的应用.因此,本实验是具有极大实用性的.

霍尔效应是测定半导体材料电学参数的重要手段,研究它对量子物理学的发展和现代科学技术都具有重要意义.1980 年德国物理学家克里青(Klaus Von Klitzing)在实验中观察到霍尔电阻在低温和强磁场中随磁场强度的增大呈阶梯形变化的现象,他又通过实验和计算证明这种现象是量子化的结果,这种现象被称为整数量子霍尔效应.克里青因此获得了 1985 年诺贝尔物理学奖.在低温强磁场中,当出现量子霍尔电阻时,一般意义上的欧姆电阻消失,材料成为超导体.1982 年美国科学家霍斯特·施特默(Horst L. Stormer)和崔琦(Daniel C. Tsui)又发现了分数量子霍尔效应,由于他们在物理学研究中所作出的杰出贡献,而获得了 1998 年的诺贝尔物理学奖.

【实验目的】

1. 了解霍尔效应实验原理以及有关霍尔器件对材料要求的知识.
2. 学习用"对称测量法"消除副效应的影响,测量试样的 V_H-I_S 和 V_H-I_M 曲线.
3. 测量电磁铁空气隙中的磁场分布.

【实验原理】

1. 霍尔效应

霍尔效应从本质上讲是运动的带电粒子在磁场中受洛伦兹力作用而引起的偏转.当带电粒子(电子或空穴)被约束在固体材料中时,这种偏转就导致在垂直电流和磁场方向上产生正负电荷的聚积,从而形成附加的横向电场,即霍尔电场 E_H.如图 5-6-1 所示的半导体试样,若在 x 方向通以电流 I_S,在 z 方向加磁场 B,则在 y 方向即试样 $A-A'$ 电极两侧就开始聚集异号电荷而产生相应的附加电场.电场的指向取决于试样的导电类型.对图 5-6-1(a)所示的 n 型试样,霍尔电场逆 y 方向,图 5-6-1(b)的 p 型试样则沿 y 方向.即有

$$E_H(Y) < 0 \Rightarrow (\text{n 型}), \quad E_H(Y) > 0 \Rightarrow (\text{p 型})$$

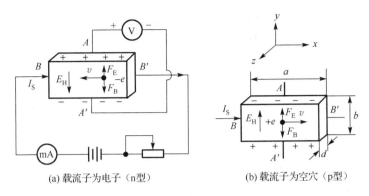

(a) 载流子为电子（n型）　　　　　　(b) 载流子为空穴（p型）

图 5-6-1　霍尔效应实验原理示意图

　　显然,霍尔电场 E_H 是阻止载流子继续向侧面偏移,当载流子所受的横向电场力 eE_H 与洛伦兹力 $e\bar{v}B$ 相等时,样品两侧电荷的积累就达到动态平衡,故有

$$eE_H = e\bar{v}B \tag{5-6-1}$$

其中,E_H 为霍尔电场;$\bar{v}$ 为载流子在电流方向上的平均漂移速度.

　　设试样的宽为 b,厚度为 d,载流子浓度为 n,则

$$I_S = ne\bar{v}bd \tag{5-6-2}$$

由式(5-6-1)、式(5-6-2)可得

$$V_H = E_H b = \frac{1}{ne}\frac{I_S B}{d} = R_H \frac{I_S B}{d} \tag{5-6-3}$$

即霍尔电压 V_H(A,A' 电极之间的电压)与 $I_S B$ 乘积成正比,与试样厚度 d 成反比.比例系数 $R_H = \dfrac{1}{ne}$ 称为霍尔系数,它是反映材料霍尔效应强弱的重要参数.只要测出 $V_H(V)$ 以及知道 $I_S(A)$、B(特斯拉)和 d(cm),就可按下式计算 R_H(cm^3/C):

$$R_H = \frac{V_H d}{I_S B} \times 10^4 \tag{5-6-4}$$

式中,10^4 是由于公式中磁感应强度 B 用电磁单位(特斯拉).

2. 霍尔系数 R_H 与其他参数间的关系

　　根据 R_H 可进一步确定以下参数:

　　(1)由 R_H 的符号(或霍尔电压的正负)判断样品的导电类型.判别的方法是按图 5-6-1 所示的 I_S 和 B 的方向,若测得的 $V_H = V_{A'A} < 0$,即点 A 点电位高于点 A' 的电位,则 R_H 为负,样品属 n 型;反之则为 p 型.

　　(2)由 R_H 求载流子浓度 n,即 $n = \dfrac{1}{|R_H|e}$.应该指出,这个关系式是假定所有载流子都具有相同的漂移速度得到的.严格一点,如果考虑载流子的速度统计分布,需引入 $\dfrac{3\pi}{8}$ 的修正因子(可参阅黄昆、谢希德著《半导体物理学》).

3. 霍尔效应与材料性能的关系

　　根据上述可知,要得到大的霍尔电压,关键是要选择霍尔系数大(即迁移率高、电阻率 ρ 亦

较高)的材料. 因 $|R_H| = \mu\rho$, 就金属导体而言, μ 和 ρ 均很低, 而不良导体 ρ 虽高, 但 μ 极小, 因而上述两种材料的霍尔系数都很小, 不能用来制造霍尔器件. 半导体 μ 高, ρ 适中, 是制造霍尔元件较理想的材料. 由于电子的迁移率比空穴迁移率大, 所以霍尔元件多采用 n 型材料. 其次霍尔电压的大小与材料的厚度成反比, 因此薄膜型的霍尔元件的输出电压较片状要高得多. 就霍尔器件而言, 其厚度是一定的, 所以实用上采用 $K_H = \dfrac{1}{ned}$ 来表示器件的灵敏度, K_H 称为霍尔灵敏度, 单位为 mV/(mA·T).

4. 霍尔电压 V_H 的测量方法

值得注意的是, 在产生霍尔效应的同时, 因伴随着各种副效应, 以致实验测得的 A-A' 两极间的电压并不等于真实的霍尔电压 V_H 值, 而是包含着各种副效应所引起的附加电压, 因此必须设法消除. 根据副效应产生的机理可知, 采用电流和磁场换向的对称测量法, 基本上能把副效应的影响从测量结果中消除. 即在规定了电流和磁场正、反方向后, 分别测量由下列四组不同方向的 I_S 和 B 组合的 $V_{A'A}$(A, A' 两点的电位差), 即

$$+B, +I_S \qquad\qquad V_{A'A} = V_1$$
$$-B, +I_S \qquad\qquad V_{A'A} = V_2$$
$$-B, -I_S \qquad\qquad V_{A'A} = V_3$$
$$+B, -I_S \qquad\qquad V_{A'A} = V_4$$

然后求 V_1、V_2、V_3 和 V_4 的代数平均值

$$V_H = \frac{V_1 - V_2 + V_3 - V_4}{4} \tag{5-6-5}$$

通过上述的测量方法, 虽然还不能完全消除所有的副效应, 但其引入的误差不大, 可以忽略不计.

【实验仪器】

FB510 型霍尔效应实验仪和 JK-50 测试仪.

【实验内容】

根据图 5-6-2 把各相应连接线接好(注意插头的插针数要与插座对应, 凸条与凹槽对准, 以免损坏).

调零:调节励磁电流 I_M、霍尔工作电流 I_S 都为 0, 旋"调零"至 V_H 表为 0(之后不需再调).

1. 测绘 V_H-I_M 曲线

先使霍尔传感器在电磁铁气隙外边, 离气隙中心 20～23mm, 调霍尔工作电流 I_S=3.00mA, 预热 5min 后, 调节霍尔传感器位置, 使传感器处于电磁铁空气隙中心(刻度尺约为 3.5), 调励磁电流为 I_M=100mA, 200mA, …, 1000mA, 用实验仪面板相应按钮控制继电器进行励磁电流方向、霍尔元件工作电流方向的切换(有指示灯显示), 测量每种改变后的 V_H(分别记为 V_1, …, V_4), 将实验测量数据记入表 5-6-1 中.

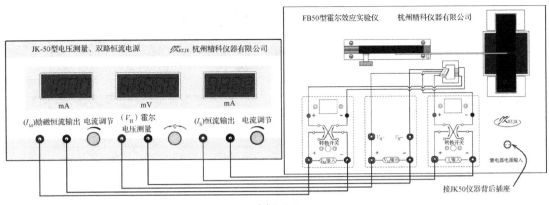

图 5-6-2

2. 测绘 V_H-I_S 曲线

把霍尔传感器位置调节到磁铁空气隙中心,保持 I_M 绝对值不变(取 $I_M=600\text{mA}$),改变 I_S 的值(0.50mA,1.00mA,$\cdots$,4.00mA),电流方向的切换用实验仪面板相应按钮控制继电器进行(有指示灯显示),测量每种改变后的 V_H(分别记为 V_1,$\cdots$,V_4),将实验测量数据记入表 5-6-2 中.

3. 测定霍尔元件灵敏度 K_H

调励磁电流为 $I_M=300\text{mA}$,在电磁铁空气隙中心处(与霍尔传感器同位置,即传感器印版上基准线对准刻度尺 0 处)用特斯拉计探头测磁场 B 三次,计算平均值.取表 5-6-1 中 $I_M=300\text{mA}$ 对应的 V_H(平均值),计算霍尔元件灵敏度 K_H(据 $K_H=V_H/(I_S B)$,单位为 mV/(mA·T).

4. 测绘 B-X 曲线

保持 I_S、I_M 值不变(取 $I_S=3.00\text{mA}$,$I_M=300\text{mA}$),改变霍尔传感器在电磁铁气隙沿水平方向 X,计算磁场 B 的值(据 $B=V_H/K_H I_S$,单位为特斯拉).将测量数据记入表 5-6-3 中.

【数据与结果】

1. 在毫米方格纸上画出 V_H-I_M 曲线.
2. 在毫米方格纸上画出 V_H-I_S 曲线.
3. 根据表格中数据作 B-X 关系曲线.

表 5-6-1 测绘 V_H-I_M 关系曲线实验数据记录表($I_S=3.00\text{mA}$)

I_M /mA	V_1 /mV $+B$,$-I_S$	V_2 /mV $-B$,$+I_S$	V_3 /mV $-B$,$-I_S$	V_4 /mV $+B$,$-I_S$	$V_H = \dfrac{V_1-V_2+V_3-V_4}{4}$ /mV
100					
200					
300					
400					
500					
600					
700					
800					
900					
1000					

表 5-6-2　测绘 V_H-I_S 关系曲线实验数据记录表(I_M＝600mA)

I_S /mA	V_1 /mV $+B, -I_S$	V_2 /mV $-B, +I_S$	V_3 /mV $-B, -I_S$	V_4 /mV $+B, -I_S$	$V_H = \dfrac{V_1 - V_2 + V_3 - V_4}{4}$ /mV
0.50					
1.00					
1.50					
2.00					
2.50					
3.00					
3.50					
4.00					

表 5-6-3　电磁铁气隙沿水平方向的磁场分布数据表格

(I_S＝3.00mA, I_M＝300mA)

X/mm	B/mT	X/mm	B/mT
−20		⋮	
−18		10	
−16		12	
⋮		14	
0		20	

【思考题】

1．霍尔电压是怎样形成的？它的极性与磁场和电流方向(或载子浓度)有什么关系？

2．如何观察不等位效应？如何消除它？

3．测量过程中哪些量要保持不变？为什么？

4．换向开关的作用原理是什么？测量霍尔电压时为什么要接换向开关？

5．I_S 可否用交流电源(不考虑表头情况)？为什么？

实验 7　多功能电表的设计与校准

【发展过程与前沿应用概述】

多功能电表(俗称万用表)是一种电学实验中不可缺少的测量仪表. 指针式(亦称模拟式)万用表已有近百年的发展历史,由于其功能齐全、操作简单、携带方便、价格低廉、容易维修,长期以来成为电子测量及维修工作的必备仪表.

尽管不同厂家生产的万用表规格型号不同,在外形尺寸、量程设置上有差异,但其设计原理都是相同的,就是将一只电流计(俗称表头)进行改装,以扩大量程. 可改装成能测量电流、电压、电阻等多种用途的电表,并借助一单极转换开关,使多种用途的电表具有公共抽头,这样就构成了一只简易的万用表.

随着电子工业的迅猛发展,数字万用表日益普及,人们对测量技术也提出了更高的要求.

【实验目的及要求】

1. 掌握将微安表(或毫安表)改装成电流表和电压表的原理和方法.
2. 学习欧姆表的测量原理和标定面板刻度的方法.
3. 学会电表的校正方法.

【实验仪器选择或设计】

标准电流表,标准电压表,表头,滑线变阻器,电阻箱,固定电阻,电位器(旋转式可变电阻器),稳压电源,开关等.

【实验原理】

常见的磁电式电流计主要是由放在永久磁场中的由细漆包线绕制的可以转动的线圈、用来产生机械反力矩的游丝、指示用的指针和永久磁铁组成.当电流通过线圈时,载流线圈在磁场中就产生一磁力矩,使线圈转动,从而带动指针偏转至与游丝反力矩平衡.线圈偏转角度的大小与通过的电流大小成正比,所以可由指针的偏转量直接指示出电流值.

1. 电流计内阻的测量方法

电流计允许通过的最大电流称为电流计的量程,用 I_g 表示,电流计的线圈有一定内阻,用 R_g 表示,I_g 与 R_g 是两个表示电流计特性的重要参数.测量内阻 R_g 的常用方法有两种.

1)半电流法(也称中值法或半偏法)

测量原理图如图 5-7-1.当被测电流计接在电路中时,使电流计满偏,再用十进位电阻箱与电流计并联作为分流电阻,改变电阻值即改变分流程度,当电流计指针指示到中间值时,仍保持标准表读数(总电流强度)不变,可通过调电源电压和 R_W 来实现,显然这时分流电阻值就等于电流计的内阻.

2)替代法

测量原理图见图 5-7-2.当被测电流计接在电路中时,用十进位电阻箱替代它,且改变电阻箱阻值,若电路中的电流(标准表读数)保持不变,则电阻箱的电阻值即为被测电流计内阻.

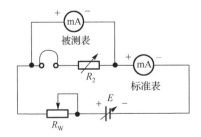

图 5-7-1　半电流法测量 I_g 原理图

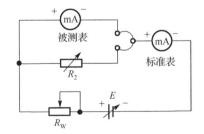

图 5-7-2　替代法测量 I_g 原理图

替代法是一种运用很广的测量方法,具有较高的测量准确度.

一般磁电式电流计只能通过微安(或毫安)量级的电流,可测量的电流、电压的范围很小,如果要用它来测量较大的电流、电压,则必须对其进行改装,以扩大量程.

2. 直流电流挡设计

根据并联电阻的分流作用可以扩大电流表的量程,安培计就是利用小量程的微安表并联一只低电阻而构成的. 在多量程电流表中各分流电阻的接法有两种:一种为开路置换式,如图 5-7-3 所示;一种为环形分流式,也称为闭路抽头式,如图 5-7-4 所示. 一般多量程电流表和万用表多采用闭路抽头式.

在图 5-7-4 所示的环形分流电路中,将分流电阻分成若干只电阻串联起来,并进行抽头,分流电阻变小,电流计量程则被扩大,不同抽头可得到不同的分流电阻,从而可获得不同量程的直流电流表.

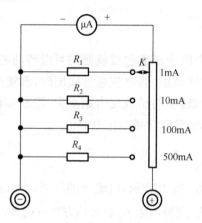

图 5-7-3　开路置换式电流表

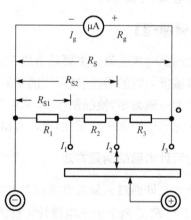

图 5-7-4　闭路抽头式电流表

当转换开关接至 I_3 时

$$(R_1+R_2+R_3)(I_3-I_g)=R_g I_g$$

令

$$R_S=R_1+R_2+R_3$$

则

$$R_S I_3=(R_g+R_S) I_g$$

当转换开关接至 I_2 时

$$(R_1+R_2)(I_2-I_g)=(R_g+R_3)I_g$$

令

$$R_{S2}=R_1+R_2$$

则

$$R_{S2} I_2=(R_g+R_S) I_g$$

当转换开关接至 I_1 时

$$(I_1-I_g) R_1=(R_g+R_2+R_3)I_g$$

令

$$R_{S1}=R_1$$

则

$$R_{S1} I_1=(R_g+R_S) I_g$$

　　环形分流线路具有下述特点:各挡的电流量程 I_i 与该量程的分流电阻 R_{Si} 的乘积是个常数,这个常数就是表头的量程 I_g 与整个环形回路总电阻的乘积 (R_g+R_S) I_g. 我们称为环形回路电压值或简称回路电压,用 V_0 表示. 因此,可以写成

$$I_i R_{Si}=(R_g+R_S)\ I_g=V_0$$

如果适当选择 V_0 值,那么根据上式可求得各量程所需的分流电阻值

$$R_{Si}=\frac{(R_s+R_g)I_g}{I_i}=\frac{V_0}{I_i}$$

各抽头电阻分别为

$$R_1=R_{S1}$$
$$R_2=R_{S2}-R_{S1}$$
$$R_3=R_S-R_{S2}$$

整个环形电路的总电阻 (R_g+R_S) 应该如何选取,从读数时间的角度来考虑,环形回路的总电阻值最好略大于表头的临界电阻.

　　例 5-7-1　如图 5-7-5 所示,已知一表头的量程为 $I_g=37.5\mu A$,内阻 $R_g=2.00k\Omega$,$R_{外临}=5.60k\Omega$. 如果要制成量程为 $500mA$、$50mA$、$5mA$、$0.5mA$、$50\mu A$ 的多挡闭路式的电流表,试求各挡的分流电阻.

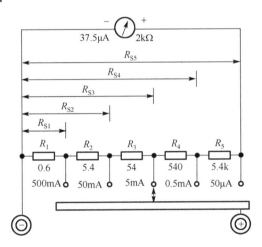

图 5-7-5　例 5-7-1 闭路抽头式电流表

　　解　(1)求回路电压 V_0.
　　取 $R_S=6k\Omega$,略大于外临界电阻,则

$$R_g+R_S=8k\Omega$$
$$V_0=I_g(R_g+R_S)=300mV$$

V_0 为整数也便于计算.
　　(2)求各量程的分流电阻.
　　根据 $V_0=I_i R_{Si}$ 可求得各量程的分流电阻(从最大量程开始).

$$R_{S1}=\frac{V_0}{I_1}=\frac{300\times10^{-3}}{500\times10^{-3}}=0.600\Omega$$
$$R_1=R_{S1}=0.600\Omega$$

$$R_{S2} = \frac{V_0}{I_2} = \frac{300 \times 10^{-3}}{50 \times 10^{-3}} = 6.00\Omega$$

$$R_2 = R_{S2} - R_{S1} = 6.00 - 0.60 = 5.4\Omega$$

$$R_{S3} = \frac{V_0}{I_3} = \frac{300 \times 10^{-3}}{5 \times 10^{-3}} = 60.0\Omega$$

$$R_3 = R_{S3} - R_{S2} = 60.0 - 6.00 = 54.0\Omega$$

$$R_{S4} = \frac{V_0}{I_4} = \frac{300 \times 10^{-3}}{0.5 \times 10^{-3}} = 600\Omega$$

$$R_4 = R_{S4} - R_{S3} = 600 - 60.0 = 540\Omega$$

$$R_{S5} = \frac{V_0}{I_5} = \frac{300 \times 10^{-3}}{50 \times 10^{-6}} = 6.00\text{k}\Omega$$

$$R_5 = R_{S5} - R_{S4} = 6.00 - 0.60 = 5.40\text{k}\Omega$$

3. 直流电压挡设计

利用串联电路的分压作用,可以扩大表头的量程,伏特计就是利用小量程的微安表串联一只高电阻而成,如图 5-7-6 所示,串联电阻 R_M 也称为倍率电阻(图 5-7-7).在直流电压挡设计中,根据所要扩大的电压量程 V,其所需的倍率电阻可从表头内阻 R_g 和表头的电压量程 V_g(或电流量程 I_g)计算出来.由于

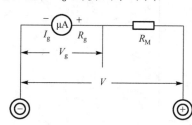

图 5-7-6　电压表原理图

$$V = I_g(R_g + R_M) = V_g + I_g R_M$$

所以

$$R_M = \frac{1}{I_g}(V - V_g) = \frac{R_g}{V_g}(V - V_g) = R(V - V_g)$$

式中,$R = \frac{R_g}{V_g} = \frac{1}{I_g}$ 称为电压表的每伏欧姆数,单位为 $\Omega \cdot V^{-1}$.它表示在 1V 的电压作用下,使表头指针满刻度所需的电阻值,也就是将该表头改装成电压表时,每伏特电压量程所需的电阻.其值就是电压表工作电流 I_g 的倒数,所以表头的灵敏度越高(即 I_g 越小),每伏欧姆数就越大,所需的倍率电阻越大,测量时对待测电路的影响就越小.一般电压表或万用表电压挡的每伏欧姆数均为简单整数,其值均在 $1000\Omega \cdot V^{-1}$ 以上,有的可高达 $10^5\Omega \cdot V^{-1}$,如果知道电压表的每伏欧姆数,就可求出最小量程的倍率电阻 R_M,各挡倍率电阻 R_M 可由下式求得

$$R_M = R(V_x - V_{前})$$

式中,V_x 为测量挡的电压量程值;$V_{前}$ 为前一挡的电压量程.

一般设计电压挡首先是根据要求的每伏欧姆数求出电压挡的工作电流 I_{gV},然后根据上式计算出各挡量程的倍率电阻 R_M.

例 5-7-2　试用例 5-7-2 的多挡闭路式电流表头改装成量程为 1.00V、5.00V、25.0 V 三挡直流电压表,要求每伏欧姆数为 $R = 20.0\text{k}\Omega \cdot V^{-1}$,如图 5-7-8 所示.

解　根据 $R = 20.0\text{k}\Omega \cdot V^{-1}$,所以直流电压挡的工作电流为

$$I_{gV} = \frac{1}{R} = \frac{1}{20.0\text{k}} = 50.0\mu A$$

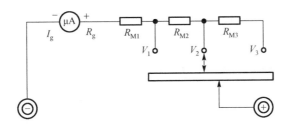

图 5-7-7　串联式多量程电压表

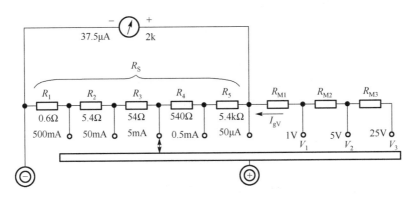

图 5-7-8　例 5-7-2 多量程直流电压表原理图

$$R_S = \frac{300 \times 10^{-3}}{50.0 \times 10^{-6}} = 6.00\text{k}\Omega$$

表头并联等效电阻为

$$R_{gV} = \frac{R_g R_S}{R_g + R_S} = \frac{2.00 \times 10^3 \times 6.00 \times 10^3}{2.00 \times 10^3 + 6.00 \times 10^3} = 1.50\text{k}\Omega$$

计算倍率电阻

$$R_{M1} = RV_1 - R_{gV} = 20.0 \times 1.00 - 1.50 = 18.5\text{k}\Omega$$

$$R_{M2} = R(V_2 - V_1) = 20 \times (5.00 - 1.00) = 80.0\text{k}\Omega$$

$$R_{M3} = R(V_3 - V_2) = 20 \times (25.0 - 5.00) = 400\text{k}\Omega$$

4. 交流电压挡的设计

万用表所用的表头是磁电式仪表,它只适用于直流的测量,对于交流信号必须通过整流电路变换成直流后才可测量. 图 5-7-9 中所示为半波整流式电路,其中 D_1 为串联于表头的二极管,二极管 D_2 是为了保护 D_1 在反向时不被击穿而设置的,其工作过程如下:

当⊕端为高电位时,电流从 D_1 流向表头回到⊖端;当⊖端为高电位时,电流经 D_2 流向⊖端,不流过表头. 因此,每周只有半周通过表头,故为半波整流. 在设计时,可根据不同的整流电路形式,将输入端的交流电流值按总效率换算成输出端输出的直流电流值,而配以相应的直流电流挡,作为交流有效值读数指示,其计算公式如下:

输出直流电流

$$I_- = I_\sim \times \eta$$

式中,$I_\sim$ 为输入端的交流电流;η 为整流总效率. 整流总效率为

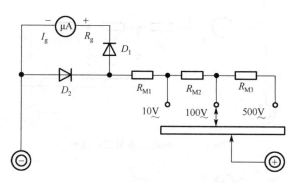

图 5-7-9　多量程交流电压表原理图

$$\eta = p \times k \times \eta_0$$

式中,p 为整流因数(全波为 1,半波为 0.5);k 称为波纹系数,其值为 0.9005;η_0 为整流元件的整流效率,按不同元件而异,若计算时暂取 98%,则由上式可知:

全波整流效率　$\eta_0 = 1.0 \times 0.9005 \times 0.98 = 0.882$

半波整流效率　$\eta_0 = 0.5 \times 0.9005 \times 0.98 = 0.441$

交流电压挡的设计除了上述采用整流电路以及考虑用交流总效率 η 换算外,其他原理和电路均与直流挡设计相同.首先根据交流电压表每伏欧姆数确定交流电压挡的工作电流,计算出整流后相对应的直流电流,然后用计算直流电压表的方法算出它的分流电阻及表头的等效内阻 R_{gV},最后就可算出倍率电阻 R_M.

例 5-7-3　试用例 5-7-1 的多挡闭路式电流表,改制为交流电压表,其每伏欧姆数为 $5.00 \text{k}\Omega \cdot \text{V}^{-1}$,量程为 10.0V、100V、500V 三挡的交流电压表,求其倍率电阻 R_M(采用半波整流电路,整流元件内阻为 100Ω).

解

(1)根据交流电压灵敏度计算交流电压挡的工作电流 $I_{V\sim}$.

$$I_{V\sim} = \frac{1}{R} = \frac{1}{5.00 \times 10^3} = 0.200\text{mA} = 200\mu\text{A}$$

(2)整流后的直流电流 I_- 为

$$I_- = 200\mu\text{A} \times 0.441 = 88.2\mu\text{A}$$

(3)等效表头内阻.分流电阻为

$$R_S = \frac{V_0}{I_-} = \frac{300 \times 10^{-3}}{88.2 \times 10^{-6}} = 3.40\text{k}\Omega$$

在改装成多挡闭路式电流表时,已知总并联电阻为 $6.00\text{k}\Omega$,改装交流电压表时需要分流电阻为 $3.40\text{k}\Omega$,这只要在 $6.00\text{k}\Omega$ 中抽出一个抽头即可,如图 5-7-10 所示.因此,并联等效电阻为

$$R_{并} = \frac{3.40 \times 10^3 \times 4.60 \times 10^3}{3.40 \times 10^3 + 4.60 \times 10^3} = 1.96\text{k}\Omega$$

交流电压挡等效的表头内阻为

$$R_{gV\sim} = R_{并} + R_D^* = 1.96\text{k}\Omega + 0.10\text{k}\Omega = 2.06\text{k}\Omega$$

(4)求出倍率电阻 R_M:

$10.0\text{V}\sim$ 挡　$R_{M1} = RV_1 - R_{gV\sim} = 5.00 \times 10^3 \times 10.0 - 2.06 \times 10^3 = 47.94\text{k}\Omega$

$100\text{V}\sim$ 挡　$R_{M2} = R(V_2 - V_1) = 5.00 \times 10^3 \times (100.0 - 10.00) = 450\text{k}\Omega$

$$500\text{V}\sim\text{挡}\quad R_{\text{M2}}=R(V_3-V_2)=5.00\times10^3\times(500.0-100.0)=2.00\text{M}\Omega$$

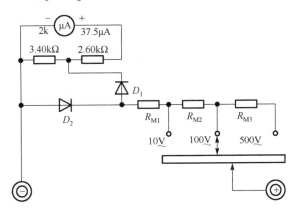

图 5-7-10　例 5-7-3 多量程交流电压表原理图

5. 欧姆表的原理及电路设计

欧姆表是用来测量电阻阻值大小的,其测量电路原理如图 5-7-11 所示.图中 R_1 为固定的限流电阻,R_0 为可变的调零电阻,R_x 为待测电阻.为了防止电位器 R_0 调得过小而烧坏电表,特用固定电阻 R_1 来限制电流.测量时首先调零,使 $R_x=0$,即使 a、b 两点短路,调节可变电阻 R_0 使表头指针指向满刻度,然后在 a、b 两点接入待测电阻进行测量.

常用欧姆表通常采用如图 5-7-12 所示测量电路.图中 E 为干电池的电动势,a、b 两端接入被测电阻 R_x,R_D 为限流电阻,当 $R_x=0$ 时(相当 a、b 两端短路),调节 R_D,使电表满刻度偏转,即这时电路中的电流为

$$I_0=\frac{E}{R_\text{D}+R_\text{g}}=I_\text{g}$$

在接入被测电阻 R_x 后,电路的工作电流为

$$I=\frac{E}{R_\text{D}+R_\text{g}+R_x}$$

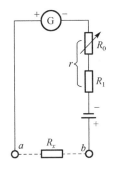

图 5-7-11　简易欧姆表原理图

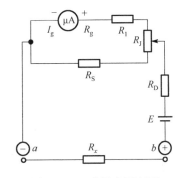

图 5-7-12　欧姆表原理图

从上式可以看出:

当干电池电压 E 保持不变时,表头指针的偏转大小与被测电阻的大小是一一对应的,如果表头的标度尺按与电流对应的电阻进行刻度,则该表头就可以直接测量电阻.欧姆表标度尺

上的电阻值,实质上是由通过表头电流值来标定它所对应的电阻值.当 a、b 两点开路,即 R_x 为无穷大时,则 $I=0$,这时电流表指针在零位;当 $R_x=0$ 时,指针在满刻度,可见当被测电阻由零变到无穷大时表头指针则由满刻度变到零,所以欧姆表标度尺和电流、电压的标度尺的刻度方向相反,且刻度不均匀,R_x 越大,刻度越密,如图 5-7-13 所示.

图 5-7-13　欧姆表刻度尺

当 $R_x=R_g+R_D$ 时,有

$$I=\frac{E}{R_D+R_g+R_x}=\frac{E}{2(R_g+R_D)}=\frac{I_0}{2}$$

由上可知,当被测电阻 R_x 等于欧姆表内部总电阻(R_g+R_D)时,欧姆表指针在表盘标度尺的中心.所以把

$$R_{中}=R_g+R_D$$

称为中心欧姆(或中值电阻).

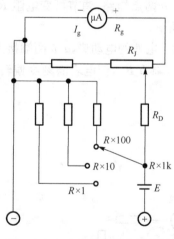

图 5-7-14　多量程欧姆表原理图

如果干电池的电动势发生改变,那么短路欧姆表两端,指针就不会指在"0"欧姆处,这一现象称为电阻挡的零点偏移,它给测量带来一定的系统误差.对此最简单的修正方法是调节限流电阻 R_D 的阻值,使表头指针仍回到"0"欧姆处.这个方法虽然补偿了零点漂移,但中值电阻发生较大的变化,若再按原来电阻刻度读数,则会产生较大的测量误差.

为了不引进较大的附加误差,应该选用恰当的电路来补偿零点偏移,使得流过整个回路的电流变化较大,而对中值电阻阻值影响很小.在图 5-7-14 所示的电路中,如果适当选取各电阻的阻值,就能基本满足这个要求.这个电路的特点是:在表头回路接入对零点偏移起补偿作用的电位器 R_J,电位器上的滑动触头把 R_J 分成两部分,一部分与表头串联,另一部分与表头并联.

当电池的电动势高于标称值时,电路中的总电流偏大,可将滑动头下移,以增大与表头串联的阻值而减少与表头并联值,使分流增加.当实际电动势低于标称值时,可将滑动触头上移,增大流经表头的电流.总之,当电池电动势变化时,调节电位器 R_J 的滑动触头,可以使表棒短路时流经电流表的电流保持满标度电流.电位器 R_J 称为调零电位器.改变调零电位器 R_J 的滑动触头时,整个表头回路的等效电阻 $R_{g\Omega}$ 随之改变,因而中值电阻 $R_{中}=R_D+R_{g\Omega}$ 同样发生变化.但是,如果尽可能地把限流电阻 R_D 取大一些,$R_{g\Omega}$ 的变化相对于中值电阻 $R_{中}$ 的影响就可以很小.在一般万用表中,大都采用图 5-7-14 所示的电路作为电阻挡的调零电路.

在设计电路时,应先以欧姆表最小工作电流挡(即电流灵敏度最高)来计算,其计算步骤如下.

(1)中值电阻.

中心欧姆数值是根据欧姆表所用电池的电动势大小和直流电流表的灵敏度高低来决定的.万用表一般采用 1.5V 干电池,为了保证在 1.35~1.65V 正常使用,计算应取 1.25~1.75V 作为电池工作范围.其计算公式如下

$$R_中 \leqslant \frac{E_{min}}{I_{min}}$$

式中,E_{min} 为最小电池电压;I_{min} 为电流表最小量程;$R_中$ 值为计算方便可取整数,取 2~3 位有效字.

(2)调零电位器 R_J 的计算.

因电池的电动势随着使用时间增长电池电量的消耗要不断下降,电池内阻也会变化,而表头的内阻 R_g 为常数,故要满足待测电阻 $R_x = 0$ 时,电路中通过的电流恰为表头的量程 I_g,必须设置可变电阻(电位器)R_J 来进行相应调节.

最小工作电流为

$$I_{min} = \frac{E_{min}}{R_中}$$

最大工作电流为

$$I_{max} = \frac{E_{max}}{R_中}$$

式中,E_{min} 取 1.35V(或 1.25V);E_{max} 取 1.65V(或 1.75V).

再求出最小和最大工作电流相应的分流电阻 R_S.

$$R_{Smin} = \frac{V_0}{I_{min}} \quad (R_{Smin} \text{为最小工作电流的分流电阻})$$

$$R_{Smax} = \frac{V_0}{I_{max}} \quad (R_{Smax} \text{为最大工作电流的分流电阻})$$

式中,V_0 为回路电压.

调零电位器 $R_J \geqslant R_{Smin} - R_{Smax}$ 并取整数,以保证在电池变化范围内能调节零点.

(3)限流电阻 R_D 的计算.以电池电动势为 1.50V 时.

① 求欧姆表的工作电流 $I_{1.50V}$.

$$I_{1.50V} = \frac{E_{1.50V}}{R_中} = \frac{1.50V}{R_中}$$

② 计算 $I_{1.50V}$ 所对应的分流电阻.

$$R_{S1.5V} = \frac{V_0}{I_{1.50V}}$$

③ 计算 $I_{1.50V}$ 抽头处表头的等效电阻 $R_{g\Omega}$.

④ 计算限流电阻 R_D(R_D 为 $R \times 1k\Omega$ 挡的限流电阻).

$$R_D = R_中 - R_{g\Omega}$$

(4)各量程电阻的计算.

改变电阻挡量程实际上是改变电表的总电阻,对于其他电阻挡的内阻均是在最高挡的内阻上并联一电阻,使其并联的等效电阻等于所要改装挡的内阻(即该挡的中心欧姆值).各挡电路如图所示.

并联电阻 R_{SX} 具体计算如下：

$$R_{中S \times x} = \frac{R_{S \times x} R_{中 \times 1k}}{R_{S \times x} + R_{中 \times 1k}} + r_E$$

式中，$R_{S \times x}$ 为被测挡的并联电阻；$R_{中 \times x}$ 为被测挡的总电阻 = 中心值×倍率；$R_{中 \times 1k}$ 为 $R \times 1k$ 挡的总内阻；r_E 为电池及接线电阻等(一般取 $0.5 \sim 1\Omega$)，对 $R \times 1$、$R \times 10$ 挡应扣除，其他挡可忽略不计.

$$R_{S \times x} = \frac{R_{中 \times 1k} \cdot R_{中 \times x}}{R_{中 \times 1k} - R_{中 \times x}} - r_E$$

例 5-7-4 试用前述的多挡闭路式电流表(其最小电流为 $50\mu A$)改制成为多量程的欧姆表，电源选用 1.5V 电池一节，求电路中各电阻值.

解 电路如图 5-7-14 所示，先计算欧姆表中工作电流最小挡.

(1)决定中心欧姆值.

电池电压变化范围为 $1.25 \sim 1.75V$，最小工作电流为 $50.0\mu A$.

$$R_{中 \times 1k} \leqslant \frac{E_{min}}{I_{min}} = \frac{1.25}{50.0 \times 10^{-6}} = 25.0k\Omega$$

取其第一、第二位数字为此欧姆表中心值，等于 25.0Ω.

(2)调零电位器的计算.

设 $E_{min} = 1.25V$，$E_{max} = 1.75V$，最小工作电流为

$$I_{min} = \frac{E_{min}}{R_{中 \times 1k}} = \frac{1.25}{2.5 \times 10^4} = 50.0\mu A$$

对应的分流电阻为

$$R_{Smin} = \frac{V_0}{I_{min}} = \frac{300 \times 10^{-3}}{50.0 \times 10^{-6}} = 6.00k\Omega$$

最大的工作电流为

$$I_{max} = \frac{E_{max}}{R_{中 \times 1k}} = \frac{1.75}{2.5 \times 10^4} = 70.0\mu A$$

对应的分流电阻为

$$R_{Smax} = \frac{V_0}{I_{max}} = \frac{300 \times 10^{-3}}{70.0 \times 10^{-6}} = 4.30k\Omega$$

所以

$$R_J = R_{Smin} - R_{Smax} = 6.00k\Omega - 4.30k\Omega = 1.70k\Omega$$

(3)限流电阻的确定.

求出电池电压为 1.50V 时的工作电流

$$I = \frac{1.50}{2.50 \times 10^3} = 60.0\mu A$$

对应的分流电阻为

$$R_S = \frac{300 \times 10^{-3}}{60.0 \times 10^{-6}} = 5.00k\Omega$$

并联等效电阻为

$$R_{g\Omega} = \frac{5.00 \times 10^3 \times 3.00 \times 10^3}{5.00 \times 10^3 + 3.00 \times 10^3} = 1.88k\Omega$$

限流电阻为

$$R_D = R_{中 \times 1k} - R_{g\Omega} = 25.0k\Omega - 1.88k\Omega = 23.2k\Omega$$

（4）各量程电阻的计算.

电池内阻 $r_E \approx 1\Omega$，$R_{中} = 25.0\text{k}\Omega$.

$R \times 1$ 挡：

$$R_{S \times 1} \approx \frac{R_{中 \times 1k} \cdot R_{中 \times 1}}{R_{中 \times 1k} - R_{中 \times 1}} - r_E = \frac{25.0 \times 10^3 \times 25.0}{25.0 \times 10^3 - 25.0} - 1 = 24\Omega$$

$R \times 10$ 挡：

$$R_{S \times 10} \approx \frac{R_{中 \times 1k} \cdot R_{中 \times 10}}{R_{中 \times 1k} - R_{中 \times 10}} - r_E = \frac{25.0 \times 10^3 \times 250.0}{25.0 \times 10^3 - 250.0} - 1 = 252\Omega$$

$R \times 100$ 挡：

$$R_{S \times 100} \approx \frac{R_{中 \times 1k} \cdot R_{中 \times 100}}{R_{中 \times 1k} - R_{中 \times 100}} = \frac{25.0 \times 10^3 \times 2500.0}{25.0 \times 10^3 - 2500.0} = 2778\Omega$$

6. 电表的校正

改装后的电表是否符合使用要求，要用标准表进行校正，并作校正曲线. 图 5-7-15 是校正电流表的电路，将改装表与标准表串联起来调节滑线变阻器，使改装表读数从零增加到满刻度，同时记下改装表和标准表相对应的读数，然后作出校正曲线. 根据校正曲线可计算出改装电表的准确度等级.

图 5-7-16 是校正电压表的电路，将改装表与标准表并联，校正方法与电流表类似.

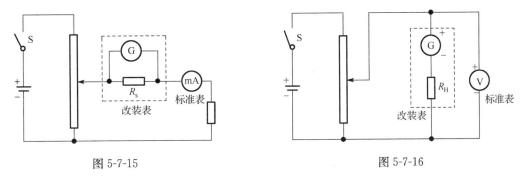

图 5-7-15   图 5-7-16

【实验内容】

1. 测定给定表头的内阻. 利用替代法和半偏法分别测量表头内阻，分析两种方法测量结果的准确性.

2. 将给定表头改装成量程为 10mA 电流表，并进行校正，将测量数据填入表 5-7-1.

表 5-7-1　10mA 电流表的校正

$I_{改装}/\text{mA}$	1.00	2.00	3.00	4.00	5.00	6.00	7.00	8.00	9.00	10.00
$I_{标准}/\text{mA}$										

3. 将给定表头改装成量程为 5V（或 2V）电压表，并进行校正，将测量数据填入表 5-7-2.

表 5-7-2　5V 电压表的校正

$U_{改装}/\text{V}$	0.50	1.00	1.50	2.00	2.50	3.00	3.50	4.00	4.50	5.00
$U_{标准}/\text{V}$										

4. 以改装表读数作为横坐标,改装表与标准表读数差值作为纵坐标,分别作出改装后的电流表和电压表的校正曲线,计算出改装表的准确度等级. 参考【常用电磁学仪表仪器简介】中相关电表准确度等级内容.

5. 将给定表头改装成如图 5-7-11 所示的简易欧姆表,用改装的欧姆表测量标准电阻箱的阻值,对表头刻度进行标度,说明其指针偏转方向及刻度的特点.

6. 设计并组装一台万用表(选做).

表头参数:量程为 $50\mu A$,内阻为 $1.8k\Omega$,外临界电阻约为 $4k\Omega$.

万用表各量程要求如下:

直流电流:$500\mu A$、$5mA$、$50mA$、$500mA$、$5A$;

直流电压:$1V$、$2.5V$、$10V$、$50V$、$250V$、$500V$,$R=10k\Omega \cdot V^{-1}$;

交流电压:$10V$、$50V$、$250V$、$500V$,$R=4.0k\Omega \cdot V^{-1}$;

电　　阻:$R\times 1k$(中值电阻 $16.5k\Omega$)、$R\times 100$、$R\times 10$.

画出所设计万用表的电路原理图,计算出各电阻的阻值. 对组装好的万用表进行校准(每挡只校准一个量程),作出校正曲线并计算出电表的等级.

设计步骤(举例)

1. 确定回路电压

根据给定的表头确定回路电压为 $V_0=I_g(R_g+R_S)=300mV$. R_S 为 $4.2k\Omega$,大于并接近外临界电阻,符合要求.

$$R_g+R_S=6.00k\Omega.$$

2. 设计直流电流挡

根据要求,设计直流电流挡如图 5-7-17 所示.

计算各电阻值:

$$R_1=R_{S1}=\frac{V_0}{I_1}=\frac{300\times 10^{-3}}{5}=0.06\Omega$$

$$R_2=R_{S2}-R_{S1}=\frac{300\times 10^{-3}}{0.5}-0.06=0.60-0.06=0.54\Omega$$

$$R_3=R_{S3}-R_{S2}=\frac{300\times 10^{-3}}{0.05}-0.6=6.00-0.6=5.4\Omega$$

$$R_4=R_{S4}-R_{S3}=\frac{300\times 10^{-3}}{5\times 10^{-3}}-6.00=60.0-6.00=54\Omega$$

$$R_5=R_{S5}-R_{S4}=\frac{300\times 10^{-3}}{5\times 10^{-4}}-60.0=600-60.0=540\Omega$$

$$R=R_S-R_{S5}=4.20k\Omega-0.60k\Omega=3.6k\Omega$$

3. 设计直流电压挡

根据要求,设计直流电压挡如图 5-7-18 所示.

已知:$V_1=1V$,$V_2=2.5V$,$V_3=10V$,$V_4=50V$,$V_5=250V$,$V_6=500V$,$R=10k\Omega \cdot V^{-1}$.

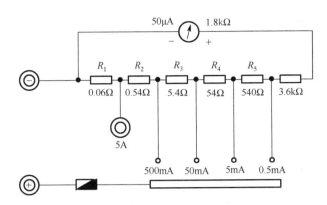

图 5-7-17　设计万用表直流电流挡

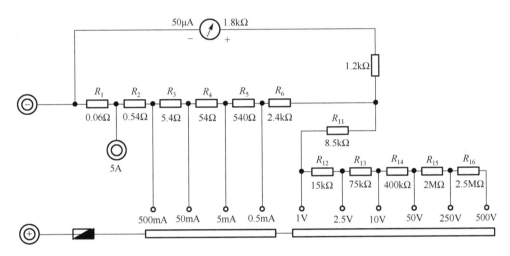

图 5-7-18　设计万用表直流电压挡

确定电压表工作电流 I_{gV} 为

$$I_{gV} = \frac{1}{R} = \frac{1}{1.0 \times 10^4} = 100\mu A$$

求出 R_{S6}、R_6 为

$$R_{S6} = \frac{300 \times 10^{-3}}{100.0 \times 10^{-6}} = 3.00k\Omega$$

$$R_6 = R_{S6} - R_{S5} = 3.00k - 0.60k = 2.4k\Omega$$

表头并联等效电阻为

$$R_{gV} = \frac{3.00 \times 10^3 \times 3.00 \times 10^3}{3.00 \times 10^3 + 3.00 \times 10^3} = 1.50k\Omega$$

计算倍率电阻 R_M 为

$$R_{11} = RV_1 - R_{gV} = 10 \times 1.00 - 1.50 = 8.5k\Omega$$

$$R_{12} = R(V_2 - V_1) = 10 \times (2.50 - 1.00) = 15.0k\Omega$$

$$R_{13} = R(V_3 - V_2) = 10 \times (10.0 - 2.50) = 75.0k\Omega$$

$$R_{14} = R(V_4 - V_3) = 10 \times (50.0 - 10.0) = 400k\Omega$$

$$R_{15} = R(V_5 - V_4) = 10 \times (250 - 50.0) = 2M\Omega$$

$$R_{14} = R(V_4 - V_3) = 10 \times (500 - 250) = 2.5\text{M}\Omega$$

4. 设计交流电压挡

根据要求,设计交流电压挡如图 5-7-19 所示.其中整流二极管选用锗二极管 2AP9,导通电压低.硅二极管 1N4007 是为了防止整流二极管被反向击穿而设置的.

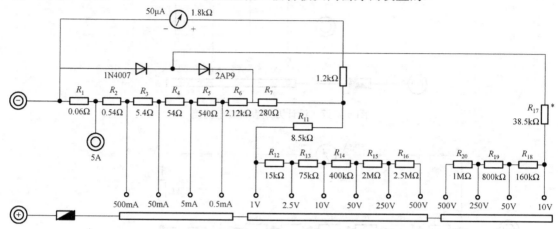

图 5-7-19　设计万用表交流电压挡

(1)根据交流电压灵敏度计算交流电压挡的工作电流 $I_{V\sim}$.

$$I_{V\sim} = \frac{1}{R} = \frac{1}{4.00 \times 10^3} = 0.250\text{mA} = 250\mu\text{A}$$

(2)整流后的直流电流 I_- 为

$$I_- = 250\mu\text{A} \times 0.441 = 110.25\mu\text{A}$$

(3)等效表头内阻.分流电阻为

$$R_{S6} = \frac{V_0}{I_-} = \frac{300 \times 10^{-3}}{110.25 \times 10^{-6}} = 2.72\text{k}\Omega$$

$$R_6 = R_{S6} - R_{S5} = 2.72 - 0.60 = 2.12\text{k}\Omega$$

因此并联等效电阻为

$$R_{\text{并}} = \frac{2.72 \times 10^3 \times 3.28 \times 10^3}{2.72 \times 10^3 + 3.28 \times 10^3} = 1.49\text{k}\Omega$$

交流电压挡等效的表头内阻为

$$R_{gV\sim} = R_{\text{并}} + R_D^* = 1.49\text{k}\Omega + 0.10\text{k}\Omega = 1.50\text{k}\Omega$$

(4)求出倍率电阻 R_M:

10.0V~挡　$R_{17} = RV_1 - R_{gV\sim} = 4.00 \times 10^3 \times 10.0 - 1.50 \times 10^3 = 38.5\text{k}\Omega$

50V~挡　$R_{18} = R(V_2 - V_1) = 4.00 \times 10^3 \times (50.0 - 10.00) = 160\text{k}\Omega$

250V~挡　$R_{19} = R(V_3 - V_2) = 4.00 \times 10^3 \times (250 - 50) = 800\text{k}\Omega$

500V~挡　$R_{20} = R(V_4 - V_3) = 4.00 \times 10^3 \times (500 - 250) = 1\text{M}\Omega$

5. 设计欧姆挡

根据要求,设计交流电压挡如图 5-7-20 所示.

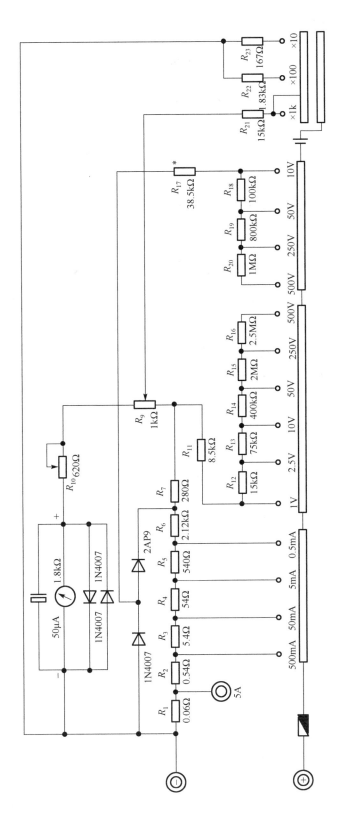

图5-7-20 设计欧姆挡及万用表总体设计原理图

(1)调零电位器的计算.

已知中值电阻($R \times 1k$)为

$$R_{中 \times 1k} = 16.5 k\Omega$$

设

$$E_{min} = 1.25V, \quad E_{max} = 1.75V$$

最小工作电流为

$$I_{min} = \frac{E_{min}}{R_{中 \times 1k}} = \frac{1.25}{1.65 \times 10^4} = 75 \mu A$$

对应分流电阻为

$$R_{Smin} = \frac{V_0}{I_{min}} = \frac{300 \times 10^{-3}}{75.0 \times 10^{-6}} = 4.00 k\Omega$$

最大工作电流为

$$I_{max} = \frac{E_{max}}{R_{中 \times 1k}} = \frac{1.75}{16.5 \times 10^4} = 106.0 \mu A$$

可见最大工作电流超过直流电压挡的工作电流,调零电位器与 R_7 冲突,所以取 $E_{max} = 1.65V$,一般情况下可以满足要求.

$$I_{max} = \frac{E_{max}}{R_{中 \times 1k}} = \frac{1.65}{16.5 \times 10^4} = 100.0 \mu A$$

因此刚好和直流电压挡的工作电流相等,直流电压挡后可直接接调零电位器. 对应的分流电阻为

$$R_{Smax} = \frac{V_0}{I_{max}} = \frac{300 \times 10^{-3}}{100.0 \times 10^{-6}} = 3.00 k\Omega$$

所以

$$R_J = R_{Smin} - R_{Smax} = 4.00 k\Omega - 3.00 k\Omega = 1.00 k\Omega$$

(2)限流电阻的确定.

求出电池电压 1.50V 时的工作电流

$$I = \frac{1.50}{16.50 \times 10^3} = 90.9 \mu A$$

对应的分流电阻为

$$R_S = \frac{300 \times 10^{-3}}{90.9 \times 10^{-6}} = 3.30 k\Omega$$

并联等效电阻为

$$R_{g\Omega} = \frac{3.30 \times 10^3 \times 2.70 \times 10^3}{3.30 \times 10^3 + 2.70 \times 10^3} = 1.49 k\Omega$$

限流电阻为

$$R_D = R_{中 \times 1k} - R_{g\Omega} = 16.5 k\Omega - 1.49 k\Omega \approx 15 k\Omega$$

(3)各量程电阻的计算.

电池内阻为 $r_E \approx 1\Omega$, $R_{中 \times 1k} = 16.5 k\Omega$.

$R \times 10$ 挡:

$$R_{S \times 10} \approx \frac{R_{中 \times 1k} \cdot R_{中 \times 10}}{R_{中 \times 1k} - R_{中 \times 10}} - r_E = \frac{16.50 \times 10^3 \times 165}{16.50 \times 10^3 - 165} - 1 = 167\Omega$$

$R \times 100$ 挡：

$$R_{S \times 100} \approx \frac{R_{中 \times 1k} \cdot R_{中 \times 100}}{R_{中 \times 1k} - R_{中 \times 100}} = \frac{16.50 \times 10^3 \times 1650}{16.50 \times 10^3 - 1650} = 1833 \Omega$$

【思考与讨论】

1. 在校正电流表和电压表时,如果发现改装表与标准表读数相比偏高,应如何调节分流电阻 R_S 和分压电阻 R_H?

2. 本实验中要想保证设计和组装的精度要求,应注意哪些问题?

3. 欧姆表中电池端电压下降时,对待测电阻的准确度有何影响? 证明欧姆表的中值电阻与欧姆表的内电阻相等.

4. 交流电流挡的电路中,能否将二极管 D_2 省去?

【探索创新】

把表头与大电阻串联就可以改制为电压表,但这种改制后,会发现指针在指示位置附近来回摆动不止,难于读数. 把表头与低电阻并联,就可改制为电流表,可是改制后却发现指针运动很慢,经过较长时间后仍难判断指针是否已达到平衡位置. 这两种现象产生的原因是表头的摆动有三种状态,只有表头内外电阻之和接近一个"临界电阻",使指针的摆动处于临界阻尼状态. 在这种状态下,指针才能很快地指到指示位置并停下来而不发生振荡. 上述改制的两种情况因都不符合这个条件,因此出现了问题. 解决这个问题的办法是把表头接成环形电路,环形电路的总电阻接近或稍大于"临界电阻". 这时从环形电路的中间抽头可构成安培表的各个挡次,而在环形电路外依次串联几个大电阻可构成伏特表的各个挡次. 这样构成的万用表直流电流挡和直流电压挡的基本电路便确定了.

请设计测量电路,测量表头的临界电阻.

【拓展迁移】

数字电压表是诸多数字化仪表的核心与基础. 以数字电压表为核心,可以扩展成各种通用数字仪表、专用数字仪表及各种非电量的数字化仪表(如温度计、湿度计、酸度计、重量、厚度仪等),几乎覆盖了电子电工测量、工业测量、自动化仪表等各个领域,因此对数字电压表作全面深入的了解是很有必要的. 数字电压表的特点是读数直观,数字电压表的数字化是将连续的模拟量(如直流电压)转换成不连续的离散的数字形式并加以显示. 查阅相关数字电表改装文献,学习数字电表的改装.

数字电表和指针式模拟电表的测量原理不同,在测量交流电、电容量、电感量及半导体的一些参数时应合理选用.

[1] 试利用万用表判断电容器是否漏电.

[2] 李文建. 怎样用万用表判断带阻三极管的好坏. 家电检修技术,2009,9:50

实验 8　用双棱镜干涉测光波波长

【发展过程及前沿应用概述】

托马斯·杨(Thomax Young 1773—1829),英国医生兼物理学家,光的波动说的奠基人之一.托马斯·杨在物理学上作出的最大贡献是关于光学,特别是光的波动性质的研究.1801 年他进行了著名的杨氏双缝实验,证明光以波动形式存在,该实验被评为"物理学十大最美实验".20 世纪初物理学家将杨的双缝实验结果和爱因斯坦的光量子假说结合起来,提出了光的波粒二象性,后来又被德布罗意利用量子力学引申到所有粒子上.

用双缝做了光的干涉实验后,光的波动说开始为许多学者接受,但仍有不少反对意见.有人认为杨氏条纹不是干涉所致,而是双缝的边缘效应.20 多年后,法国科学家菲涅耳(Augustin J. Fresnel)做了几个新实验,令人信服地证明了光的干涉现象的存在.这些新实验之一就是菲涅耳在 1826 年进行的双棱镜实验.它不借助光的衍射而形成分波前干涉,为确立光的波动学说起到了重要作用,用毫米级的测量得到纳米级的精度,其物理思想、实验方法与测量技巧至今仍然值得我们学习.

【实验目的及要求】

1. 掌握用双棱镜获得双光束干涉的方法,加深理解分波前双光束干涉原理.
2. 学会用双棱镜测定钠光的波长.

【实验仪器选择或设计】

光具座、单色光源(钠灯),可调狭缝,双棱镜,辅助透镜,测微目镜,白屏.

【实验原理】

两列频率相同的光波沿着几乎相同的方向传播.并且它们的相位差不随时间而变化,那么在两列光波相交的区域,光强分布是不均匀的,而是在某些地方表现为加强,在另一些地方表现为减弱(甚至可能为零),这种现象称为光的干涉.

菲涅耳利用如图 5-8-1 所示的装置,获得了双光束的干涉现象.图中 AB 是双棱镜,它的外形结构如图 5-8-2 所示,将一块平玻璃板的一个表面加工成双楔形板.端面与棱脊垂直,楔角 A 较小(一般小于 1°).从单色光源发出的光经透镜 L 会聚于狭缝 S,使 S 成为较大亮度的线状光源.从狭缝 S 发出的光,经双棱镜折射后,其波前被分割成两部分,形成两束光,就好像它们是由虚光源 S_1,S_2 发出的一样,满足相干光源条件,因此在两束光的交叠区域 P_1P_2 内产生干涉.当观察屏 P 离双棱镜足够远时,在屏上可观察到平行于狭缝 S 的明暗相间的等间距干涉条纹.

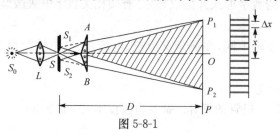

图 5-8-1

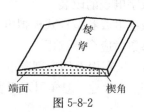

图 5-8-2

设两虚光源 S_1, S_2 之间的距离为 d, 虚光源所在的平面(近似地在光源狭缝 S 的平面内)到观察屏 P 的距离为 D. 观察屏 P 上第 k(k 为整数)级亮条纹与中心 O 相距为 x_k, 因为 $x_k < D$, $d \ll D$, 故 x_k 由下式决定

$$x_k = \frac{D}{d} k\lambda$$

而暗条纹的位置 x'_k 则由下式决定

$$x'_k = \frac{D}{d}\left(k + \frac{1}{2}\right)\lambda$$

任何两条相邻的亮条纹(或暗条纹)之间的距离为

$$\Delta x = x_{k+1} - x_k = \frac{D\lambda}{d}$$

故

$$\lambda = \frac{d}{D}\Delta x \tag{5-8-1}$$

因此,只要测出 d, D 和 Δx, 就可用式(5-8-1)计算出光波波长.

【实验内容】

1. 调节共轴

(1)按图 5-8-1 所示次序, 将单色光源 S_0, 会聚透镜 L, 狭缝 S, 双棱镜 AB 与测微目镜 P 放置在光具座上. 用目视法粗略地调节它们中心等高、共轴, 棱脊和狭缝 S 的取向大体平行.

(2)点亮光源 S_0, 通过透镜 L 照亮狭缝 S, 用手执白纸屏在双棱镜后面检查:经双棱镜折射后的光束. 是否有叠加区 P_1P_2(应更亮些)? 叠加区能否进入测微目镜? 当移动白屏时, 叠加区是否逐渐向左、右(或上下)偏移?

根据观测到的现象, 作出判断, 进行必要的调节使之共轴.

2. 调节干涉条纹

(1)减小狭缝 S 的宽度, 绕系统的光轴缓慢地向左或右旋转双棱镜 AB, 当双棱镜的棱脊与狭缝的取向严格平行时, 从测微目镜中可观察到清晰的干涉条纹.

(2)在看到清晰的干涉条纹后, 为便于测量, 将双棱镜或测微目镜前后移动, 使干涉条纹的宽度适当. 同时只要不影响条纹的清晰度, 可适当增加狭缝 S 的缝宽, 以保持干涉条纹有足够的亮度(注:双棱镜和狭缝的距离不宜过小, 因为减小它们的距离, S_1, S_2 间距也将减小. 这对 d 的测量不利).

3. 测量与计算

(1)用测微目镜测量干涉条纹的间距 Δx, 为了提高测量精度, 可测出 n 条(10~20 条)干涉条纹的间距 x, 除以 n, 即得 Δx. 测量时, 先使目镜叉丝对准某亮纹(或暗纹)的中心, 然后旋转测微螺旋, 使叉丝移过 n 个条纹, 读出两次读数. 重复测量几次, 求出 $\Delta \bar{x}$.

(2)用光具支架中心间距测量狭缝至观察屏的距离 D. 由于狭缝平面与其支架中心不重合, 且测微目镜的分划板(叉丝)平面也与其支架中心不重合, 所以必须进行修正, 以免导致测量结果的系统误差. 测量几次, 求出 $\bar{D}$.

（3）用透镜两次成像法测两虚光源的间距 d. 参见图 5-8-3，保持狭缝 S 与双棱镜 AB 的位置不变，即与测量干涉条纹间距 Δx 时的相同，在双棱镜与测微目镜之间放置一个已知焦距为 f' 的会聚透镜 L'，移动测微目镜使它到狭缝 S 的距离 $D' > 4f'$，然后维持恒定. 沿光具座前后移动透镜 L'，就可以在 L' 的两个不同位置上从测微目镜中看到两虚光源 S_1，S_2 经透镜所成的实像 S_1'，S_2'，其中一组为放大的实像，另一组为缩小的实像. 分别测得两放大像的间距 d_1 和两缩小像的间距 d_2，则按下式即可求得两虚光源的间距 d. 多测几次，取平均值 $\bar{d}$.

$$d = \sqrt{d_1 d_2} \tag{5-8-2}$$

（4）用所测得的 $\Delta \bar{x}$，$\bar{D}$，$\bar{d}$ 值，代入式(5-8-1)，求出光源的波长 λ.

（5）测量两虚光源的间距 d，还可用另一种方法. 经计算可得 $d = 2RA(n-1)$，式中，A 为双棱镜的锐角，R 为狭缝与双棱镜的距离，n 为玻璃棱镜的折射率.

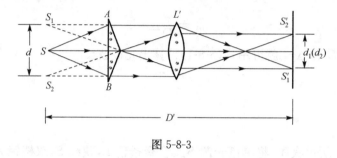

图 5-8-3

4. 注意事项

（1）使用测微目镜时，首先要确定测微目镜读数装置的分格精度，要注意防止回程差，旋转读数鼓轮时动作要平稳、缓慢，测量装置要保持稳定.

（2）在测量 D 值时，因为狭缝平面与测微目镜的分划板平面均不和光具座滑块的读数准线（支架中心）共面，必须引入相应的修正，否则将引起较大的系统误差.

（3）测量 d_1，d_2 时，由于透镜像差的影响，将引入较大误差，可在透镜 L' 上加一直径约为 1cm 的圆孔光阑（用黑纸），以增加 d_1，d_2 测量的精确度（可对比一下加或不加光阑的测量结果.）

【思考讨论】

1. 双棱镜和光源之间为什么要放一狭缝？为何缝要很窄且严格平行于双棱镜脊才可得到清晰的干涉条纹？

2. 试证明公式 $d = \sqrt{d_1 d_2}$.

3. 双棱镜干涉条纹的宽度，数目由哪些因素决定？

【探索创新】

1. 分析讨论在本实验中测量光波波长，哪个量的测量误差对实验结果影响大，试设计实验方案减小误差.

2. 研究在实验中测量双棱镜锐角的实验方案，并测量.

【拓展迁移】

［1］刘宏玉.双棱镜干涉实验难点解析.大学物理实验,2009,22(3):23-25

［2］常山,杨建荣.双棱镜干涉实验的"三调节两成像法".上饶师范学院学报,2009,29(3):44-48

［3］从守民,袁广宇.在分光计上做双棱镜干涉实验.物理实验,2008,28(12):36,37

［4］王成,王政平,张振辉.左手材料复合双棱镜内部界面的古斯－汉森位移.光子学报,2008,37(11):2321-2325

［5］刘承香,刘春平.光脉冲测量系统中菲涅耳双棱镜参数设计.深圳大学学报理工版,2009,26(1):9-11

【阅读材料】　测微目镜的结构及使用说明

测微目镜一般作为光学精密计量仪器的附件使用,如干涉显微镜、调焦望远镜、测微平行光管、各种测长仪等都装有这种目镜.它也可以单独使用,直接测量非定域干涉条纹的宽度或由光学系统所成实像的大小等.它的测量范围只有 0～8mm,但精度较高,其结构略图如图 5-8-4 所示.带有目镜的镜筒与本体盒相连,而利用螺丝,则可将接头套筒与另一带有物镜的镜筒(图中未画出)相套接,以构成一台显微镜(如焦距仪的测量显微镜).靠近目镜焦平面的内侧,固定了一块毫米刻度的玻璃标尺.与该尺相距 0.1mm 处平行地放置一块分划板,分划板由玻璃片制成,其上刻有十字叉丝和竖直双线.人眼贴近目镜筒观察时,即可在明视距离处看到玻璃尺上放大的刻线像及与其相叠的叉丝像(图 5-8-5).因为分划板的框架与由读数鼓轮带动的丝杆通过弹簧(图中未画出)相连,故当读数鼓轮旋转时,丝杆就会推动分划板在导轨内左右移动,这时目镜中的竖直双线和十字叉丝将沿垂直于目镜光轴的平面横向移动.读数鼓轮每转动一圈,竖线和十字叉丝就移动 1mm;由于鼓轮上又细分 100 小格,因此每转过 1 小格,叉丝相应地移动 0.01mm.测微目镜十字叉丝中心移动的距离,可从分划尺上的数值加上鼓轮上的读数而得到.

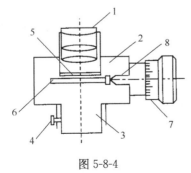

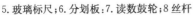

图 5-8-4　　　　　　　　　　　　　　　图 5-8-5

1.目镜;2.本体盒;3.接头套筒;4.螺丝;

5.玻璃标尺;6.分划板;7.读数鼓轮;8丝杆

使用测微目镜时应注意以下几点:

(1)测量时先调节目镜与分划板的间距,看清楚十字叉丝.

(2)调节整个目镜筒与被测实像的间距,使在视场中看到被测的像最清晰,并需仔细调节到被测像与叉丝像无视差,即两者处在同一平面上,只有无视差的调焦,才能保证测量精度.

(3)松开测微目镜固定螺丝,旋转它,使其分划板移动方向与被测间隔方向一致,然后再固定好.

(4)测量过程中,应缓慢转动鼓轮,且沿一个方向转动,中途不要反向.因为丝杆与螺母的螺纹间有空隙,称为螺距差.当反向旋转时,必须转过此间隙后分划板(叉丝)才能跟着螺旋移动.因此若旋过了头,必须退回一圈,再从原方向旋转推进,重测.

(5)要求叉丝中心不得移出刻度尺所示的刻度范围,如叉丝已达刻度尺一端,则不能再强行旋转测微鼓轮.

实验 9　迈克耳孙干涉仪的调节及光波波长的测定

【发展过程与前沿应用概述】

阿尔伯特-迈克耳孙(Albert-Abrahan Michelson,1852-1931),美国物理学家.1852 年 12 月 19 日生于波兰普鲁士的斯特雷诺的一个犹太商人家庭.童年随父母移居美国.受旧金山男子中学校长的引导,他对科学特别是光学和声学产生了兴趣,并展示了自己的实验才能.1869 年被选拔到美国安纳波利斯海军学院学习.毕业后曾任该校物理和化学讲师.1880-1882 年被批准到欧洲攻读硕上学位,先后到柏林大学、海德堡大学、法兰西学院学习.1881 年发明了迈克耳孙干涉仪并用它完成了著名的迈克耳孙-莫雷实验.1883 年回到美国任俄亥俄州克利夫兰市凯斯应用科学学院物理学教授.1889 年成为麻省伍斯特的克拉克大学的物理学教授,在这里着手进行了计量学的一项宏伟计划.1892 年改任芝加哥大学物理学教授,后任该校第一任物理系主任,在这里他培养了对天文光谱学的兴趣.1907 年因创制精密的光学仪器并用于一系列光谱学及基本度量学研究中的卓越贡献,获得诺贝尔物理奖,成为获此奖的第一个美国人.1910～1911 年担任美国科学促进会主席.1923～1927 年担任美国科学院院长.1931 年 5 月 9 日因脑出血于加利福尼亚州的帕萨迪纳逝世,终年 79 岁.

迈克耳孙的名字是和迈克耳孙干涉仪及迈克耳孙-莫雷实验联系在一起的,实际上这也是迈克耳孙一生中最重要的贡献.他创造的迈克耳孙干涉仪对光学和近代物理学是一项巨大的贡献.1801 年英国医生托马斯·杨进行了著名的杨氏双缝干涉实验,证明光以波动形式存在,从而奠定了光的波动性的实验基础.按照经典力学的理论,光既然是一种波动,就一定要靠介质才能传播.于是,人们提出了所谓光的以太假说.所以,在迈克耳孙的时代,人们认为光和一切电磁波必须借助绝对静止的充满宇宙的"以太"进行传播,而"以太"是否存在以及是否具有静止的特性,在当时还是一个谜.迈克耳孙干涉仪就是为了检验以太而创造.

当时认为光的传播介质是"以太",由此产生了一个新的问题:地球以 30km/s 的速度绕太阳运动,就必须会遇到 30km/s 的"以太风"迎面吹来,同时,它也必须对光的传播产生影响.因此,顺地球运动方向发出的光传播得应该比向与地球运动方向成直角发出的光快些.若两束相干光相遇,应出现干涉条纹的移动.1881 年在德国柏林大学亥姆霍兹实验室工作的迈克耳孙,发明了高精度的迈克耳孙干涉仪,并进行了著名的以太漂移实验,实验结果是否定的,迈克耳孙在实验中未观察到干涉条纹移动.但实验结果未获得科学界的理解和承认.1884 年在访美的瑞利、开尔文等的鼓励下,迈克耳孙和著名化学家、实验物理学家莫雷(Morley, Edward Williams, 1838-1923)合作,提高干涉仪的灵敏度,得到的结果仍然是否定的. 1887 年 7 月他们在俄亥俄州克利夫兰继续改进仪器,光路增加到 11m,整个仪器放置在石板上,石板漂浮在水银上,花费了整 5 天时间,仔细地观察地球沿轨道与静止以太之间的相对运动,结果仍然是否定的. 这一实验引起科学家的震惊和关注,实验的结果暴露了以太理论的缺陷,动摇了经典物理学的基础,为狭义相对论的建立铺平了道路. 毫无疑问,迈克耳孙-莫雷实验是第二次科学革命理论领域的起点,它与热辐射中的"紫外灾难"并称为"科学史上的两朵乌云". 随后有 10 多人前后重复这一实验,历时 50 年之久. 对它的进一步研究,推动了物理学的新发展,正是这两朵乌云导致了量子论与相对论的诞生.

迈克耳孙的光学研究却并非只因否定性结果而著名. 他是一位杰出的实验物理学家,所完成的实验都以设计精巧、精确度高而闻名,爱因斯坦曾赞誉他为"科学中的艺术家". 迈克耳孙的一生以制作精密的光学仪器和具有精湛的实验技术而著称于世. 他一生追求科学和真理,主要从事光学和光谱学方面的研究,他以毕生精力从事光速的精密测量,在他的有生之年,一直是光速测定的国际中心人物. 主要科学贡献有:

(1)迈克耳孙的第一个重大科学贡献是发明了迈克耳孙干涉仪,并用它完成了著名的迈克耳孙-莫雷实验. 实验结果否定了"以太"学说,动摇了经典物理学的基础,为爱因斯坦狭义相对论的建立铺平了道路.

(2)迈克耳孙是第一个倡导用光波的波长作为长度基准的科学家,1892 年迈克耳孙利用特制的干涉仪,以法国的米原器为标准,测定了镉红线波长是 6438.4696Å,于是 1m 等于 1 553 164 倍镉红线波长. 这是人类首次获得了一种永远不变且毁坏不了的非实物长度基准.

(3)在光谱学方面,迈克耳孙发现了氢光谱的精细结构以及水银和铊光谱的超精细结构,这一发现在现代原子理论中起了重大作用,其成果对现代分子物理学、原子光谱和激光光谱学等新兴学科都产生了重大影响.

1907 年迈克耳孙因"发明、创制精密的光学干涉仪并使用其进行一系列光谱学和基本度量学研究中的卓越贡献"而成为美国历史上第一位诺贝尔物理学奖获得者.

迈克耳孙干涉仪是一种在近代物理学和近代计量技术中有着特别影响的光学仪器,它的基本结构和设计思想给科学工作者以重要启迪,其基本原理已经被推广到许多方面,研制成各种形式的精密仪器,广泛地应用于生产和科学研究领域. 光学相干层析技术(optical coherence tomography, OCT)是近十年迅速发展起来的一种成像技术,它利用相干光干涉仪的基本原理,检测生物组织及有关材料不同深度层面对入射光的背向反射或几次散射信号,通过扫描,可得到生物组织及相关材料二维或三维结构图像.

迈克耳孙干涉仪是用分振幅的方法实现干涉的光学仪器,它设计巧妙,包含极为丰富的物理思想和精巧的实验方法,在物理学发展中具有重大的历史意义,而且在现代科技前沿也得到了十分广泛的应用. 在物理实验教学中因对训练学生的创新能力、科学精神和人文精神具有重要作用而受到高度重视. 本实验要学会调节迈克耳孙干涉仪,利用等倾条纹的变化测量氦氖激光或钠光波长.

【实验目的及要求】

1. 了解迈克耳孙干涉仪的特点,学会其调节和使用方法.

2. 调节和观察迈克耳孙干涉仪产生的干涉图,以加深对各种干涉条纹特点的理解.

3. 用迈克耳孙干涉仪测定氦-氖激光的波长.

【实验仪器选择或设计】

迈克耳孙干涉仪、氦-氖激光器、扩束镜等.

【实验原理】

1. 迈克耳孙干涉仪的结构与光路

1）迈克耳孙干涉仪的结构

迈克耳孙干涉仪的原理和结构如图 5-9-1 和图 5-9-2 所示. M_1 和 M_2 是相互垂直的两臂上放置的两个平面反射镜，其背面各有三个调节螺旋，用来调节镜面的方位；M_2 是固定的，M_1 由精密丝杆控制，可沿臂轴前后移功，其移动距离由转盘读出. 仪器前方粗动手轮最小分格值为 10^{-2} mm，右侧微动手轮的最小分格值为 10^{-4} mm，可估读至 10^{-5} mm，两个读数手轮属于蜗轮蜗杆传动系统. 在两臂轴相交处，有一与两臂轴各成 45° 的平行平面玻璃板 G_1，且在 G_1 的第二平面上镀以半透（半反射）膜，以便将入射光分成振幅近乎相等的反射光 1 和透射光 2，故 G_1 板又称为分光板. G_2 板也是一平行平面玻璃板，与 G_1 平行放置，厚度和折射率均与 G_1 相同. 由于它补偿了 1 和 2 之间附加的光程差，故称为补偿板. 从扩展光源 S 射来的光，到达分光板 G_1 后被分成两部分. 反射光 1 在 G_1 处反射后向着 M_1 前进，透射光 2 透过 G_1 后向着 M_2 前进. 这两列光波分别在 M_1、M_2 上反射后逆着各自的入射方向返回，最后都到达 E 处. 这两列光波来自光源上同一点 O，因而是相干光，在 E 处的观察者能看到干涉图样.

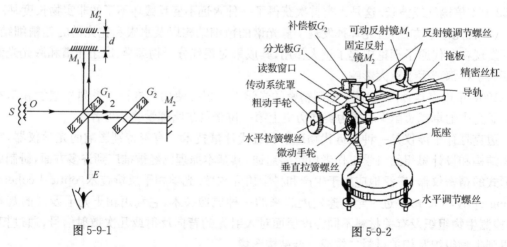

图 5-9-1　　　　　　　　　　　　　　　图 5-9-2

由于从 M_2 返回的光线在分光板 G_1 的第二面上反射，使 M_2 在 M_1 附近形成一平行于 M_1 的虚像 M_2'，因而光在迈克耳孙干涉仪中自 M_1 和 M_2 的反射，相当于自 M_1 和 M_2' 的反射. 由此可见，在迈克耳孙干涉仪中所产生的干涉与厚度为 d 的空气膜所产生的干涉是等效的.

2）迈克耳孙干涉仪的光路

迈克耳孙干涉仪的光路图如图 5-9-3 所示. 光源上一点发出的光线射到半透明层 K 上被分为两部分：光线"1"和"2".

光线"1"射到 M_1 上被反射回来后，透过 G_1 到达 E 处. 光线"2"透过 G_2 射到 M_2，被 M_2 反射回来后再透过 G_2 射到 K 上，再被 K 反射而到达 E 处.

这两条光线是由一条光线分出来的,所以它们是相干光.

如果没有 G_2,光线"1"到达 E 时通过玻璃片 G_1 三次,光线"2"通过 G_1 仅一次,这样两束光到达 E 时会存在较大的光程差.放上 G_2 后,使光线"2"又通过玻璃片 G_2 两次,这样就补偿了光线"2"到达 E 时光路中所缺少的光程.所以,通常将 G_2 称为补偿片.

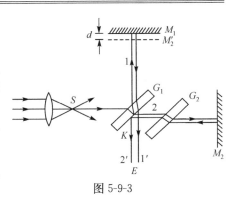

图 5-9-3

光线"2"也可看成是从 M_2 在半透明铬层中的虚像 M_2' 反射来的.在研究干涉时,M_2' 与 M_2 是等效的.

2. 干涉条纹的图样

在迈克耳孙干涉仪中,由 M_1,M_2 反射出来的光是两束相干光.M_1 和 M_2 可看成两个相干光源,因此在迈克耳孙干涉仪中可观察到:

(1)点光源产生的非定域干涉条纹;

(2)点、面光源等倾干涉条纹;

(3)面光源等厚干涉条纹.

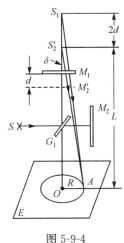

图 5-9-4

本实验主要观察第(1)种干涉条纹,并利用这种条纹进行氦-氖激光波长的测量.观察第(2)、(3)种干涉条纹可作为选做内容.

点光源产生的非定域干涉图样是这样形成的:凸透镜会聚后的激光束,是一个线度小、强度足够大的点光源.点光源经 M_1,M_2 反射后,相当于由两个虚光源 S_1,S_2' 发出的相干光束(图 5-9-4),但 S_2' 和 S_1 间的距离为 M_1 和 M_2' 间距的 2 倍,即 S_1S_2' 等于 $2d$.虚光源 S_1,S_2' 发出的球面波在它们相遇的空间处处相干,因此这种干涉现象是非定域的干涉图样.

若用平面屏观察干涉图样,不同地点可以观察到圆、椭圆,双曲线、直线状的条纹(在迈克耳孙干涉仪的实际情况下,放置屏的空间是有限的,只有圆和椭圆容易出现).通常,把屏 E 放在垂直于 S_1S_2' 连线的 OA 处,对应的干涉图样是一组同心圆,圆心在 S_1S_2' 延长线和屏的交点 O 上.

由 S_1S_2' 到屏上任一点 A,两光线的光程差 Δ 为

$$\Delta = S_1A - S_2'A$$
$$= \sqrt{(L+2d)^2 + R^2} - \sqrt{L^2 + R^2}$$
$$= \sqrt{L^2 + R^2}\left(\sqrt{1 + \frac{4Ld + 4d^2}{L^2 + R^2}} - 1\right) \tag{5-9-1}$$

通常 $L \gg d$,利用展开式 $\sqrt{1+x} = 1 + \frac{1}{2}x - \frac{1}{2.4}x^2 + \cdots$ 取前两项,可将式(5-9-1)改写成

$$\Delta = \sqrt{L^2 + R^2}\left[\frac{1}{2} \times \frac{4Ld + 4d^2}{L^2 + R^2} - \frac{1}{8} \times \frac{16L^2d^2}{(L^2+R^2)^2}\right]$$
$$= \frac{2Ld}{\sqrt{L^2+R^2}}\left[1 + \frac{dR^2}{L(L^2+R^2)}\right]$$

由图 5-9-4 所示的三角关系,上式可改写成

$$\Delta = 2d\cos\delta\left(1 + \frac{d}{L}\sin^2\delta\right) \tag{5-9-2}$$

略去二级无穷小项,可得

$$\Delta = 2d\cos\delta \tag{5-9-3}$$

$$\Delta = 2d\cos\delta = \begin{cases} k\lambda & (\text{明纹}) \\ (2k+1)\dfrac{\lambda}{2} & (\text{暗纹}) \end{cases} \tag{5-9-4}$$

这种由点光源产生的圆环状干涉条纹,无论将观察屏 E 沿 $S_1 S_2'$ 方向移动到什么位置都可以看到.

由式(5-9-4)可知:

(1)当 $\delta = 0$ 时,光程 Δ 最大,即圆心所对应的干涉级别最高. 摇动手轮而移动 M_1,当 d 增加时,相当于减小了和 k 相应的 δ 角(或圆锥角),可以看到圆环一个个从中心"涌出"而后往外扩张;若 d 减小时,圆环逐渐缩小,最后"淹没"在中心处. 每"涌出"或"淹没"一个圆环,相当于 $S_1 S_2'$ 的光程差改变了一个波长 λ. 设 M_1 移动了 Δd 距离,相应地"涌出"或"淹没"的圆环数为 N,则

$$\Delta = 2\Delta d = N\lambda$$
$$\Delta d = \frac{1}{2}N\lambda \tag{5-9-5}$$

从仪器上读出 Δd 及数出相应的 N,就可以测出光波的波长 λ.

(2)d 增大时,光程差 Δ 每改变一个波长所需的 δ 的变化值减小,即两亮环(或两暗环)之间的间隔变小,看上去条纹变细变密;反之,d 减小时,条纹变粗变疏.

(3)若将 λ 作为标准值,测出"涌出"(或"淹没")N 个圆环时的 $\Delta d_{实}$(M_1 移动的距离)与由式(5-9-5)算出的理论值 $\Delta d_{理}$ 比较,可以校准仪器传动系统的误差.

(4)若以传动系统作为基准,则由 N 和 $\Delta d_{实}$ 可测定单色光源的波长 λ. 实验时,光源都有一定体积,要获得一个比较理想的点光源,实验中往往用光阑和透镜将光束改变成较为理想的发散光束.

【实验内容】

1. 仪器和非定域干涉条纹的调节

(1)使氦-氖激光束大致垂直于 M_2,即调节氦-氖激光器高低左右位置,使反射回来的光束按原路返回(图 5-9-3).

(2)装上观察屏 E,可看到分别由 M_1 和 M_2 反射到屏的两排光点,每排 4 个光点,中间两个较亮,旁边两个较暗. 调节 M_1 和 M_2 背面的 3 个螺钉,使两排光点一一重合,这时 M_1 与 M_2 大致互相垂直.

(3)在氦-氖激光器实际光路中加进扩束器(短焦距透镜),使扩束光照在 G_1 上,此时在屏上就会出现干涉条纹,再调节细调拉簧微调螺钉,直到能看到位置适中、清晰的圆环状非定域干涉条纹.

（4）观察条纹变化. 缓慢转动微调鼓轮,可看到条纹的"涌出"或"淹没". 判别 $M_1 M_2'$ 之间的距离 d 是变大还是变小,观察条纹粗细、疏密和 d 的关系.

2. 测量氦-氖激光波长

（1）缓慢转动微调鼓轮,可以清晰地看到条纹一个一个地"涌出"或"淹没". 待操作熟练后开始测量,记下刻度轮和微调鼓轮上的初读数 d_0,每当"涌出"或"淹没" $N=100$ 个条纹时记下 d_i,连续测量 6 次,记下 6 个 d_i 值,,并及时核对,检查条纹数是否数错.

（2）列表记录 $d_0, d_1, \cdots, d_6$,算出相应的 $\Delta d_i = |d_{i+1} - d_i|$,求得 $\overline{\Delta d}$. 按 $\overline{\Delta d} = \frac{1}{2} N \overline{\lambda}$,算出 $\overline{\lambda}$,并与标准值进行比较,计算百分误差.

【思考讨论】

1. 根据迈克耳孙干涉仪的光路,说明各光学元件的作用.
2. 实验中如何利用干涉条纹测出单色光的波长？氦-氖激光波长为 632.8nm,当 $N=100$ 时, Δd 应为多大？
3. 结合实验调节中出现的现象总结一下迈克耳孙干涉仪调节的要点及规律.

【探索创新】

1. 设计实验方案,用迈克耳孙干涉仪测量透明材料的厚度.
2. 试以钠光灯为光源,设计测量钠黄光双黄线波长差的实验方案.

【拓展迁移】

［1］爱因斯坦:我尊敬的迈克耳孙博士,您开始工作时,我还是一个小孩子,身高只有 1m. 正是您,将物理学家引向新的道路. 通过您的精湛的实验工作,铺平了相对论发展的道路. 您揭示了光以太理论的隐患,激发了洛伦兹和菲兹杰诺的思想,狭义相对论正是由此发展而来. 没有您的工作,这个理论今天顶多也只是一个有趣的猜想,您的验证使之得到了最初的实际基础.

［2］吴健雄与物理学史上的三个判决性实验,自然辩证法研究,2006,(5):18

［3］科学家利用迈克耳孙干涉仪研究臭氧造成破坏的极地平流层云:最近几年极地平流层云的研究非常活跃,因为科学家们发现它在臭氧层破坏中扮演了一定的角色,但是这种云层的本质特征仍然是一个谜. 欧洲航天局 Envisa 卫星上的被动大气探测迈克耳孙干涉仪（MIPAS）为科学家们提供了极地平流层云的信息,从而使模拟研究臭氧减少成为可能. 谭华海译自:physorg.com 网站 2006 年 4 月 10 日.

［4］固体表面超声波信息的光学提取方法的研究. 江西科学,2005,(4):370

摘要:设计了一种能够精确测量固体表面微位移的实验装置,该装置以迈克耳孙干涉仪为基础,采用激光相干探测技术提取固体表面超声波信息. 推导由超声波传播而引起的固体表面微小位移与探测器输出的电学量之间的关系.

［5］医用光学相干层析成像仪.

光学相干层析技术（optical coherence tomography,OCT）是近十年迅速发展起来的一种成像技术,它利用弱相干光干涉仪的基本原理,检测生物组织不同深度层面对入射弱相干光的背向反射或几次散射信号,通过扫描,可得到生物组织二维或三维结构图像.

　　[6] 虞启琏:生物组织光学成像技术及其医学应用.

　　OCT 利用宽带光源的短程相干特性对活体组织内部结构断层成像. OCT 系统一般由低相干光源(SLD 或超快激光器)和迈克耳孙光纤干涉仪组成. OCT 是结合了空间门、相干门及其他形式门的技术. 目前 OCT 可探测深度由几毫米到厘米量级,空间分辨率达到 2～20mm.

　　[7] 清华大学物理系 OCT 研究组.

　　光学相干 CT(optical coherence tomography,OCT),中文全称为"光学相干层析",是继 X 射线 CT、MRI、超声诊断技术之后的又一种新的医学层析成像方法. 它集半导体激光技术、光学技术、超灵敏探测技术和计算机图像处理技术于一身,能够对人体、生物体进行无伤害的活体检测,获得生物组织内部微观结构的高分辨截面图像.

　　[8] Optical coherence tomography (Cardiovascular Radiation Medicine 4,2003)(PDF).

　　Optical coherence tomography (OCT) is a light-based imaging modality that can be used in biological systems to study tissues in vivo with near-histologic,ultrahigh resolution. The rationale for intravascular application of OCT is its potential for in vivo visualisation of the coronary artery microstructure.

　　[9] Miniature endoscope for simultaneous optical coherence tomography and laser-induced fluorescence measurement. 2004,43:1 APPLIED OPTICS)(PDF)

　　We have designed a multimodality system that combines optical coherence tomography OCT and laser-induced fluorescence LIF in a 2. 0-mm-diameter endoscopic package. OCT provides 18m resolution cross-sectional structural information over a 6mm field.

　　[10]张小俊. 用迈克耳孙干涉仪测量磁致伸缩系数. 大学物理,1994,13(1):31,32

　　[11]王爱军. 用迈克耳孙干涉仪测量杨氏模量. 大学物理,1999,18(9):30,31

　　[12]李文明,喜春凯,孙昕. 用迈克耳孙干涉仪测量真空镀金属膜厚度及光学常数. 大学物理,1993,12(6):38-40

　　[13]李朝英. 迈克耳孙干涉仪永葆青春. 大学物理,1993,12(11):39-41

　　[14]梁宏,王培纲. 低温对迈克耳孙干涉仪干涉调制度的影响. 光子学报,2009,38(4):967-970

　　[15]左春英,温静. 迈克耳孙干涉仪在超声光栅中的应用. 实验科学与技术,2009,7(1):61,62

实验 10　光电效应测定普朗克常量

【发展过程与前沿应用概述】

　　普朗克(Max Planck, 1858-1947),近代伟大的德国物理学家,量子物理学的开创者和奠基人. 1918 年获诺贝尔物理学奖. 普朗克在物理学上最伟大的成就是提出著名的普朗克辐射公式,创立能量子概念,成就了量子理论. 这是物理学史上的一次巨大变革,从此结束了经典物理学一统天下的格局.

19 世纪末,人们用经典物理学解释黑体辐射实验时,出现了著名的所谓"紫外灾难". 德国著名物理学家普朗克从 1896 年开始在前人的基础上对黑体热辐射进行了系统的研究. 为了解释黑体辐射的能量分布,他是人类历史上第一次抛弃了能量是连续的传统经典物理观念,首先提出大胆假设:物质辐射(或吸收)的能量不是连续的,而是一份一份地进行的,能量只能取某个最小数值的整数倍. 这个最小数值就称为能量子,辐射频率为 ν 的能量的最小数值 $\varepsilon = h\nu$. 其中 h,普朗克把它称为基本作用量子(现在称为普朗克常量). 经实验分析,他证实能量的发送与接收确实是一份一份地进行着,而每份是 h. 当 h 是某一个固定的数值时,就能得到与实验结果相符合的黑体辐射能量分布规律. 当时测算的 $h = 6.6262 \times 10^{-34}$ J·s. 1900 年 12 月 14 日,普朗克在德国柏林的物理学会上发表了题为《关于正常光谱的能量分布定律》的论文,提出了著名的普朗克公式. 公然挑战有史以来默认物理量连续变化的定论,提出石破天惊的能量量子化假设,拉开人类揭示微观世界跳跃式变化规律的序幕. 以其姓氏命名的普朗克常量,连同 1900 年 12 月 14 日这个非凡的日子一起载入量子论创立发展史册,这一天被普遍地认为是量子物理学诞生的日子. 普朗克本人荣获 1918 年诺贝尔物理奖.

光照射到某些物质上,引起物质的电性质发生变化. 这类光致电变的现象被人们统称为光电效应(photoelectric effect). 光电效应的发现与研究对于人们认识光的本质起到了重要作用.

17、18 世纪流行的能够解释几何光学现象的微粒说在用于解释干涉现象时遇到了困难,19 世纪初出现了波动说. 波动说能很好地解释干涉及衍射实验,逐步为人们所接受. 1865 年麦克斯韦(J. C. Maxwell 1831-1879)建立电磁场理论,指出光是一种电磁波,光的波动理论得到了确立. 他将电学、磁学、光学统一起来,是 19 世纪物理学发展的最光辉的成果,是科学史上最伟大的综合之一. 他预言了电磁波的存在. 这种理论预见后来得到了充分的实验验证. 他的预言导致物理学爆发了一场革命的电磁理论的创立,为物理学树起了一座丰碑. 造福于人类的无线电技术,就是以电磁场理论为基础发展起来的.

德国物理学家赫兹(Hertz,1857-1894)在检验麦克斯韦电磁理论的实验中,偶然发现了光照可以增强电极放电的光电效应现象,1887 年在《物理学年鉴》发表论文——论紫外线对放电的影响. 赫兹对人类最伟大的贡献是用实验证实了电磁波的存在和光电效应现象,这一发现具有划时代的意义,它不仅证实了麦克斯韦发现的真理,更重要的是开创了无线电电子技术的新纪元,并为爱因斯坦建立光量子理论奠定了基础,因此成了近代科学史上的一座里程碑.

1905 年,爱因斯坦(Albert Einstein, 1879-1955)大胆地把 1900 年普朗克在进行黑体辐射研究过程中提出的辐射能量不连续(量子化)的观点应用于光辐射,首次提出"光量子"概念,认为光辐射的能量是一份一份地集中在光(量)子上,光子的能量 $E = h\nu$(h 是普朗克常量,ν 是光的频率). 爱因斯坦由光量子假设得出了著名的光电效应方程,成功地解释了光电效应的实验结果. 但对于爱因斯坦的假设,一方面由于经典理论的传统观念束缚了人们的思想,另一方面因为当时光电效应的实验精度不高,无法验证光电效应方程. 因此,爱因斯坦的光量子理论和光电效应方程长期没有得到普遍承认. 许多实验物理学家都企图通过自己的工作来验证爱因斯坦方程的正确性,然而卓有成效的工作应该属于芝加哥大学莱尔逊实验室的著名实验物理学家密立根(R. A. Millikan 1868-1953). 1906 年密立根精心设计了一套实验装置,用真空管排除干扰,历经十余年的研究工作,终于成功地验证了爱因斯坦光电效应方程,并首次用光电效应实验测得了普朗克常量:$h = 6.56 \times 10^{-34}$,与理论值 6.626×10^{-34} 符合得很好. 1916 年发表了实验结果,全面地证实了爱因斯坦光电效应方程,光量子理论才开始得到承认. 密立根创造性的工作不仅推动了量子理论的发展,而且树立了求实、严谨细致和富有创造性的用实验验证科学理论的良好典范.爱因斯坦和密立根这两位科学大师都因光电效应等方面的杰出贡献,分别于 1921 年和 1923 年获得诺贝尔奖.

爱因斯坦是 20 世纪最伟大的科学家和思想家,是 19 世纪和 20 世纪之交物理学革命的发动者和主将,是现代科学的奠基者和缔造者.他的诸多科学贡献都是具有开创性和划时代的.光电效应实验及其光量子理论的解释在量子理论的确立与发展上,在揭示光的波粒二象性等方面都具有划时代的深远意义.利用光电效应制成的光电器件在科学技术中得到广泛的应用,并且至今还在不断开辟新的应用领域,具有广阔的应用前景.

光电效应等许多实验与经典理论的矛盾促使人们对微观世界进行更深入的研究.大量的理论与实验工作使人们逐步认识到波粒二象性(wave-particle duality)是一切微观物体的固有属性,并逐步建立起描述微观世界规律的量子力学.

光的波动说与微粒说之争从 17 世纪初开始,至 20 世纪初以光的波粒二象性告终,前后共经历了 300 多年的时间.牛顿、惠更斯、托马斯·杨、菲涅耳等多位著名的科学家成为这一论战双方的主辩手.正是他们的努力揭开了遮盖在"光的本质"外面那层扑朔迷离的面纱.跨世纪的争论引出了量子力学的诞生,它是描述微观世界结构、运动与变化规律的物理科学,是 20 世纪人类文明发展的一个重大飞跃,引发了一系列划时代的科学发现与技术发明,对人类社会的进步作出重要贡献.在现代科学技术中的表面物理、半导体物理、凝聚态物理、粒子物理、低温超导物理、量子化学以及分子生物学等学科的发展中,都有重要的理论意义.我们的现代文明,从电脑、电视、手机到核能、航天、生物技术,几乎没有哪个领域不依赖于量子论.

300 年!! 人类最伟大的科学发现之一:光的波粒二象性!

普朗克量子常量是人类已知的自然界的少数几个普适常数之一,是微观世界规律的标志量,它标志着物理学从"经典幼虫"变成"现代蝴蝶".微观世界的统帅"量子力学"已成为电子信息技术、物联网技术、生物分子工程、低碳经济和绿色经济以及关系未来环境和人类生活的一系列重要领域的理论支撑基础.普朗克量子常量可以由光电效应实验简单而又准确地测定,所以光电效应实验有助于学习理解量子理论和更好地认识普朗克常量以及更好地培养科学创新的原动力.

【实验目的及要求】

1. 加深对光的量子性的理解.
2. 验证爱因斯坦光电效应方程,测出普朗克常量 h.

【实验仪器选择或设计】

普朗克常量测定仪一套,包括:工作台、磁性底座、光电管、光源、滤色片或单色仪、微电流放大器等.不同型号仪器略有差别,请参阅实验室提供的仪器使用说明书或有关资料.

【实验原理】

在一定频率的光的照射下,电子从金属表面逸出的现象称为光电效应,从金属表面逸出的电子称为光电子.图 5-10-1 是研究光电效应实验规律和测量普朗克常量 h 的实验原理图.

图中 A,K 组成抽成真空的光电管,A 为阳极,K 为阴极.当一定频率 ν 的光射到金属材料

做成的阴极 K 上,就有光电子逸出金属. 若在 A、K 两端加上电压 U 后,光电子将由 K 定向地运动到 A,在回路中形成光电流 I. 光电效应的基本实验规律如下:

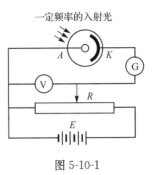

一定频率的入射光

图 5-10-1

(1)饱和光电流 I_h 与入射光的光强成正比,如图 5-10-2(a)所示. 图中 I-U 曲线称为光电管伏安特性曲线.

(2)光电子的初动能 $\left(\dfrac{1}{2}mv^2\right)$ 与入射光的频率 ν 成正比,与光强无关. 实验中反映初动能大小的是遏止电势差 U_A. 在图 5-10-1 所示电路中,当阴极 K 与阳极 A 之间加反向电压(即 K 接正极,A 接负极),则 K,A 间的电场将对阴极逸出的电子起减速作用. 随着反向电压增加,光电流 I 逐渐减小,当反向电压达到某一值 U_a 时,光电流降为零(图 5-10-2(a)),此时静电场力对光电子所做的功 eU_a 等于光电子的初动能 $\dfrac{1}{2}mv^2$,即 $eU_a = \dfrac{1}{2}mv^2$,U_a 称为遏止电势差. 以不同频率 ν 的光照射时,U_a-ν 关系曲线为一直线,如图 5-10-2(b)所示.

(3)光电效应存在一个频率阈值 ν_0,称为截止频率. 当入射光频率 $\nu < \nu_0$,无论光强如何,均不能产生光电效应.

(4)光电效应是瞬时效应,只要入射光频率 $\nu > \nu_0$,一经光线照射,立刻产生光电子.

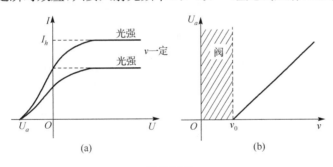

图 5-10-2

以上这些实验规律,用光的电磁波理论不能作出圆满的解释.

1905 年爱因斯坦提出了一个卓越的理论——光量子理论,成功地解释了光电效应. 他认为一束频率 ν 的光是以光速 c 运动的,具有能量 $h\nu$ 的粒子流,这些粒子称为光量子,简称光子. h 为普朗克常量.

按照光子论和能量守恒定律,爱因斯坦提出了著名的爱因斯坦光电效应方程

$$\frac{1}{2}mv^2 = h\nu - A \tag{5-10-1}$$

金属中自由电子,从入射光中吸收一个光子的能量 $h\nu$,克服了电子从金属表面逸出时所需的逸出功 A 后,逸出表面,具有初动能 $\dfrac{1}{2}mv^2$.

用爱因斯坦方程可圆满地解释光电效应的实验规律.

同时,由式(5-10-1)可知,要能够产生光电效应,需 $\dfrac{1}{2}mv^2 \geqslant 0$,即 $h\nu - A \geqslant 0$,$\nu \geqslant \dfrac{A}{h}$,而 $\dfrac{A}{h}$ 就是截止频率 ν_0,$\nu_0 = \dfrac{A}{h}$.

实验时,测出不同频率 ν 的光入射时的遏止电势差 U_a 后,作 U_a-ν 曲线,可得一直线

$$eU_a = \frac{1}{2}m\nu^2 = h\nu - A$$

$$U_a = \frac{h}{e}\nu - \frac{A}{e} = \frac{h}{e}\nu - \frac{h}{e}\nu_0 \qquad (5\text{-}10\text{-}2)$$

从直线斜率 $\dfrac{h}{e}$ 中可求出普朗克常量 h;从直线与横坐标轴的交点可求出阴极金属的截止频率 ν_0;从直线与纵坐标轴的交点 $-\dfrac{A}{e}$,可求出阴极金属的逸出电势 U_φ. 式(5-10-2)中 e 为电子电量(公认值 $e = 1.602177 \times 10^{-19}$ C).

【实验内容】

1. 仪器的调整

按仪器说明书和仪器使用规定调整好仪器,并调节同轴等高.

2. 测量光电管的暗电流

适当选取电压与电流的量程. 在无光照的条件下,测出不同电压下的相应暗电流值.

3. 测量光电管反向电压伏安特性(I-U 曲线)

(1) 取下暗盒盖,让光电管对准单色仪出射狭缝,按螺旋测微头显示的波长($\times 10^2$ nm)在可见光范围内选择一种波长输出,根据微安表指示找到峰值,并设置适当的倍率按键.

(2) 选择合适的电流和电压的量程,从 -1.50 V 起测出不同电压下的光电流,测量时,先定性粗测,观察一遍电流变化情况,记住使电流开始明显升高的电压值. 后针对电流变化情况,分别以不同的间隔施加遏止电压,读取相应的电流值. 在反向电流开始有明显变化附近多测几组数据.

(3) 相继选择适当间隔的 3~4 种波长光进行同样测量,并列表记录所有测量数据,表格自拟.

(4) 作出不同频率(波长)下的伏安特性曲线 I-U,从各条曲线中认真寻找由水平或接近水平而开始上升的"抬头点"所对应的遏止电势差 U_a'(图 5-10-3).

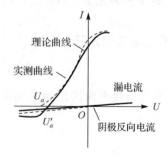

图 5-10-3

图 5-10-2(a)是理论分析的伏安特性曲线,图 5-10-3 是实际测量的伏安特性曲线. 两条曲线有差别的原因是:实际测量过程中光电流内包含:①光电管阳、阴极间漏电流;②阳极受光照射后的反向光电流. 由于它们的存在,使阴极光电流曲线下移,即如图 5-10-3 中虚线所示的理论曲线下移为实线所示的实测曲线,遏止电势差 U_a 也下移到 U_a' 点. 因此测出 U_a' 点即测出了理论值 U_a.

4. 普朗克常量的测定

由不同频率的伏安特性曲线上求得的遏止电势差 U_a' 与频率 ν 作 U_a'-ν 关系曲线,按爱因斯

坦方程 U_a-ν 曲线应为一直线. 其斜率 $\dfrac{\Delta U_a'}{\Delta \nu}$ 应等于 $\dfrac{h}{e}$,由此求出普朗克常量 h,并与公认值进行比较,算出百分误差.

【思考讨论】

1. 什么是截止频率,什么是遏止电势差,什么是光电管伏安特性曲线?
2. 实验中如何确定遏止电势差值?
3. 如何由光电效应测量普朗克常量?
4. 讨论光电效应实验对建立量子概念和认识光的波粒二象性的重要意义.

【探索创新】

1. 通过对光电效应的发现、解释、验证和实验过程的分析研究,有何感悟、从中学到了什么? 试提出培养原始性创新能力的方法与途径.

2. 弄清楚实验数据处理的意义和过程,能否提出其他数据处理方法. 请用一元线性回归方法求出普朗克常量,并与用作图方法求出的结果进行比较分析.

【拓展迁移】

[1] 吴丽君,李倩. 光电效应测普朗克常数的三种方法. 大学物理实验,207,20(4):49-52

[2] 何祚庥. 迎接即将到来的太阳能时代纪念伟大的物理学家 A. Einstein 发现光电效应 100 周年. 科学中国人,2005,(5):19-22

[3] 杨际青. 爱因斯坦光电方程与光电效应实验外推法. 大学物理,2003,22(3):27-29

[4] 李曙光. 光电效应中饱和光电流与入射光频率的关系研究. 大学物理实验,2002, 15(2):14-17

[5] 陈艺文,吴宗汉. 液晶单分子膜光电效应的研究. 哈尔滨理工大学学报,2002,7(6): 46-50

[6] 王廷志. 光电效应实验对原创能力的培养. 物理实验,2006,26(1):36-39

[7] 钱长炎. 赫兹发现电磁波的实验方法及过程. 物理实验,2005,25(7):33

摘要:根据赫兹的文集、实验笔记、日记和书信等原始文献,对赫兹发现电磁波的实验进行仔细考察,以期真实地再现这一重大发现的历史过程. 笔者认为赫兹发现电磁波的过程是由一系列重要实验组成的,并不能仅以单个实验为其标志. 还指出尽管赫兹没有认识到发现电磁波的实用价值,但他的实验研究成果客观上为无线电技术实用化的进程奠定了重要基础.

[8] 蒋长荣,刘树勇. 爱因斯坦和光电效应. 首都师范大学学报(自然科学版),2006,26 (4):32

摘要:介绍了光电效应的发现、光电效应理论解释、密立根光电效应实验,着重讨论了爱因斯坦在 1905 年提出的光量子概念,从而正确解释光电效应的工作.

[9] 钱长炎. 赫兹对光电效应的研究及其历史意义. 自然杂志,2003,(2):117

摘要:关于赫兹发现光电效应的实验过程和他对这种效应重要性的认识及其影响,在相关物理学史论中尚未见有充分的论述. 根据赫兹的日记、书信、实验笔记和他对光电效应研究发表的论文,对他的实验研究过程进行了仔细分析,揭示了他对这一效应研究和认识的学术价值和历史意义,阐明了他的这项发现和实验研究对诺贝尔物理学奖获得者莱纳德等所产生的重要影响.

[10] 光电效应及其应用.

利用光电效应中光电流与入射光强成正比的特性,可以制造光电转换器——实现光信号与电信号之间的相互转换. 这些光电转换器,如光电管(photoelement)等,广泛应用于光功率测量、光信号记录、电影、电视和自动控制等诸多方面,如使用过的数码相机、数码摄像机、鼠标器等. 目前,用光电二极管制作的各种感光元件被广泛应用于通信、自动化控制和太阳能利用等领域. 然而,光电转换技术的应用与发展,与人们对光的本性的认识是分不开的.

实验 11　单缝衍射光强分布及缝宽的测量

【发展过程与前沿应用概述】

光的衍射是光的波动性的基本特征的重要表现. 无论是水波、声波或光波,当其波阵面一部分以某种方式受到阻碍或遇到小孔时,就会发生偏离直线传播的衍射现象. 越过障碍物的波阵面的各部分因干涉而引起特定的波的强度分布称为衍射图样. 光的衍射现象可用惠更斯-菲涅耳原理进行分析和解释. 根据光源及观察屏到产生衍射的障碍物的距离不同,分为菲涅耳衍射和夫琅禾费衍射两种. 前者是光源和观察屏到障碍物的距离为有限远时的衍射,即所谓近场衍射;后者为无限远时的衍射,即所谓远场衍射.

光的衍射现象是格里麦耳地(Grimaldi,1618-1663)发现的. 他用太阳光照射小孔和单缝观察到衍射现象. 衍射的定量分析到 19 世纪由菲涅耳完成. 1821～1822 年夫琅禾费研究了平行光的衍射并推导出从衍射图样求波长的关系式.

菲涅耳(Augustin-Jean Fresnel,1788-1827),法国土木工程师和物理学家,物理光学的缔造者. 1788 年 5 月 10 日菲涅耳生于诺曼底省的布罗格利城,生长在建筑师的家庭,自幼体弱多病,不擅长语言,智力发展较迟. 十六岁时进入巴黎工艺学院学习,1806 年毕业于该校. 然后又转学土木工程,1809 年毕业于巴黎路桥学院,并取得土木工程师文凭. 大学毕业后的一段时期,菲涅耳在政府里任工程师,倾注全力于建筑工程,在法国各省修建道路和桥梁. 在与科学界完全隔绝的情况下,大约从 1814 年开始他对光学产生了浓厚兴趣,并把研究光的性质作为一种业余爱好. 菲涅耳在光学上的科学成就主要有两方面:一是光的衍射,他以惠更斯原理和干涉原理为基础,用严格的数学证明将惠更斯原理发展为后来所谓的惠更斯-菲涅耳原理,即进一步考虑了各个次波叠加时的相位关系,建立了完整的光的衍射理论;另一成就是光的偏振研究及偏振理论的建立. 他的研究工作的特点是:精心设计实验,并将实验结果和波动说理论进行比较,进而建立完善的理论,再由实验和计算加以验证. 可以说他的一生为波动光学从实验到理论的建立起了不可磨灭的作用.

从 1815 年菲涅耳向巴黎科学院提交了关于《光的衍射》第一篇论文起,在随后短短的几年中,他先后发表的几篇论文足以引起光学革命的研究,圆满地解释了光的反射、折射、干涉、衍射等现象,建立了光的衍射理论、偏振面转动理论、反射和折射理论以及双折射理论等. 1823 年,菲涅耳发现了圆偏振光和椭圆偏振光,用波动说解释了偏振面的旋转;他推出了反射定律和折射定律的定量规律,即著名的菲涅耳公式,从而解释了法国物理学家马吕斯(Etienas Louts Mallis,1775-1812)所发现的反射光偏振现象和双折射现象,为晶体光学的建立奠定了基础.菲涅耳的研究成果,标志着光学进入了一个新时期——弹性光学的时期.这个学说的成功,在牛顿物理学中打开了第一个缺口,为此他被人们称为"物理光学的缔造者".

他的科学研究成果受到科学界普遍的承认.1823年当选为法国科学院院士,1825年被选为英国皇家学会会员.

夫琅禾费(Fraunhofer,1787-1826),德国物理学家.1787年3月6日生于斯特劳宾,父亲是玻璃工匠.夫琅禾费幼年当学徒,后来自学了数学和光学.1806年开始在巴伐利亚的贝内迪克特博伊伦的光学工场当工匠,1818年任经理,1823年担任慕尼黑科学院物理陈列馆馆长和慕尼黑大学教授,慕尼黑科学院院士.夫琅禾费自学成才,一生勤奋刻苦,终身未婚.德国埃朗根大学和英国、丹麦都赠予他荣誉称号.

夫琅禾费集工艺家和理论家的才干于一身,把理论与丰富的实践经验结合起来,对光学和光谱学作出了重要贡献.1814年他用自己改进的分光系统,发现并研究了太阳光谱中的暗线(现称为夫琅禾费谱线),利用衍射原理测出了它们的波长,并用这些谱线测量了各种光学玻璃的折射率,达到以前从未有过的精度,解决了大块高质量光学玻璃制造的难题.他用几何光学理论设计和制造了消色差透镜,首创用牛顿环方法检查光学表面加工精度及透镜形状,对应用光学的发展起了重要的作用.他所制造的大型折射望远镜等光学仪器,负有盛名.这些成就,使当时光学技术的权威由英国转移到德国,推动了精密光学工业的发展.

1821年,他发表了平行光单缝及多缝衍射的研究成果(后人称之为夫琅禾费衍射).他做了光谱分辨率的实验,第一个定量地研究了衍射光栅,用其测量了光的波长,以后又给出了光栅方程.现代变换光学导致了光学信息处理技术的兴起,它与衍射尤其与夫琅禾费衍射息息相关.

学习并掌握光的衍射规律,能够极大地加深对光的波动性的理解,有助于理解和掌握许多现代光学实验技术,如在光谱分析、X光晶体结构分析、全息照相、光学信息处理等精密测量和近代光学技术中衍射已成为一种有力的研究手段和方法.因此,研究衍射现象及其规律,在理论与实践上都有重要意义.单缝衍射实验在测量微小长度及微小长度的变化方面有着较多的应用.

【实验目的及要求】

1. 理解和观察单缝夫琅禾费衍射现象.
2. 学习使用硅光电池(或光电二极管)测量相对光强分布的方法.
3. 绘出单缝衍射相对光强分布曲线,并与理论曲线进行对照.

【实验仪器选择或设计】

光强分布仪(光具座、支架、可调狭缝),He-Ne激光管及电源,光电池,WJF型数字检流计.

【实验原理】

光偏离直线方向而传播的现象称为光的衍射现象.衍射现象的实验装置由光源、衍射物和接收光屏组成.当光源与衍射物的距离以及衍射物与光屏的距离都是无限远时,这类衍射称为夫琅禾费衍射.本实验仅研究夫琅禾费的单缝衍射情况.单缝夫琅禾费衍射是用单缝作为衍射物时的衍射,即入射光和衍射光都是平行光.衍射条纹分别在单缝的两边,实验装置如图5-11-1所示.单色光源 S 置于透镜 L_1 的焦平面上,则由 S 发出的光通过 L_1 后成为平行光垂直照射在单缝 AB 上,根据惠更斯-菲涅耳原理,狭缝处的每一点都可看成发射球面子波的新波源. 新波源发出的子波在单缝后空间形成叠加,叠加图样在无限远处,可用透镜 L_2 会聚到位于焦平面上的接收屏上,在屏幕上可以看到一组平行于狭缝的明暗相间的衍射条纹,中央条纹最亮最宽. 由惠更斯-菲涅耳原理可得到其光强分布为

$$I = I_0 \frac{\sin^2\beta}{\beta^2}, \quad \beta = \frac{\pi a \sin\varphi}{\lambda} \tag{5-11-1}$$

式中,a 为单缝宽度;λ 为入射光波长;φ 为衍射光与透镜光轴的夹角,称为衍射角.

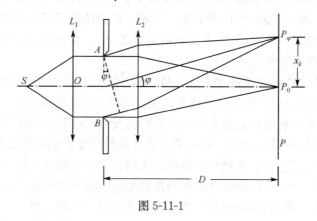

图 5-11-1

当 $\varphi = 0$ 时,$\beta = 0$,此角位置处光强最大,为 $I = I_0$,是衍射图样中光强的最大值,这是与主光轴平行的光线会聚点处的光强. 此条纹称为中央明纹.

除了中央明纹之外,两相邻暗条纹之间是各级亮条纹,它们的宽度是中央亮纹宽度的 1/2,这些亮条纹的光强度最大值称为次极大. 这些次极大的角位置依次在

$$\varphi \sim \sin\varphi = \pm \frac{1.43\lambda}{a}, \pm \frac{2.46\lambda}{a}, \pm \frac{3.47\lambda}{a}, \cdots$$

它们的相对光强依次为

$$\frac{I}{I_0} = 0.047, 0.017, 0.008, \cdots$$

当 $\sin\varphi = \frac{k\lambda}{a}$ 时 $(k = \pm 1, \pm 2, \pm 3, \cdots)$,$\beta = k\pi$,则 $I = 0$,即为暗条纹,与此衍射对应的位置是暗条纹的中心. 由于 φ 很小,故 $\sin\varphi \approx \varphi$,所以可以认为暗纹出现在 $\varphi = \frac{k\lambda}{a}$ 处. 主极大两侧暗条纹($k = \pm 1$)之间的夹角称为中央明纹的角宽度,大小为 $\Delta\varphi = \frac{2\lambda}{a}$;其他任意相邻两暗条纹之间的夹角称为各级明纹的角宽度,大小为 $\Delta\varphi = \frac{\lambda}{a}$. 显然,中央明纹的角宽度是其他各级明纹角宽度的 2 倍. 若入射光波长不变,则 φ 和 a 成反比,缝宽变大,衍射角变小,各级条纹向中央收缩. 当 a 足够大时 $(a \gg \lambda)$,衍射现象不明显. 若单缝宽度不变,则 φ 与 λ 成正比. 图 5-11-2 所示为单缝夫琅禾费衍射的相对光强理论分布曲线.

在实际中,一般是使用激光做实验. 由于激光束的发散角很小,可将透镜 L_1 省去. 如果接收屏远离单缝 $(D \gg a)$,则透镜 L_2 也可省去,如图 5-11-3 所示. 注意,此时的衍射图样是中央有一最大亮斑,其余是以中心最大亮斑为对称的次级亮斑,但光强分布规律及式(5-11-1)不会改变.

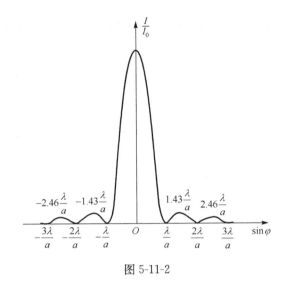

图 5-11-2

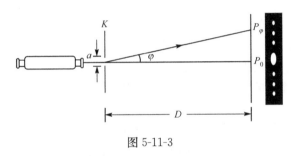

图 5-11-3

在图 5-11-3 中，假定 P_φ 到 P_0 的距离为 x_k，而 $\tan\varphi = \dfrac{x_k}{D}$. 又因为 φ 很小，$\tan\varphi \approx \sin\varphi$，各级暗条纹衍射角应为

$$\sin\varphi = \frac{k\lambda}{a} = \frac{x_k}{D}$$

式中，$k = \pm1, \pm2, \cdots$，由此求得缝宽

$$a = \frac{k\lambda Z}{x_k} \tag{5-11-2}$$

【实验内容】

1. 如图 5-11-4 所示，在光具座上安装激光器和可调单缝，在接收屏处装上光电池（或光电探头），光电池安装在测微螺旋可调支架上，可以沿垂直于光轴的方向来回移动；将光电池（光电探头）、光点检流计组成测量电路.

2. 打开检流计电源，预热及调零. 打开激光电源，以调节激光光路.

3. 取单缝到光电池的距离 D 约为 1.1m，调节缝宽，使衍射图样清晰，并使光电池上的狭缝对准中央亮纹. 开始测量，转动手轮，按一定位置间隔（取 0.5mm）测量相应的光电流 I.

4. 根据测量数据，以距离为横轴，相对光强为纵轴，在坐标纸上作出 $\dfrac{I}{I_0}$-x 的相对光强分布曲线，并与理论结果进行比较.

5. 由式(5-11-2)及实验光强分布曲线求出单缝缝宽. 由 $\frac{I}{I_0}$-x 曲线确定各次极大的位置和相对光强值,并和理论值进行比较.

6. 观察细丝、双缝、多圆孔、双圆孔、多孔、一维光栅、正交光栅等衍射花样的光强分布.

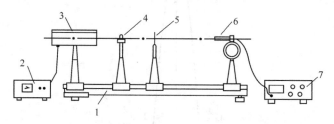

图 5-11-4

1.导轨;2.激光电源;3.激光器;4.单缝二维调节架;5.小孔屏;6.一维光强测量装置;7.检流计

【思考讨论】

1. 什么是夫琅禾费衍射,用激光器作光源时不用透镜 L_1 为什么可以进行实验?

2. 衍射图样的变化与哪几个参量有关,分别指出变化的具体情况.

3. 单缝宽度发生变化,衍射图样会有哪些变化?

4. 实验过程中,激光器的输出光强有变化,会对单缝衍射图样和相对光强分布曲线产生什么影响?

5. 衍射曲线对中央明纹的左右分布不对称,其原因是什么? 如何才能调节到对称?

6. 根据实验结果分析单缝衍射光强分布测量中的误差.

7. 如何利用衍射测量狭缝的宽度?

【探索创新】

1. 研究当缝宽增加 1 倍时,衍射花样的光强和条纹宽度将如何变化,如缝宽减半,又怎样改变.

2. 观察细丝衍射花样的光强分布,设计用单缝衍射实验测量细丝的直径的实验方案和数据处理方法.

3. 通过查阅菲涅耳和夫琅禾费两位物理学家坎坷的人生经历以及一生对科学的渴望和追求,对你人生有何启迪,对科学研究有何感悟.

【拓展迁移】

[1]潘华锦,张丽. 利用 CCD 测量单缝衍射的光强分布. 计量与测试技术,2009,36(3):57,58

[2]张皓辉,武旭东. 单缝衍射法测量金属线胀系数. 云南师范大学学报,2009,29(1):53-57

[3]李玉春,张学刚. 夫琅禾费单缝衍射光强分布的探讨. 大庆师范学院学报,2007,27(5):85-87

[4]王永祥,邓满兰,付钱华. 单缝菲涅尔衍射的光强分布. 宜春学院学报,2007,29(2):69-71

[5]宋伟. 用激光单缝衍射分离间隙法测量透明介质折射率. 应用激光,2001,25(5):335,336

[6]刘依真,范玲. 智能化单缝衍射实验装置的研制. 北方交通学学报,2001,25(3):77-80

实验 12　光栅特性研究及光波波长测定

【发展过程及前沿应用概述】

最早的光栅是 1821 年由德国科学家 J. 夫琅禾费用细金属丝密排地绕在两平行细螺丝上制成的. 因形如栅栏, 故名为"光栅". 现代光栅是用精密的刻划机在玻璃或金属片上刻划而成的.

光栅是一种重要的分光元件, 它可以把入射光中不同波长的光分开. 利用光栅分光制成的单色仪和光谱仪已被广泛应用. 按其形状可分为平面光栅和凹面光栅. 此外还有全息光栅、正交光栅、相光栅、炫耀光栅、阶梯光栅等. 按所用光是透射还是反射分为透射光栅和反射光栅两类. 本实验使用的是平面透射光栅, 它相当于一组数目极多的等宽、等间距的平行排列的狭缝. 目前使用的光栅主要通过以下方法获得: ①用精密的刻线机在玻璃或镀在玻璃的铝膜上直接刻划; ②用树脂在优质母光栅上复制; ③采用全息照相的方法制作全息光栅. 实验室通常使用复制光栅或全息光栅.

【实验目的及要求】

1. 进一步熟练掌握分光计的调节和使用方法.
2. 观察光线通过光栅后的衍射现象.
3. 测定衍射光栅的光栅常量、光波波长和光栅角色散.

【实验仪器选择或设计】

分光计, 透射光栅, 汞灯等.

【实验原理】

光栅是根据多缝衍射原理制成的一种分光元件, 在结构上有平面光栅、阶梯光栅和凹面光栅等几种. 同时又分为用于透射光衍射的透射光栅和用于反射光衍射的反射光栅两类. 本实验选用的是透射式平面光栅.

透射式平面光栅是在光学玻璃上刻划大量相互平行、宽度和间隔相等的刻痕制成的. 一般地, 光栅上每毫米刻划几百至几千条刻痕. 当光照射在光栅上时, 刻痕处由于散射不易透光, 而未经刻划的部分就成了透光的狭缝. 由于光刻光栅制造困难, 价格昂贵, 常用的是复制光栅和全息光栅. 本实验中使用的是全息光栅.

若以单色平行光垂直照射在光栅面上 (图 5-12-1), 则光束经光栅各缝衍射后将在透镜的焦平面上叠加, 形成一系列被相当宽的暗区隔开的、间距不同的明条纹 (称光谱线). 根据夫琅禾费衍射理论, 衍射光谱中明条纹所对应的衍射角应满足下列条件

$$d\sin\varphi_k = \pm k\lambda \quad (k = 0, 1, 2, 3, \cdots) \tag{5-12-1}$$

式中, $d = a + b$ 称为光栅常数 (d 为狭缝宽度, a 为刻痕宽度, 参见图 5-12-2); k 为光谱线的级数; φ_k 为 k 级明条纹的衍射角; λ 是入射光波长. 该式称为光栅方程. 所谓光栅方程就是描述光栅结构与光的入射角和衍射角之间关系的公式.

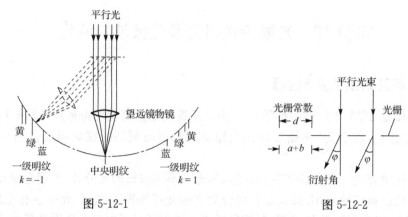

图 5-12-1 图 5-12-2

如果入射光为复色光,则由式(5-12-1)可以看出,光的波长不同,其衍射角 φ_k 也各不相同,于是复色光被分解,在中央 $k=0$,$\varphi_k=0$ 处,各色光仍重叠在一起,组成中央明条纹,称为零级谱线.在零级谱线的两侧对称分布着 $k=1,2,3,\cdots$ 级谱线,且同一级谱线按不同波长,依次从短波向长波散开,即衍射角逐渐增大,形成光栅光谱.

由光栅方程可看出.若已知光栅常数 d,测出衍射明条纹的衍射角 φ_k,即可求出光波波长 λ;反之,若已知 λ,亦可求出光栅常数 d.

将光栅方程(5-12-1)对 λ 微分,可得光栅的角色散为

$$D = \frac{\mathrm{d}\varphi}{\mathrm{d}\lambda} = \frac{k}{d\cos\varphi} \tag{5-12-2}$$

角色散是光栅、棱镜等分光元件的重要参数,它表示单位波长间隔内两单色谱线之间的角距离.由式(5-12-2)可知,光栅常量 d 越小,角色散越大;此外,光谱的级次越高,角色散也越大.而且光栅衍射时,如果衍射角不大,则 $\cos\varphi$ 近于不变,光谱的角色散几乎与波长无关,即光谱随波长的分布比较均匀,这和棱镜的不均匀色散有明显的不同.

分辨本领是光栅的又一重要参数,它表征光栅分辨光谱线的能力.设波长为 λ 和 $\lambda+\mathrm{d}\lambda$ 的不同光波,经光栅衍射形成的两条谱线刚刚能被分开,则光栅分辨本领 R 为

$$R = \frac{\lambda}{\mathrm{d}\lambda} \tag{5-12-3}$$

根据瑞利判据,当一条谱线强度的极大值和另一条谱线强度的第一极小值重合时,则可认为该两条谱线刚能被分辨,由此可以推出

$$R = kN \tag{5-12-4}$$

其中,k 为光谱级数;N 为光栅刻线的总数.

【实验内容及测量方法】

1. 分光计及光栅的调节

(1)按要求调节好分光计,即望远镜聚焦于无穷远;准直管发出平行光;望远镜和准自管共轴且与分光计转轴正交.

(2)调节光栅平面与分光计转轴平行,且光栅面垂直于准直管.调节的方法是:先把望远镜叉丝对准狭缝,再将平面光栅按图 5-12-3 置于载物台上,转动载物台,升调节螺丝 a 或 b,直到望远

镜中从光栅面反射回来的绿十字像与目镜中的调整叉丝重合,至此光栅平面与分光计转轴平行,且垂直于准直管、固定载物台.

(3)调节光栅刻痕与转轴平行.调节的方法是:转动望远镜,观察光栅光谱线,调节载物台螺丝 c,使从望远镜中看到的叉丝交点始终处在各谱线的同一高度.调好后,再检查光栅平面是否仍保持与转轴平行,如果有了改变,就要反复多调几次,直到两个要求都满足为止.

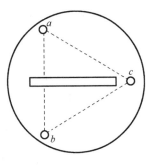

图 5-12-3

2. 测定光栅常数 d

用望远镜观察各条谱线,然后测量相应于 $k = \pm 1$ 级的汞灯光谱中的绿线($\lambda = 546.1 \text{nm}$)的衍射角 φ,重复测 2 次后取平均值,代入式(5-12-1)求出光栅常数 d.

表 5-12-1

$\lambda_{\text{已}} = 546.1 \text{nm}$ $K = \pm 1$

次数	游标	$\lambda_{\text{已}+1}$角位置	$\lambda_{\text{已}-1}$角位置	2φ	无偏差 φ	$\sin\varphi$	d	$\bar{d}$
1	1							
	2							
2	1							
	2							

3. 测定光波波长

选择汞灯光谱中的黄色及其他颜色的谱线进行测量,测出相应于 $k = \pm 1$ 级谱线的衍射角.重复测 3 次后取平均值.将测出的光栅常数 d 代入式(5-12-1),就可计算出相应的光波波长并与标称值进行比较.

表 5-12-2

$K = \pm 1$

次数	游标	$\lambda_{\text{已}+1}$角位置	$\lambda_{\text{已}-1}$角位置	2φ	无偏差 φ	$\sin\varphi$	d	$\bar{d}$
1	1							
	2							
2	1							
	2							

4. 测量光栅的角色散

用钠灯或汞灯为光源,测量其 1 级和 2 级光谱中双黄线的衍射角,双黄线的波长差为 $\Delta\lambda$,结合测得的衍射角之差 $\Delta\varphi$,求角色散 $D = \Delta\varphi/\Delta\lambda$.

5. 考察光栅的分辨本领

用米尺测出光栅宽度 L,计算 N,取 $K = 1$,求出该光栅相对于一级谱线的分辨本领.

6. 注意事项

(1)放置或移动光栅时,不要用手接触光栅表面,以免损坏镀膜.

（2）从光栅平面反射回来的绿十字像亮度较微弱，应细心观察.

【思考讨论】

1. 本实验对光栅的放置与调节有何要求？如何调节分光计与光栅，使入射光正入射光栅？
2. 如何调节光栅平面与分光计转轴平行？

【探索创新】

1. 试设计用给定仪器 He-Ne 激光器、直尺测量出光栅常数的实验方案.
2. 研究利用光栅最小偏向角法测光波波长.

【拓展迁移】

[1] 黄曙江. 光斜入射下光栅公式与特性研究. 杭州电子工业学院学报. 2004,(3):7-10.

[2] 周赢武,高侃,黄锐,等. 保偏光纤长周期光栅特性的研究. 中国激光. 2004,(9):1103-1106.

[3] 李志全,黄丽娟. 不同折射率调制的光纤光栅的特性及其应用. 光学技术. 2003,(6):730-734.

[4] 陈刚,鲍培特. 利用光栅最小偏向角法测光波波长. 大学物理实验. 2008,(4):9-13

[5] 关寿华,赫然,徐辑彦. 光栅条纹最小偏向角的实验研究. 大学物理实验 2005,(03):41-44,53.

第六章 设计性物理实验

实验 1 混合物成分测量的实验设计与研究

阿基米德(Archimedes,约公元前 287－前 212)是古希腊物理学家、数学家,静力学和流体静力学的奠基人.

除了伟大的牛顿和爱因斯坦,再没有一个人像阿基米德那样为人类的进步作出过这样大的贡献. 即使牛顿和爱因斯坦也都曾从他身上汲取过智慧和灵感. 他是"理论天才与实验天才合于一人的理想化身",文艺复兴时期的达·芬奇和伽利略等都拿他来作自己的楷模.

阿基米德最为人称道的是他从智破金冠案中发现了一个科学基本原理——阿基米德原理,为人类探索物质的密度和纯度开创了理论和实验的先河.

由于密度与物质的纯度有关,所以通过测定密度可以鉴定物质的纯度,分析材料的成分.

【实验探索内容及要求】

1. 根据实验室所提供的实验仪器及物品用具,拟定和设计测定混合物成分和纯度的实验方案(即实验测量公式推导、实验方法设计、测量方法、测量仪器选择).

2. 本实验给定甲乙两种材料及由其混合而成的物体,试确定混合物中甲乙两种物质材料的成分(质量比或体积比).

3. 通过测定混合物中甲乙两种物质材料的(质量或体积)成分,学习和掌握鉴定物质纯度、分析物质材料成分的方法.

【实验仪器选择或设计】

1. 物理天平 1 台,烧杯 1 个,温度计,蒸馏水,细线若干等.
2. 材料甲、材料乙及甲乙混合物.

实验 2 弹簧振子运动规律的总结

用实验的方法研究物理学,就是以实验结果为依据,归纳总结出一定的物理规律. 而通过实验总结物理规律,一般地说,就是总结描述某一物理现象的各物理量间的数量关系. 为此,首先,需要确定所研究的物理现象要用哪些物理量来描述,也就是与哪些物理量有关. 其次,对这些物理量在一定条件下进行测量. 最后,分析处理数据. 通常把表示实验结果的函数称为经验公式,也称为方程的回归问题. 一般应先根据实验数据的变化趋势推测出经验公式可能具有的函数形式,再用最小二乘法(即回归分析法)确定函数中的待定常数;给出经验公式的确定函数,并经检验的确能成立,方能最终确定,这是总结经验公式的基本方法.

【实验探索内容及要求】

1. 设计弹簧振子运动规律，总结研究的实验方案.
2. 总结出弹簧振子周期的经验公式.
3. 用内插法由经验公式计算给定的 k,m 相应的 T 值，并与实验测定的 k、m 相应的 T 值（即实验值）作比较分析；
4. 将经验公式与理论公式 $T = 2\pi m^{\frac{1}{2}} k^{-\frac{1}{2}}$ 进行比较分析.

【实验仪器选择或设计】

弹簧振子(焦利氏秤，弹簧，砝码组)，秒表，坐标纸等.

【探索提示】

1. 观察

观察弹簧振子运动全过程的物理现象，定性了解与弹簧振子周期有关的物理量.

比如，周期 T 与振子质量 m，弹簧劲度系数 k 及振幅 A 的关系，并定性分析 T 与 m、k、A 的关系，由观察不难得出 T 与 A(在振幅不太大时)无关而与 m、k 有关的结论，即 $T = f(m,k)$，但函数形式是未知的.

2. 测量

本实验需保证的条件主要是振幅 A 不宜太大. 但进行测量时还需根据具体情况规定一些条件：如本实验可在 k 保持一定时，测定多组 (T,m) 值；在保持 m 不变时，测定多组 (T,k) 值. 这样就可将二元函数关系在一定条件下转化为单变量的函数关系.

(1)保持 $k = k_0$ 不变，测定多组 (T_m,m) 值.

(2)保持 $m = m_0$ 不变，测定多组 (T_k,k) 值.

(3)测定各弹簧的劲度系数 k，可用逐次增荷法测定($k = \dfrac{\Delta m \cdot g}{\Delta x}$，其中 Δm 为增加的质量，Δx 为相应的伸长量，g 为重力加速度).

3. 数据处理

1)作图法

(1)根据所测得的数据作图，分析判断 T_m 与 m 及 T_k 与 k 可能具有的函数形式. 可先作 T_m-m 曲线(k 保持一定)，初步判断 $T_m = f_1(m)$ 可能具有的函数形式；其次作 T_k-k 曲线(m 保持不变)，判断 $T_k = f_2(k)$ 的函数类型之后，作为一种尝试可给出一个假定的但又是可能具有的函数形式，如可设

$$T_m = f_1(m) = Am^{\alpha} \quad (k = k_0 \text{ 不变}) \tag{6-2-1}$$
$$T_K = f_2(k) = Bk^{\beta} \quad (m = m_0 \text{ 不变}) \tag{6-2-2}$$

及

$$T = f(m,k) = Cm^{\alpha}k^{\beta} \tag{6-2-3}$$

以上各式中的 A,B,α,β,C 均为待定常数，其中 $A = Ck_0^{\beta},B = Cm_0^{\alpha}$.

(2)用实验数据确定待定常数.

由于函数为非线性的,所以要作适当的变量变换,将函数变为线性方程,使曲线变为直线(曲线直化).如对式(6-2-1)、式(6-2-2)、式(6-2-3)两边取对数可得

$$\ln T = \ln A + \alpha \ln m \quad (k = k_0) \tag{6-2-4}$$

$$\ln T = \ln B + \beta \ln k \quad (m = m_0) \tag{6-2-5}$$

及

$$\ln T = \ln C + \alpha \ln m + \beta \ln k \tag{6-2-6}$$

很明显,变换后, $\ln T$-$\ln m$, $\ln T$-$\ln k$ 均是线性关系.

(3)通过作 $\ln T$-$\ln m$ 及 $\ln T$-$\ln k$ 图线,求其斜率、截距.确定 A、B、α、β 值,并由 A、B 等进而求出 C 值 $\left(C = \dfrac{Ak_0^{-\beta} + Bm_0^{-\alpha}}{2}\right)$. 若 $\ln T$-$\ln m$, $\ln T$-$\ln k$ 的图线不为直线,则说明原假定不真,需另作新的尝试.

(4)将求得的常数 α、β、C 代入式(6-2-3),即得欲求经验公式.

2)最小二乘法

用二元线性回归法确定待定常数更为方便,可直接将假定式(6-2-3)线性化为

$$\ln T = \ln C + \alpha \ln m + \beta \ln k$$

之后,按二元线性回归法各步骤确定常数 α、β、C,给出经验公式的具体形式.

实验 3　液体体胀系数测定的实验设计

设液体的平均体胀系数定义式为 $\beta = \dfrac{V_2 - V_1}{V_1(t_2 - t_1)}$,式中 V_1 和 V_2 为一定质量的液体在温度分别为 t_1 和 t_2 时的相应体积.

【实验探索内容及要求】

1. 根据液体体胀系数的定义公式和实验室提供的仪器用具推导出液体体胀系数的实验测量公式.

2. 设计实验方案.

3. 测定水的平均体胀系数并分析结果.

【实验仪器选择或设计】

焦利氏秤(或物理天平)、温度计、固体块、烧杯、室温水、高温水、细线等.

【探索提示】

固体块的体积膨胀很小,相对于水的膨胀可忽略不计.

实验 4　超导磁悬浮原理及应用研究

超导材料具有非常特殊的物理性能,其中磁悬浮就是该材料在强磁方面的一种应用. 超导

磁悬浮的实现将极大地改变我们的生活,可以广泛应用于磁悬浮轴承,超导储能飞轮及超导磁悬浮列车.与电磁悬浮列车相比,超导磁悬浮列车不需要复杂的控制系统,也不存在因控制系统所引起的"颠簸".由于不存在与轨道之间的摩擦,超导磁悬浮列车的运行速度可达 500km/h,甚至更高.

【实验仪器选择或设计】

YBCO 单畴超导块,直线电机,1cm³ 的磁体,继电器,液氮.

【实验设计及研究内容】

1. 磁路设计

现有 1cm³ 的小磁体若干块,用这些小磁体铺成一段长度的轨道,要求模型只能沿轨道方向运动.即此时的磁场分布是:沿轨道方向磁场分布无变化,与轨道垂直的方向磁场分布有变化.

2. 超导磁悬浮的实现

将超导材料固定于模型中,并将模型置于磁体上方,中间放一薄片,薄片的厚度不能太厚,也不能太薄.太厚则不能捕获足够的磁场,太薄则模型的悬浮高度过低,影响模型的运动.测量超导材料在不同悬浮高度时的磁悬浮力大小,并对比该处的磁感应强度梯度,研究二者之间的关系.

3. 直线电机的接线

在图 6-4-1 中画出星形接法的电路图.

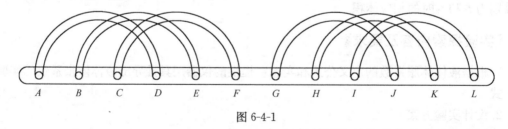

图 6-4-1

在图 6-4-2 中画出三角形接法的电路图.

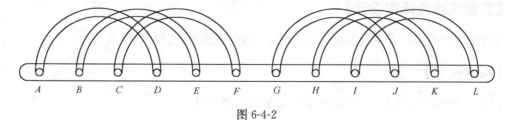

图 6-4-2

4. 直线电机的供电

使用三相电时,分别用星形接法、三角形接法给电机供电.

使用单相电时,分别用星形接法、三角形接法给电机供电.
比较这四种方法对直线电机驱动力大小的影响.

5. 电容变化对直线电机驱动力大小的影响

采用单相电时,分别研究星形接法、三角形接法时电容大小的改变对直线电机驱动力大小的影响.

6. 模型运动速度对直线电机驱动力大小的影响

在直线电机的接法一定的条件下,模型以不同速度经过直线电机时,电机的驱动力大小是不同的. 以不同速度使模型经过直线电机,测量模型可以沿轨道爬升的高度,以此计算出小车经过电机后动能的增加量,以确定以多大速度经过电机时可以使模型获得最多的能量.

7. 演示模型的设计

利用现有的磁体、直线电机和自动控制元件,设计并制作一个轨道闭合的磁悬浮列车演示模型.

实验 5　热敏电阻温度计的设计与制作

电阻测温是温度测量领域内被广泛应用的一种方法,其基本原理是利用了电阻随温度改变的特性.作为感温元件的电阻可以由纯金属、合金或半导体等材料制成,铂电阻性能稳定,常用做标准温度计,锗半导体温度计常用于低温测量.

半导体热敏电阻是热敏元件的一类,其电阻值会随着热敏电阻本体温度的变化呈现出阶跃性的变化,具有半导体特性,分正温度系数(PTC)热敏电阻和负温度系数(NTC)热敏电阻两类,其显著的特点是灵敏度高,电阻温度系数比纯金属铂电阻高约 10 倍,电阻率大,很小的体积可有很大阻值,使引线电阻可以忽略,因此体积可以做得很小. 目前,已生产出直径为 0.07mm 的珠状热敏电阻,引线直径只有 0.01mm,它能用于测量静脉内的温度.另外,热敏电阻热惯性小,可测量变化较快的温度,常用于温度控制或半导体点温度计,主要缺点是元件的复现性和稳定性有时还不理想.

【实验探索内容及要求】

1. 设计电路,测量热敏电阻温度特性.
2. 用提供的仪器及用具设计并组装热敏电阻温度计(测量温度范围为 30~80℃),并利用辅助仪器及用具对其定标.
3. 画出测量电路图,写出设计方案和测量方法步骤.
4. 根据热敏电阻的特性,对定标过程中观测到的现象或问题进行解释说明.

【实验仪器选择或设计】

直流稳压电源 1 台,可变电阻箱 2 个,定值电阻 2 个,微安表头 1 个,热敏电阻 1 个,开关 1 个,导线若干.

【辅助仪器用具】

电热杯 1 个,温度计 2 个,铁架台 1 个,热水和室温水,装有变压器油的试管 1 个.

【热敏电阻特性】

以负温度系数热敏电阻为例.负温度系数热敏电阻随着温度的升高反而下降,其电阻温度特性可以用一指数函数来描述

$$R_T = A\exp\left(\frac{B}{T}\right) \tag{6-5-1}$$

式中,A 为与材料性质和电阻器的几何形状有关的常数;B 为与材料有关的常数;T 为热力学温度.从测量得到的 R_T-T 特性可以求出 A 和 B 的值.为了比较准确地求出 A 和 B,可将式(6-5-1)线性化后进行直线拟合,即对式(6-5-1)两侧取自然对数

$$\ln R_T = \ln A + \frac{B}{T} \tag{6-5-2}$$

从 $\ln R_T$-$\frac{1}{T}$ 的直线拟合中即可得 A 与 B.常用半导体热敏电阻的 B 值在 1500~5000K.

热敏电阻的电阻温度系数 α 的定义为

$$\alpha = \frac{1}{R_T}\frac{dR_T}{dT} \tag{6-5-3}$$

它表示了热敏电阻随温度变化的灵敏度.由式(6-5-1)可求得

$$\alpha = -\frac{B}{T^2} \tag{6-5-4}$$

【探索提示】

利用直流非平衡电桥设计热敏电阻温度计,以表头指针指示值表示温度.

实验6　电容器电容量测量的实验设计

电容是一个重要的电磁学概念,它是描述电场的能量与边界上的电量(或电压)关系的物理量,是导体的一个非常重要的电学特性参量,不同导体的物理性质可以用"电容"来描述.电容器是一种利用小体积储藏大量电荷和电能的电学器件,是电子设备中广泛应用的基本电路元件.没有电容器,电子工业时代就不可能存在.所以,掌握好电容的概念,定量测量电容器容量显得十分重要,对于物理工作者和工程技术人员都具有重要的意义.

电容器电容值的大小反映了电容器对电荷的储存能力.不同大小的电容器电容值的测量方法有所不同,

【实验探索内容及要求】

利用给定仪器测量大容量电容器的电容量.电位器不能按定值电阻使用.

1.画出测量电路图,并简述测量步骤.

2.记录测量数据,并求出待测电解电容器的电容值.

3.说明测量过程误差的来源.你采取了哪些方法减小误差?

【实验仪器选择或设计】

稳压电源1台(电源电压为10V),电位器1个,秒表1个,单刀双掷开关1个,电流表1个(10mA),待测电解电容器1个(耐压为16V).

【探索提示】

根据电容的定义 $C=\dfrac{Q}{U}$,如果知道 U 的值,并想办法把 Q 值测出,则电容器的电容量也就可以计算出来了.

测量电容量可以有多种方法,传统的测量方法,通常是依据 $Q=It$,通过测量电容器充电或放电过程中不同时刻电流的大小,绘制 I-t 图像,然后计算 I-t 曲线与坐标轴包围的面积,该面积就是电容器充电量 Q 值.

这种测量电容量 Q 的方法,测量数据多,绘制图像及数据处理复杂.对于大容量电容器电容量的参量,可以保持电容器充放电过程中电流 I 不变,通过测量电容器充电时间 t 和电流 I,利用 $Q=It$ 简单地测量并计算出 Q 值,从而求出待测电解电容器的电容值.

实验7　研究用等厚干涉法测量液体的折射率

【实验探索内容及要求】

1. 推导测量液体折射率的公式(空气折射率取1)并设计实验方案.
2. 简述实验主要步骤和测量过程中主要注意问题.
3. 记录测量数据,并计算出液体折射率.
4. 分析实验过程和测量结果.

【实验仪器选择或设计】

读数显微镜、牛顿环仪、待测液体、玻璃器皿等.

【探索提示】

根据光程差计算,可得出平凸透镜的曲率半径 R 计算公式为

$$R = \frac{n(D_M^2 - D_N^2)}{4(M-N)\lambda}$$

式中,D_M 和 D_N 是第 M 干涉暗环和第 N 干涉暗环的直径;λ 为入射光的波长;n 为平凸透镜与平板玻璃间隙中介质的折射率.

实验8　光学材料色散关系的实验研究

材料的**折射率**(refractive index)与入射光波长的关系,即**色散**(dispersion)关系.

棱镜材料的色散是由于不同波长的光在棱镜介质中传播的速度不同,从而折射率不同引起的. 在介质无吸收的光谱区域内,色散关系的函数形式早在 1836 年由**科希**(Cauchy)得出,即折射率与光波长的关系为

$$n = A + B \frac{1}{\lambda^2}$$

式中,A 和 B 是与棱镜材料有关的常数,也称为**色散常数**(dispersion constant).

【实验探索内容及要求】

1. 设计研究三棱镜色散关系的实验方案.
2. 分别用作图法与最小二乘法确定三棱镜材料的色散关系,即求出色散常数 A 和 B.
3. 分析讨论三棱镜色散关系.

【实验仪器选择或设计】

分光计、三棱镜、汞灯等.

实验 9　测透明固体的折射率

从空气中看水底的物体时,总感觉其位置升高了,这是因为光入射到水中时产生了折射. 这种折射现象在透明的固体中也会发生,折射的程度与物体的折射率有关.

【实验探索内容及要求】

1. 简述实验原理,画出光路图,推导出测量公式.
2. 设计实验方案,选择测量仪器,测出所需各物理量.
3. 处理数据,计算出待测透明物体的折射率.

【实验仪器选择或设计】

读数显微镜、游标卡尺、待测透明物体.

【探索提示】

当入射角 i 很小时,$\sin i \approx \tan i$.

实验 10　用迈克耳孙干涉仪测玻璃片厚度的实验研究

光通过折射率为 n、厚度为 l 的均匀透明介质时,其光程比通过同厚度的空气要大,在迈克耳孙干涉仪中,当白光的中央条纹出现在视场的中央后,如果在光路中加入一块折射率为 n、厚度为 l 的均匀薄玻璃片,则中央条纹会发生位移,利用该现象可以测出已知折射率为 n 的玻璃片厚度.

【实验探索内容及要求】

1. 利用迈克耳孙干涉仪产生的等厚干涉花纹测量一薄玻璃片的厚度.
2. 了解等厚干涉的原理和白光的等厚干涉图形特点.

3. 根据等厚干涉原理设计测定薄玻璃片厚度的方案,推导测量公式.

4. 用白光干涉条纹测量玻璃厚度.

【实验仪器选择或设计】

迈克耳孙干涉仪、白炽灯、透镜、待测玻璃片.

【探索提示】

若用白光作光源,在一般情况下不出现干涉条纹.进一步分析还可看出,在 M_2、M_1' 两面相交时,交线上 $d = 0$,但是由于 1、2 两束光在半反射膜面上的反射情况不同,引起不同的附加光程差,故各种波长的光在交线附近可能有不同的光程差.因此,用白光作光源时,在 M_2、M_1' 两面的交线附近的中央条纹可能是白色明条纹,也可能是暗条纹.在它的两旁还大致对称地有几条彩色的直线条纹,稍远就看不到干涉条纹了.

调出白光干涉条纹,此时 M_1 镜位置读数为 d_0,将待测玻璃片插入有 M_1 镜的臂中,再次调出白光干涉条纹,这时 M_1 镜位置读数为 d_0'.若薄膜的折射率 n 已知,则可测出膜原 D.

实验 11 薄膜介质折射率测定的实验探索

【发展过程与前沿应用概述】

薄膜技术在各个高科技领域发挥着越来越重要的作用.在近代科学技术的许多部门中对各种薄膜的研究和应用日益广泛.对于薄膜,膜厚和折射率是重要的参数,在一定的程度上决定着薄膜的力学性能、电磁性能、光电性能以及光学性能,因而准确地测量薄膜的厚度和折射率已变得非常迫切和重要.在实际工作中我们可以利用各种传统的方法测定介质膜的折射率和厚度,本实验就是利用布儒斯特角法测介质膜的折射率.

【实验探索及要求】

1. 加深对布儒斯特定律意义的理解.

2. 学会一种测定薄膜介质折射率的方法.

【实验仪器选择或设计】

钠光灯、分光计、偏振片、测微目镜、成像透镜、辅助平面镜、待测膜层样品.

【实验原理】

当一束波长为 λ 的平面偏振光从空气入射到折射率为 n 的介质表面上时,如果平面偏振光的偏振面平行于入射面(简称 TM 波),光线的入射角为布儒斯特角 i_B,这时入射的平面偏振光在界面上将不反射而全部进入介质内.因此,若改变 TM 波的入射角,当反射光强为零时,即可确定布儒斯特入射角 i_B,利用布儒斯特定律求得介质的折射率 n.但这种方法测量精度较低,这是由于 TM 波在薄膜表面虽不发生反射,但在薄膜和基片的界面上仍有反射光透过膜层而折回空气,透射光干扰了对 i_B 的准确测定.

如果在一块平面玻璃基片的局部区域镀上待测介质膜,如图 6-11-1 所示,当用 TM 波照明时,迎着反射光观察玻璃基片的表面,由于膜层和玻璃表面的反射系数不同,故能看见镀膜区与非镀膜区分界线. 当光线的入射角等于布儒斯特角 i_B 时,如图 6-11-2 所示,TM 波在薄膜前表面虽然没有反射光,但是进入膜层的光可在膜层后表面反射回来. 根据菲涅耳公式,膜层与玻璃上的振幅反射系数 r_p 为

$$r_p = \frac{n_g\cos i - n\cos i_g}{n_g\cos i + n\cos i_g} \tag{6-11-1}$$

式中,n_g 为基片玻璃折射率;i 为光线从介质膜射向基片的入射角;i_g 为在基片中的折射角. 当射入介质膜光线的入射角为 i_B 时,应用 $i + i_B = \frac{\pi}{2}$ 和折射定律,则有

$$r_p = \frac{n_g\cos i_B - \cos i_g}{n_g\cos i_B + \cos i_g} \tag{6-11-2}$$

而 TM 波在空气-玻璃界面的反射系数为

$$r'_p = \frac{n_g\cos i_B - \cos i'_g}{n_g\cos i_B + \cos i_g} \tag{6-11-3}$$

由镀膜区与非镀膜区的折射定律,可直接得到 $i_g = i'_g$,显然

$$r_p = r'_p \tag{6-11-4}$$

上式表明,当 TM 波以布儒斯特角入射样品表面时,迎着反射光观察玻璃基片的表面,因镀膜区与非镀膜区的反射光强相等,明暗界线将消失,呈现一片均匀照明,此时光波的入射角必为布儒斯特角 i_B,应用布儒斯特定律即可较准确地求得膜层介质的折射率.

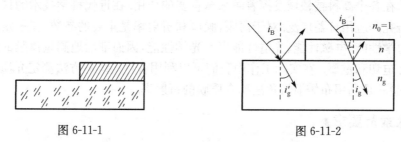

图 6-11-1　　　　　　　　　　图 6-11-2

【实验探索内容】

1. 调节望远镜,包括对无穷远聚焦及望远镜光轴垂直于分光计转轴.

2. 点亮钠灯 S,用钠灯照明准直管 C,使准直管发出平行光束,且其光轴与望远镜共轴.

3. 将镀膜样品 F 的背面涂黑,以减少样品反射光的干扰. 如图 6-11-3 所示,将样品垂直放在分光计的载物平台上,用已调节好的望远镜对准待测样品的表面,使其位于与分光计转轴平行的位置.

4. 在准直管物镜前加上一偏振片 P,转动偏振片,使其透光截面平行于样品的入射面,以获得 TM 波.

5. 如图 6-11-3 所示,在样品 F 的近旁,添置一块平面镜 M,则 M 和 F 就构成一个恒偏向装置,当平台旋转时,经 F,M 反射的平行光的方向将不随平台的旋转而变化,即出射光与入射光之间的夹角为常量. 可用透镜 L 和测微目镜组成的监测装置,在 M 的反射光方向上即可观察到样品表面的光强分布情况.

缓慢地转动平台,通过测微目镜 T' 能看到样品表面镀膜区和非镀膜区的明暗对比不断变化.当视场的明暗界线消失时,则相应的入射角即为膜层介质的布儒斯特角 i_B.

6.取下平面镜 M,用望远镜对准 F 的反射光方向,记录其方位 T_1,再将望远镜直接对准准直管,记录其方位 T_2,可得入射光线和反射光线的夹角 θ,i_B 应等于 $\frac{1}{2}(\pi-\theta)$,测量几次,取平均值,计算薄膜介质的折射率并与公认值进行比较.

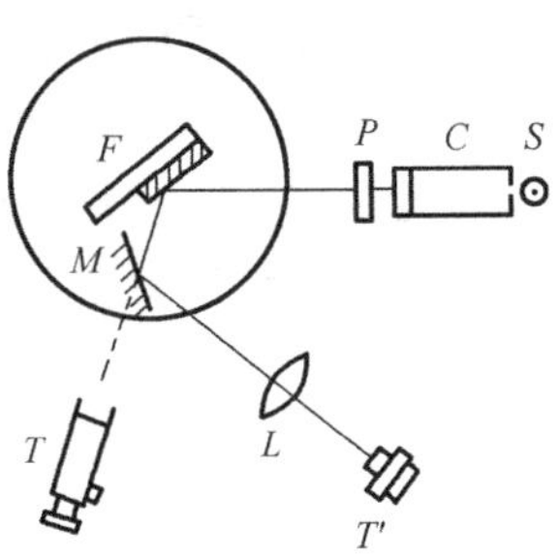

图 6-11-3

【探索思考与讨论】

1.本实验测量方法对于镀膜介质的折射率和膜层厚度有无限制?为什么?

2.试估计由于偏振片的透光截面与样品入射面偏离给测量带来的影响.

【探索创新】

测量介质折射率的方法有多种,请利用迈克耳孙干涉仪设计一种测量介质膜折射率的实验,并把测量的结果和本次实验进行比较,说明其准确性.

实验 12　用声光效应测量液体中的声速

【发展过程及前沿应用概述】

1922 年布里渊(L. Brillouin)曾预言,当高频超声波在液体中传播时,如果有可见光通过该液体,可见光将产生衍射效应,这一预言在 10 年后被验证.1935 年,拉曼(Raman)和奈斯(Nath)对这一效应进行研究发现,在一定条件下,其衍射光强分布类似于普通的光栅.当超声波在介质中传播时,使介质产生弹性应力或应变,导致介质密度的空间分布出现疏密相间的周期性变化,从而导致介质的折射率发生相应变化,光束通过这种介质,就好像通过光栅一样,会产生衍射现象,这一现象被称为声光效应(又称为超声致光衍射).人们把这种载有超声的透明介质称为超声光栅.利用超声光栅可以测定超声波在介质中的传播速度.

本实验中,在光路中放置由超声波产生振动的媒介实现对透过光的调制,而且调制结果与声信号存在可以计算的联系,可以使我们了解如何对光信号进行调制以及实现这一过程的手段,同时也为测量液体(非电解质溶液)中的声速提供了另一种思路和方法.平面透射光栅可以对入射光产生衍射,然而,类似于平面光栅的物质或装置也能够产生光的衍射,本实验中液体形成的驻波就是一个例子.

【实验探索内容及要求】

1.解超声致光衍射的原理.

2.学会一种利用超声光栅测量超声波在液体中传播速度的方法.

【实验仪器选择或设计】

超声光栅(超声池)、超声光栅仪、分光计、测微目镜、钠光灯等.

【实验原理】

　　超声波在介质中传播时,介质密度在空间和时间上出现疏密相间的周期性变化,相干光束通过这种介质,就好像通过光栅一样,会产生衍射现象,人们把这种载有超声波的透明介质称为超声光栅. 如图 6-12-1(a)所示,在透明介质中,有一束超声波沿 oz 方向传播,另一束平行光垂直于超声波传播方向(oy 方向)入射到介质中,当光波从声束区中出射时,就会产生衍射现象.

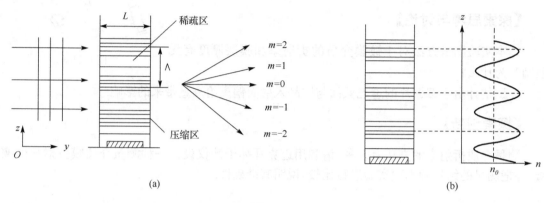

图 6-12-1

　　实际上由于声波是弹性纵波,它的存在会使介质(如纯水)密度 ρ 在时间和空间上发生周期性变化(图 6-12-1(a)),即

$$\rho(z,t) = \rho_0 + \Delta\rho\sin\left(\omega_s t - \frac{2\pi}{\lambda}z\right) \tag{6-12-1}$$

式中,z 是沿声波传播方向的空间坐标;ρ 是 t 时刻 z 处的介质密度;ρ_0 为没有超声波存在时的介质密度;ω_s 是超声波的角频率;λ 是超声波波长;$\Delta\rho$ 是密度变化的幅度. 因此,介质的折射率随之发生相应变化,即

$$n(z,t) = n_0 + \Delta n\sin\left(\omega_s t - \frac{2\pi}{\lambda}z\right) \tag{6-12-2}$$

式中,n_0 为平均折射率;Δn 为折射率变化的幅度. 考虑到光在液体中的传播速度($10^{10}\,\mathrm{cm/s}$)远大于声波的传播速度($10^5\,\mathrm{cm/s}$),可以认为在液体中,由超声波所形成的疏密周期性分布,在光波通过液体的这段时间内是不随时间改变的,因此,液体的折射率仅随位置 z 而改变(图 6-12-1b),即

$$n(z) = n_0 - \Delta n\sin\left(\frac{2\pi}{\lambda}z\right) \tag{6-12-3}$$

由于液体的折射率在空间有这样的周期分布,当光束沿垂直于声波方向通过液体后,光波波阵面上不同部位经历了不同的光程,波阵面上各点的位相由下式给出

$$\varphi = \varphi_0 + \Delta\varphi = \frac{\omega n_0 L}{c} - \frac{\omega L \Delta n}{c}\sin\left(\frac{2\pi}{\lambda}z\right) \tag{6-12-4}$$

式中,L 是声速宽度;ω 是光波角频率;c 是光速. 通过液体压缩区的光波波阵面将落后于通过稀疏区的波阵面. 原来的平面波阵面变得折皱了,其折皱情况由 $n(z)$ 决定,如图 6-12-2 所示. 可见载有超声波的液体可以看成一个位相光栅,光栅常数等于超声波波长. 声光衍射可分为两类:

（1）当 $L \ll \lambda^2/2\pi\lambda_0$（$\lambda_0$ 为真空中光波波长）时，就会产生对称于零级的多级衍射，即拉曼-奈斯（Raman-Nrth）衍射，和平面光栅的衍射几乎无区别，满足下式的衍射光均在衍射角于 φ 的方向上产生极大光强：

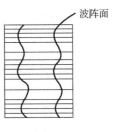

图 6-12-2

$$\sin\varphi = \frac{m\lambda_0}{\lambda} \quad (m = 0, \pm 1, \pm 2, \cdots) \tag{6-12-5}$$

（2）当 $L \gg \lambda^2/2\pi\lambda_0$ 时，产生布拉格（Bragg）衍射，声光介质相当于一个体光栅，其衍射光强只集中在满足布拉格公式 $\sin\varphi_B = \dfrac{m\lambda_0}{2\lambda}$ （$m = 0, \pm 1, \cdots$）的一级衍射方向，且 ± 1 级不同时存在. 由于布拉格衍射需要高频（几十兆赫兹）超声源，实验条件较为复杂，故本实验采用拉曼-奈斯衍射装置.

实验装置如图 6-12-3 所示. 超声池是一个长方形玻璃液槽，液槽的两通光侧面（窗口）为平行平面. 液槽内盛有待测液体（如水）. 换能器为压电陶瓷晶片，晶片两面引线与液槽上盖的接线柱相连. 当压电陶瓷晶片由超声光栅仪输出的高频振荡信号驱动时，就会在液体中产生超声波.

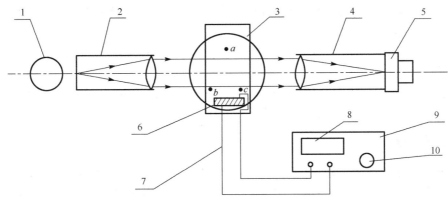

图 6-12-3

1.钠光灯；2.平行光管；3.超声池；4.望远镜（去掉目镜筒）；5.测微目镜
6.压电陶瓷晶片；7.导线；8.频率显示窗；9.超声光栅仪；10.调频旋钮

超声池置于分光计的载物台上，使其通光侧面与平行光管光轴垂直. 当钠光灯照亮平行光管狭缝时，由平行光管出射的平行光束垂直于超声波传播方向（oz 方向）投射到液槽上，自液槽窗口出射的光，经望远镜物镜（焦距 $f = 170\text{mm}$）会聚在物镜的后焦面上. 用测微目镜观测由超声光栅产生的衍射条纹. 若一级衍射条纹与 0 级衍射条纹的间距为 x，利用三角函数关系 $\sin\varphi \approx \dfrac{x}{f}(f \gg x)$，并由式（6-12-5）可得

$$\frac{x}{f} = \frac{\lambda_0}{\lambda} \tag{6-12-6}$$

又因超声波在介质中的传播速度为

$$v_s = f_s\lambda \tag{6-12-7}$$

式中，f_s 为超声频率，可由超声光栅仪频率窗读出. 将式（6-12-6）代入式（6-12-7）可得

$$v_s = \frac{\lambda_0 f_s f}{x} \tag{6-12-8}$$

f_s、λ_0 已知，用测微目镜测出衍射条纹间距 x 并读出共振频率 f_s，即可求出超声波在待测液体中的传播速度 v_s.

【实验探索内容】

1. 调整分光计到使用状态.

2. 将超声池用酒精清洗干净并吹干后,把待测液体倒入玻璃液槽中,液面高度以超出压电陶瓷晶片上边缘 1cm 为宜.

3. 置超声池于分光计载物台上,放置的方位与载物台下三个调平螺丝 a、b、c 的关系如图 6-12-3 所示.转动望远镜正对平行光管,并使望远镜与平行光管共轴;利用自准直法,调节载物台下的调平螺丝,使超声池通光表面垂直于望远镜和平行光管光轴.

4. 取下望远镜目镜,换上测微目镜(连同换接套筒).调焦目镜看清分划板十字刻线,再以平行光管出射的平行光为准,调焦望远镜(利用换接套筒改变测微目镜与测微物镜距离)使平行光管的狭缝像清晰.

5. 开启超声光栅仪电源,从望远镜中可看到衍射光谱.调节频率调节旋钮,使电振荡频率与压电换能器固有频率共振.此时,衍射光谱级次会显著增多而且明亮.为使平行光束垂直于超声束传播方向,可微调载物台,使观察到的衍射光谱左右对称,级次谱线亮度一致.经过上述仔细调节,一般应观察到 ±3 级以上的衍射谱线.

6. 衍射条纹间距的测量.用测微目镜沿一个方向逐级测量其位置读数(如依次从 -3,…,0,…,$+3$ 级条纹测量),再用逐差法求出条纹间距 x 的平均值.

7. 读出共振时频率计的读数 f_s,利用公式(6-12-8)求出超声波在待测液体中的传播速度 v_s.对三个不同的频率 f_s,重复上述测量.

【注意事项】

1. 实验过程中要防止振动,也不要碰触连接超声池和高频电源的两条导线,因为导线分布电容的变化会对输出电频率有微小影响.只有压电陶瓷片表面与对面的玻璃槽壁表面平行时才会形成较好的表面驻波,因而实验时应将超声池的上盖盖平.

2. 一般共振频率在 10MHz 左右,超声光栅仪给出 8.5～11.5MHz 可调范围.在稳定共振时,数字频率计显示的频率值应是稳定的.要特别注意,不要使频率长时间调在 11MHz 以上,以免振荡线路过热.

3. 测量完毕应将超声池内待测液体倒出,不能长时间浸泡在液槽内.

4. 声波在液体中的传播与液体温度有关,要记录待测液体温度,并进行温度修正.超声波在 25℃ 水中传播速度为 1 497m/s,如果水温在 75℃ 以下,温度每降低 1℃,声速降低 2.5m/s.

【探索思考与讨论】

1. 实验时可以发现,当超声频率 f_s 升高时,衍射条纹间距 x 加大,反之则减小,这是为什么?

2. 由驻波理论可知,相邻波腹间和相邻波节间的距离都等于半波长,为什么超声光栅的光栅常数等于超声波的波长呢?

3. 超声光栅与平面衍射光栅有何异同?

【探索创新】

1. 设计实验方案,用超声光栅测量钠光波长.

2.研究用超声光栅测量液体比热比.

【阅读资料】

人能听到的声波的频率为 20Hz～20kHz.频率高于 20kHz,称为超声波.虽然我们听不到超声,但是超声波依然是一种特殊的声波,具有普通声波的主要特性,同时又具有一些特殊的性质,因此被广泛应用在多种技术领域之中.超声波有两个主要特点,即能量大,沿直线传播,它的应用就是按照这两个特点展开的.

理论研究表明,在振幅相同的情况下,一个物体振动的能量与振动频率的二次方成正比.超声波在介质中传播时,介质质点振动的频率很高,因而能量很大.把超声波通入水罐中,剧烈的振动会使罐中的水破碎成许多小雾滴,这些小雾滴弥漫到空气中,看上去像水蒸气,但温度却不高,常被用作室内景观的效果装饰中,给人一种云雾缭绕的感觉,同时也可以增加空气中的水分,达到增湿的作用,这就是超声波加湿器的原理.对于咽喉炎、气管炎等疾病,药力很难达到患病的部位,利用加湿器的原理,把药液雾化,让患者吸入,能够增进疗效.金属零件、玻璃和陶瓷制品的除垢非常麻烦,如果在放有这些物品的清洗液中通入超声波,清洗液的剧烈振动冲击物品上的污垢,能够很快将其清洗干净.功率强大的超声波设备,还可以应用于工业上的各种清洗作业,如管道内壁的清洗、锅炉内部的清洗等.现在流行的一种新产品——超声波牙刷,也是利用了超声波的除垢作用.此外,利用超声波的巨大能量还可以把人体内的结石击碎.

声波能够绕过障碍物,但波长越短,这种绕射现象越不明显.超声波由于其波长短,基本上是沿直线传播的,可以定向发射,并且超声波在不同介质中传播时能量消耗不同,不同介质对超声波的反射能力也不同.利用这些特性,可以用超声波探测金属、陶瓷混凝土制品的内部结构,各种焊接结构、紧固结构的质量检查,甚至水库大坝,检查内部是否有气泡、空洞和裂纹.人体各个内脏的表面对超声波的反射能力是不同的,健康内脏和病变内脏的反射能力也不一样,平常说的"B超"就是根据内脏反射的超声波进行造影,帮助医生分析体内的病变.

"声呐"是超声波的又一个主要应用.声呐的原理源于蝙蝠,其实是一种仿生学技术.很多动物都有完善的发射和接收超声波的器官.例如蝙蝠,视觉很差,飞行中不断发出超声波的脉冲,依靠昆虫身体的反射波来发现食物;海豚也有完善的"声呐"系统,使它能在混浊的水中准确地确定远处小鱼的位置.现代无线电定位器——雷达,质量有几十千克、几百千克、几千千克,而蝙蝠的超声定位系统虽然只有几分之一克,但在一些重要性能上,如确定目标方位的精确度、抗干扰的能力等都远优于现代无线电定位器.

现代化的最先进的声呐系统,还远不如蝙蝠超声定位系统精确可靠和高效,但是已经可以在各种领域发挥巨大的作用,如在海洋渔业捕捞、军工应用以及生活应用方面.渔船载有水下超声波发生器,它旋转着向各个方向发射超声波,超声波遇到鱼群会反射回来,渔船探测到反射波就知道鱼群的位置了;声呐也可以用来探测水中的暗礁、敌人的潜艇,测量海水的深度;声呐还可以被用在汽车上,成为一种辅助的安全设备,如超声波倒车防撞系统等;声呐的原理也被用于盲人的行走引导(导盲眼镜),为盲人朋友的生活提供方便.

超声波也可以作为一种载波,像红外线或者无线电波一样,用于信号的传输中.这方面的应用成果主要适用于近距离的信号传输,如一些便携式数字设备的信号沟通上.

实 验 附 表

附表 1　基本和重要的物理学常数表

物 理 量	符 号	数 值	单位符号
真空中的光速	C	299792458 米/秒	$m \cdot s^{-1}$
基本电荷	e	$1.6021892 \times 10^{-19}$ 库仑	C
电子静止质量	m_e	9.109534×10^{-31} 千克	kg
中子质量	m_n	$1.6749543 \times 10^{-27}$ 千克	kg
质子质量	m_p	$1.6726485 \times 10^{-27}$ 千克	kg
原子质量单位	μ	$1.6605655 \times 10^{-27}$ 千克	kg
普朗克常量	h	6.626076×10^{-34} 焦·秒 或 4.136×10^{-15} 电子伏特·秒	$J \cdot s$ 或 $eV \cdot s$
阿伏伽德罗常量	N_A	6.022045×10^{23} /摩尔	mol^{-1}
摩尔气体常数	R	8.31441 焦耳/(摩尔·开尔文)	$J \cdot mol^{-1} \cdot K^{-1}$
玻尔兹曼常量	k	1.380662×10^{-23} 焦耳/开尔文 或 8.617×10^{-15} 电子伏特/开尔文	$J \cdot K^{-1}$ 或 $eV \cdot K^{-1}$
万有引力恒量	G	6.6720×10^{-11} 牛顿·米²/千克²	$N \cdot m^2 \cdot kg^{-2}$
法拉第常数	F	9.648456×10^{4} 库仑/摩尔	$C \cdot mol^{-1}$
热功当量	J	4.184 焦耳/卡	$J \cdot cal^{-1}$
里德伯常量	$R\infty$	$1.097373177 \times 10^{7}$ /米 1.09677576×10^{7} /米	m^{-1}
洛喜密德常数	n	2.68719×10^{25} /米³	m^{-3}
库仑常数	$e^2/4\pi\varepsilon_0$	14.42 电子伏特·埃	$eV \cdot nm$
电子荷质比	e/m_e	1.7588047×10^{11} 库仑/千克	$C \cdot kg^{-1}$
电子经典半径	$r_e = e^2/4\pi\varepsilon_e Mc^2$	2.818×10^{-13} 米	m
电子静止能量	$m_e c^2$	0.5110 兆电子伏特	MeV
质子静止能量	$m_p c^2$	938.3 兆电子伏特	MeV
质子质量单位的等价能量	Mc^2	9315 兆电子伏特	MeV
电子的康普顿波长	$\lambda_c = h/Mc$	2.426×10^{-12} 米	m
电子磁矩	$\mu_e = E\pi/2M$	0.9273×10^{-23} 焦耳·米²/韦伯	$J \cdot m^2 \cdot Wb^{-1}$
玻尔半径	$a_0 = 4\pi\varepsilon_0 h^2/me^2$	0.5292×10^{-10} 米	m
标准大气压	p_0	101325 帕	Pa
冰点绝对温度	T_0	273.15 开尔文	K
标准状态下声音在空气中速度	c	331.45 米/秒	$m \cdot s^{-1}$
标准状态下干燥空气密度	$\rho_{空气}$	1.293 千克/米³	$kg \cdot m^{-3}$
标准状态下水银密度	$\rho_{水银}$	13595.04 千克/米³	$kg \cdot m^{-3}$
标准状态下理想气体的摩尔体积	V_m	22.41383×10^{-3} 米³/摩尔	$m^3 \cdot mol^{-1}$
真空介电常量(电容率)	ε_0	8.854188×10^{-12} 法拉/米	$F \cdot m^{-1}$
真空磁导率	μ_0	12.566371×10^{7} 亨/米	$H \cdot m^{-1}$

注：转换因子 1 电子伏特 $=1.602 \times 10^{-19}$ 焦耳，1 纳米 $=10^{-9}$ 米
　　1 原子质量单位 $=1.661 \times 10^{-27}$ 千克.

附表 2　海平面上不同纬度处的重力加速度

纬度 φ/(°)	g/(m·s^{-2})	纬度 φ/(°)	g/(m·s^{-2})	纬度 φ/(°)	g/(m·s^{-2})
0	9.780 490	45	9.806 294	90	9.832 216
5	9.780 831	50	9.810 786	西安 34°16′	9.79684(计算)
10	9.782 043	55	9.815 146	西安	9.7965(理论)
15	9.783 940	60	9.819 239	北京 39°56′	9.801 22
20	9.786 517	65	9.822 941	上海 31°12′	9.794 36
25	9.789 694	70	9.826 135	杭州	9.793 57
30	9.793 378	75	9.828 734		
35	9.797 455	80	9.830 647		
40	9.801 805	85	9.831 819		

注:表中所列数字是根据公式 $g=9.78049000(1+0.0052884\sin^2\varphi-0.0000059\sin^2 2\varphi)$ 算出的,其中 φ 为纬度.

重力加速度与海拔高度 h 的关系可以近似地表示为

$$g_h = g - 0.000\ 002\ 860h$$

式中,h 为海拔高度(单位为 m,$h \leqslant 40\ 000$m);g_h 为海拔 h 处的重力加速度(单位为 m·s^{-2}).

附表 3　一些物质的密度

附表 3-1　在 20℃时常用固体的密度　　　　　　(单位:g·cm^{-3})

物　质	密　度	物　质	密　度	物　质	密　度	物　质	密　度
银	10.492	康铜(3)	8.88	玻璃(火石)	2.8~4.5	煤	1.2~1.7
金	19.3	硬铝(4)	2.79	砂	1.4~1.7	石板	2.7~2.9
铁	2.70	德银(5)	8.30	砖	1.2~2.2	橡胶	0.91~0.96
铝	7.86	殷钢(6)	8.0	混凝土(10)	2.4	硬橡胶	1.1~1.4
铜	8.933	铅锡合金(7)	10.6	沥青	1.04~1.40	丙烯树脂	1.182
镍	8.85	磷青铜(8)	8.8	松木	0.52	尼龙	1.11
钴	8.71	不锈钢(9)	7.91	竹	0.31~0.40	聚乙烯	0.90
铬	7.14	花岗岩	2.6~2.7	软木	0.22~0.26	聚苯乙烯	1.056
铅	11.342	大理石	1.52~2.86	电木板(纸层)	1.32~1.40	聚氯乙烯	1.2~1.6
锡(白\四方)	7.29	玛瑙	2.5~2.8	纸	0.7~1.1	冰(0℃)	0.917
锌	7.12	熔融石英	2.2	石蜡	0.87~0.94		
黄铜(1)	8.5~8.7	玻璃(普通)	2.4~2.6	蜂蜡	0.96		
青铜(2)	8.78	玻璃(冕牌)	2.2~2.6	瓷器	2.0~2.6		

注:物质的配比成分

(1) Cu 70,Zn 30;　　　　　　　　　　　　　　(2) Cu 90,Sn 10;

(3) Cu 60,Ni 40;　　　　　　　　　　　　　　(4) Cu 4,Mg 0.5,Mn 0.5,余为 Al;

(5) Cu 26.6,Zn 36.6,Ni 36.8;　　　　　　　　(6) Fe 63.8,Ni 36,C 0.2;

(7) Pb 87.5,Sn 12.5;　　　　　　　　　　　　(8) Cu 79.7,Sn 10,Sb 9.5,P 0.8;

(9) Cr 18,Ni 8,Fe 74;　　　　　　　　　　　　(10)水泥 1,砂 2,碎石 4.

附表 3-2　液体的密度　　　　　　(单位:g·cm^{-3})

物　质	密　度	物　质	密　度	物　质	密　度	物　质	密　度
丙酮	0.791*	三氯甲烷	1.489*	汽油	0.66~0.75	海水	1.01~1.05
乙醇	0.789 3*	甘油	1.261*	柴油	0.85~0.90	牛乳	1.03~1.04
甲醇	0.791 3*	甲苯	0.866 8*	松节油	0.87		
苯	0.879 0*	重水	1.105*	蓖麻油	0.96~0.97		

标有"*"记号者为 20℃时值.

附表 3-3　在标准大气压下不同温度水的密度　　　　　　（单位：g·cm⁻³）

温度/℃	0	1	2	3	4	5	6	7	8	9
0.	0.	0.	0.	0.	0.	0.	0.	0.	0.	0.
0	999 84	999 90	999 94	999 96	999 97	999 96	999 94	999 91	999 88	999 81
10	999 73	999 63	999 52	999 40	999 27	999 13	998 97	998 80	998 62	998 43
20	998 23	998 02	997 80	997 57	997 33	997 06	996 81	996 54	996 26	995 97
30	995 68	995 37	995 05	994 73	994 40	994 06	993 71	993 36	992 99	992 62
40	992 2	991 9	991 5	991 1	990 7	990 2	989 8	989 4	989 0	988 5
50	988 1	987 6	987 2	986 7	986 2	985 7	985 3	984 8	984 3	983 8
60	983 2	982 7	982 2	981 7	981 1	980 6	980 1	979 5	978 9	978 4
70	977 8	977 2	976 7	976 1	975 5	974 9	974 3	973 7	973 1	972 5
80	971 8	971 2	970 6	969 9	969 3	968 7	968 0	967 3	966 7	966 0
90	965 3	964 7	964 0	963 3	962 6	961 9	961 2	960 5	959 8	959 1
100	958 4	957 7	956 9							

附表 3-4　空气密度　　　　　　（单位：kg·m⁻³）

压强/mmHg　温度/℃	720	730	740	750	760	770	780
0	1.225	1.242	1.259	1.276	1.293	1.310	1.327
4	1.207	1.224	1.241	1.258	1.274	1.291	1.308
8	1.190	1.207	1.223	1.240	1.256	1.273	1.289
12	1.173	1.190	1.206	1.222	1.238	1.255	1.271
16	1.157	1.173	1.189	1.205	1.221	1.237	1.253
20	1.141	1.157	1.173	1.189	1.205	1.220	1.236
24	1.126	1.141	1.157	1.173	1.188	1.204	1.220
28	1.111	1.126	1.142	1.157	1.173	1.188	1.203

附表 4　固体的弹性模量

名称	杨氏模量 E /($\times 10^{10}$N·m⁻²)	切变应量 G /($\times 10^{10}$N·m⁻²)	泊松比	名称	杨氏模量 E /($\times 10^{10}$N·m⁻²)	切变应量 G /($\times 10^{10}$N·m⁻²)	泊松比
金	8.1	2.85	0.42	硬铝	7.14	2.67	0.335
银	8.27	3.03	0.38	磷青铜	12.0	4.36	0.38
铂	16.8	6.4	0.30	不锈钢	19.7	7.57	0.30
铜	12.9	4.8	0.37	黄铜	10.5	3.8	0.374
铁(软)	21.19	8.16	0.29	康铜	16.2	6.1	0.33
铁(铸)	15.2	6.0	0.27	熔融石英	7.31	3.12	0.170
铁(钢)	20.1~21.6	7.8~8.4	0.28~0.30	玻璃(冕牌)	7.1	2.9	0.22
铝	7.03	2.4~2.6	0.355	玻璃(火石)	8.0	3.2	0.27
锌	10.5	4.2	0.25	尼龙	0.35	0.122	0.4
铅	1.6	0.54	0.43	聚乙烯	0.077	0.026	0.46
锡	5.0	1.84	0.34	聚苯乙烯	0.36	0.133	0.35
镍	21.4	8.0	0.336	橡胶(弹性)	$(1.5 \sim 5) \times 10^{-4}$	$(5 \sim 15) \times 10^{-5}$	0.46~0.49

附表 5 固体的线胀系数(1.013×10⁵ Pa) (单位:℃⁻¹)

物质	温度/℃	线胀系数/10⁻⁶	物质	温度/℃	线胀系数/10⁻⁶	物质	温度/℃	线胀系数/10⁻⁶
金	20	14.2	磷青铜	—	17	陶瓷		3～6
银	20	19.0	镍钢(Ni10)	—	13	大理石	25～100	5～16
铜	20	16.7	镍钢(Ni43)	—	7.9	花岗岩	20	8.3
铁	20	11.8	石蜡	16～38	130.3	混凝土木材	−13～21	6.8～12.7
锡	20	21	聚乙烯		180	平行纤维		
铅	20	28.7	冰	0	52.7	木材		3～5
铝	20	23.0	碳素钢		约11	垂直纤维		35～60
镍	20	12.8	不锈钢	20～100	16.0	电木板		21～33
黄铜	20	18～19	镍铬合金	100	13.0	橡胶	16.7～25.3	77
殷铜	−250～100	−1.5～2.0	石英玻璃	20～100	0.4	硬橡胶		50～80
锰铜	20～100	18.1	玻璃	0～300	8～10	冰	−50	45.6
						冰	−100	33.9

附表 6 黏度系数

附表 6-1 一些液体的黏度系数 η (单位:mPa·S)

物质	温度/℃				
	0	10	20	50	100
苯胺	10.2	6.5	4.40	1.80	0.80
丙酮	0.395	0.356	0.322	0.246	—
苯	0.91	0.76	0.65	0.436	0.261
溴	1.253	1.107	0.992	0.746	—
水	1.787	1.304	1.002	0.548	0.284
甘油	12100	3950	1499	—	—
醋酸	—	—	1.22	0.74	0.46
蓖麻油	—	2420	986	—	16.9
轻机油	—	—	—	—	4.9
精制汽缸油	—	—	—	—	18.7
硝基苯	3.09	2.46	2.01	1.24	0.70
戊烷	0.283	0.254	0.229	—	—
汞	1.685	1.615	1.554	1.407	1.240
二硫化碳	0.433	0.396	0.366	—	—
硅酮	201	135	99.1	47.6	21.5
甲醇	0.817	0.68	0.584	0.396	—
乙醇	1.78	1.41	1.19	0.701	0.326
甲苯	0.768	0.667	0.586	0.420	0.271
四氯化碳	1.35	1.13	0.97	0.65	0.387
氯仿	0.70	0.63	0.57	0.426	—
乙醚	0.296	0.268	0.243	—	0.118
松节油	—	—	1.49	—	—
硝酸(25%)	—	—	1.2	—	—
硫酸(100%)	—	—	26.7	—	—

附表 6-2 不同温度水的黏度系数 η （单位：$\times 10^{-3} Pa \cdot s$）

温度/℃	0	1	2	3	4	5	6	7	8	9
0	1.787	1.728	1.671	1.618	1.567	1.519	1.472	1.428	1.386	1.316
10	1.307	1.271	1.235	1.202	1.169	1.139	1.109	1.081	1.053	1.027
20	1.002	0.978	0.955	0.932	0.911	0.890	0.870	0.851	0.833	0.815
30	0.798	0.781	0.765	0.749	0.734	0.719	0.705	0.691	0.678	0.665

附表 7 表面张力系数

附表 7-1 在不同温度下水与空气接触时的表面张力系数 σ （单位：$\times 10^{-3} N/m$）

温度/℃	1	2	3	4	5	6	7	8	9	10
0	75.64	75.50	75.36	75.21	75.07	74.93	74.79	74.65	74.50	74.36
10	74.22	74.07	73.93	73.78	73.63	73.49	73.34	73.19	73.04	72.90
20	72.75	72.59	72.44	72.28	72.12	71.97	71.81	71.65	71.49	71.34
30	71.18	71.02	70.86	70.69	70.53	70.37	70.21	70.05	69.88	69.72

附表 7-2 在20℃时空气与接触的液体的表面张力系数 σ （单位：$10^{-3} N/m$）

液体	表面张力系数	液体	表面张力系数	液体	表面张力系数
石油	30	肥皂溶液	40	水银	513
煤油	24	氟利昂—12	90	甲醇(0℃ 时)	24.5
松节油	28.8	蓖麻油	36.4	乙醇(℃)	24.1
水	72.75	甘油	63	(60℃)	18.4

附表 8 某些物质中的声速

物质	$V/(m/s)$	物质	$V/(m/s)$
空气(0℃)	331.45	水(20℃)	1482.9
一氧化碳(CO)	337.1	酒精(20℃)	1168
二氧化氮(CO_2)	259.0	铝(Al)	5000
氧气(O_2)	317.2	铜(Cu)	3750
氩气(Ar)	319	不锈钢	5000
氢气(H_2)	1279.5	金(Au)	2030
氮气(N_2)	337	银(Ag)	2680

附表 9 常用材料的导热系数

物质	温度/K	导热系数 $/(\times 10^{-2} W/(m \cdot K))$	物质	温度/K	导热系数 $/(\times 10^{-2} W/(m \cdot K))$
1.气体			四氯化碳(CCl_4)	293	1.07
空气	300	2.60	甘油($C_3H_8O_3$)	273	2.9
N_2	300	2.61	乙醇(C_2H_5OH)	293	1.7
H_2	300	18.2	石油	293	1.5
O_2	300	2.68	3.固体		
CO_2	300	1.66	银(Ag)	273	4.18
He	300	15.1	铝(Al)	273	2.38
Ne	300	4.90	铜(Cu)	273	4.0
2.液体			黄铜	273	1.2
H_2O	273	5.61	不锈钢	273	0.14
	293	6.04	玻璃	273	0.010
	373	6.80	橡胶	298	1.6×10^{-3}
			木材	300	$(0.4 \sim 3.5) \times 10^{-3}$

附表 10　部分固体和液体的比热容

物质	适用温度/℃	比热/(kJ・kg・K^{-1})
铁(钢)		0.46
铜		0.39
铝		0.88
铅		0.13
银		0.23
水银	20	0.14
玻璃		0.84
砂石		0.92
乙醇	0	2.30
	20	2.47
甲醇	0	2.43
	20	2.47
乙醚	20	2.34
水	0	4.220
	20	4.182
汽油	10	1.42
	50	2.09
变压器油	0～100	1.88
氟利昂－12	20	0.84

附表 11　部分金属合金的电阻率及温度系数

金属或合金	电阻率/(×10^{-6}Ω・m)	温度系数/(×10^{-4}℃$^{-1}$)	金属或合金	电阻率/(×10^{-6}Ω・m)	温度系数/(×10^{-4}℃$^{-1}$)
铝	0.028	42	锡	0.12	44
铜	0.0172	43	水银	0.958	
银	0.016	40	伍德合金	0.52	37
金	0.024	40	钢		
铁	0.098	60	(碳0.10%～0.15%)	0.10～0.14	60
铅	0.205	37	康铜	0.47～0.51	−0.4～0.1
铂	0.105	39	铜锰镍合金	0.34～1.00	0.3～0.2
钨	0.055	48	镍铬合金	0.98～1.10	0.3～4
锌	0.059	42			

注：电阻率与金属中杂质有关，表列数据为20℃时平均值.

附表 12　热电偶电动势

附表 12-1　　热电偶电动势的基本值

正端 负端	铜 康铜	铁 康铜	镍-铬 镍	铂铑 铂
测量温度/℃		基　本　值/mV		
−200	−5.7	−8.15		
−100	−3.40	−4.75		
0	0	0	0	0
100	4.25	5.37	4.10	0.643
200	9.20	10.95	8.13	1.436
300	14.90	16.56	12.21	2.316
400	21.00	22.16	16.40	3.251
500	27.41	27.85	20.65	4.221
600	34.31	33.64	24.91	5.224
700		39.72	29.14	6.260
800		46.22	33.30	7.329
900		53.14	37.36	8.432
1000			41.31	9.570
1100			45.16	10.741
1200			48.89	11.935
1300			52.46	11.138
1400				14.337
1500				15.530
1600				16.716

注：在 0~400℃(对铂铑-铂热电偶是 0~600℃)的范围内,允许偏差是 ±3℃. 超过此范围时,允许偏差是 ±0.75%(铂铑-铂热电偶为 ±0.5%).

表中台阶粗线(根据工作经验)表示在洁净空气中长时间使用热电偶时的极限温度.

附表 12-2　铜-康铜热电偶分度表(0~100℃)

温度/℃	热电动势 /mV	温度/℃	热电动势 /mV	温度/℃	热电动势 /mV	温度/℃	热电动势 /mV	温度/℃	热电动势 /mV
0	0.000	21	0.830	42	1.695	63	2.599	84	3.538
1	0.039	22	0.870	43	1.738	64	2.643	85	3.584
2	0.078	23	0.911	44	1.780	65	2.687	86	3.630
3	0.117	24	0.951	45	1.822	66	2.731	87	3.676
4	0.156	25	0.992	46	1.865	67	2.775	88	3.721
5	0.195	26	1.032	47	1.907	68	2.819	89	3.767
6	0.234	27	1.073	48	1.950	69	2.864	90	3.813
7	0.273	28	1.114	49	1.992	70	2.908	91	3.859
8	0.312	29	1.155	50	2.035	71	2.953	92	3.906
9	0.351	30	1.196	51	2.078	72	2.997	93	3.952
10	0.391	31	1.237	52	2.121	73	3.042	94	3.998
11	0.430	32	1.279	53	2.164	74	3.087	95	4.004
12	0.470	33	1.320	54	2.207	75	3.131	96	4.091
13	0.510	34	1.361	55	2.252	76	3.176	97	4.137
14	0.549	35	1.403	56	2.294	77	3.221	98	4.184
15	0.589	36	1.444	57	2.337	78	3.266	99	4.231
16	0.629	37	1.486	58	2.380	79	3.312	100	4.277
17	0.669	38	1.528	59	2.424	80	3.357		
18	0.709	39	1.569	60	2.467	81	3.402		
19	0.749	40	1.611	61	2.511	82	3.447		
20	0.789	41	1.653	62	2.555	83	3.493		

附表 13 电介质的介电常量

气体	温度/℃	相对电介常量	液体	温度/℃	相对介电常量
气态乙醚	100	1.004 9	醋酸	20	6.4
二氧化碳	0	1.000 98	固体乙醇	−172	3.12
气态甲醇	100	1.005 7	固体氨	−90	4.01
气态乙醇	100	1.006 5	固体醋酸	2	4.1
水蒸气	140～150	1.007 85	石蜡		2.0～2.1
气态溴	180	1.012 8	联苯乙烯		2.4～2.6
氦	0	1.000 074	无线电瓷		6～6.5
氢	0	1.000 26	超高频瓷		7～8.5
氧	0	1.000 51	二氧化钽		106
氮	0	1.000 58	氧化铝		116
氩	0	1.000 56	钛酸钡		$10^3 \sim 10^4$
气态汞	400	1.000 74	橡胶		2～3
空气	0	1.000 585	硬橡胶		4.3
硫化氢	0	1.004	纸		2.5
真空		1	干砂		2.5
乙醚	20	4.335	湿砂(15%水)		约 9
液态二氧化碳	0	1.585	木头		2～8
甲醇	20	33.7	琥珀		2.8
乙醇	20	25.7	冰	−5	2.8
水	16.3	81.5	虫胶		3～4
液态氨	14	16.2	赛璐珞		3.3
液态氦	−270.8	1.058	玻璃		4～11
液态氢	−253	1.22	黄磷	20	4.1
液态氧	−182	1.465	硫	16	4.2
液态空气	−185	2.28	碳(金刚石)		5.5～16.5
液态氯	0	1.9	云母		6～8
煤油		2～4	花岗石		7～9
松节油		2.2	大理石		8.3
苯	20	2.283	食盐		6.2
油漆		3.5	(氯化钠)		
甘油	20	45.8	氯化铍		7.5

注：气体在正常温度和压力下.

附表 14 一些物质的折射率 (对 $\lambda_D = 589.3\text{nm}$)

附表 14-1 一些气体的折射率

物质名称	折射率 n_D	物质名称	折射率 n_D
空气	1.000 292 6	水蒸气	1.000 254
氢气	1.000 132	二氧化碳	1.000 488
氮气	1.000 296	甲烷	1.000 444

附表 14-2 一些液体的折射率

物质名称	温度/℃	折射率 n_D	物质名称	温度/℃	折射率 /n_D
水	20	1.333 0	三氯甲烷	20	1.446
乙醇	20	1.361 4	甘油	20	1.474
甲醇	20	1.328 8	加拿大树胶	20	1.530
乙醚	22	1.351 0	苯	20	1.501 1
丙酮	20	1.359 1	α-溴代萘	20	1.658 2
二硫化碳	18	1.625 5			

附表 14-3　一些晶体和光学玻璃的折射率

物质	折射率 /n_D	物质	折射率 /n_D
熔凝石英	1.45843	重冕玻璃 ZK8	1.61400
氯化钠	1.54427	火石玻璃 F8	1.60551
氯化钾	1.49044	重火石玻璃 2F1	1.64750
萤石 CaF_2	1.43381	重火石玻璃 ZF6	1.75500
冕玻璃 K6	1.51110	钡火石玻璃 BaF8	1.62590
冕玻璃 K9	1.51630	重钡火石玻璃 ZBaF3	1.65680

附表 15　常见谱线波长
附表 15-1　汞灯光谱线波长

颜色	波长/nm	相对强度	颜色	波长/nm	相对强度
紫外部分	237.83	弱	紫外部分	292.54	弱
	239.95	弱		296.73	强
	248.20	弱		302.25	强
	253.65	很强		312.57	强
	265.30	强		313.16	强
	269.90	弱		334.15	强
	275.28	强		365.01	很强
	275.97	弱		366.29	强
	280.40	弱		370.42	弱
	289.36	弱		390.44	弱
紫	404.66	强	黄绿	567.59	弱
紫	407.78	强	黄	576.96	强
紫	410.81	弱	黄	579.07	强
蓝	433.92	弱	黄	585.93	弱
蓝	434.75	弱	黄	588.89	弱
蓝	435.83	很强	橙	607.27	弱
青	491.61	弱	橙	612.34	弱
青	496.03	弱	橙	623.45	强
绿	535.41	弱	红	671.64	弱
绿	536.51	弱	红	690.75	弱
绿	546.07	很强	红	708.19	弱
红外部分	773	弱	红外部分	1530	强
	925	弱		1692	强
	1014	强		1707	强
	1129	强		1813	弱
	1357	强		1970	弱
	1367	强		2250	弱
	1396	弱		2325	弱

附表 15-2　钠灯光谱线波长表

颜色	波长/nm	相对强度
黄	588.99	强
	589.59	强

附表 15-3   几种常用激光器的主要谱线波长

氦氖激光/nm	632.8
氦镉激光/nm	441.6　325.0
亚离子激光/nm	528.7　514.5　501.7　496.5　488.0　476.5　472.7　465.8　457.9　454.5　437.1
红宝石激光/nm	694.3　693.4　510.0　360.0
Nd 玻璃激光/μm	1.35　1.34　1.32　1.06　0.91
CO_2 激光/μm	10.6

附表 16   光在有机物中偏振面的旋转

旋光物质，溶剂，浓度	波长/nm	$[\rho_s]$	旋光物质，溶剂，浓度	波长/nm	$[\rho_s]$
葡萄糖＋水 $c=5.5$ $(t=20℃)$	447.0	96.62	酒石酸＋水 $c=28.62$ $(t=18℃)$	350.0	−16.8
	479.0	83.88		400.0	−6.0
	508.0	73.61		450.0	+6.6
	535.0	65.35		500.0	+7.5
	589.0	52.76		550.0	+8.4
	656.0	41.89		589.0	+9.82
蔗糖＋水 $c=26$ $(t=20℃)$	404.7	152.8	樟脑＋乙醇 $c=34.70$ $(t=19℃)$	350.0	378.3
	435.8	128.8		400.0	158.6
	480.0	103.05		450.0	109.8
	520.9	86.80		500.0	81.7
	589.3	66.52		550.0	62.0
	670.8	50.45		589.0	52.4

注：表中给出旋率：$[\rho_s]_\lambda^t=\dfrac{\theta\times100}{lc}$ 式中：θ 表示温度为 t 时在所给溶液中振动面的旋转角；l 表示透过旋光溶液厚度，以分米为单位；c 为溶液的浓度.